高等教育质量工程信息技术系列示范教材

新概念
C++程序设计大学教程

张基温 编著

清华大学出版社
北 京

内容简介

本书是作者在多年的教学实践中摸索出的一套全新概念的C++程序设计教学体系。全书分为3篇15个单元：第1篇共6个单元，前5个单元用于训练面向对象程序设计的基本思维和方法，其中穿插介绍一些最基本的C++语法；第6单元介绍面向对象程序设计的几个基本原则及GoF设计模式。第2篇共5个单元，主要介绍C++常量的表示、数组、存储属性、异常处理、动态内存分配等重要语法知识。第3篇共4个单元，主要介绍C++流类、函数细节、类型变换与运行时鉴别和模板。

本书理念先进、概念清晰、讲解透彻、便于理解，例题经典、习题丰富、覆盖面广；适合作为高等学校各专业学生的程序设计教材，可供培训机构使用，也可供相关领域人员自学。

图书在版编目(CIP)数据

新概念C++程序设计大学教程 / 张基温编著. --北京：清华大学出版社，2013.3
高等教育质量工程信息技术系列示范教材
ISBN 978-7-302-31255-0

Ⅰ.①新…　Ⅱ.①张…　Ⅲ.①C语言－程序设计－高等学校－教材　Ⅳ.①TP312

中国版本图书馆CIP数据核字(2013)第002395号

责任编辑：白立军　顾　冰
封面设计：常雪影
责任校对：时翠兰
责任印制：何　芊

出版发行：清华大学出版社
网　　址：http://www.tup.com.cn，http://www.wqbook.com
地　　址：北京清华大学学研大厦A座　　**邮　　编**：100084
社 总 机：010-62770175　　**邮　　购**：010-62786544
投稿与读者服务：010-62776969，c-service@tup.tsinghua.edu.cn
质量反馈：010-62772015，zhiliang@tup.tsinghua.edu.cn
课件下载：http://www.tup.com.cn，010-62795954
印 刷 者：北京富博印刷有限公司
装 订 者：北京市密云县京文制本装订厂
经　　销：全国新华书店
开　　本：185mm×260mm　　**印　　张**：25　　**字　　数**：600千字
版　　次：2013年3月第1版　　**印　　次**：2013年3月第1次印刷
印　　数：1～3000
定　　价：39.50元

产品编号：046563-01

前　言

程序设计是 IT 类专业工作者的看家本领，也是人们为解决复杂问题所需要的基本思维训练。但是在多年的教学实践和外出讲学调研中，笔者却发现，目前程序设计教学中普遍存在的三个突出问题：学习了程序设计课程，但碰到问题还是不知道如何下手；虽能编写程序，但用 C++ 语言编写出来的程序却是面向过程的；编写出了程序却不知道如何测试。

1. 内容体系与写作思想

本书的写作目的就是试图从上述三个方面实现一些突破，改善 C++ 的教学效果。全书分为 3 篇。第 1 篇共 6 个单元，第 1 单元介绍面向对象的基本概念；接着的 4 个单元各用一个实例帮助学习者快速进入面向对象世界，并掌握不同程序的基本测试方法；第 6 单元通过介绍面向对象程序设计的基本原则，使读者知晓如何设计出优美的面向对象的程序。第 2 篇用 5 个单元介绍 C++ 支持面向对象程序设计的重要机制，使读者在学习了第 1 单元后，能在面向对象程序设计上上一个台阶。第 3 篇用 4 个单元使读者能进一步了解 C++ 的一些细节。

采用这样的结构是出于如下几点考虑。

(1) 逻辑思维训练先行。

目前几乎所有的程序设计类教材都是采用面向语法的体系。这种从语言的语法手册改写而成的教材，尽管有人进行了“浅显易懂”的加工，说到底还是囿于应试，要把学习者的注意力引导到语法细节而不是程序设计的思路上，就会出现虽然学过程序设计，但遇到问题不知道如何下手的后果。

反思当前程序设计教材的这种弊病，本书第 1 篇采用了问题体系的写法，目的是把教材为中心的教学体系转移到以问题为中心的体系上来，加强基于算法的逻辑思维训练，通过一些经典的例子，介绍如何整理思路、构造解题算法，提高学习兴趣和解决实际问题的能力。

以问题为中心，加强基于算法的逻辑思维训练，不是不介绍语法，而是本着语法够用就行的思想，把语法和程序测试穿插于逻辑思维训练中。“皮之不存，毛将焉附”，不介绍语法，就不可能写出任何程序，进行逻辑思维训练成了一句空话。但是，语法够用就行，即只要能写出程序就行。

(2) 面向对象提前。

在经济学中有一个路径依赖（path dependence）理论：一旦人们做了某种选择，就好比走上了一条不归之路，惯性的力量会使这一选择不断自我强化，并让你不能轻易走出去。中国人将之称为“先入为主”。美国经济学家道格拉斯・诺思用这个理论成功地阐释了经济制度的演进规律，从而获得了 1993 年的诺贝尔经济学奖。在教学中，先入为主常常会使理论上认为简单、自然的方法更不易被接受,因为它要人们付出一定的转移成本。

现在的 C++ 程序设计教材,尽管许多教材名上冠以“面向对象”,但却几乎都是从面向过程入手,讲词法、讲语法,然后转向面向对象。先入为主的训练,使得学习者无法理解书本中标榜的“面向对象是一种很自然的方法”。针对这种弊病,本书一开始就进入了面向对象的世界,对读者进行定义类—生成对象—操作对象面向对象的三步解题训练,并将面向过程作为面向对象的实现环节,将选择、迭代和穷举三种基本算法融入其中,避免思维模式转换带来的转移成本。

(3) 用设计模式点化面向对象。

不知道设计模式,就无法真正了解面向对象程序设计的精髓;不掌握设计模式中透射出的原则,就设计不出来优雅的面向对象程序。本书在通过前 5 个单元进行的基本算法和构建面向对象程序的基本过程训练之后,立即转入设计模式的学习。但是,设计模式对于许多人还是一条鸿沟。为了帮助读者越过这条鸿沟,本书采用了讲故事的方式,先引入从设计模式折射出来的几个面向对象程序设计的基本原则,然后对 GoF 设计模式进行概要介绍。

(4) 将程序测试融入程序设计之中。

程序测试的目的是找出程序逻辑错误,应该说是程序设计最后的重要环节。但是,这个环节却被人们忽视了。在程序设计课程的进行中,几乎所有学习者都是编写出一个程序后,只能靠碰运气地上机试通,等到学习软件工程课程(可惜并非所有学习程序设计的人都有再学习软件工程的安排),这种陋习已经难于纠正。而实际上计算机专业在上软件工程课程时,并没有很多时间用于程序测试的训练,就连软件工程专业开设的软件测试课程,也缺少充分的实践环节。从根本上讲,程序测试应当是程序设计不可或缺的组成部分,把程序测试的训练纳入到程序设计中,应该说是最高效、最合理的安排。基于如此考虑,从 20 世纪 90 年代初,作者就开始尝试将程序测试融入程序设计的教学中。实践证明,这不仅可行,而且很有好处。

(5) 淡化指针,分散安排。

指针是 C 和 C++ 中最富有特色的机制,它把 C/C++ 灵活、高效的特点表现得淋漓尽致。然而,指针又是程序中最容易出错、难以理解的部分。从 20 世纪 80 年代,就有人把指针与 goto 语句列入应当限制使用的“黑名单”。目前,一些新的 C 族语言,如 Java、C#(读作 c sharp)都向用户隐蔽了指针。对于初学者来说,应当养成少用指针,尽量不用指针的编程习惯。为此没有专门介绍指针的部分,而是将指针内容分散在必须使用的部分。

2. 学习环境与使用方法

由 J. Piaget、O. Kernberg、R. J. sternberg、D. Katz、Vogotsgy 等创建的建构主义(constructivism)学习理论认为,知识不是通过教师传授得到,而是学习者在一定的情境,即社会文化背景下借助其他人(包括教师和学习伙伴)的帮助,利用必要的学习资料,通过意义建构的方式而获得的。在信息时代,人们获得知识的途径发生了根本性的变化,教师不再是单一的“传道、授业、解惑”者,帮助学习者构建一个良好的学习环境成为其一项重要职责。当然,这也是现代教材的责任。本书充分考虑了这些问题。

本书中除了正文外，在每一大节后面都安排了概念辨析、代码分析、开发实践和探索深究 4 种自测和训练实践环节，建立起一个全面的学习环境。

1）概念辨析

概念辨析主要提供选择和判断两类自测题目，帮助学习者理解本节学习过的有关概念，把当前学习内容所反映的事物尽量和自己已经知道的事物相联系，并认真思考这种联系，通过“自我协商”与“相互协商”，形成新知识的同化与顺应。

2）代码分析

代码阅读是程序设计者的基本能力之一。代码分析部分的主要题型是通过阅读程序找出错误或给出程序执行结果。

3）探索思考

建构主义提倡，学习者要用探索法和发现法去建构知识的意义。学习者要在意义建构的过程中主动地搜集和分析有关的信息资料，对碰到的问题提出各种假设并努力加以验证。按照这一理论，本书还提供了一个探索思考栏目，以培养学习者获取知识的能力和不断探索的兴趣。

4）开发实践

提高程序开发能力是本书的主要目标。本书在绝大多数大节后面都给出了相应的作业题目。但是，完成这些题目并非就是简单地写出其代码，而要将它看作是一个思维＋语法＋方法的工程训练。因此，要求每道题的作业都要以文档的形式提交。文档的内容包括：

(1) 问题分析与建模；

(2) 源代码设计；

(3) 测试用例设计；

(4) 程序运行结果分析；

(5) 编程心得（包括运行中出现的问题与解决方法、对于测试用例的分析、对于运行结果的分析等）。

文档的排版也要遵照统一的格式。

3. 感谢与期待

从 20 世纪 80 年代末，本人就开始探索程序设计课程从语法体系到问题驱动的改革；到了 20 世纪 90 年代中期又在此基础上考虑让学生在学习程序设计的同时掌握程序测试技能；2003 年开始考虑如何改变学习了 C++ 而设计出的程序却是面向过程的状况。每个阶段的探索，都反映在自己不同时期的相关作品中。本书则是自我认识又一次深化的表达。

尽管有了近 20 年探索的积累，但笔者却越来越感觉到编写教材的责任和困难。要编写一本好的教材，不仅需要对本课程涉及内容有深刻了解，还要熟悉相关领域的知识，特别是要不断探讨贯穿其中的教学理念和教育思想。所以，越到后来，就越感到自己知识和能力的不足。可是作为一项历史性任务的研究又不愿意将之半途而废，只能硬着头皮写下去。每一次任务的完成，都得益于一些热心者的支持和帮助。在本书的写作过程中，参加了部分工作的有姚威博士、陶利民博士、张展为博士以及张秋菊、文明瑶、史林娟、李博、张有明等。在此谨向他们致以衷心谢意。

本书就要出版了。它的出版，是我在这项教学改革工作跨上的一个新的台阶。本人衷心希望得到有关专家和读者的批评和建议，也希望能多结交一些志同道合者，把这项教学改革推向更新的境界。

张基温

2012年10月10日

目　录

第1篇　面向对象奠基

第 2 篇　C++ 晋阶

第 3 篇　C++ 探幽

第1篇　面向对象奠基

程序设计是一个逻辑思维传达过程，即把人的求解问题的逻辑思维传达到计算机操作的过程。面向对象程序设计作为现代程序设计的主流，其核心是将逻辑思维向前追溯到观察问题的视角，向后延伸到程序的组织结构上。也就是说，面向对象作为一种方法，更作为一种思维模式，要求人们以面向对象的观点去分析问题，还要求人们用面向对象的观念去组织程序。只有做到了这两点，才算奠定了面向对象的基础。

为了帮助初学者奠定这个基础，本篇首先介绍面向对象的一些基本概念；接着用4个单元通过实例进行用面向对象的视角观察问题的训练；最后用一个单元介绍按照面向对象的观念组织程序的一些重要原则，将读者引入真正的面向对象世界，为进一步学习奠定良好的基础。

第1单元　对象世界及其建模

1.1　程序＝模型＋表现

1.1.1　程序的概念

计算机是一种解题工具。它不仅可以进行各种数值计算，还能进行数据管理、艺术创造、智力游戏等。那么，计算机是如何自动解题的呢？原来，计算机是靠指令进行操作的。计算机解决问题的过程是执行一个指令序列的过程。为了解决不同的问题，就需要选用不同的计算机指令序列。这些指令序列就称为程序。要让计算机解决某个问题，就要先进行问题的分析，建立求解模型，再用程序来演绎对应的模型，最后把程序存入到计算机中执行，用程序操作计算机完成解题工作。简单地说，计算机所以能自动执行解题任务，是因为计算机能够记住程序，并在程序的控制下进行工作。其关键是设计程序，而程序是问题求解模型的计算机语言表现，可以简洁地表示为

程序 ＝ 模型 ＋ 表现

1.1.2　模型

模型是对于客观问题抽象的结果。建立模型的目的是为了便于理解、沟通，也便于实现。因为人对复杂问题的理解能力是有限的，许多大的系统不做一些简化，很难理解，达不到共识；不去掉一些枝节，也难以实现。

模型的建立主要取决于两个方面：问题的领域和建立模型所采用的方法，对于不同领域或采用不同的方法，可以建立不同的模型。例如，模拟战争以及建设规划可以采用沙盘模型（见图1.1(a)），进行化学课程教学可以用小球和直棍构建分子结构的实物模型（见图1.1(b)），进行地理教学可以使用地球仪（见图1.1(c)），还有许多问题可以采用公理系统构建的数学模型表示等。为使用计算机进行问题求解而建立的模型通常称为计算模型。

(a) 军事沙盘

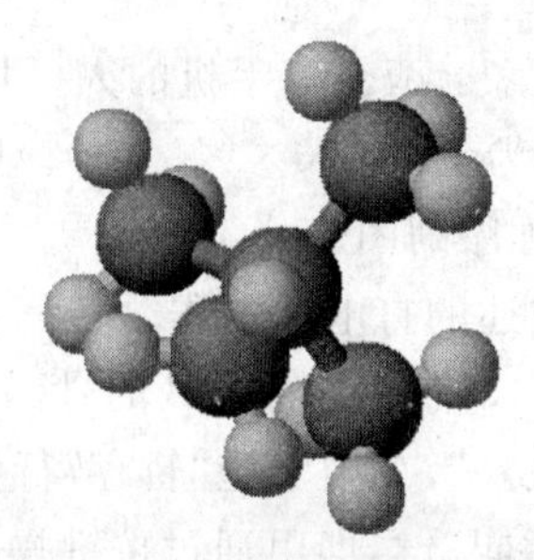

(b) 分子结构模型

(c) 地球仪

图1.1　几种不同的模型

对于不同的客观问题，可以建立不同的计算模型；对于同一客观问题，也可以用不同的方法建立不同的计算模型。从方法的角度，目前广泛采用的计算模型有面向过程的模型（简称过程模型）和面向对象的模型（简称对象模型）。

1. 过程模型

面向过程的模型认为问题从原始态到结果态的变化是通过一个操作过程完成的。为了求解问题，首先需要分析解决问题所需要的操作步骤，然后把这些操作步骤逐步实现。问题的求解模型主要是表现这个操作过程(procedure)或操作流程。

在计算机程序中，把操作的对象称为数据(data)。所以，过程模型也是用数据流和操作流描述的。

【例 1.1】 猪八戒吃桃子。某日，王母娘娘送唐僧两箩筐仙桃，唐僧命八戒去取。八戒从娘娘宫挑上一担仙桃上路，边走边望着仙桃咽口水，开始还好，到走了 128 里处时，倍觉心烦腹饥、馋不可忍，于是找了个僻静处开始吃起前头箩筐中的仙桃来，越吃越有兴致，不时竟将一筐仙桃吃尽，才猛然觉得大事不好。正在无奈之时，发现身后还有一筐，便转悲为喜，将身后的一筐仙桃一分为二，重新上路。走着走着，又馋病复发，才走了 64 里路，便故伎重演，又再吃光前面一筐仙桃，然后再把后一筐一分为二后上路。以后每走了前一段路程的一半，便如此这般。最后一段只有一里地，不敢再吃，忙向师父交差。唐僧一看，只挑来 2 只桃子，立即大怒，要八戒老实交代：一共偷吃了多少个桃子。八戒掰着指头费了好几个时辰回答不上来。

求解这个问题的基本思路是，根据最后所剩桃子数(如 2 个)。按照上述过程可以倒推出当初总共挑了多少个桃子。完成这个倒推过程，就完成了计算任务，据此可以建立一个过程模型。

2. 对象模型

面向对象的模型是用面向对象的方法建立的计算模型，它认为问题从原始态到结果态的变化是通过组成问题的对象之间的相互作用完成的，而对象间的相互作用是由事件引发的。因此，问题的求解模型主要是表现组成问题的对象，以及相关事件发生的条件和对象的行为。

【例 1.2】 打手机。

这个问题涉及 4 个对象：两个打手机的人(甲和乙)、两个手机 A(假定号码为 1333333××××)和 B(假定号码为 1366666××××)。则打手机的过程可以用图 1.2 描述。这种图称为 UML 序列图，简称序列图。

下面解释图 1.2 所描述的打电话过程。

① 甲执行“拨号”操作，在 A 中输入 B 的号码 1366666××××，即甲通过“拨号”，向 A 传递消息“1366666××××”，A 则实施“暂存”行为。

② 甲在 A 中按下“呼叫”键，即甲通过按键操作，向 A 传递 “呼叫” 消息(指令)，A 则实施“呼叫”行为。

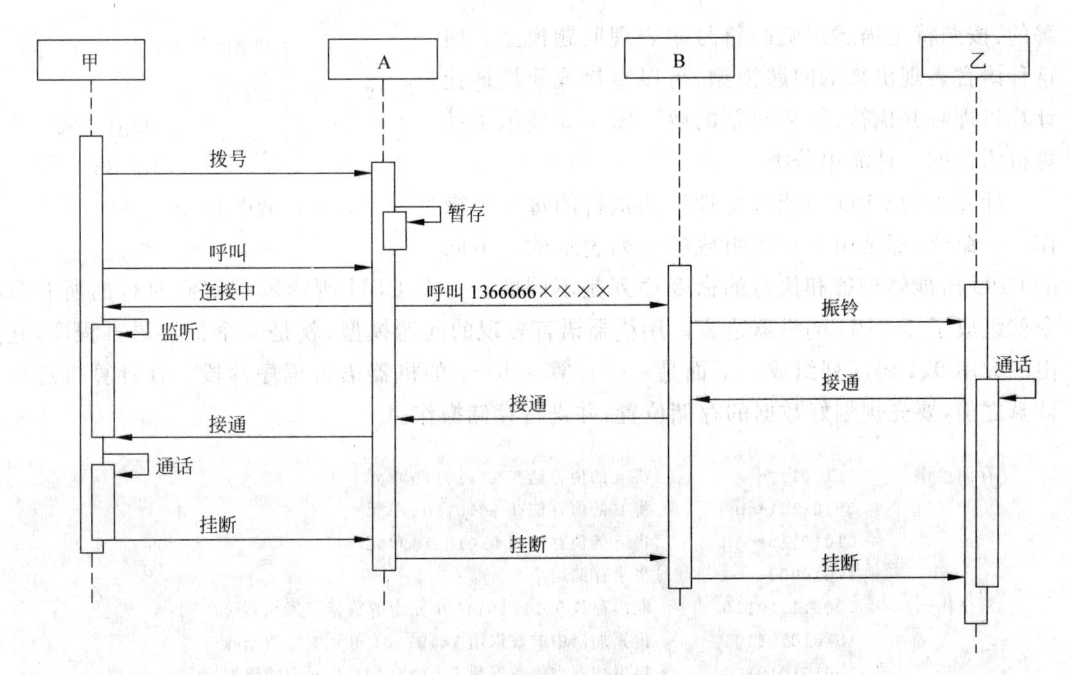

图 1.2　两个人用手机通话过程中的消息传递序列图

③ A 按照“1366666××××”找到 B，并向 B 传递“呼叫”消息，引发 B 的“振铃”行为，同时向甲发出“拨号中”的消息，引发甲的“监听”行为，等待接通。

④ B 用“振铃”，向乙传递消息，乙实施按键操作，按下 B 的“通话”键。

⑤ B 收到乙的“已接通”消息(指令)，停止振铃，实施“通话”操作；同时向 A 发出“接通”消息，使 A 结束“监听”过程，实施“通话”操作。

⑥ 甲、乙开始通话。

⑦ 通话中，一方(如甲)向所持手机(如 A)传递“挂断”消息，该手机即执行“挂断”，并向对方手机(如 B)发出“结束”消息。

对象比流程更加稳定。业务流程的制定需要受到很多条件的限制，甚至程序的效率、运行方式都会反过来影响业务流程。有时候用户也会为了更好地实现商业目的，主动地改变业务流程。一个流程的变化经常会带来一系列的变化，这就使得按照业务流程设计的程序经常面临变化。此外，对象比流程更加封闭。业务流程从表面上看只有一个入口、一个出口，但实际上，流程的每一步都可能改变某个数据的内容、改变某个设备的属性，对外界产生影响。而对象则是完全通过接口与外界联系，接口内部的事情与外界无关。因此，对于大型复杂问题采用对象模型比较合适。

1.1.3　模型表现工具

不同的模型有不同的表现工具和语言。下面介绍几种用于程序设计的模型表现工具。

1. 计算机程序设计语言

计算机程序设计语言简称计算机语言或程序设计语言，是用计算机能够直接或间接理解的、按照特定描述规则的符号集表现问题模型。用这种语言表现出来的问题模型，可以直接或间接地让计算机理解并执行，得到问题的解。图 1.3 展示了计算机语言的一种简单分类。

程序设计语言
- 机器语言
- 汇编语言
- 高级语言
  - 面向过程的语言
  - 面向对象的语言

图 1.3　程序设计语言的分类

计算机的 CPU 所能直接理解和执行的每一个操作——命令，都是用 0 和 1 组成的序列表示的。不同的 CPU 所能够理解和执行的命令序列是不同的。一个 CPU 所能够理解和执行的所有命令就组成了该 CPU 的机器语言。用机器语言表现的问题模型，就是一个机器语言程序，它由一大串 0、1 码序列组成。下面是一个计算 a/b－c 的机器语言程序片段。在计算机进行计算之前，要先规划好数据的存储位置，并进行存储操作。

存储操作：	11110110←a	将 a 的值存储在 11110110 单元
	10101101←b	将 b 的值存储在 10101101 单元
	01010110←c	将 c 的值存储在 01010110 单元
	10010000	将来存储结果
程序代码：	100011110110	取出存放在 11110110 单元中的数据到累加器
	101010101101	将累加器中的数据用 10101101 单元中的数据除
	100101010110	将累加器中的数据减去 01010110 单元中的数据
	010010010000	将累加器中的数据传送到 10010000 单元

用这样的语言描述问题模型，要把大量精力花费在对于码序列的辨认和记忆上，而不是花费在对于问题的理解上。这样，程序的编写效率不仅很低，而且很难保证其正确性。

为了解决用 0、1 码序列表现的机器命令给编程带来的不便，最早人们将每一条机器命令用一组方便记忆的符号表示，这样编写程序的难度就降低了，能把更多精力投向分析问题，程序中有了错误也比较容易发现了。下面是计算 a/b－c 的符号语言源程序片段。

```
LDA    a
DIV    b
SUB    c
MOV    x
```

如图 1.4 所示，编写好的符号语言源程序，需要用一个软件——汇编程序将其汇编成机器语言目标程序才能被 CPU 执行。为了便于汇编，源程序中不仅包含与机器命令一一对应的符号命令，还包含一些用于控制汇编过程的命令。这种语言称为汇编语言。

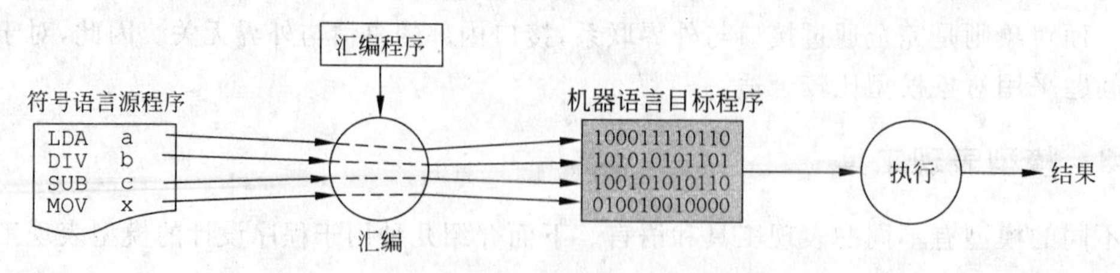

图 1.4　符号语言源程序的汇编与执行过程

机器语言和汇编语言都是面向机器的，即不同的CPU具有不同的汇编语言。由于计算机厂家很多，即使同一个厂家，所生产的CPU也在不断升级换代，同样一个问题，遇到不同的机器就需要重新编写程序，并且这些语言与人们的自然语言差距很大。为克服这些不足，人们又进一步开发出接近自然语言的程序设计语言——高级语言。

用高级语言描述的模型容易理解，能使人们把主要精力投入到对于问题的分析上，而不是投入在对语言本身的理解上，还能消除自然语言的二义性，所以高级语言得到了快速发展。

在高级语言的发展过程中，最先出现的是面向过程的语言——适合表现面向过程的模型。面向过程的高级语言有FORTRAN、COBOL、Pascal、C等。随着计算机求解问题规模的扩大，人们又开发出面向对象的语言——适合表现面向对象的模型。本书所介绍的C++是一种通用的程序设计语言，它既可以用于表现过程模型，又可以表现对象模型。

高级语言中的语句与机器语言命令之间，不再像汇编语言源程序与机器语言命令之间那样具有简单的一一对应关系了，通常是一个高级语言语句对应一段机器语言命令。现代高级语言编写出的程序允许分模块地进行，还允许使用系统已经验证过的资源模块。因此，用高级语言编写出的源程序要在计算机上执行应当通过图1.7所示的两步：翻译——将源程序模块翻译成机器语言代码；链接——把有关模块连接起来，形成一个完整的可执行程序。

C与C++

20世纪70年代初，AT&T的Bell实验室的程序员Denis Ritchie（见图1.5）为他们正在开发的UNIX操作系统提供了一种简洁、高效的高级语言，并将它称为C语言（因为其前身是BCPL和B语言）。之后，随着UNIX的广泛应用，C语言也得到迅速推广，并且在短短的几年内便风靡全球。

20世纪60年代是计算机应用的第一个高潮。计算机技术的广泛应用，促进了计算机技术的发展，也使软件的规模不断膨胀，程序的可靠性开始引起人们的关注。从20世纪60年代中期开始，人们提出了结构化程序设计方法、目的是通过解决软件的组织和管理问题来提高软件的可靠性。但是，随着软件规模的进一步膨胀，结构化程序设计便力不从心。于是，人们进一步提出了面向对象的程序设计（object oriented programming，OOP）方法，用类和对象来组织和管理程序。这种方法很快得到广泛的认同。1980年Bell实验室的Bjarne Stoustrup（见图1.6）在已经流行的C语言中加入类的机制，将之称为“带类的C”。经进一步完善，于1983年正式将之命名为C++。于是，一种既支持面向过程，又支持面向对象的高级程序设计语言就诞生了。

图1.5　Denis Ritchie

图1.6　Bjarne Stoustrup

ANSI（American National Standards Institute，美国国家标准局）于1990年开始着手进行C++的标准化。接着，国际标准化组织ISO也加入这个行列，成立了联合组织ANSI/ISO。1998年推出第一个C++国际标准ISO/IEC 14882：1998，简称C++98。2011年8月推出了新标准ISO/IEC 14882：2011，简称C++11。

2. 伪代码

伪代码是介于程序设计语言和人的自然语言之间的一种问题模型表现方法。通常采用一种程序设计语言的结构，但语句上采用自然语言。这种方式使用灵活，也便于非计算机专

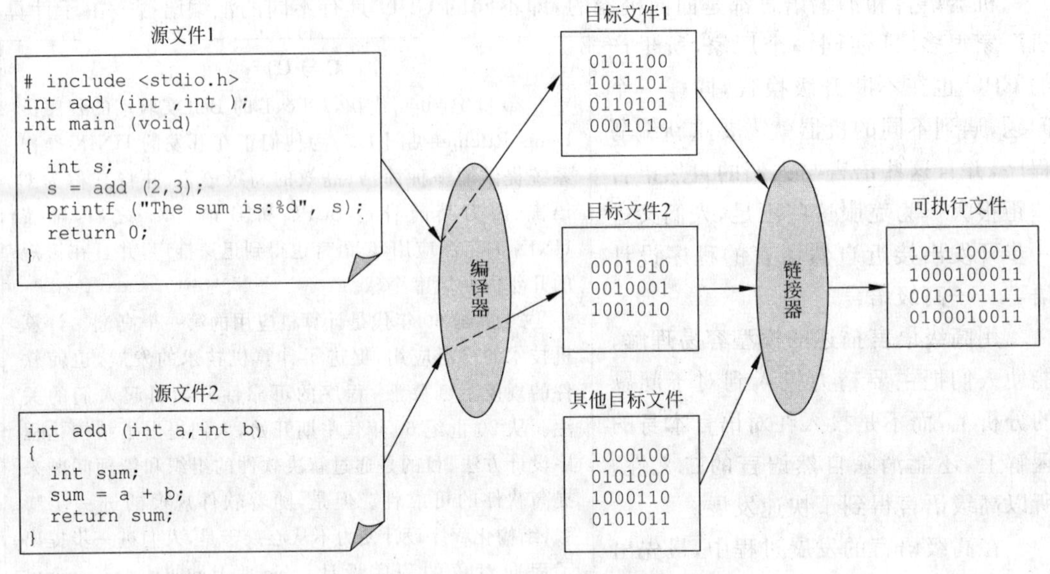

图 1.7 高级语言源程序的翻译和连接过程

业人员理解，常作为问题的自然语言描述到计算机程序之间的过渡形式。

3. 专用工具

为了便于交流和准确地表现问题的模型，人们还开发出一些专门用于程序设计的模型描述工具。这些工具多数使用图形符号，常用的有如下几种。

- 用于建立实体-关系模型的工具：E-R 图。
- 用于建立系统中数据流动和处理过程的工具：数据流图。
- 用于建立系统过程模型的工具：程序流程图。
- 用于面向对象建模的工具：UML。

本书将在相关的地方介绍有关工具的用法。

1.2 面向对象程序设计的基本概念

1.2.1 对象与类

1. 对象及其属性

面向对象模型是一种认识客观世界的方法，它认为世界由各种各样的对象(objects)构成。例如，研究一个学校系统时，需要考虑的对象有教务处、财务处、人事处、科技处等；张校长、李副校长等，张教授、王副教授、陈讲师、郭助教等；张学生、李学生、王学生等；教室 1、教室 2 等，计算机系、物理系、中文系、经济系等；C 语言程序设计课程、物理课程、数学课程等；设备 1、设备 2 等。

属性(attribute)是对象的性质及对象之间关系的统称。对象属性有些是特有的，有些是共有的。特有属性为某个或某类对象独有而为其他对象所不具有，如张三的长相与其他人不同，学生的特征与商人不同。共有属性为某类对象共有，如学生和商人都是人，都有名字、性别、年龄，都要吃饭、睡觉等。人们通过对象的特有属性来区分和认识事物，并通过共有属性来组织对象。

属性还可以分为静态属性和动态属性。静态属性描述对象的性质，动态属性描述对象的行为。在 C++ 中，静态属性用数据表现，动态属性用函数表现。

2. 类

面对复杂的现实世界，人们对其进行认识、理解、分析的最有力武器是抽象。抽象强调问题的内在的、本质的、共同的特性，暂时忽略其外部的、枝节的、个体差异的细节。分类(classification)是一种常用的抽象形式。通过分类分析，人们可以将一类对象共有属性中的某些部分转变为这类对象的特有属性，将具有相同或相似性质的对象抽象为类(class)，并按照一定的规则将它们组织起来。例如上述学校系统中，要考虑的对象太多，会使系统的开发难度太大，甚至无法下手。简化的方法是将那些对象抽象为数量少得多的类，例如：

- 对教务处、财务处、人事处、科技处等对象抽象，得到管理机构类。
- 对张教授、王副教授、陈讲师、郭助教等对象抽象，达到教师类。
- 对张学生、李学生、王学生等对象抽象，得到学生类。

显然，类是对象的抽象，对象是类的实例化。通常把属于某类的一个对象称为该类的一个实例。人们常常把对象和实例当作同一概念。

1.2.2 类的层次性

在对象的抽象过程中，特有属性会转化为共有属性。因而在类的基础上进行再抽象，就会得到高一层次的类，从而形成类的层次结构。例如，在图 1.8 中，“人”比“职工”有较高的抽象层次，而“职工”比“干部”、“教师”又具有较高的抽象层次；“资产”、“设备”、“建筑”、“车辆”、“载重车”、“小型汽车”等之间也有层次关系。图中的箭头指向较高的类层次。

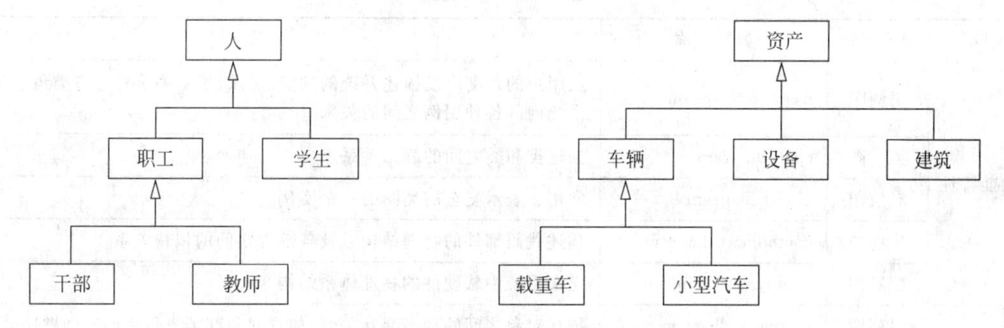

图 1.8　不同程度的抽象形成的类结构

如果“载重车”和“小型汽车”分别用下面的属性描述，则有：

- 载重车：资产号，名称，价格，使用部门，型号，生产厂家，发动机出厂号，载重量；
- 小型汽车：资产号，名称，价格，使用部门，型号，生产厂家，发动机出厂号，排气量。

对于“载重车”和“小型汽车”的共有属性进行抽象(特化)，可以得到关于“车辆”的如下描述属性。

车辆：资产号，名称，价格，使用部门，型号，生产厂家，发动机出厂号。

同样，对于"设备"和"建筑"，可以使用下面的属性进行描述。

- 设备：资产号，名称，价格，使用部门，型号，生产厂家，出厂号，使用环境。
- 建筑：资产号，名称，价格，使用部门，建筑面积，位置。

进一步对"车辆"、"设备"和"建筑"抽象，得到"资产"，并可以用下面的属性描述。

资产：资产号，名称，价格，使用部门。

显然，一个上层类（父类）的属性是其下层类（子类）属性的泛化(generalization)，即一个子类是父类的一个实例(instance)。或者说。一个下层类（子类）继承 (inheritance)了上层类（父类）的属性。所以就有可能以一个已有的父类为基础来建立一个子类，即可以由一个父类来派生(derivative)一个子类。

1.2.3 消息传递

消息(message)传递是对象间交互的手段。通过消息传递，一个对象可以激发另一个对象的行为或引起其状态变化。通常，一个对象需要向另一个对象传达一个信号，或者需要请求另一个对象提供一种服务时，就要向对方发出消息；接收消息的对象则会响应该消息，做出响应，提供所要求的服务并根据需要向请求者返回结果消息。

1.3 UML 建模

UML(unified modeling language，统一建模语言)是一种适合计算机程序等离散系统的通用建模语言。它用一组模型图来支持面向对象软件开发各个阶段（包括需求确认、系统分析、系统设计、系统编码、系统测试等）的工作，使对系统感兴趣的各种角色（如用户、系统分析员、编码员、测试员等）都比较好地理解系统中有关自己的部分。UML 视图的分类见表 1.1。

表 1.1 UML 视图

<table>
<tr><th>分类</th><th>视图名称</th><th>英文名称</th><th>用途</th></tr>
<tr><td rowspan="5">功能特性</td><td>用例图</td><td>use case diagram</td><td>从用户的角度出发描述系统的功能、需求，展示系统外部各类角色与系统内部各种用例之间的关系</td></tr>
<tr><td>类图</td><td>class diagram</td><td>描述类和类之间的静态关系</td></tr>
<tr><td>对象图</td><td>object diagram</td><td>常用于表示复杂的类图的一个实例</td></tr>
<tr><td>构件图</td><td>component diagram</td><td>描述代码部件的物理结构以及各部件之间的依赖关系</td></tr>
<tr><td>配置图</td><td>deployment diagram</td><td>定义系统中软硬件的物理体系结构</td></tr>
<tr><td rowspan="4">行为特性</td><td>序列图</td><td>sequence diagram</td><td>描述对象之间的动态交互关系，体现对象间消息传递的时间顺序</td></tr>
<tr><td>协作图</td><td>collaboration diagram</td><td>描述对象之间的协作关系</td></tr>
<tr><td>状态图</td><td>state chart diagram</td><td>用来描述一个特定对象的所有可能状态及其引起状态转移的事件</td></tr>
<tr><td>活动图</td><td>activity diagram</td><td>描述系统中各种活动的执行顺序，用于在业务单元的级别上对更高级别的业务过程进行建模，或者对低级别的内部类操作进行建模</td></tr>
</table>

目前,UML 已经广泛使用在面向对象的系统分析(建模)工作中。本书的任务是介绍使用 C++ 进行面向对象的程序设计,不会用到 UML 的全部内容。下面简单介绍几种 UML 视图。这些图例的介绍仅仅是为了帮助读者建立面向对象的概念。

1.3.1 用例图

在进行系统分析时,一般首先要分析系统的功能,描述从外部看到的系统功能及其提供的服务,强调系统能做什么事。外部看到的每一个功能都称为一个用例。UML 用用例图(use case diagram)表示系统功能,并同时描述用例与系统参与者(又称为角色、执行者,可以是人、另一个计算机系统或一些可运行的进程)之间的消息交换。图 1.9 为简单的图书管理系统的用例图。

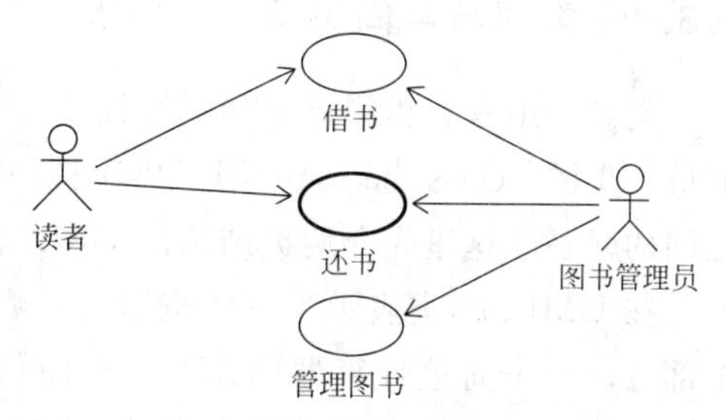

图 1.9 图书管理系统用例图

用例图在下面三种情况下非常有用。

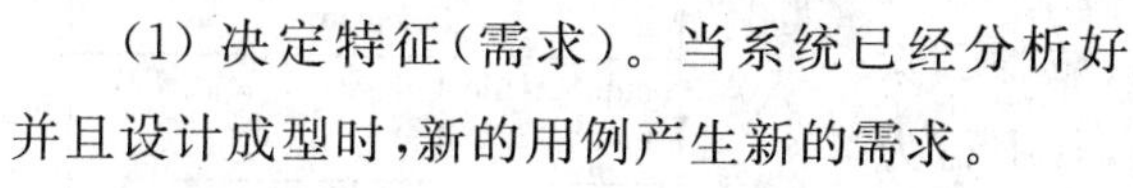

(1) 决定特征(需求)。当系统已经分析好并且设计成型时,新的用例产生新的需求。

(2) 客户通信。使用用例图很容易表示开发者与客户之间的联系。

(3) 产生测试用例。一个用例的情节可能产生这些情节的一批测试用例。

1.3.2 序列图

序列图 (sequence diagram)用来描述对象之间动态的交互关系,着重体现对象间消息传递的时间顺序。序列图存在两个轴:水平轴表示不同的对象,垂直轴表示时间。序列图中的对象用一个带有垂直虚线的矩形框表示,并标有对象名和类名。垂直虚线是对象的生命线,用于表示在某段时间内对象是存在的。对象间的通信通过在对象生命线间的消息来表示。消息的箭头指明消息的类型。图 1.2 是两个人用手机通话问题的序列图。图中上方的方块表示参与的对象,垂直的虚线表示对象的生命线,方框表示激活,其中箭头表示了一个调用消息(也可以有回送 return),其中也有自调用 (self call)。

1.3.3 状态图

状态图 (state chart diagram) 是状态机视图(state machine view)的简称,主要用于描述一个对象在其生存期间的动态行为,表现为一个对象所经历的状态序列,引起状态转移的事件(event),以及因状态转移而伴随的动作(action)。一般可以用状态机对一个对象的生命周期建模。

状态图由状态、转换、事件和活动组成,各状态由转移链接在一起。转移是两个属性之间的关系,它由某个事件触发,然后执行特定的操作或评估并导致特定的结束状态。

图 1.10 描述了简化的手机工作过程中的几种状态以及各种属性之间转换的条件。其中,黑色的圆表示状态的开始(开机),圆中黑色圆表示状态的结束(关机)。

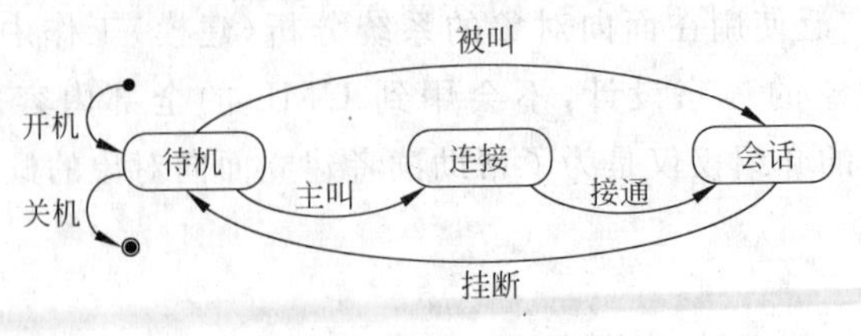

图 1.10 手机工作状态图

1.3.4 类图与类间关系

类是一组具有相同行为和属性描述(而不是属性值)对象的抽象,行为和属性都是类的成员。类图 (class diagram)用于描述类的结构——一个类由哪些成员组成,还可以描述类之间的联系。这里先介绍类结构的 UML 表示。

在 UML 中,类表示为一个矩形。一般情况下,这个矩形被分割成类名、属性和行为三个部分。一个简单计算器的 UML 类图如图 1.11 所示。图中的计算器可以对两个实数进行加、减、乘、除的计算。所以它具有两个属性和 5 个行为,其中行为 setNumbers 用于给定两个操作数的值。除了这些成员的名字外,在类图中还可以给出各成员的访问属性和类型,以及行为的参数。

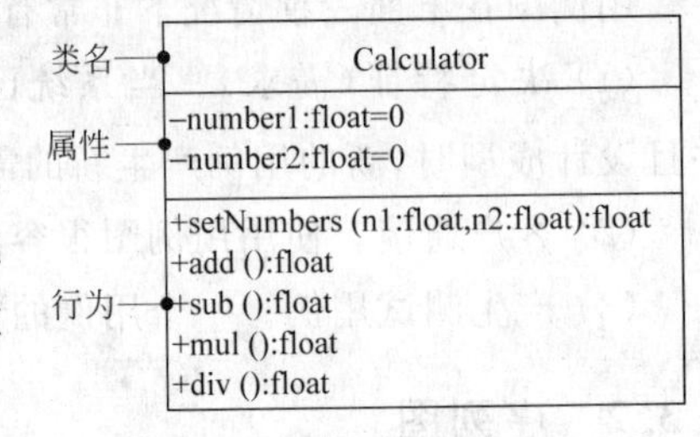

图 1.11 一般的 UML 类图

(1) 成员的类型用冒号后的类型名称说明。计数器类的两个属性为实数,用 float 表示。对于实数进行加、减、乘、除运算的结果,还是实数。在属性的类型后面还可以用"=初值"的形式给出属性的初始值。

(2) 成员有两种基本的访问属性:公开(public)和私密(private)。公开成员可以由外部的方法进行操作,之前标以+号;私密成员不可以由外部的方法进行操作,之前标以-号。

(3) 行为可以有参数,参数列表放在行为名称后面的一对圆括号中。参数也是有类型的。如果没有参数,则圆括号中为空,仅用来表示前面的名字是个行为。

大多数的 UML 工具都有隐藏功能。如在类图中可以隐藏参数、类型,甚至隐藏属性和行为。图 1.12 为 5 种简化的 UML 类图图例。

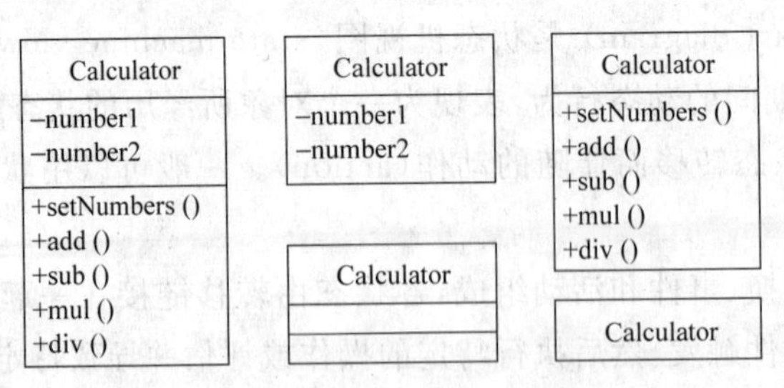

图 1.12 5 种简化的 UML 类图

1.3.5 对象图

对象是类在特定时间和空间范畴中的具体实例，为了描述对象的数据结构以及对象间的联系，有时需要画出对象图(object diagram)。对象图具有 3 种形式，即“对象名:类”、“:类”(用于表示匿名对象)和“对象名”。这 3 种形式都要求在名称框内使用下划线。图 1.13 为一个学生类及其几种对象图。

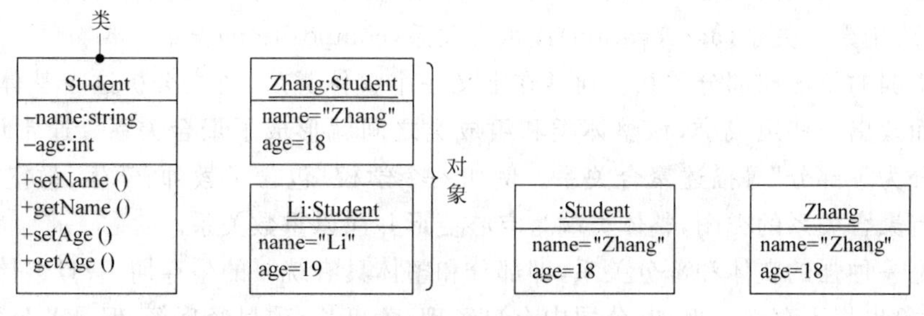

图 1.13 学生类及其对象图的几种形式

对象图与类图，在下面 3 个方面有所不同。

(1) 对象图没有行为框，只有属性框和名字框。

(2) 一般情况下，对象图要在名字框用类名给出其类型，并且都带有下划线，而类图仅给出类名，也不使用下划线。

(3) 对象图给出了属性当前值，不需要给出属性的类型；而在类图中仅需要属性的类型和默认值。

1.3.6 类间联系的 UML 表示

类图不仅可以描述一个类及其成员，更多地是用来描述多个类之间的关系。用 UML 类图可以描述类之间的关联、聚合、组合、依赖、泛化和实现等。

1. 关联

关联(association)指基于系统目标对象之间有意义的关系。这种有意义的联系方式很多。在建立系统模型时，常常要关注某种联系的重数(multiplicity)。重数用一组上下限数表示，用于指明表示对方类的每个对象与此方类的多少个对象相关联，即最多可以生成多少数目(上限)的实例，最少不得低于多少数目(下限)的实例。例如，在一个教学管理系统中，若规定一个学生每学期最少要选 7 门课，最多可选 10 门课；而一门课程的最少要有 8 名学生选才开，多了不限。这种关联可以表示为图 1.14 所示的关系。在 UML 中关联用实线表示。表 1.2 为 UML 重数的标记方法。

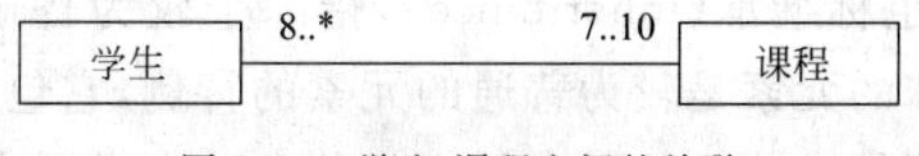

图 1.14 学生-课程之间的关联

表 1.2　UML 中重数的标记

标记	*或0..*	1	n	0..n	n..m	n,m,k
说明	0或n	一个	n个	0到n个	最少n最多m个	枚举

2. 聚合和组合

上面介绍的关联两端是平等的，没有孰轻孰重之分。若想表达整体-部分（whole-part）关系，可以改用聚合关系（aggregation）或组合关系（composition）。

聚合指弱的整体与部分关系。通常在定义一个整体类后，再去分析这个整体类的组成结构。从而找出一些组成类，该整体类和组成类之间就形成了聚合关系。通常用"包含"、"组成"、"分为等部分"等描述聚合关系。例如一个学校，包含了教师、学生、教室。图 1.15 为一个具有聚合关系的类图，整体类端为空心菱形并注以重数关系。

组合是一种强的整体和部分关系，即部分和整体具有统一的生存期，一旦整体对象不存在，部分对象也将不存在。例如，公司中有总经理、董事长、项目经理等，但是若公司不存在，这些角色也将不复存在。图 1.16 为一个具有组合关系的类图，整体类一端为实心菱形并注以重数关系，意味着一种更为坚固的关系。

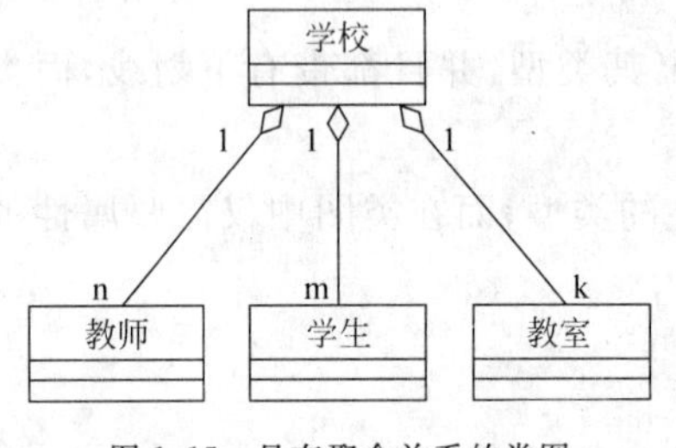

图 1.15　具有聚合关系的类图

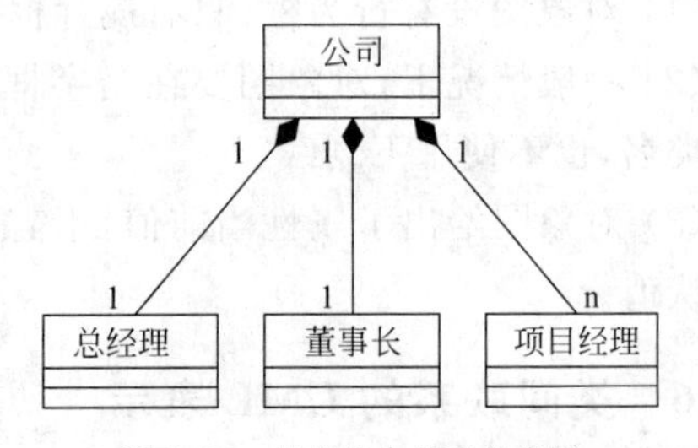

图 1.16　具有组合关系的类图

3. 依赖

依赖（dependency）关系指两个元素之间，一个元素的变化能影响另一个元素。影响是一个非常宽泛的概念，由很多原因引起，最典型的例子是在个人的亲友管理系统中，哥哥类和嫂嫂类之间的依赖关系：如果没有哥哥，就没有嫂嫂，即嫂嫂类依赖于哥哥类，图 1.17 为其 UML 视图。在 UML 中用一条有方向的虚线表示，箭头指向被依赖的元素。必要时可以加上一个用于说明的标签。

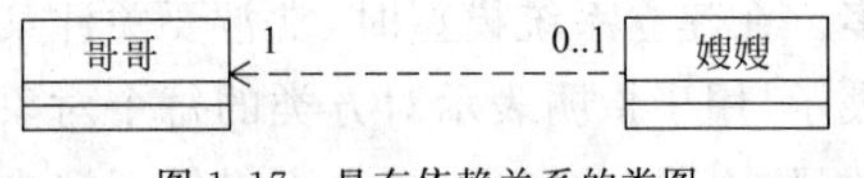

图 1.17　具有依赖关系的类图

4. 泛化

泛化（generalization）也称继承（inheritance），指一个较为普通的元素与较为特殊的元素之间的关系，即较为特殊的元素是较为普通的元素的特例，它包含了比较为普通的元素更多的信息，或者说它继承了较为普通的元素的全部信息。在类图中，继承关系用带有空心箭头的实线表示，箭头指向父类。

5. 实现

实现(implementation)关系用来规定接口和实线接口的类或者构建结构的关系。这里暂不介绍。

习 题 1

概念辨析

选择。

(1) 程序________。

A. 是一组计算机命令的集合
B. =模型+表现
C. 是求解一个问题的过程
D. 是求解一类问题方法的计算机描述

(2) 模型是________。

A. 对于现实系统的原样描述
B. 对现实系统的抽象
C. 重新建造一个与现实系统相似的系统
D. 一个代替现实系统的系统

(3) C++是一种________。

A. 计算机机器语言
B. 面向过程的计算机语言
C. 支持面向过程又支持面向对象的计算机语言
D. 支持汇编又支持面向对象的计算机语言

(4) UML是________。

A. 一种适合计算机程序等离散系统的通用建模语言
B. 一种用户管理语言(user management language)
C. 一种只用于面向对象开发的辅助描述工具
D. 一种只用于面向过程开发的辅助描述工具

探索验证

1. 要制作一个动画片,是采用面向过程的模型好?还是采用面向对象的模型好?为什么?
2. 试描述一个简单动画片中的对象(内容自己设计)。

开发实践

1. 在下列各组描述中找出类与对象关系,尽可能多地完善有关属性和行为(可以假设),并用UML描述。

(1) C++程序设计基础(张基温,高等教育出版社,1996)、C++程序开发教程(张基温,清华大学出版社,2002年)、C++面向对象程序设计(Robert Lafore,中国电力出版社,2004)、C++面向对象程序设计(Walter Savitch,清华大学出版社,2005)、C++大学教程(Eric Nagler,清华大学出版社,2006)、解析C++面向对象程序设计(甘玲等,清华大学出版社,2008)、C++教材。

(2) C++教材、C教材、Visual Basic教材、计算机课程教材、计算机组成原理教材、操作系统教材、计算机网络教材、数据结构教材、信息安全教材、编译原理教材、数据库教材。

(3) 张亦、钱尔、职员、赵伞、李思、王舞、经理、陈留、郭期、刘咨、孙究。

(4) A 楼 801 室、B 楼 605 室、房间、C 楼 301 室、D 楼 701 室、E 楼 201 室。

2. 一个餐馆管理系统涉及进餐者、服务员和厨师。试为该系统设计类图和序列图。

3. 试举 3 个有关对象分类的例子并建立相应的 UML 类图。要求有 3 层以上分类层次。

4. 试举两个有关对象间消息传递的例子并用 UML 序列图描述。

5. 分别举出一个类之间有继承、依赖、并联、聚合和组合关系的例子，并用 UML 表示。

第2单元 学 生 类

用 C++ 进行面向对象程序设计的最基本步骤有以下 3 步。

(1) 分析问题,从具体对象抽象并决定类的组成——给出类声明。

(2) 实现类。

(3) 用类创建程序中的对象(或称生成类的实例)并进行操作,得到解题结果。

本单元通过一个简单的例子——学生类的声明、实现和使用,介绍用 C++ 进行面向对象程序设计的基本过程。

2.1 类 Student 的声明

类声明(class declaration)就是告诉编译器,这个类由哪些成员组成,它的成员各属于什么类型,有哪些访问约束等。本节介绍 C++ 如何声明一个类。

2.1.1 类静态属性的 C++ 描述

在 C++ 程序中,类的静态属性用数据(data)描述、存储和处理,并称之为数据成员(data member)。要描述一个数据,涉及两个方面:数据类型和名字。

1. 数据类型

数据类型是计算机程序设计语言对于数据进行“规格化”处理的一种机制,以减少程序对于数据在存储、运算等方面的复杂性,并作为编译器对程序中数据进行校验的依据。数据类型分为基本类型和派生类型。常用的基本类型主要有以下几种。

(1) char(字符型)。字符类型数据的值是单个的字符。如在本例中,当用一个字符'm'或'f'表示性别时,成员变量 sex 就被定义成 char 类型。

(2) int(整型)。整数类型的只能取整数值,例如,在本例中年龄即为整型。

(3) float(单精度型)/double(双精度型),都称为浮点数,用于表示、存储带小数的数。双精度比单精度表示的数据范围大,精度也高一倍。在本例中成绩采用 double 类型。

常用的派生类型有 string,即字符串类型,它表示一串字符,如名字、地址等。字符串类型的值是双撇号括起的一串字符,如"Zhang"等。

综上所述,对于学生类来说,其数据成员可以描述为

```
string studName;                    //学生姓名,字符串类型
int studAge;                        //学生年龄,整型
char studSex;                       //学生性别,字符型
double studScore;                   //学生成绩,双精度型
```

这里,两个反斜杠表示该行后面的文字为注释。注释只是程序的编写者向程序的阅读

者(也可能是程序编写者自己)传递的一些信息,告诉阅读者如何来理解程序等,提高程序的可读性。编译器不对注释内容进行编译。

2. 标识符

在C++程序中,要使用许多名字,这些名字可以分为两类:关键字和用户标识符。

关键字是系统定义的、被赋予专门用途的一些词,而且具有全局性,即任何地方都可以拿来就用,只要符合语法和语义规则即可,例如本例中的class、int、char、double等。

用户标识符简称标识符,是由程序员定义的名字。类名、数据成员名等都标识符,例如本例中的Student、studName、studAge、studSex、studScore等。C++的用户标识符应当遵守下面的规则:

(1) 用户标识符由字母、数字和下划线3种字符组成,并且字母区分大小写。

(2) 用户标识符要以字母或下划线开头。

(3) 不可以采用C++保留字作为用户标识符。C++保留字包括C++关键字和其他一些有特定意义的单词,详见附录A。

按照上述规则,下列是合法的用户标识符:

```
abc,Abc,a2,a_2,_ab,a_
```

下面不是合法的用户标识符:

```
2ab(数字打头),abc$ (含非法字符),a-b(含非法字符),int(关键字),class(关键字)
```

工程技术人员推荐的一些命名原则

(1) 类名第一个字母大写,其后小写。

(2) 变量和函数名中的首字母小写,其后每个英文单词的第一个字母大写,其他小写。

(3) 类、对象和变量用名词,实现类行为的成员函数用动词,类的存取和查询成员函数名用名词或形容词。

(4) 名字要清楚、简单。建议长度在3~25个字符之间。

(5) 名字要好念、好记、好拼,符合"见名知义"的原则;避免模棱两可、晦涩不清、难以分辨,如字母o(O)与数字0,字母l(L)、I(i)与数字1。

几种流行的命名法

1. 下划线命名法

下划线法是C语言出现后开始流行起来的,在许多旧的程序和UNIX的环境中,使用非常普遍。它的命名规则是使用下划线作为一个标识符中的逻辑点,分隔所组成标识符的词汇。例如,my_First_Name、my_Last_Name等。

2. 骆驼(Camel-Case)命令法

骆驼命令法是使名字中的每一个逻辑断点都有一个大写字母来标记,例如:myFirstName、myLastName等。

3. 帕斯卡(Pascal)命名法

帕斯卡命名法与骆驼命名法类似。只不过骆驼命名法是首字母小写,而帕斯卡命名法是首字母大写,例如MyFirstName、MyLastName等。

4. 匈牙利命名法

匈牙利命名法是Microsoft的匈牙利籍著名开发人员、Excel的主要设计者查尔斯·西蒙尼(Charles Simonyi)在他的博士论文中提出来的一种关于变量、函数、对象、前缀、宏定义等各种类型的符号的命名规范。其基本原则是:变量名=属性+类型+对象描述,其中每一对象的名称都要求有明确含义,可以取对象名字全称或名字的一部分。命名要基于容易记忆容易理解的原则。表2.1列出了匈牙利命名法中关于前缀的主要规范。

表 2.1 匈牙利法变量命名前缀主要规范

前缀	类 型	描 述	实 例
c	char	8 位字符	cGrade
str	string	字符串	strName
n ,i	int	整型	nLength
si	short int	短整型	siSequ
u	unsigned int	无符号值	uHeight
f	float	浮点型	fRadius
d	double	双精度型	dArea
l	long	长整型	lOffset
ld	long double	长双精度型	ldRate
p		指针	pDoc
if		输入文件流	ifDataFile
of		输出文件流	ofStuFile

2.1.2 类行为的 C++ 描述

每个类可以包含很多行为,通常每个行为表现为实现一个功能(function),在 C++ 程序中表现为一个成员函数(member function)。在类的声明中,成员函数的格式如下。

```
返回类型 函数名 (参数序列);
```

说明:

(1) 函数名是要实现功能的代表符号,要遵守 C++ 标识符命名规则。

(2) 参数表示要函数实现某项功能需要向其提供的有关数据。例如,一个计算正弦值的函数,需要向其提供弧度;一个计算两点间距离的函数需要以两个点的纵坐标和横坐标为参数;要计算机打印一个欢迎词,则需要以欢迎词为参数等。函数的参数可能是一个、两个、多个,也可能没有。C++ 的每个函数参数都是数据,属于 C++ 的某种类型。函数没有参数时,参数写为 void 或圆括号中空。

(3) 每个函数的功能可以表现在两个方面:一是执行一个过程,如执行一个输入过程或输出过程;二是向调用处返回一个数据供程序中使用。一个函数可能完成其中一个,也可能二者兼具。在 C++ 中,任何数据都是有类型的,所以作为函数的返回数据也有类型,称为函数的返回类型。若函数没有返回数据,只执行一个过程,则返回类型要用关键字 void 表示。

在本例中,可以考虑有两个成员函数:

```
void  setStud (string nm,int ag,char sx,double sc);        //建立学生数据
void  dispStud (void);                                      //显示学生数据
```

成员函数 setStud()的功能是建立学生数据,为一个学生对象输入具体的姓名、年龄、性别和成绩。这些数据由调用者供给,所以有相应的 4 个参数。dispStud()的功能是显示一个对象的数据成员值,可以直接对数据成员操作,不需要向它传递数据,不需要参数,用圆括

号内的 void 表示这个函数没有参数。这两个成员函数都不向调用者返回任何值。故返回类型为 void。

(4) 一个函数的使用要有 3 个环节：定义、声明和调用。定义是描述一个函数由哪些语句组成,需要哪些参数并返回什么类型的数据。函数声明只需表明函数的名字、参数和返回值类型。函数调用是在程序需要的地方、用需要的参数让函数执行的操作。在声明类时,只需要描述类的成员的名字和类型,所以只需要写出函数声明即可。

2.1.3 类成员的访问控制

C++ 提供了一些关键字,用于表明某个或某一组成员的访问属性。其中最基本的访问控制关键字是 private 和 public。

private 后加一个冒号,说明后面的成员具有私密性或私有性,即它们只能被本对象的其他成员直接访问,而不能被外部直接访问,称为私密成员或私有成员。public 所说明的成员具有公开性,即它们不仅能被本对象的其他成员直接访问,也可以被外部直接访问,称为公开成员或公有成员。这样,类的公开成员就成为类对象的公共接口。外部要访问对象的私密成员只能先访问其公开成员,再由该公开成员去访问私密成员。一个访问控制关键字的有效范围是从其后的冒号开始到另一个访问控制关键字或到类声明结束。

C++ 默认的访问控制是 private,即一个没有特别说明访问控制属性的成员,就会被作为私密成员看待。

2.1.4 类 Student 声明的完整形式

一个完整的 C++ 类声明具有如下格式。

```
class 类名
  {
访问控制关键字:
     成员声明列表 1
访问控制关键字:
     成员声明列表 2
  };
```

【代码 2-1】 本例中的 Student 类声明。

```
#include<string>
class Student  {                          //类头:类声明关键字和类名
//类体开始
public:                                   //访问控制关键字,公开成员说明符
    void         setStud (std::string nm,int ag,char sx,double sc);
    void         dispStud (void);
private:                                  //访问控制关键字,私密成员说明符
    std::string  studName;
```

```
    int      studAge;
    char     studSex;
    double   studScore;
};                                  //类体结束,后面要加一个分号
```

说明:

(1) 一个类声明由类头和类体两部分组成。类头由关键字 class 开始,后面是一个类名,直到遇到一个前花括号。类体在类头后面,由括在一对花括号中间的一系列成员声明组成。要注意,类声明要以分号结束。

(2) 成员声明,要声明成员的名字、类型和访问控制属性,并以分号结束。对成员函数,还需要声明参数的个数和类型。

(3) std 称为标准名字空间。名字空间是一种支持大型程序设计的机制。在编写大型程序时,需要用到大量名字,而一个大型程序往往是由多个人分头完成的。这样,就会形成一个非常复杂的命名体系。弄得不好常常会发生因名字相同而引起的冲突。为了解决这个问题,人们提出了名字空间的机制,即不同的人,在设计不同的模块时,可以分头定义自己的名字空间。std 就是一个在定义标准库时使用的名字空间,称为标准名字空间。

在一个地方要使用别的名字空间中的某个或某些名字时,就需要导入其定义的空间进行分辨。例如本例中的 string,就是在标准库 std 中定义了的名字,要使用它就要先导入 std 进行分辨。最基本的导入方法是直接在使用处用名字空间限定符标明某个名字的定义域,如在本例中的

```
std::string
```

(4) #include 称为文件包含命令(不是语句,不以分号结束),其作用是将后面的文件包含在当前程序中,如本例中命令 #include＜string＞将指示在编译预处理时把头文件 string 包含在当前程序中。因为类型 string 与 int、double、char、float 等不同,它不是系统预定义的关键字,而是定义在头文件 string 中的一个数据类型,从语法的角度看,要使用一个名字,必须让编译器知道其定义。从另一方面看,名字 string 定义在名字空间 std 中,要使用这个名字,还必须让编译器知道这个名字的名字空间。

(5) 为了建模的需要,可以用类图表示类声明,并用不断细化的方法描述类。图 2.1 描述了 Student 类图的细化。

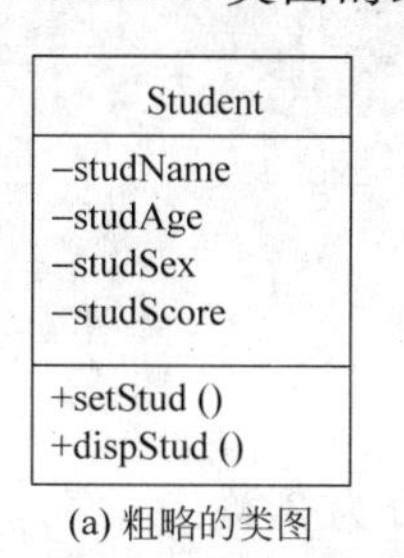

(a) 粗略的类图

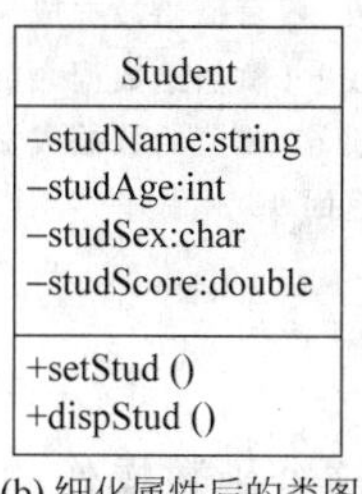

(b) 细化属性后的类图

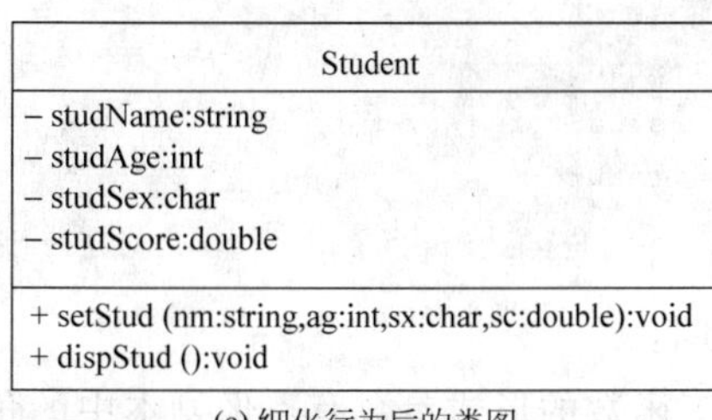

(c) 细化行为后的类图

图 2.1　Student 类图的细化

2.2 类 Student 的实现

类声明中使用声明语句给出了类的成员的组成。但是,对于类的成员,特别是成员函数来说,仅仅用声明描述了它们的特征,还没有它们的定义。类的实现就是给出类成员的定义,即用正确的 C++ 代码写出这些成员函数的功能是通过哪些操作实现的。

2.2.1 函数定义概述

一个 C++ 函数分为函数头和函数体两部分,具有如下结构。

```
类名 :: 函数返回类型 函数名 (函数参数列表)
{
  函数体
}
```

说明:

(1) 函数头包括函数名、函数返回类型、参数列表极其每个参数的类型。同时最前面要注以类名和作用域分辨符::说明这个成员函数所属的类。

(2) 函数体由一系列 C++ 语句组成,每个语句都要以分号结束。

(3) 函数定义只以}结束,后面没有分号。

2.2.2 成员函数 setStud()的定义

函数 setStud()的功能是为类对象 Student 中描述学生信息的 4 个数据成员确定具体的值。

【代码 2-2】 函数 setStud()的定义。

```
#include<string>
类型名  域名  域分辨符 函数名
void Student::setStud (std::string nm, int ag,char sx,double sc)  { //函数头
//以下为函数体
    studName=nm;                              //将参数 nm 赋值给数据成员 studName
    studAge=ag;                               //将参数 ag 赋值给数据成员 studAge
    studSex=sx;                               //将参数 sx 赋值给数据成员 studSex
    studScore=sc;                             //将参数 sc 赋值给数据成员 studScore
    return;                                   //函数返回
}
```

说明:

(1) 函数的形式参数有点像剧本中的角色。这个函数操作的数据分为 3 类:

- 本类的数据成员 studID、studName、studAge、studSex 和 studScore。
- 形式参数。这个函数中的代码表示,nm、ag、sx 和 sc 这 4 个角色的任务是,在函数

被调用时接收调用者传来的值，再将它们分别送给数据成员 studName、studAge、studSex 和 studScore。所以，形式参数的名字并不重要，重要的是它们的类型。

- 函数体中定义的一些临时变量。本例中没有，以后遇到再介绍。

(2) 在 C/C++ 中，=称为赋值操作符，它要求 CPU 将其后的值存储到其前的名字所指示的存储空间中。例如，语句 studAge = ag；要求 CPU 将参数 ag 的值赋给数据成员 studAge 所代表的存储空间中，简称将 ag 的值赋给数据成员 studAge。注意，在 C/C++ 中，=不是等号，等号是==。赋值操作符的含义是无法用等号解释的。例如：

```
a=b=c;                      //先将变量 c 的值赋值给变量 b,再将变量 b 的值赋值给变量 a
x=x+1;                      //将 x 的值加 1 后,再赋值给 x
```

(3) 在函数体中，return 语句执行一个返回操作，即将程序流程交回函数的调用者，并向调用者最多返回一个数据。返回的数据以表达式的形式写在关键字 return 的后面。成员函数 setStud (void)没有数据返回，即不向调用者返回消息，所以 return 语句后面是空的，与函数头中的定义 void 相对应。

(4) C++ 有两种注释。前面已经介绍过的注释由//引出。这种注释的特点是不可跨行，且所在行的后面也不能有有效语句。C++ 的另一种注释沿用 C 语言中的注释形式，是用/*表示注释的开始，用*/表示注释的结束，不管注释内容跨越几行，也不限制同一行*/的后面出现有意义的语句。例如：

```
a=b=c;      /* 先将变量 c 的值赋值给变量 b,再将变量 b 的值赋值给变量 a */x=x+1;      /* 将 x
的值加 1 后,再赋值给 x */
```

2.2.3 成员函数 dispStud() 的定义

函数 dispStud()的功能是将 Student 类对象中有关的学生信息输出，即分别输出各数据成员的值。

【代码 2-3】 函数 dispStud()的定义。

```
#include<iostream>                      //文件包含,将文件 iostream 中的内容包含进来
void Student::dispStud (void)  {        //函数头
    //以下为函数体
    std::cout<<studName<<","            //将学生姓名插入输出流
            <<studAge<<","              //将学生年龄插入输出流
            <<studSex<<","              //将学生性别插入输出流
            <<studScore                 //将学生分数插入输出流
            <<std::endl;                //将一个换行操作插入输出流
    return;                             //函数返回
}
```

说明：

(1) 一个 C++ 函数最多只能返回一个值。这个函数需要输出 3 个值，显然不能用返回值的方法把这些值向上一层输出，只能在本函数内一一输出这 3 个值。这样函数就不向调

用者返回任何值了,所以返回类型为 void。此外,它可以直接对本类的数据成员 studName、studAge、studSex 和 studScore 进行操作,没有其他数据需要以参数形式传递,所以参数部分为空。

(2) cout 是一个特殊对象,表示向标准输出设备——显示器输出的数据流。如图 2.2 所示,一个“<<”操作符的功能是把一个表达式的值送入——插入 cout 流中,所以把“<<”称为插入操作符。对于插入运算来说,所操作的对象有 3 种类型:

- 具有值的表达式,如一个数据、一个数据成员、一个用操作符连接的数据表达式等,将显示该表达式的值。
- 括在双撇号中的一串字符——字符串,如本例中的","将按原样显示。
- 代表某种操作的名字,如本例中的 endl 表示换行操作。

一个 cout 对象允许多个 << 操作,只有当缓冲区满或遇到流的结束标志(如 endl 或“\n”)时,该 cout 所指定的流中断,缓冲区中的数据被送到设备上,并清除缓冲区中的内容。

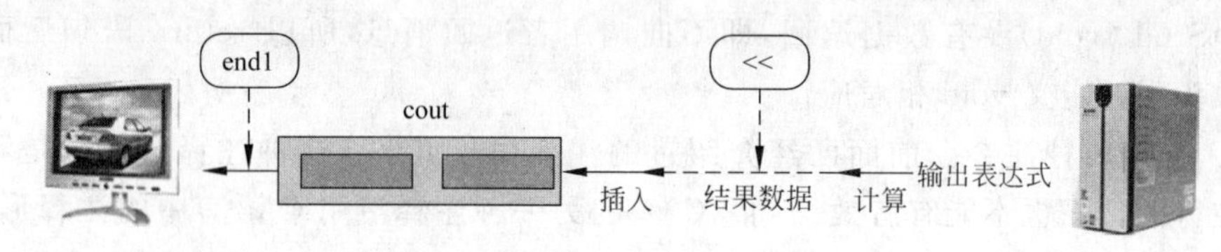

图 2.2 C++ 输出流的插入操作

cout 和 endl 定义在头文件 iostream 中,为了使编译器能解释它们,需要用编译预处理命令 ＃include 把头文件 iostream 中的定义包含在当前程序中。

cout 和 endl 都是标准库名字空间中的名字,在本例中用 std::导入。

2.3 类的测试与主函数

2.3.1 类测试的概念

测试是发现程序中错误的过程。为了保证软件的质量和可靠性,应力求在软件分析、设计等各个开发阶段,对软件进行测试,以便能够发现错误,及时纠正。软件测试是软件投入运行前,对软件需求分析、设计规格说明和编码的最终复审,是软件质量和可靠性保障的关键步骤。为了达到这个目标,应当用一种尽量发现更多错误的心态对待测试。

一般说来,要发现程序中的错误,有两种基本手段:静态测试和动态测试。

静态测试也称桌面测试,就是坐在桌前,从问题的要求和程序设计的语言语法两个方面仔细分析所设计的程序代码,找出其中的错误。这项工作,并非要在程序代码完全设计好后才进行。在分析问题时,先用伪代码或其他工具从粗略到细致、一步一步地向程序设计语言描述的代码转换,每细化一步,就静态地测试一次,可以最大限度地减少程序中的错误。

动态测试是通过运行程序发现程序中的错误。所发现的错误包括语法错误和逻辑错误。对于语法错误,编译器可以发现并提示测试者。对于逻辑错误,往往需要精心地分析程序的功能和逻辑结构,设法让程序的运行尽可能多地覆盖各种可能的部分,才能尽可能多地找出程序中的错误。所以,程序测试也是程序设计的一个非常重要的环节。

对于面向对象程序来说，只有类和类簇的测试才真正体现了面向对象程序测试的特点，而两者之间又以类的测试最为关键。这是因为类是面向对象程序基本的单元，并且类的测试方法也往往可以直接推广到类簇。因此研究类的测试生成是极有意义的。

类测试中一个重要的环节是状态测试。但是状态测试涉及的内容已经超出本的内容，并且基于状态的类测试已经有了相关的工具。作为对学习者的基本训练，本书把函数作为更基本的组件来考虑程序测试。

2.3.2 对象的生成及其成员的访问

要测试一个类，必须先创建必要的类的实例——对象。因为一个类声明后，系统仅仅保存了有关代码，并不为有关成员分配存储空间，这些成员还无法访问。为此，对于一个类的应用和测试，必须首先创建该类的实例——对象。创建一个类的实例的方法很简单，与定义一个变量相似。也可以说，一个类就是一种用户自定义类型，创建一个对象，就是定义该类的一个变量。例如，类名 Student 被声明后，便可以用声明语句生成对象。如用下面的声明语句可以生成对象 stud1、stud2。

```
Student stud1,stud2;
```

这样，编译器就会提请操作系统为按照类中声明的数据成员大小为 stud1 和 stud2 分配两个相应大小的存储空间。

生成了对象，它的成员就可以用“对象名.成员”的方式进行访问了。例如表达式 stud1.stuAge、stud1.dispStud()等。

2.3.3 主函数

主函数是类和对象进行表现的变动者。在 C++ 中，每个程序必须也只能有一个主函数 main()。每一个 C++ 程序的执行都是从主函数开始，并执行到主函数结束为止。为了让类的设计能充分表现，设计好问题需要的类后，常常还要设计一个主函数来测试出类设计中的逻辑错误。在主函数中，主要包含了类的实例化和对象分量的操作。

【代码 2-4】 学生类的一个测试主函数。

```
int main (void) {
    Student stud1;                                 //生成一个对象 stud1
    stud1.setStud ("ZhangZhanhua",18,'m',88.99);   //用常量做参数调用成员函数 setStud()
    stud1.dispStud ();                             //调用成员函数 dispStud (void)
    return 0;
}
```

说明：

(1) 主函数是一个特殊的 C++ 函数，特殊之处在于：

- 主函数的名字固定为 main，不可以改变。
- 一个 C++ 程序必须有一个 main()函数，并且只能有一个 main()函数。
- 一个 C++ 程序的执行只能从 main()函数开始，也只能终止于 main()函数。

- 主函数是由操作系统调用的。操作系统调用一个主函数时,可以用参数传递一些消息,也可以只要它完成一个过程。上述主函数是后者,所以其参数部分为空。C++规定,主函数只向操作系统返回一个整数,默认的返回值为0,即使不使用 return 0,编译器也会自动生成一个返回值0,表明这个主函数正常结束。

(2) 表达式 stud1. setStud ("ZhangZhanhua",18,'m',88. 99) 称为对象 stud1 的成员函数 setStud()的调用表达式。用分量操作符(·)表明要调用的函数 setStud()是对象 stud1 的一个分量。式中的"ZhangZhanhua"、18、'm'和 88. 99,称为实际参数。"调用"包含着两个操作: 首先用实际参数按照顺序依次替换函数定义中的实际参数;然后将执行流程从调用者转向被调用者。

函数执行结束,要执行的操作成为返回。"返回"意味着两个操作: 向调用表达式返回一个数据(如果在定义中有要求);然后将流程从被调用者交回调用者。若在定义中无返回数据的要求,则直接将流程交回调用者。

表达式 stud1. dispStud()则称为对象 stud1 的成员函数 dispStud (void)的调用表达式。

图 2.3 为本例中主函数执行过程线索图,表明了上述两个成员函数被调用的过程。其中的虚线表示参数传递的情况,实线表示程序的执行流程。

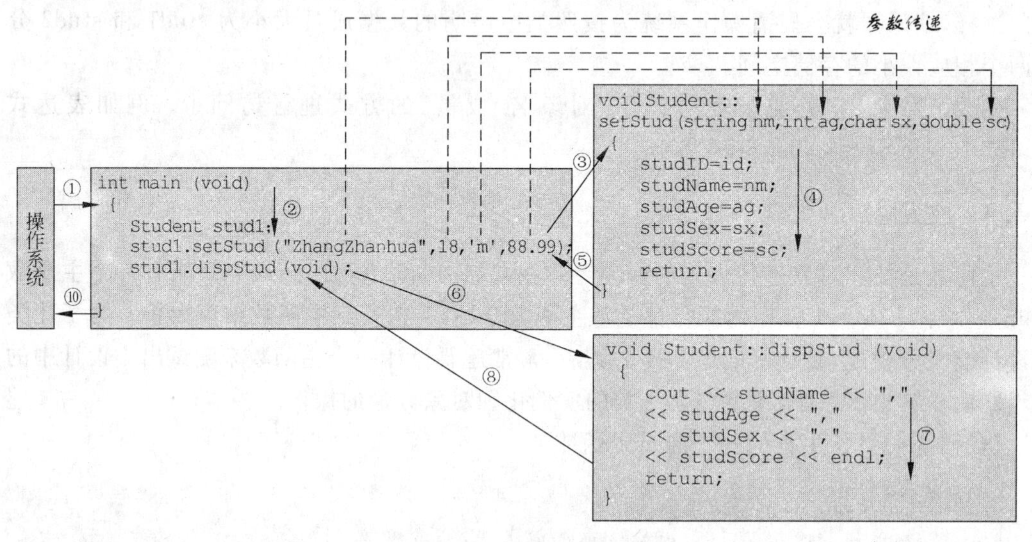

图 2.3 本例主函数的执行流程

(3) 数据常量的表示。在本例中,主函数中调用成员函数 setStud()时,实参使用的是几个常量。常量就是在程序中值不能变动的量。在本例中:

- "ZhangZhanhua"是一个字符串(string 型)常量,是括在一对双撇号中的一个字符。
- 18 是一个整型(int 型)常数。
- 'm'是一个字符(char 型)常量,是括在一对单撇号中的一串字符。
- 88. 99 是一个实常量,可以是 float 型,也可以是 double 型。这里按照 double 型处理。

注意：函数中的实参一定要与形参在类型和个数上一一对应。

(4) 主函数不是类 Student 的成员，是一个外部函数，因而不能对类 Student 的私密成员进行访问，而必须借助类 Student 的公开成员 setStud()或 dispStud()才能对 Student 的私密成员进行设置或显示，如图 2.4 所示。

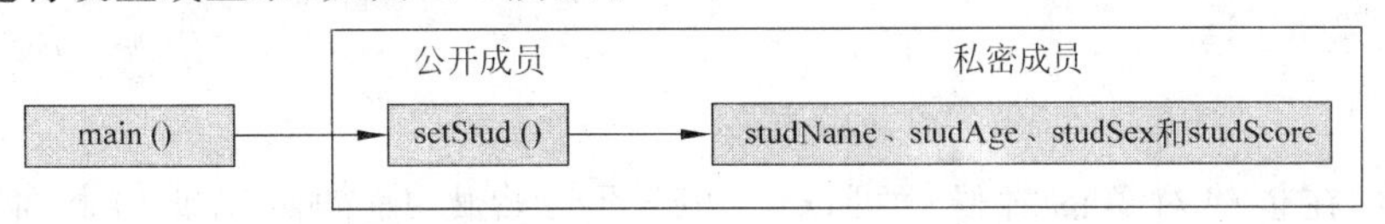

图 2.4 外部函数通过类的公开成员访问类对象的私密成员

(5) 测试结果如下。

```
ZhangZhanhua,18,m,88.99
```

(6) 在编写程序时，要注意不要引用未经初始化的变量的值。

【代码 2-5】 演示使用没有初始化变量出现的情形。

```
int main (void) {
    Student stud1;
    stud1.dispStud ();                              //先调用成员函数 dispStud (void)
    stud1.setStud ("ZhangZhanhua",18,'m',88.99);
    stud1.dispStud ();
    return 0;
}
```

得到如下测试结果：

```
,-858993460,?-9.25596e+061
ZhangZhanhua,18,m,88.99
```

可以看出，第一行输出的是一些意外值。原因在于对象创建以后，没有初始化时，这些数据成员的值是不确定的，是随机的。只有赋予确定的值后，输出的值才是确定的。

2.4 用构造函数初始化对象

2.4.1 构造函数的初始化机制

如前所述，当要生成一个对象时，对象中的数据成员没有被初始化是非常危险的。初始化(initialization)就是在变量生成的同时让它具有确定的值。对于这一点，C++ 的开发者一开始就考虑到了，为此设计了一套初始化机制，这就是构造函数(constructor)，它是用来向系统注册一个对象并对其数据成员初始化的一种特殊成员函数。它之所以特殊，在于：

(1) 构造函数与类同名，以便在生成对象的同时被执行。

(2) 构造函数定义不能写返回类型，这也与 void 类型不同。

(3) 构造函数在声明一个对象时会被自动调用，可以显式调用，也可以隐式调用。

1. 构造函数的基本形式

【代码 2-6】 Student 类的构造函数。

```
#include<string>
Student::Student (std::string nm,int ag,char sx,double sc) {
    studName=nm;
    studAge=ag;
    studSex=sx;
    studScore=sc;
}
```

这样，在创建对象的时候就可以一并进行初始化了，如可以使用下面的语句生成 Student 的两个对象 stud1 和 stud2，并隐式调用构造函数对它们进行初始化。

```
Student stud1("Zhangh",18,'m',88.9),stud2 ("Lili",19,'f',89.8);
```

显式调用构造函数的方法如下。

```
Student stud1=Student("Zhangh",18,'m',88.9),stud2 ("Lili",19,'f',89.8);
```

应当注意，定义了构造函数后，类声明也要进行相应的修改。

【代码 2-7】 增加构造函数后的 Student 类声明。

```
#include<string>
class Student {
public:
    Student (std::string nm,int ag,char sx,double sc);            //构造函数
    void          dispStud (void);
private:
    std::string  studName;
    int           studAge;
    char          studSex;
    double        studScore;
};
```

如果需要，还可以在构造函数的函数体内加入其他一些语句，如动态内存分配（在第 11 单元介绍）以及一些输出语句，显示构造函数被执行等。

【代码 2-8】 添加了输出语句的构造函数。

```
#include<string>
Student::Student (std::string nm,int ag,char sx,double sc) {
    studName=nm;
    studAge=ag;
    studSex=sx;
    studScore=sc;
    std::cout<<"调用 Student 类的第 1 个构造函数。\n";
}
```

这样，创建对象时将会显示出这个构造函数被调用的信息。

```
调用Student类的第1个构造函数。
ZhangZhanhua,18,m,88.99
```

注意，构造函数不能像其他成员函数那样用分量操作符访问。例如：

```
Student s1;
S1.Student (void);                                              //错误的访问
```

2. 初始化段(初始化列表)

有参构造函数也可以采用函数调用形式的初始化段(initialization section，也称初始化列表)定义。例如，上面的定义可以采用下面的等价形式。

【代码 2-9】 初始化列表形式的构造函数。

```
#include<string>
Student::Student (std::string nm,int ag,char sx,double sc)
      : studName (nm),studAge (ag),studSex (sx),studScore (sc) {          //初始化段
   //函数体为空
}
```

2.4.2 部分初始化构造函数、无参构造函数与构造函数重载

有参构造函数也可以只对部分数据成员初始化，剩余的在程序执行过程中再进行赋值。例如，可以设计如下 Student 类的构造函数。

```
#include<string>
Student::Student (std::string nm,char sx) :studName (nm),studSex (sx)     //初始化段
{ }
```

也可以设计一个无参的构造函数，例如：

```
Student::Student (void)
{ }
```

C++ 允许一个类中声明多个形式的构造函数。这些构造函数通过它们的参数进行区别，并被看做不同的构造函数。这种情况称为函数名重载。

【代码 2-10】 有重载构造函数的 Student 类声明。

```
#include<string>
class Student {
private:
    std::string studName;
    int studAge;
    char studSex;
    double studScore;
public:
    Student (void);
    Student (std::string nm,char sx);
    Student (std::string nm,int ag,char sx,double sc);
    void dispStud (void);
};
```

在这个类中，声明了3个构造函数。这3个构造函数的名字相同，但参数不同。这样，就形成一个函数名字对应3个函数实体(定义)的情形。在函数重载的情况下，函数之间的区分就只有参数了，即编译器将按照参数的数量和类型去匹配合适的函数实体了。例如，使用语句

```
Student s1;
```

将调用无参构造函数；使用语句

```
Student s2 ("Sunyun",'f');
```

将调用只有上述两个参数的有参构造函数；使用语句

```
Student s3 ("Zhouhuang",39,'f',77.88);
```

将调用只有上述4个参数的有参构造函数。

2.4.3 默认构造函数

构造函数是一个类最重要的成员，也是必需的成员。

到此，读者也许会提出问题，为什么在代码2-1中没有声明构造函数，而代码2-4还能正确执行呢?

正因为构造函数是一个类必不可少的成员，所以如果程序员不显式地声明构造函数，编译器会自动给其生成一个默认的无参构造函数。但是，如果类中已经含有了自定义构造函数，即使类中只有有参构造函数，编译器也不会为其生成默认构造函数了。这时使用没有参数形式的对象生成语句，将会出现错误。

注意，有些书中不区分无参构造函数和默认构造函数。本书为了便于学习者区分它们存在的方式，在名称上加以了区别。

2.4.4 析构函数

一个对象一经生成，就有一份系统资源被其占用，不能被其他使用。当一个对象的生命终结时，应当对其所占用的某些资源进行一些清理工作，例如释放程序运行过程中动态分配(以后再介绍这个概念)的存储空间等。这项工作则由析构函数(destructor，dtor)完成。与构造函数一样，当类声明中没有析构函数时，编译器会自动为其生成一个默认的析构函数，并在对象生命结束时自动调用这个析构函数。析构函数的名字是在类名之前加一个波浪号，例如，对于Student类来说，编译器为其生成的默认无参析构函数形式为

```
~Student (void) {}                          // 类 Student 的无参析构函数
```

但是编译器生成的默认析构函数撤销对象资源的能力是有限的，在某些情况下需要在程序中自定义合适的析构函数。要注意以下两点。

(1) 析构函数是不能重载的，并且一旦有了自定义析构函数，编译器就不会再为类生成默认析构函数了。

（2）声明析构函数不能写返回类型，也不能有参数。

2.5 语法知识扩展 1

2.5.1 C++ 程序的组成

C++ 程序由下列元素组成：

- 一个主函数。
- 0～n 个类声明。
- 0～m 个外部函数定义。

其中，类声明和函数定义都是可选的，但主函数是必须的并且只能有一个。主函数是程序与操作系统的接口，一个程序的执行要从主函数开始，也从主函数结束。除此之外，主函数还担负程序中各个对象的调度、控制和对象之间的消息传递。

外部函数是声明在类外面的一些函数，主要对主函数以及有关对象的成员函数的作用进行补充。

如果一个 C++ 程序中没有类声明（当然也就没有对象），则这个程序就是一个面向过程的程序，即主函数只执行一个过程，必要时可以用外部函数进行补充。

2.5.2 类与对象

类声明、类实现、创建对象与对象成员描述是面向对象程序设计的 4 个关键。

1. 类声明

（1）类声明的结构。一个类声明由类头和类体两部分组成。

- 类头主要包括关键字 class 和一个类名。
- 类体是括在一对花括号中的一组声明语句，每个语句都以分号结束。这些声明语句声明了类成员的类型以及它们的访问权限。

（2）一个类声明要以分号结束。

2. 类实现

类的实现。类的实现就是给出类的每个成员的定义。

3. 创建对象

创建对象就是生成类的一个实例。创建对象时，要调用构造函数。构造函数可以由程序员在类中声明。当类中没有显式声明的构造函数时，创建对象时将会调用编译器自动生成的一个默认构造函数。

4. 对象成员描述

对于对象的操作要通过对对象成员的访问进行。描述对象成员有两种形式。

(1) 对象名+分量操作符(.)+成员。

(2) 指向对象的指针+指向分量操作符+成员。

用指针访问形式将在第 5 单元介绍。

2.5.3 C++ 单词

单词是组成 C++ 程序的具有独立意义的最小单位。为了便于区分,单词之间可以用空白(空格、制表符、回车换行符等)分隔,并且空白的数目没有限制。

C++ 有如下 5 类单词: 关键字(包括特定字)、标识符、操作符、分界符和常量。

1. 标识符

标识符就是程序员定义的单词,用于给程序员定义的程序实体(类、对象、变量、函数、文件等)命名。关于标识符的组成规则前面已经介绍,这里要强调几点:

(1) C++ /C 标识符区分字母的大小。例如 Age、age、AGE 将被看做不同的标识符。

(2) C++ 标识符长度(组成字符个数)没有规定,但编译器能识别的标识符长度有一定限制。例如有的编译器只识别前 31 个字符。

(3) 标识符不能使用系统定义的保留字。

2. 操作符

操作符也称操作符是由一个或多个字符组成、用来代表某种操作或运算的符号。操作符与操作对象一起组成运算表达式,简称表达式。表达式执行时获得一定的结果值。在 C++ 中,操作符实际上是系统预定义的函数名。

在一个表达式中含有多个操作符时,操作符的执行顺序由如下 3 个因素决定:

(1) 操作符的优先级别。

(2) 操作符的结合性。

(3) 圆括号进行的特别要求: 先内层,后外层。

在学习 C++ 时,要特别注意操作符的优先级和结合性。C++ 的全部操作符及其优先级和结合性参见附录 B。

3. 分隔与定界符

C++ 规定了下面一些分隔与定界符。

(1) 空格: 分隔单词。

(2) 逗号: 变量、对象以及函数参数之间的分隔。

(3) 分号: 语句和声明的结束符,也用于关键字 for 的 3 个表达式之间的分隔。

(4) 冒号: 类声明中访问权限符与所声明的成员之间的分隔,标号与语句之间的分隔,case 后的表达式与语句序列的分隔。

(5) 花括号: 函数体、类体、复合语句等结构的定界。

(6) //: 注释的开始定界,这种定界的注释只能写在一行并且后面不能写语句。

(7) /* 与 */: 注释的前定界与后定界,这种定界可以形成多行注释。

2.5.4 数据类型初步

1. 数据类型的意义

在 C++ 中,无论是变量还是常量,每个数据都属于某种数据类型。在高级语言中,数据类型具有如下三个方面的意义。

(1) 存储方式。不同的数据类型占有不同的存储空间并具有不同的存储方式。例如,char 类型占用 1B 空间;int 类型在 16b 机器中占用 16b=2B 空间,在 32b/64b 机器中占用 32b=4B 的空间;float 类型占用 4B 空间,double 类型占用 8B 空间。并且,整型(char、int、long)按照定点方式存储,浮点型(float 和 double)按照浮点方式(一部分存储位表示指数)存储。

(2) 值集合,即所表示的值的范围。例如,char 型取值为字符(或-128~127),在 32b/64b 计算机中 int 型取值范围为-2 147 483 648~2 147 483 647。

(3) 操作集合。即可对数据施加的运算操作集。例如,string 类不可以进行算术运算。

这些合法性也成为编译系统在程序中查找语法错误的重要依据。

2. 整型类型及其存储空间

在 C++ 11 中,整型类型从小到大依次为:bool、char、signed char、unsigned char、short、unsigned short、int、unsigned int、long、unsigned long、long long、unsigned long long。此外还有 wchar_t、char16_t 和 char32_t,它们的位置取决于实现。C++ 要求 short 至少 16b,int 不小于 short,long 至少 32b 且不小于 int,wchar_t 应可以表示系统扩展字符集。它们的确切长度因实现而异。表 2.2 为 64 位计算机中的 5 种基本整型类型的存储空间大小。对于其他字长的计算机情况有所不同,例如在 32 位的计算机系统中 int 也是 32 位的,而 long int 是 64 位的。并且,在某些系统中,short 与 int 存储空间一样;在另一些系统中 long 与 int 存储空间一样。此外,理论上 bool 类型只需 1b,但实际上采用 8b,即 1B。因为计算机是按照字节(Byte)进行存储管理的,若按照位存储 bool 数据,便要从字节中进行位的提取,这是比较费事的。

表 2.2 64 位计算机中 5 种基本整型类型及其存储空间大小

类型名称	bool	char	short int/short	int	long int/long
存储空间	8b(1B)	8b(1B)	16b(2B)	32b(4B)	64b(8B)

在计算机内,整型数据用定点格式存储。图 2.5 为用 1B 进行定点存储的示意图。

定点格式分两个部分:数值部分和符号位。符号位占 1b,通常用“1”表示负,用“0”表示正。在一定长度的存储空间中,用 1b 表示符号,就使表示数据的范围缩小为一半。因此,同样大小的存储空间,带 unsigned 所表示的数据的最大值比不带提高接近一倍。例如,一个 8b 的存储空间,可以存储的最大数为 $(1111111)_2=(2^7-1)_{10}=(127)_{10}$,最小数为-128;若不用符号位,则最大数为 255,最小数为 0。表 2.3 为 C++ 中几种存储整数的空间,在存储有符号数和无符号数时的数据取值范围。

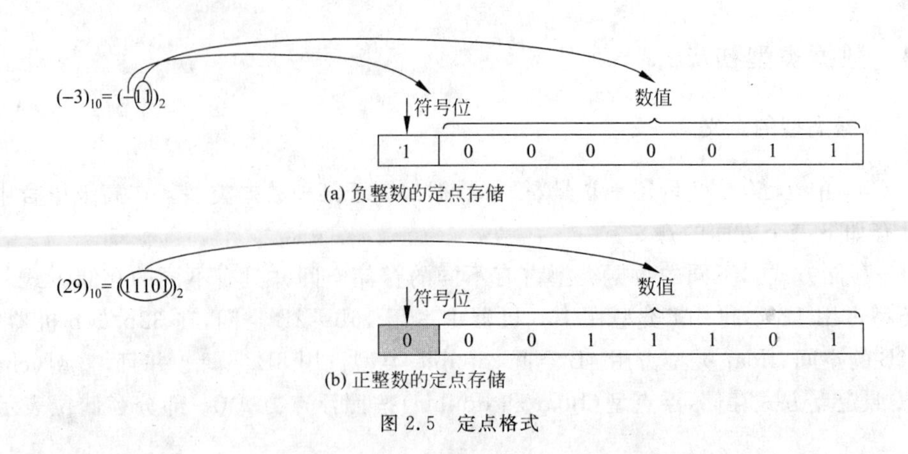

图 2.5 定点格式

表 2.3 不同长度整型数据的取值范围

数据长度(bit)	取值范围	
	signed(有符号)	unsigned(无符号)
8	−127～127	0～255
16	−32 767～327 67	0～65 535
32	−2 147 483 647～2 147 483 647	0～4 294 967 295
64	$-(2^{63}-1)\sim 2^{63}-1$	$0\sim 2^{64}-1$(18 446 744 073 709 551 615)

3. 当心整型数的除运算

在 C/C++ 中,整数相除时,若除不尽,舍入则采取向零方式,即要截去小数部分。再加上表达式求值不遵循交换律,这往往会造成很大误差。

【代码 2-11】 演示整数除的危险性。

```
#include<iostream>

int main(){
    std::cout<<2/3 * 100000<<std::endl;
    return 0;
}
```

程序执行结果如下。

```
0
```

4. 浮点类型存储及其应用

浮点类型是带小数的数据类型。它在计算机内部的表示(如图 2.6 所示)分为两大部分：尾数部分(又分成符号位和数值两部分)和阶码部分(又分成符号位和数值两部分)。

现在大多数计算机都遵循 IEEE754(即 IEC60559)的规定,用 32b 表示单精度类型,用 64b 表示双精度类型,用至少 43b 表示单扩展精度类型,用至少 79b(常见是 80b 和 128b)表

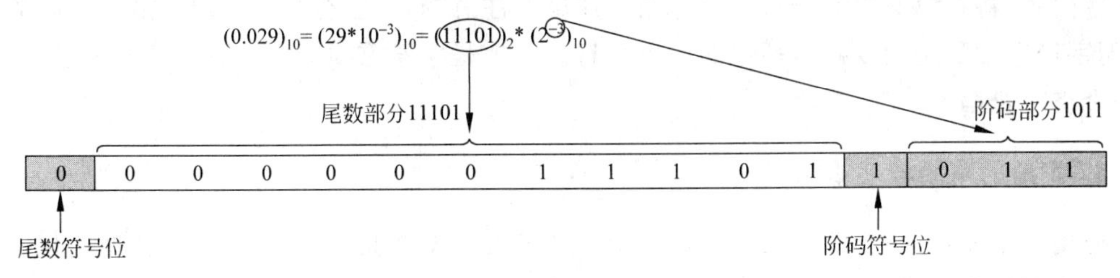

图 2.6 浮点格式

示双扩展精度类型。并且每个浮点数都以科学记数法形式存储，即每个浮点数都由符号位(sign bit)、阶码(即指数 exponent)和尾数(也称有效位数 significand)三部分存储。表 2.4 为不同长度浮点数据的取值范围和精度(有效位数)。

表 2.4 不同长度浮点类型数据的取值范围和精度

宽度(比特)	数据类型	机内表示(二进制位数)			取值范围(绝对值)	可提供的十进制有效数字位数和最低精度
		阶码	尾数	符号		
32	float	8	23	1	0 和±(3.4e−38 ～3.4e+38)	7 位有效数字，精确到小数点后 6 位
64	double	11	52	1	0 和±(1.7e−308 ～ 1.7e+308)	15 位有效数字，精确到小数点后 10 位
80	long double	15	63	1	0 和±(1.2e−4932 ～ 1.2e+4932)	19 位有效数字，精确到小数点后 10 位

在计算机中，由于十进制向有限长度的二进制位转换造成浮点数都是近似存储的，即大多数小数的实际存储都存在误差，并且还会出现计算误差扩散现象。因此，不能简单地用“==”来判断浮点数相等，否则会对逻辑上相等的浮点数得出不等的结论。正确的做法是，当两个浮点数之差小于一个极小值时，就可以认为其相等。

2.5.5 变量与常量

1. 变量

变量和常量是程序中数据的两种存在形式。顾名思义，常量是值不可改变的数据形式，变量是值可以通过赋值、输入等操作改变的数据形式。前面介绍的类的数据成员、函数的参数等数据形式，实质上都是变量，因为它们的值可以通过赋值等操作改变。

在计算机程序中，变量具有如下一些属性：

(1) 变量属于某个类型，如 int、char、float、double、string 等。使用变量之前，必须先声明其类型。

(2) 变量占有一定的存储空间，所占有的存储空间大小由变量的类型决定。

(3) 变量的地址：变量存储空间的首地址，称为变量的地址。

(4) 变量值：变量的存储空间内所存储的值。

(5) 变量名：按照标识符规则为变量起的名字。

2. 常量

常量，有的是独立存储的，占有自己的存储空间；有些则是与程序代码一起存储的。关于这些内容，将在第9单元再进一步介绍。这里要注意的是，字符常量是用单撇号括起的字符，而字符串常量是用双撇号括起的一串字符。如'a'是字符常量，而"a"是字符串常量，" "表示一个空字符串。

3. 变量的声明与初始化

使用一个变量之前，要先声明。声明给定变量的类型及其名字，还可以选择初始化。变量初始化有如下方式：

- 赋值方式：使用赋值操作符引入变量的初始值。
- 函数方式：使用圆括号引入变量的初始值。
- 列表初始化(list-initialization)方式：使用花括号引入变量的初始值。这是C++ 11新增方式，适合为复杂数据类型提供值列表。

例如：

```
int i=888;                //赋值方式
int j(666);               //函数方式
int k{999};               //列表方式
int r={999};              //混合方式
```

习 题 2

概念辨析

选择。

(1) 变量名________。

A. 越长越好　　B. 越短越好

C. 在表达清晰的前提下尽量简单、通俗　　D. 应避免模棱两可、容易混淆、晦涩

(2) 在C++程序中，用分号结束的组件有________。

A. 类声明　　B. 函数定义　　C. 语句　　D. 编译预处理命令

(3) 用int a=5,b=3;定义两个变量a和b，并分别给定它们的初值为5和3，则表达式

b=(a=(b=b+3)+(a=a*2)+5)

执行后，a和b的值分别为________。

A. 10,6　　B. 16,21　　C. 21,21　　D. 10,21

(4) 在C++中，std::cout是一个________。

A. 操作符名　　B. 对象名　　C. 类名　　D. 关键字

(5) 在声明C++类时，________。

A. 所有数据成员都要声明成private的，所有成员函数都要声明成public的

B. 只有外部要直接访问的成员才能声明成public的

C. 声明成private的成员是外部无法知道的

D. 凡是不声明访问属性的，都被默认为public的

(6) 在C++中，用对象名引用其成员，应当使用符号________。

A. .　　B. ::　　C. —　　D. :

(7) 类成员函数的存储分配和类数据成员的存储分配，________。

A. 两者都是编译时按照对象声明语句进行的

B. 两者都是编译时按照类声明进行的

C. 前者在运行时按照类声明进行存储分配，后者在编译时根据对象声明进行存储分配

D. 前者在编译时按照类声明进行存储分配，后者在程序运行中根据对象声明进行存储分配

(8) 在一个类中，________。

A. 构造函数只有一个，析构函数可有多个

B. 析构函数只有一个，构造函数可有多个

C. 构造函数和析构函数都可以有多个

D. 构造函数和析构函数都只能有一个

(9) 析构函数的特征包括________。

A. 可以有一个或多个参数　　B. 名字与类名不同

C. 声明只能在类体内　　D. 一个类中只能声明一个析构函数

(10) C++ 注释行________。

A. 可以在程序的任何位置　　B. 可以在一行内一条语句的任何位置

C. 最多可以有 5000 个字符　　D. 可以嵌套

(11) 下面所列语句中，能输出 2 个空行的是________。

A. std::cout<<std::endl,std::endl<<;　　B. std::cout<<"/n/n";

C. std::cout<<"\n\n";　　D. std::cout<<std::endl<<std::endl;

E. std::cout<<"\n"<<std::endl;　　F. std::cout<<"\n"<<"\n";

(12) C++ 程序运行时，总是从________开始。

A. main (void)　　B. 预处理命令　　C. 类声明　　D. 程序代码的第一行

2. 判断。

(1) 只有私密成员函数才能访问私密数据成员，只有公开成员函数才能访问公开数据成员。(　　)

(2) 在每个类中必须显式声明一个构造函数。(　　)

(3) 构造函数和析构函数都没有返回类型，但可以含有参数。(　　)

(4) 若类声明中声明了一个有参构造函数，声明对象时如果需要，系统将还会自动生成默认构造函数。(　　)

(5) C++ 语言对于字母，不区分大小写。(　　)

(6) 在变量定义 int sum,SUM;中 sum 和 SUM 是两个相同的变量名。(　　)

(7) 一个 C++ 语句必须用句号结束。(　　)

(8) 程序测试的目的是为了证明程序是正确的。(　　)

(9) 一个 std::cout 语句只能输出一种类型的数据。(　　)

(10) 声明了一个类，就为所有的成员分配了相应的存储空间。(　　)

(11) 构造函数和析构函数的返回类型是所在的类。(　　)

(12) 构造函数初始化列表中的内容，与对象中成员数据的初始化顺序无关。(　　)

(13) 若类 A 所有构造函数都限制为私密的，则在 main 函数中不可能创建类 A 的实例对象。(　　)

(14) 类的私密有成员只能被类中的成员函数访问，类外的任何函数对它们的访问都是非法的。(　　)

代码分析

1. 找出下面各程序段中的错误并说明原因。

(1)

```
class A {
private:
    int          x;
    double     y;
public:
    A (int a, double b);
    void      dispA (void);
};
int main (void) {
    A a1,a2;
    a1.A (1,2.3);
    a.dispA ();
    return 0;
}
```

(2)

```
class class1 {
Public
    x;
    y;
Private
    class1 (a,b);
    double     dispA (void);
}
class::disp (void) {
    std::cout <<x<<std::endl
             <<y<<std::endl;
};
```

(3)

```
class Class1 {
    int data=5;
public:
    Class::class1 (void);
    Double func (void);
}
```

(4)

```
#include<iostream>
class A  {
    int a;
public:
    A (int aa=0)  { a=aa; }
    ~A (void)
    { std::cout <<"Destructor A!"
               <<a<<std::cndl;}
};
class B:public A  {
    int b;
public:
    B (int aa=0,int bb=0):A (aa)
    {b=bb;}
    ~B (void)
    { std::cout <<"Destructor B!"
               <<b<<std::endl;}
};
void main (void)  {
    B x (5),y (6,7);
}
```

2. 指出下面各程序的运行结果。

(1)

```
#include<iostream>
#include<stdlib.h>
class Sample {
public:
    int x,y;
    Sample (void)
    {x=y=0;}
    Sample (int a,int b)
    {x=a;y=b;}
    void disp (void)  {
        std::cout <<"x="<<x
                 <<",y="<<y
                 <<std::endl;
    }
};
void main (void)  {
    Sample s1 (2,3);
    s1.disp ();
}
        <<std::endl;
    }
};
void main (void)  {
```

(2)

```
#include<iostream>
class Sample  {
    int x,y;
public:
    Sample (void)
    {x=y=0;}
    Sample (int a,int b)
    {x=a;y=b;}
    ~Sample (void)  {
        if (x==y)
            std::cout <<"x=y"
                     <<std::endl;
        else
            std::cout <<"x! =y"
                     <<std::endl;
    }
    void disp (void)  {
        std::cout <<"x="<<x
                 <<",y="<<y
    Sample s1 (2,3);
    s1.disp ();
}
```

探索验证

1. 试用表格说明 C++ 的几种基本数据类型所占用的存储空间和取值范围。

2. 评价下列 C++ 标识符,并说明理由。

```
employee_name      employeeName     nameOfEmployee     nameEmployee
a1        a2          a3          PERSON          NTSD          myname
```

3. C++ 表达式 4/7 和 4.0/7 的值是否相等,且都为 double 型?

4. 一个 C++ 语言程序可由若干个源程序文件构成,但每个源程序文件都必须包含一个 main (void)函数吗?

开发实践

用 C++ 描述下面的类,自己决定类的成员并设计相应的测试程序。

1. 一个公司雇员类。

2. 一个运动员类。

3. 一个公司类。

第3单元 呼 叫 器

3.1 呼叫器建模与类声明

3.1.1 问题与建模

1. 问题

呼叫器(pager)是在一些服务性场所内,用于快速提交服务请求的一种电子装置。图3.1为两种呼叫器产品。所有的呼叫器连接到呼叫中心(call center)。呼叫中心的任务是接收客户请求并将请求转发给有关部门。

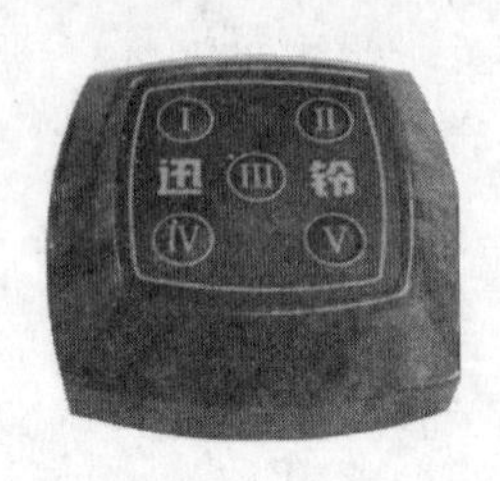

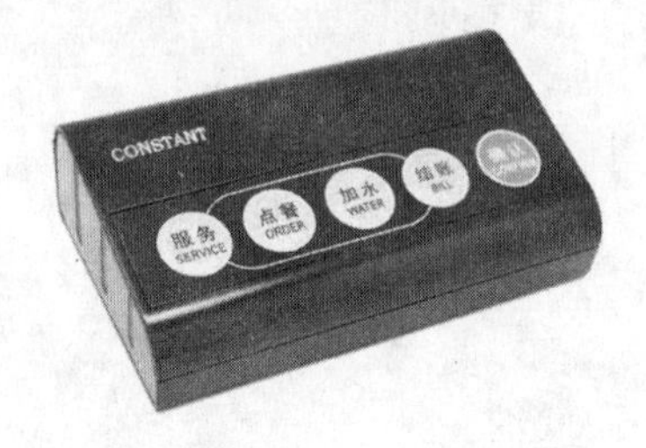

图3.1 两种呼叫器

本单元的任务是用C++模拟一个小区中业主的呼叫器。这些呼叫器上有印有1、2、3的3个键,分别表示报警(alarm)、求医(doctor)和点餐(order)。当业主按下一个键时,就向呼叫中心发送出键号和业主信息。呼叫中心会根据键号,把业主信息转交给有关服务部门。

模拟程序只要显示出

- 业主姓名(clientName);
- 业主电话号码(clientTelNumber);
- 业主房间位置(clientAddress);
- 请求内容(request)。

就算实现了一次呼叫。

2. 分析与建模

根据题意,呼叫器Pager应当具有如下数据成员:

- std::string clientName;
- int clientTelNumber;
- std::string clientAddress;
- int buttonNumber。

还应当具有如下两个成员函数:

• Pager()(构造函数);

• display()(显示)。

UML 类图如图 3.2 所示。

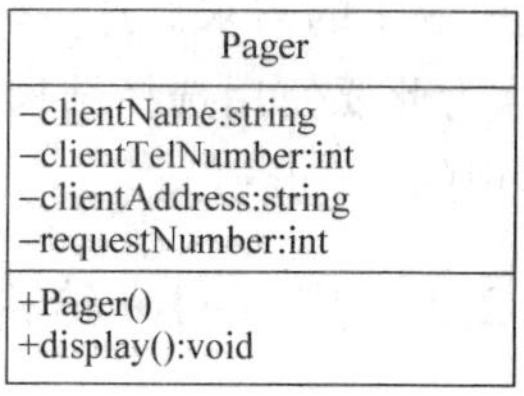

Pager
–clientName:string –clientTelNumber:int –clientAddress:string –requestNumber:int
+Pager() +display():void

图 3.2 呼叫器模型

3.1.2 呼叫器类声明的 C++ 描述

由图 3.2 很容易写出呼叫器 Pager 的声明代码,它由数据成员的声明语句和成员函数的声明语句组成。

【代码 3-1】 用 C++ 语言描述的 Pager 类界面。

```
//ex0301.h
#include<string>
class Pager {
private:
    std::string clientName;                                              //业主姓名
    int clientTelNumber;                                                 //业主电话号码
    std::string clientAddress;                                           //业主地址
    int buttonNumber;                                                    //按钮号码
public:
    Pager(std::string cNm, int cTelNum, std::string cAddr, int bNum);   //构造函数
    void display();                                                      //呼叫中心显示
};
```

通常,类声明可以保存在一个头文件中,也可以与其实现一起保存在一个 C++ 源代码文件中。

3.2 呼叫器类的实现

呼叫器类中有两个成员函数。构造函数的实现比较简单,其两种形式如下。

【代码 3-2】 Pager 类构造函数。

```
#include<string>
Pager :: Pager(std::string cNm, int cTelNum, std::string cAddr, int bNum) {
    clientName=cNm;
    clientTelNumber=cTelNum;
    clientAddress=cAddr;
    buttonNumber=bNum;
}
```

【代码 3-3】 Pager 类构造函数初始化列表形式。

```
#include<string>
Pager :: Pager(std::string cNm, int cTelNum, std::string cAddr, int bNum)
: clientName (cNm),clientTelNumber(cTelNum),clientAddress(cAddr),buttonNumber(bNum)
{ }
```

display()函数的实现比较复杂,它的功能是显示一位业主的信息,并把业主按键号码转

换成业主的需求。这一转换需要对按键号码进行判断,根据号码不同,选择对应的需求描述,为此要使用选择结构。C++ 的选择结构有两种基本形式。下面介绍分别用这两种形式实现的 display()。

3.2.1 用 if-else 结构定义 display()

1. if-else 结构概述

在前面的函数中,语句都是顺序执行的,形成如图 3.3 所示的流程图。这样的程序所能够解决的问题非常有限。然而,许多问题的求解往往会有多种机动性,需要根据条件来决定选择不同的解决方案。其中最多的是需要从两种解决方案中选择一种的情况。例如,开一辆汽车,到了一个路口,需要根据交通指示灯的指示决定是向右、向左、直行、还是停下等待。用计算机程序模拟这些过程,就要求程序具有这样的判断选择能力。这样的程序就有了简单的智力。图 3.4 是从两种方案中选择一种的流程图。在基本选择结构的流程图中,首先要先进行判断,看预先设定的条件是否满足? 若满足,则执行语句 A;若不满足,则执行语句 B。

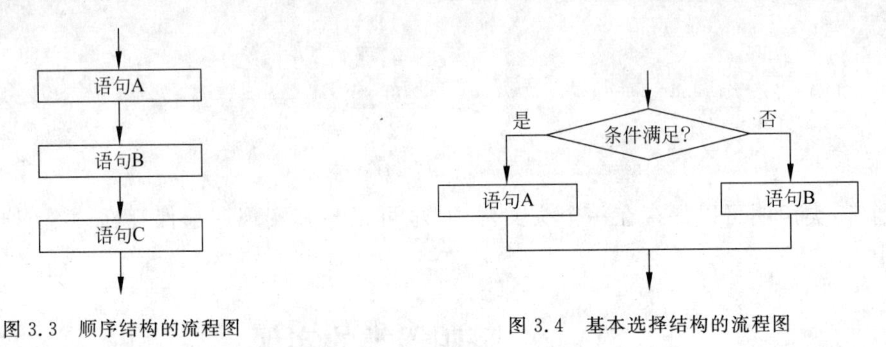

图 3.3 顺序结构的流程图　　图 3.4 基本选择结构的流程图

在 C/C++ 中,基本选择结构用 if-else 语句表现。其格式如下。

```
if(条件表达式)
    语句 1
else
    语句 2
```

说明:

(1) 语句 1 和语句 2 是 if-else 语句的两个子语句。这个语句执行时,首先要对条件表达式进行测试,若条件表达式成立(在 C/C++ 中为非 0),则执行语句 1;否则执行语句 2。

(2) 语句 1 和语句 2 可以是单条语句,也可能是由多条语句组成的复合语句(也称语句块)。当它们是复合语句时,需要用一对花括号括起来。

2. 条件表达式

条件表达式就是一个命题。从逻辑学的角度看,任何命题都只能有 true(真)或 false(假)一种结果。在 C/C++ 中,以条件表达式的值是否为 0,表示命题是否为假。简单地说就是，非 0 为 true，0 为 false。

条件表达式的基本表示形式有 3 种。

(1) 关系(比较)表达式。关系表达式是用关系操作符连接起来的表达式。在 C++ 中，关系(比较)操作符有表 3.1 所示的 6 种。请注意它们与普通算术中的区别。

表 3.1 C++ 关系(比较)操作符

操作符	>	>=	<=	<	==	!=
含义	大于	大于等于	小于等于	小于	等于	不等于

关系表达式的值为 0 或 1。

【代码 3-4】 验证关系表达式的值。

```
#include<iostream>
int main(){
    int a=5, b=6;
    std::cout<<"a==b: "<<(a==b)<<", a<=b: "<<( a<=b )<<std::endl;
    return 0;
}
```

验证结果如下。

```
a == b: 0, a <= b: 1
```

注意：关系操作符的优先级别低于插入操作符(<<)，高于赋值操作符(=)。所以代码 3-4 中要把每个关系表达式用圆括号括起来，先运算。此外在关系操作符中，前 4 种(>、>=、< =、<)的优先级别高于后两种(==、!=)。

(2) 逻辑表达式。逻辑表达式是用逻辑操作符连接命题所组成的表达式。C/C++ 提供有 3 种逻辑操作符：&&(AND，逻辑“与”)、||(OR，逻辑“或”)、!(NOT，逻辑“非”)。&&和||连接两个命题，其取值因两个命题的取值决定，如表 3.2 所示。

表 3.2 “&&”和“||”逻辑表达式的取值

x	y	x&&y	x||y	x	y	x&&y	x||y
0	0	0	0	1	0	0	1
0	1	0	1	1	1	1	1

【代码 3-5】 验证逻辑表达式的值。

```
#include<iostream>
int main(){
    int a=5, b=6;
    std::cout<<(a==b)<<"&&"<<(a >b)<<":"<<(a==b && a >b)<<std::endl;
    std::cout<<(a==b)<<"&&"<<(a<b)<<":"<<(a==b && a<b)<<std::endl;
    std::cout<<(a<b)<<"&&"<<(a >b)<<":"<<(a<b && a >b)<<std::endl;
    std::cout<<(a<b)<<"&&"<<(a<=b)<<":"<<(a<b && a<=b)<<std::endl;
    std::cout<<(a==b)<<"||"<<(a >b)<<":"<<(a==b || a >b)<<std::endl;
    std::cout<<(a==b)<<"||"<<(a<b)<<":"<<(a==b || a<b)<<std::endl;
```

```
    std::cout<<(a<b)<<"||"<<(a >b)<<":"<<(a<b || a >b)<<std::endl;
    std::cout<<(a<b)<<"||"<<(a<=b)<<":"<<(a<b || a<=b)<<std::endl;
    return 0;
}
```

验证结果如下。

```
0&&0:0
0&&1:0
1&&0:0
1&&1:1
0||0:0
0||1:1
1||0:1
1||1:1
```

注意：逻辑操作符中 && 和||的优先级别很低，只高于赋值操作符，比关系操作符低，并且 && 高于||；! 的级别则比较高，在学习过的操作符中高于算术操作符。详见附录 B。

(3) 任何表达式。只要可以判断是否为 0，都可以作为条件表达式。

【代码 3-6】 验证任何逻辑表达式作为条件表达式。

```
#include<iostream>

int main(){
    if(!"abcd")
        std::cout<<"true\n";
    else
        std::cout<<"false\n";
    return 0;
}
```

验证结果如下。

```
false
```

3. 采用 if-else 结构的 display()

display()的主要部分是功能是根据业主的按钮号，选择要输出的服务内容。图 3.5 为用 if-else 结构实现这种选择的算法。由于选择算术操作符是 3 选 1，需要用 3 个 if-else 语句嵌套起来实现。

【代码 3-7】 采用嵌套 if-else 结构的 display()代码，其中加粗部分与图 3.5 对应。

```
#include<iostream>
#include<cstdlib>
void Pager::display (void) {
    std::cout<<"业主姓名:\t"<<clientName<<std::endl;
    std::cout<<"业主电话:\t"<<clientTelNumber<<std::endl;
    std::cout<<"业主地址:\t"<<clientAddress<<std::endl;
    std::cout<<"业主需求:\t";
```

```
    if (buttonNumber==1)
        std::cout<<"报警"<<std::endl;
    else if (buttonNumber==2)
        std::cout<<"求医"<<std::endl;
    else if (buttonNumber==3)
        std::cout<<"点餐"<<std::endl;
    else {
        std::cout<<"信号故障,请电话询问业主!"<<std::endl;
        exit (1);
    }
}
```

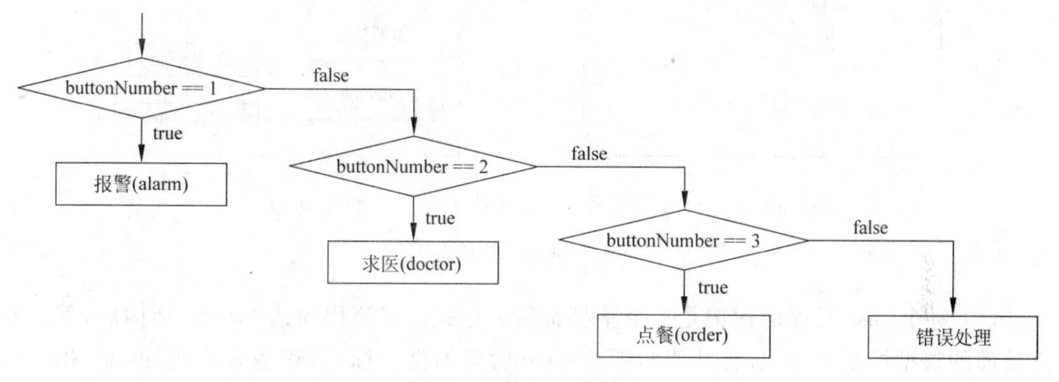

图 3.5　opSelect()的算法

说明:

(1) 在 if-else 嵌套结构中,各子语句成并列结构。当这个结构执行时,从上向下依次对 if 后面的逻辑表达式进行判断,找到真(true)的分支,就执行其后面的子语句,然后退出这个 if-else 嵌套结构。也就是说,它从多条分支中只选择一条分支。对于有 n 个分支的结构,最多要判断 n -1 次。

(2) exit(void)是一个库函数,功能是将程序流程返回到操作系统。通常参数为-1,表示正常返回;参数为 0,表示异常返回。使用这个库函数需要包含头文件 cstdlib。

3.2.2　用 switch 结构定义 display()

1. switch 结构概述

switch 结构的语法格式和流程如图 3.6 所示。它与 if-else 结构非常类似,但用法有一些不同。

(1) switch 结构由 switch 头和 switch 体两部分组成。

(2) switch 头由关键词 switch 和一个整型控制表达式组成。

(3) switch 体由括在一对花括号中的多个语句序列组成;其中一个语句序列由关键字 default 引导,其余的语句序列都由关键字 case+整型标记引导;default 分量是可选的,它没有标记,通常作为最后一个语句序列。

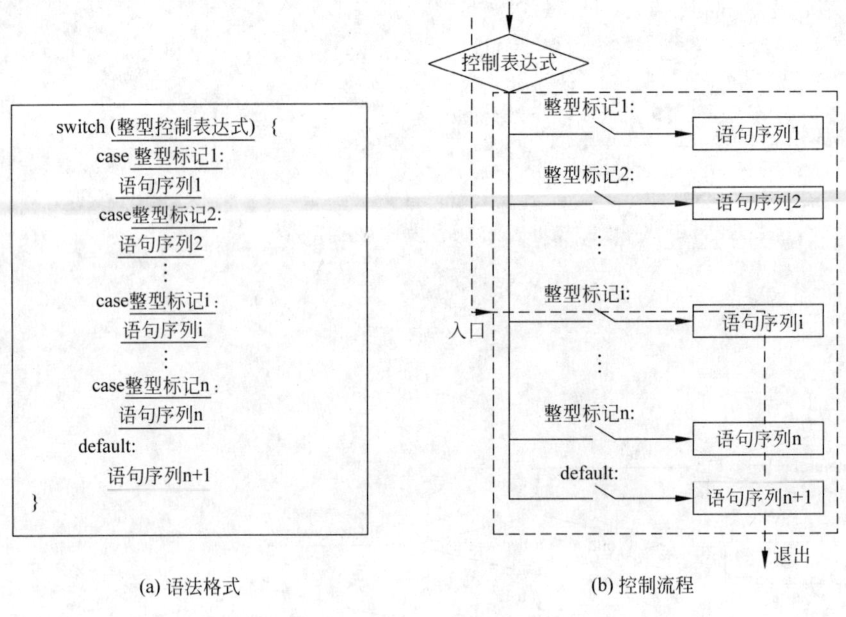

图 3.6　switch 控制结构

(4) 每个 case 后面的标记是一个整型常量表达式。当流程到达 switch 结构后，就计算其后面的整型控制表达式，看其值与哪个 case 后面的整型标记(整型表达式)匹配(相等)：若有匹配的 case 整型标记，便找到了进入 switch 体的入口，开始执行从这个标记引导的语句序列以及后面的各个序列；若有匹配的 case 整型标记，就认为是各 case 标记以外的其他情形，便以 default 作为进入 switch 体的入口。这个过程如图 3.6(b)中的虚线所示。

(5) break 称为跳出语句。在 switch 结构的一个 case 子结构的最后加入一条 break 语句后，当程序执行到该 break 时，就能跳出当前的 switch，不再执行后面各 case 子结构中的语句。当一个 switch 的每一个 case 子结构最后都有一条 break 语句时，该 switch 结构就成为分支结构。

2. 采用 switch 结构的 display()代码

【代码 3-8】 采用嵌套 switch 结构实现的 display()代码，其中加粗部分与图 3.6 对应。

```
#include<iostream>
#include<cstdlib>
void Pager::display (void) {
    std::cout<<"业主姓名:\t"<<clientName<<std::endl;
    std::cout<<"业主电话:\t"<<clientTelNumber<<std::endl;
    std::cout<<"业主地址:\t"<<clientAddress<<std::endl;
    std::cout<<"业主需求:\t";
    switch (buttonNumber) {
        case 1:
            std::cout<<"报警"<<std::endl; break;
        case 2:
```

```
        std::cout<<"求医"<<std::endl; break;
    case 3:
        std::cout<<"点餐"<<std::endl; break;
    default:
        std::cout<<"信号故障,请电话询问业主!"<<std::endl;
        exit (1);
  }
}
```

3.2.3 if-else 判断结构与 switch 判断结构比较

if-else 与 switch 是 C++ 的两种判断结构。表 3.3 对这两种判断结构进行了比较。

表 3.3 n 条子句的 if-else 结构与 switch 结构比较

比较内容	switch 结构	if-else 结构
子结构组成	多条语法上的语句	一条语法上的语句
子句间关系	串联	并列
控制表达式类型	整数类型(int、字符等类型)	任何基本类型
判定次数	1 次,与子句数量无关	n－1 次
选择原则	switch 的整型表达式与 case 常量表达式匹配,多中选 1	根据关系/逻辑表达式的逻辑值二中选一
选择内容	一个入口	一个分支
break 对结构影响	有用	无
结构结束	从入口开始直到整个结构结束或遇到 break 语句	分支执行结束整个结构即执行结束

3.3 选择结构的测试

3.3.1 逻辑覆盖测试及其策略

逻辑覆盖是通过对程序逻辑结构的遍历实现程序的覆盖。本例的各成员函数的逻辑结构都非常简单。使用简单的测试用例即可将每个函数的逻辑结构进行覆盖。但是,使用选择结构之后,函数的逻辑结构就变得复杂起来。这时,不同的测试用例,对于程序逻辑结构的覆盖程度就呈现不同的程度。依据对于程序逻辑的覆盖程度,逻辑覆盖测试有如下几种不同的策略。

图 3.7 为一个用来说明各种逻辑覆盖策略覆盖程度的经典例子。下面用它来介绍几种主要的逻辑覆盖测试策略的特点。

1. 语句覆盖

语句覆盖(statement coverage,SC)要求设计足够的测试用例,使得程序中每一可执行语句至少执行一次。这里的“若干个”,意味着使用测试用例越少越好。语句覆盖在测试中主要发现缺陷或错误语句。例如，在图 3.7 中有 A、B、C 共 3 条语句，让它们至少执行一次的条件分析如下：

- A 要求：a ≤1 或 b ≠0。
- B 要求：a>1 并且 b=0。
- C 要求：a=2 或 x>1。但 x 与 A 或 B 的执行结果有关。

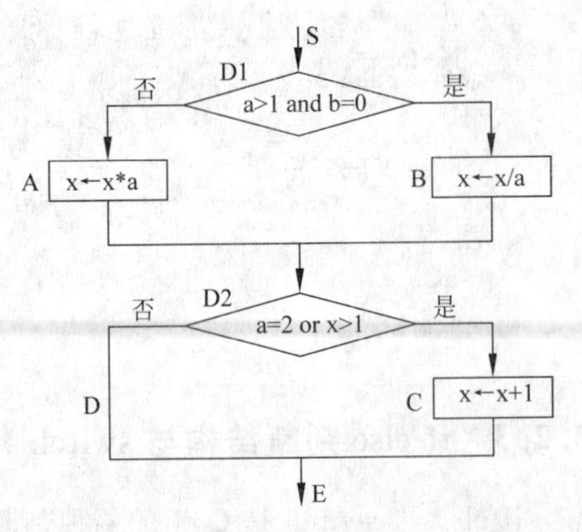

图 3.7　一个用于说明逻辑覆盖程度的逻辑结构

若要执行语句 A、C，可以选(a，b，x)分别为(2，1，2)。

若要执行语句 B、C，可以选(a，b，x)分别为(2，0，4)。

所以数据(2，1，2)和(2，0，4)满足了语句覆盖。但是，覆盖程度最低的逻辑覆盖，如这两组测试用例都测试不出，将判定 D2 中的 or 写成 and 的错误。

2. 判定覆盖

判定覆盖(decision coverage，DC)是通过设计足够的测试用例，使得程序中的每一个判定至少获得一次真值和假值，或者使得程序中的每一个取真的分支和取假的分支至少经历一次。所以也称为分支覆盖。

对于图 3.7 所示的逻辑结构来说，存在如下两个判定：

- D1：a>1 and b=0。
- D2：a=2 or x>1。

按照判定覆盖设计测试用例只要使用如下两组测试用例即可。

(1) (a，b，x)为(2，0，2)：使 D1 为“真”(“是”)，使 D2 为“真”(“是”)。

(2) (a，b，x)为(1，1，1)：使 D1 为“假”(“否”)，使 D2 为“假”(“否”)。

判定覆盖也不充分，主要对整个表达式最终取值进行度量，忽略了表达式内部取值。例如这两组测试数据都测试不出当把 D2 中的 x>1 写成 x ≤1 时的错误。

3. 条件覆盖

条件覆盖(condition coverage，CC)设计足够的测试用例，使得判定中的每个条件的所有可能(“真”和“假”)至少出现一次，并且每个判定本身的判定结果也至少出现一次，旨在消除判定覆盖度不足。

对于图 3.7 所示逻辑结构来说，两个判定的条件分别为：

- D1 要求的条件覆盖：a>1，a ≤1，b=0，b ≠0。
- D2 要求的条件覆盖：a=2，a ≠2，x>1，x ≤1。

综合得到如下两组测试用例：

(1) a=2(覆盖了 a>1)，b=0，“x>1”。

(2) a=1(覆盖了 a ≤1 和 a ≠2)，b=1(覆盖了 b ≠0)，“x ≤1”。

但是，D2 中的 x，是经过 A 或 B 计算后的 x。需要进一步考虑初始的 x 的值，计算与 a 有关。

- 对于 x>1，由于 a=2，故认定从 A 来，所以取初始 x>0，即 x=1。
- 对于 x ⩽1，由于 a=1，故认定从 B 来，所以取初始 x=1 即可。

最后得到两组测试数据：

(1) a=2，b=0，x=1。

(2) a=1，b=1，x=1。

4. 条件/判定组合覆盖

条件覆盖的测试用例有时不能够满足判定覆盖。例如，有 C1 和 C2 两个条件，判定为 C1 and C2，则下面的两组测试数据是符合条件覆盖的：

(1) C1=true，C2=false。

(2) C1=false，C2=true。

但这个测试用例不满足判定覆盖。因为判定覆盖要求：

(1) C1=true，C2=true。

(2) C1=false，C2=true；或 C1=true，C2=false；或 C1=false，C2=false。

而符合判定覆盖的又不一定满足条件覆盖。例如：

(1) C1=true，C2=true。

(2) C1=true，C2=false。

条件/判定组合覆盖(condition/decision coverage，CDC)或称判定/条件覆盖，要求设计足够的测试用例，使之既满足条件覆盖，又满足判定覆盖。例如对于表达式 C1 and C2，选下面的测试用例即可：

(1) C1=true，C2=true。

(2) C1=false，C2=false。

对于图 3.7 所示的 D1 来说，测试用例为：

(1) a>1，b=0。

(2) a ⩽1，b ≠0。

对于表达式 C3 or C4，进行条件覆盖的测试用例为：

(1) C3=true，C4=false。

(2) C3=false，C4=true。

进行判定覆盖的测试用例为：

(1) C3=true，C4=false；或 C3=false，C4=true；C3=true，C4=true。

(2) C3=false，C4=false。

因此，对表达式 C3 or C4 进行条件/判定覆盖的测试用例为：

(1) C3=true，C4=false。

(2) C3=false，C4=true。

(3) C3=false，C4=false。

对于图 3.7 所示的 D2 来说，测试用例为：

(1) a=2,x ≤1。

(2) a ≠2,x>1。

(3) a ≠2,x ≤1。

组合上述5组数据,得到如下3组测试数据:

(1) (2,0,2),覆盖了(a>1,b=0)和(a=2,x ≤1)。因为(a=2,b=0)决定了D2的x来自x=x/a=2/2=1 (≤1)。

(2) (1,1,2),覆盖了(a ≤1,b ≠0)和(a ≠2,x>1)。因为(a ≤1,b ≠0)决定了D2的x来自x=x * a=1 * 2=2 (>1)。

(3) (1,1,1),覆盖了(a ≤1,b ≠0)和(a ≠2,x ≤1)。

但是,条件/判定覆盖也会遗漏某种情况,因为所选的测试用例仅仅是某一种组合情况,不一定能覆盖其他组合情况。

5. 条件组合覆盖

条件组合覆盖(condition compounding coverage,CCC)也称多条件覆盖(multiple condition coverage,MCC),要求设计足够的测试用例,使得每个判定的所有条件的各种可能组合都至少出现一次。

按照条件组合覆盖策略,对图3.7所示结构进行测试,共有8种条件的组合。

(1) a>1,b=0。

(2) a>1,b ≠0。

(3) a ≤1,b=0。

(4) a≤1,b ≠0。

(5) a=2,x>1。

(6) a=2,x ≤1。

(7) a ≠2,x>1。

(8) a ≠2, x ≤1。

选择下面的4组数据,可以满足上述8个条件的组合。

(1) (2,0,4):覆盖上述(1)、(5)组合。

(2) (2,1,1):覆盖上述(2)、(6)组合。

(3) (1,0,3):覆盖上述(3)、(7)组合。

(4) (1,1,1):覆盖上述(4)、(8)组合。

可以证明,满足条件组合覆盖一定满足判定覆盖、条件覆盖、条件判定组合覆盖。其缺点是没有考虑单个判定对整体结果的影响,无法发现逻辑错误。一般说来,以上5种逻辑覆盖从强到弱的排列顺序是:

条件组合覆盖>判定/条件覆盖>条件覆盖>判定覆盖>语句覆盖

更准确的强弱关系如图3.8所示。

6. 路径覆盖

路径覆盖(path coverage,PC)要求设计足够的测试用例,使之可以覆盖程序中所有可

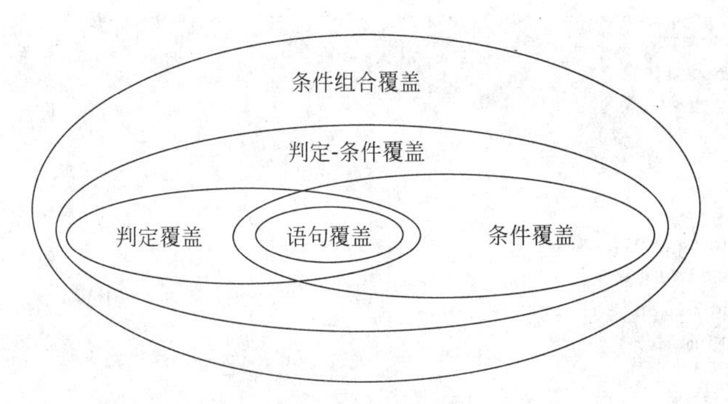

图 3.8　5种逻辑覆盖的强弱关系

能的路径。这就要求对于所有的条件和判定进行组合。

对于图 3.7 所示的结构,可以选择如下 4 组测试数据来覆盖全部的 4 条路径。

(1) (2,0,4):覆盖路径(S—B—C—E)。

(2) (3,0,3):覆盖路径(S—B—D—E)。

(3) (1,1,2):覆盖路径(S—A—C—E)。

(4) (1,1,1):覆盖路径(S—A—D—E)。

这是一个相对比较简单的逻辑结构。随着逻辑结构复杂性增加,所需要的测试用例及其设计工作量会急剧增加。这样不仅降低了测试效率,而且大量的测试结果的累积,也为排错带来麻烦,甚至会造成难于实施的情形。

3.3.2　测试用例的使用

在进行动态测试时,对于设计好的测试用例,要根据程序的逻辑结构,推算出执行每一组测试数据,对应的输出是什么。例如,表 3.4 为对于图 3.7 所示的结构使用路径覆盖测试时,4 组输入测试用例对应的输出期望值。

表 3.4　使用路径覆盖测试时,对于图 3.7 所示程序的 4 组输入对应的输出值

序　号	test1	test 2	test 3	test 4
输入测试用例　(a,b,x)	(2,0,4)	(3,0,3)	(1,1,2)	(1,1,1)
输出期望值　(a,b,x)	(2,0,3)	(3,0,1)	(1,1,3)	(1,1,1)

测试时,若运行得到的是期望值,表明没有发现错误。如果想知道测试经过的路径,可以在相应的路径内设置输出语句。

3.3.3　呼叫器类测试

1. 测试 display()采用 if-else 结构的呼叫器类

本例的测试,主要在对于成员函数 display()的测试上。而 display()是一个简单的判断结构,判定的条件单一,只要输入键号 1、2、3、4 即可实现全覆盖。

【代码 3-9】 呼叫器完整的程序(采用 if-else 结构)。

```
#include<iostream>
#include<string>
#include<cstdlib>

class Pager {
private:
    std::string clientName;                                          //业主姓名
    int clientTelNumber;                                             //业主电话号码
    std::string clientAddress;                                       //业主地址
    int buttonNumber;                                                //按钮号码
public:
    Pager(std::string cNm, int cTelNum, std::string cAddr, int bNum); //构造函数
    void display();                                                  //呼叫中心显示
};

Pager :: Pager(std::string cNm, int cTelNum, std::string cAddr, int bNum)
: clientName (cNm),clientTelNumber(cTelNum),clientAddress(cAddr),buttonNumber(bNum)
{ }
void Pager::display (void) {
    std::cout<<"业主姓名:"<<clientName<<std::endl;
    std::cout<<"业主电话:"<<clientTelNumber<<std::endl;
    std::cout<<"业主地址:"<<clientAddress<<std::endl;
    std::cout<<"业主需求:";
    if (buttonNumber==1)
        std::cout<<"报警"<<std::endl;
    else if (buttonNumber==2)
        std::cout<<"求医"<<std::endl;
    else if (buttonNumber==3)
        std::cout<<"点餐"<<std::endl;
    else {
        std::cout<<"信号故障,请电话询问业主!"<<std::endl;
        exit (1);
    }
    std::cout<<std::endl;
}

int main(){
    Pager call1("zhang",12345678,"conghua",1);
    call1.display();

    Pager call2("zhang",12345678,"conghua",2);
    call2.display();

    Pager call3("zhang",12345678,"conghua",3);
    call3.display();

    Pager call4("zhang",12345678,"conghua",4);
    call4.display();

    return 0;
}
```

测试结果：

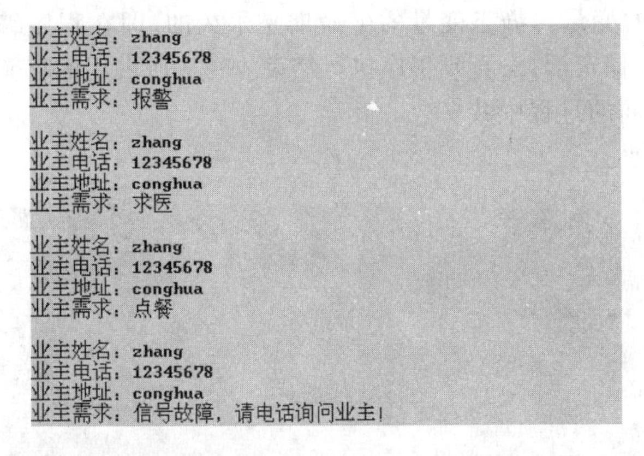

测试没有发现错误。

2. 测试 display()采用 switch 结构的呼叫器类

display()采用 switch 结构的呼叫器程序，只需在代码 3-9 中更换 display()。这里不再给出源代码。测试结果与上相同。

不过为了让读者进一步了解 switch 结构的特点，再把采用 switch 结构的 display()中的 break 语句都注释掉（即在每个 break 语句前加//，使它们不再被执行）后的测试结果如下。

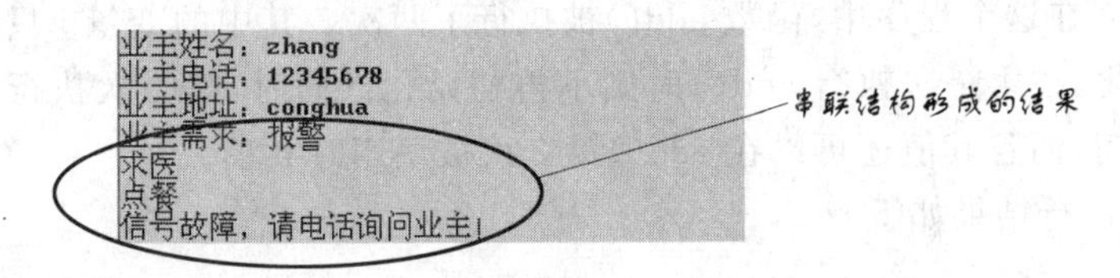

说明没有 break，则各 case 分支就成为了串行结构。

3.4 用静态成员变量存储类对象的共享常量——呼叫器类的改进

观察代码 3-9 中的主函数可以发现，这种呼叫器在每一次呼叫时都需要重复地输入业主信息，这对用户带来很大不便，特别是对老人、小孩和有紧急情况的用户，往往会误事。实际的呼叫器一般会在安装时就把用户信息初始化好，用户使用时只要按一个键即可。

在程序中，可以用静态成员变量实现这种性能。

3.4.1 自动变量与静态变量：不同生命期的变量

任何变量都有其生命期（life time）。变量的生命期是指程序在执行过程中，变量实体从创建（分配存储空间）到撤销（回收所分配存储空间）的时间区间。前面在函数中定义的变量都是自动变量，或称为临时变量。自动变量的生命期从其定义的位置（即程序执行到这条语句）开始，到其定义所在的语句块（一对花括号）为止。它的存储分配是在程序执行过程中按照一定规则自动进行的。

静态变量是用关键字 static 修饰的变量。静态变量的生命期是永久的，即在程序编译时就被分配好，程序开始执行就拥有存储资源，一直到程序执行结束才释放所占用的存储空间。这一特点使得静态变量可以在不同的过程中共享。

【代码 3-10】 演示静态变量的特性。

```
#include<iostream>
void add();

int main(){
    add();
    add();
    return 0;
}
void add() {
    static int i=0;
    i+=10;
    std::cout<<i<<std::endl;
}
```

测试结果：

```
10
20
```

分析这个结果可以看出：在这个程序中，函数 add()被执行了两次。其中的变量 i 只在第一次执行 add()时被初始化，在第一次执行 add()时则不再初始化。同时，第 1 次执行完 add()后，变量 i 不仅不被撤销，而且其值还可以在 add()第 2 次被调用时共享。

若去掉关键字 static，则运行结果如下。

```
10
10
```

因为每次进入函数 add()都要将变量 i 定义并初始化一次。

注意：静态变量若不显式初始化，则编译器会自动将其值初始化为一个默认初始值。对于数值变量，默认的初始值是零。这一点也与自动变量不同。自动变量不显式初始化时，其初始值是一个不确定数。

3.4.2 使用静态成员变量的呼叫器类及其测试

静态变量可以在不同过程中共享的特点，在面向对象的程序中可以扩展为提供类对象之间共享。对于本例来说，如果把每次呼叫看成一个对象，则可以把一个呼叫器的业主信息都声明为静态数据成员，供每次呼叫共享。

【代码 3-11】 使用静态成员变量的呼叫器应用程序(注意加粗部分)。

```
#include<iostream>
#include<string>
#include<cstdlib>
```

```
class Pager {
private:
    static std::string clientName;                          //静态数据成员声明
    static int clientTelNumber;                             //静态数据成员声明
    static std::string clientAddress;                       //静态数据成员声明
    int buttonNumber;                                       //按钮号码
public:
    Pager(int bNum);                                        //构造函数
    void display();                                         //呼叫中心显示
};

std::string Pager::clientName="zhang";                      //静态数据成员定义
int Pager::clientTelNumber=12345678;                        //静态数据成员定义
std::string Pager::clientAddress="conghua";                 //静态数据成员定义

Pager :: Pager(int bNum): buttonNumber(bNum)
{ }
void Pager::display (void) {
    std::cout<<"业主姓名:"<<clientName<<std::endl;
    std::cout<<"业主电话:"<<clientTelNumber<<std::endl;
    std::cout<<"业主地址:"<<clientAddress<<std::endl;
    std::cout<<"业主需求:";
    if (buttonNumber==1)
        std::cout<<"报警"<<std::endl;
    else if (buttonNumber==2)
        std::cout<<"求医"<<std::endl;
    else if (buttonNumber==3)
        std::cout<<"点餐"<<std::endl;
    else {
        std::cout<<"信号故障,请电话询问业主!"<<std::endl;
        exit (1);
    }
    std::cout<<std::endl;
}

int main(){
    Pager call1(1);
    call1.display();

    Pager call2(2);
    call2.display();

    Pager call3(3);
    call3.display();

    Pager call4(4);
    call4.display();

    return 0;
}
```

测试结果依然如前。显然方便多了。

3.4.3 静态成员变量的特点

任何类的静态成员只能创建一次,只有一个实体,这个实体为一个类的所有对象(包括派生类对象)共享。类的所有实例——对象都可以访问它们。这样就能够保证共用数据的一致性。

注意,除整数和枚举常量(有些编译器不一定支持),其他静态成员变量的定义(初始化)必须在类体外进行,因为,类声明并不分配存储空间,并且多数情况下会被存储在头文件中。定义在头文件中有可能引起多次定义。此外,在类体外定义(初始化)时无须再加关键字static,以免与普通静态变量相混淆。

【代码 3-12】 静态成员变量必须在类体外初始化。

```
class Pager {
private:
    static std::string clientName="zhang";              //错误
    static int clientTelNumber=12345678;                //有些编译器认为错误
    static std::string clientAddress="conghua";         //错误
    int buttonNumber;                                   //按钮号码
public:
    Pager(int bNum);                                    //构造函数
    void display();                                     //呼叫中心显示
};
```

但是,C++ 11 已经突破了这种限制。

3.5 王婆卖瓜——静态成员变量作为类对象的共享成员的另一例

3.5.1 问题与模型

中国人都知道王婆卖瓜。王婆每卖一颗瓜要记下该瓜的重量,还要记下所卖出的总重量和总个数(为了简化,假定每次只卖一颗瓜,并且不计算金额)。王婆还允许退瓜。

根据题意,若将每一次卖瓜看成一个对象,则西瓜类的数据成员似乎应当是:

```
float weight                                            //一个西瓜的重量
float totalWeight                                       //累计重量
int totalNumber                                         //累计个数
```

但是,这样一些数据成员都是属于某个西瓜对象的,它们是在西瓜对象创建时被创建,并随着西瓜对象的撤销而撤销。所以用 total_weight 和 totalNumber 很难计算出所有卖了的西瓜的总重量和总个数。那么,如何才能计算出所有卖了的西瓜的总重量和总个数呢?

根据静态变量的共用性特点,可以将 total_weight 和 totalNumber 声明王婆类的静态数据成员。

进一步考虑成员函数的选取与声明。根据题意，类 WangPo 应有如下成员函数：

- 卖瓜——用构造函数模拟。
- 退瓜——用析构函数模拟。
- 显示瓜重——用 display()成员函数模拟。

于是，可以得到图 3.9 所示的类 WangPo 模型。

WangPo
−weight:float −totalWeight:float = 0 −totalNumber:int = 0
+WangPo(w:float) +~WangPo( ) +totalDisp( ):void

图 3.9　WangPo 类

3.5.2　WangPo 类声明与实现

【代码 3-13】　WangPo 类声明。

```
class WangPo {
    float  weight;                              //一个瓜的重量
    static float  totalWeight;                  //累计重量,静态成员
    static int    totalNumber;                  //累计个数,静态成员
public:
    WangPo (float w);                           //模拟售瓜
    ~WangPo (void);                             //模拟退瓜
    void totalDisp  (void);                     //显示总重与总数
};
```

【代码 3-14】　WangPo 类实现。

```
#include<iostream>
float WangPo::totalWeight=0;                    //静态数据成员的定义性声明
int WangPo::totalNumber=0;                      //静态数据成员的定义性声明
WangPo::WangPo (float w) {
    weight=w;
    std::cout<<"卖出一个瓜,重量:"<<weight<<std::endl;
    totalNumber++;
    totalWeight+=weight;
}
WangPo::~WangPo (void) {
    std::cout<<"退货一个瓜,重量:"<<weight<<std::endl;
    totalNumber--;
    totalWeight-=weight;
}
void WangPo::totalDisp  (void) {                //显示总重与总数
    std::cout<<"总计卖出个数:"<<totalNumber<<std::endl;
    std::cout<<"总计卖出重量:"<<totalWeight<<std::endl;
}
```

3.5.3　WangPo 类的测试

【代码 3-15】　WangPo 类的测试程序。

```
int main (void) {
    WangPo w1 (3.5f);                           //卖出 w1
```

```
    w1.totalDisp  ();

    WangPo w2 (6.3f);                               //卖出 w2
    w2.totalDisp  ();

    WangPo w3 (5.6f);                               //卖出 w3
    w3.totalDisp  ();

    w2.~WangPo ();                                  //退回 w2
    w2.totalDisp  ();

    return 0;
}
```

测试结果：

```
卖出一个瓜, 重量: 3.5
总计卖出个数:1
总计卖出重量:3.5
卖出一个瓜, 重量: 6.3
总计卖出个数:2
总计卖出重量:9.8
卖出一个瓜, 重量: 5.6
总计卖出个数:3
总计卖出重量:15.4
退货一个瓜, 重量: 6.3
总计卖出个数:2
总计卖出重量:9.1
退货一个瓜, 重量: 5.6
退货一个瓜, 重量: 6.3
退货一个瓜, 重量: 3.5
```

3.5.4 WangPo 类的改进

上述测试结果从计算上看是正确的，但是显示结果多了 3 行。这是由于主函数结束时调用析构函数造成的。这也说明，可以显式地调用析构函数，但是当对象的生命周期结束时，还会自动调用析构函数，从而引起混乱。为消除这种问题，可以单独设计一个退货成员函数。

【代码 3-16】 改进的 WangPo 类。

```
#include<iostream>

class WangPo {
    float         weight;
    static int    totalNumber;                      //静态数据成员:卖出个数
    static float  total_weight;                     //静态数据成员:卖出总重
public:
    WangPo (float w);                               //模拟售瓜
    ~WangPo (void) {}                               //析构函数
    void  returnedPurchas (void);                   //退货
    void  totalDisp  (void);                        //显示总重与总数
};

float WangPo::totalWeight=0;                        //静态数据成员的定义性声明
```

```
int WangPo::totalNumber=0;                              //静态数据成员的定义性声明

WangPo::WangPo (float w) {                              //模拟售瓜
    weight=w;
    std::cout<<"卖出一个瓜,重量:"<<weight<<"\n";
    totalNumber++;
    totalWeight+=weight;
}

void WangPo::returnedPurchas (void) {                   //退货
    std::cout<<"退货一个瓜,重量:"<<weight<<std::endl;
    totalNumber--;
    totalWeight-=weight;
}

void WangPo::totalDisp  (void)    {                     //显示总重与总数
    std::cout<<"总计卖出个数:"<<totalNumber<<std::endl;
    std::cout<<"总计卖出重量:" <<totalWeight<<std::endl;
}
```

【代码 3-17】 改进 WangPo 类的测试程序。

```
int main (void) {
    WangPo w1 (3.5f);                                   //卖出 w1
    w1.totalDisp  ();

    WangPo w2 (6.3f);                                   //卖出 w2
    w2.totalDisp  ();

    WangPo w3 (5.6f);                                   //卖出 w3
    w3.totalDisp  ();

    w2.returnedPurchas ();                              //退回 w2
    w2.totalDisp  ();

    return 0;
}
```

测试结果:

```
卖出一个瓜, 重量: 3.5
总计卖出个数:1
总计卖出重量:3.5
卖出一个瓜, 重量: 6.3
总计卖出个数:2
总计卖出重量:9.8
卖出一个瓜, 重量: 5.6
总计卖出个数:3
总计卖出重量:15.4
退货一个瓜, 重量: 6.3
总计卖出个数:2
总计卖出重量:9.1
```

注意:当对象的生命期结束,如对象脱离其作用域(例如对象所在的函数已调用完毕)、程序执行结束等,系统都会自动执行析构函数。

习 题 3

概念辨析

1. 选择。

(1) 语句

```
std::cout<<x=5 >=7<=9;
```

执行后的输出结果是________。

A. 0　　B. 1　　C. d=1　　D. 语法错误

(2) 语句

```
std::cout<<(x=5 >=7<=9);
```

执行后的输出结果是________。

A. 0　　B. 1　　C. d=1　　D. 语法错误

(3) 逻辑操作符所连接的对象________。

A. 仅0或1

B. 仅0或非0整数

C. 仅整型或字符型数据

D. 可以是任何类型数据

(4) 下面关于操作符优先级别的描述中,正确的是________。

A. 关系操作符＜算术操作符＜赋值操作符＜逻辑“与”操作符

B. 逻辑操作符＜关系操作符＜算术操作符＜赋值操作符

C. 赋值操作符＜逻辑“与”操作符＜关系操作符＜算术操作符

D. 算术操作符＜关系操作符＜赋值操作符＜逻辑“与”操作符

(5) 判断 char 类型变量 ch 是否小写字母的正确表达式是________。

A. 'a' ＜＝ch＜＝ 'z'

B. (ch＞＝a) && (ch＜＝z)

C. ('a'＞＝ch)||('z'＜＝ch)

D. (ch＞＝'a')&&(ch＜＝'z')

(6) 对于声明 int a=2, b=3,c=5;,下列表达式中值为2的是________。

A. (a==b)+(b＜c)

B. (a+b==c) ||!(a＞b)

C. (a+b==c)+!(a＞b)

D. (a+b==c)&&!(a＞b)

(7) 在下列关于 switch 结构阐述中,正确的是________。

A. 若每个 case 子结构的最后都不增加 break 语句,则执行结果与每个 case 子结构的排列顺序无关

B. 若每个 case 子结构的最后都增加 break 语句,则执行结果与每个 case 子结构的排列顺序无关

C. 若每个 case 子结构的最后都增加 break 语句,则执行结果与每个 case 子结构的排列顺序有关

D. 以上都有道理

(8) 常数据成员________。

A. 必须在声明语句中初始化,不能在构造函数的函数体中初始化

B. 可以在声明语句中初始化,也可以在构造函数的函数体中初始化

C. 不可以在声明语句中初始化,也不可以在构造函数的函数体中初始化,只能在构造函数的初始化段中初始化

D. 不可以在声明语句中初始化,只可以在构造函数的函数体中初始化

(9) 下列关于静态数据成员的叙述中,错误的是________。

A. 说明静态数据成员时前边要加修饰符 static

B. 静态数据成员要在类体外进行初始化

C. 静态数据成员不是所有对象所共用的

D. 引用静态数据成员时,要在其名称前加〈类名〉和作用域操作符

2. 判断。

(1) bool 类型的值只能是 1 或 0。 (　　)

(2) 在 switch 结构中,所有的 case 必须按照其后常量表达式的值顺序排列,如 101、102、103 等。 (　　)

(3) 在变量声明前加关键字 static,表明该变量的值不可改变。 (　　)

(4) 函数体内声明的静态变量,至多只会被初始化一次。 (　　)

(5) 成员函数内的静态变量与该函数的寿命是一致的。 (　　)

代码分析

1. 找出下面各程序段中的错误并说明原因。

(1)

```
if (t >100) std::cout<<"Hot\n";
else std::cout<<"Warm\n";
else std::cout<<"Cool\n";
```

(2)

```
int a=2, b=3;
switch (choiceProgTV)
    case 1; std::cout<<"中央一台\n";
    case 1.5; std::cout<<"山西一台\n";
    case a; std::cout<<"江苏一台\n";
    case b; std::cout<<"无锡一台\n";
```

2. 指出下面各程序的运行结果。

(1)

```
#include<iostream.h>
void SB (char ch)  {
    switch (ch) {
    case 'A': case 'a': std::cout<<"well!"; break;
    case 'B': case 'b': std::cout<<"good!"; break;
    case 'C': case 'c': std::cout<<"pass!"; break;
    default: std::cout<<"nad!"; break;
    }
}
void main (void)  {
    char a1='b',a2='C',a3='f';
    SB (a1);SB (a2);SB (a3);SB ('A');
    std::cout<<std::endl;
}
```

(2)

```
#include<iostream.h>
#include<stdlib.h>
class Sample  {
public:
    int x,y;
    Sample (void) {x=y=0;}
    Sample (int a,int b) {x=a;y=b;}
    void disp (void)  {
        std::cout<<"x="<<x<<",y="<<y<<std::endl;
    }
    ~Sample (void)  {
    if (x==y) std::cout<<"x=y"<<std::endl;
    else std::cout<<"x!=y"<<std::endl;
    }
};
void main (void)  {
    Sample s1 (2,3);
    s1.disp ();
    if (s1.x==2)
        exit (0);        //退出程序
}
```

探索验证

1. 查找资料,了解 C++ 中有哪些操作符,并与已经学习过的操作符进行优先级别和结合性比较。

2. 初始化与赋值有什么区别?

3. 为图 3.10 的结构设计 6 种逻辑覆盖(语句覆盖、判定覆盖、条件覆盖、条件/判定覆盖、条件组合覆盖、路径覆盖)测试用例,并编写程序验证(提示:C++ 中的 or 有时用"||"表示,and 用"&&"表示)。

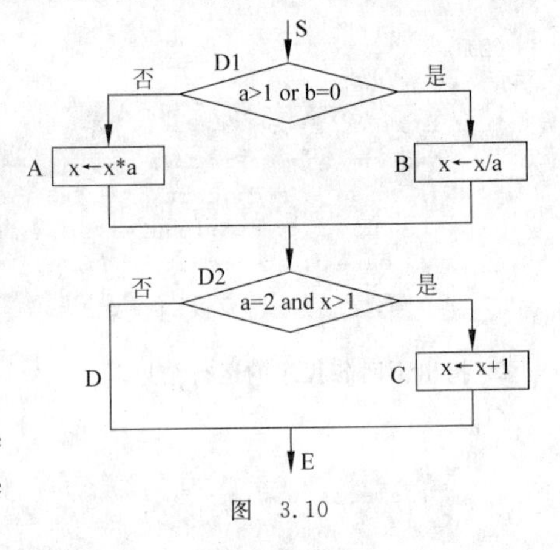

图 3.10

4. 以 void main(void)形式和以 int main(void)形式使用主函数,二者有何不同?在你使用的系统中,可以使用哪种形式的主函数?若能使用 int main(void)形式的主函数,在主函数的函数体中是否一定要使用 return0;语句返回?

5. 在多重嵌套的 if-else 结构中,若有某些是缺少 else 分支的,还有一些是不缺少 else 分支的。请问如何进行 else 与 if 的正确配对?

开发实践

1. 学习成绩转换器。某学校规定,平时成绩采用百分制,期末学习成绩采用评语制;百分制向评语制按照下面的规则转换。

- 百分成绩 90 分以上为"优秀";
- 百分成绩 80~89 分为"良好";
- 百分成绩 70~79 分为"中等";
- 百分成绩 60~69 分为"及格";
- 百分成绩 59 分及以下为"不及格"。

请用 switch 结构实现这个学习成绩转换器。

2. 报站器。某路公共汽车，路途经过 n 个车站，车上配备一个报站器。报站器有如下功能：

(1) 车子发动，报站器会致欢迎词："这是第 X 路公交线路上的第 X 号车，我们很高兴为各位乘客服务。"

(2) 每到一个站时，司机按动一个代表站点的数字按钮，报站器会提示乘客："××站到了。要下车的乘客，请从后门口下车。"

现设有 5 个站：长白山站、燕山站、五台山站、泰山站、衡山站。

请用一个面向对象的程序仿真这个报站器，并编写相应的测试用例。

3. 地铁售票机。某线路上共有 10 个车站，3 种票价(3 元、4 元、5 元)。该线路上的售票机有如下功能：

(1) 查阅两站间的票价。计算机按照下面的原则处理：

- 乘 1 站到 5 站，票价 3 元；
- 乘 6 站到 8 站，票价 4 元；
- 乘 9 站和 10 站，票价 5 元。

(2) 收取票钱。乘客输入欲购买的车票类型和数量，并输入钞票。如果输入金额不够，则继续等待，直到达到或超过票价为止；如果输入的金额超过票价，则打印一张车票，并退回多余金额；如果输入的金额正好，则只打印车票。

请用程序模拟该地铁售票机，并编写相应的测试用例。要求友好的用户界面。

提示：输入金额用输入语句中的数字表示，退余额和车票用输出语句显示。

第4单元 累 加 器

设计一个累加器(Sumer)类,该累加器可以将任意两个整数之间的所有自然数进行累加。

4.1 累加器类结构设计与类声明

4.1.1 累加器类结构设计

(1) 数据成员设计。累加器所需要的属性见表 4.1。

表 4.1 Sumer 类的数据成员

名 称	含 义	类 型	访问属性
lowNumb	整数区间下限	int	private
highNumb	整数区间上限	int	private
sum	累加和	int	private

(2) 成员函数设计。累加器所需要的成员函数见表 4.2。

表 4.2 Sumer 类的成员函数

名 称	功 能	调用者	参 数	返回类型	访问属性
Sumer (void)	对象初始化	主函数	lowNumb 和 highNumb	无	public
~Sumer (void)	对象清除	主函数	无	无	public
calc (void)	计算累加和	主函数	无	void	public

4.1.2 累加器类声明

【代码 4-1】 累加器类声明。

```
class Sumer {
private:
    int     lowNumb,highNumb;                        //计算区间下限和上限
    int     sum;                                     //累加和
public:
    Sumer (int l=0, int h=0, int s=0);
    void  calc (void);                               //累加计算
};
```

说明:在这个例子中,构造函数声明为 Sumer (int h=0,int l=0,int s=0);。这里的 3 个 0 称为 3 个参数的默认值(default value),表示在调用表达式中全部实际参数缺少或排在后面的实际参数缺少时,系统就默认这些实际参数将采用默认值,例如表达式 Sumer s1 (void)等价于 Sumer s1 (0,0,0);表达式 Sumer s2 (5)等价于 Sumer s3 (5,0,0);表达式 Sumer s2 (5,1)等价于 Sumer s3 (5,1,0)。这里的 5 和 1 称为强制参数,用于取代参数的默认值。

注意:

(1) 一个函数中的参数,不一定全部都具有默认值。但是,具有默认值的参数必须连续地从右向左定义,把未指定默认值的参数放在参数表的后部,不能把未指定默认值的参数夹杂在中间。例如:

```
Sumer (int h=0, int l,int s=0);          //错误
```

是不合法的。

(2) 用强制参数取代默认参数值时,必须从左到右地进行。

(3) 从本节起,本书中的程序文件中再不分别标文件名。

4.2 累加器类的实现

4.2.1 构造函数的实现

【代码 4-2】 累加器构造函数实现。

```
Sumer :: Sumer (int h, int l, int s) : lowNumb (l),highNumb (h),sum (s) {
    if (lowNumb >highNumb)  {                //以下交换 lowNumb 和 highNumb 值
        int temp=lowNumb;
        lowNumb=highNumb;
        highNumb=temp;
    }
}
```

说明:

(1) 程序段中粗体部分的作用是交换 lowNumb 和 highNumb 值。其过程如图 4.1 所示。

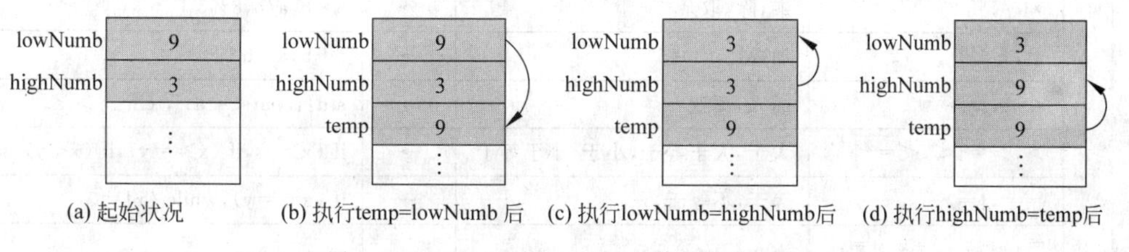

图 4.1　lowNumb 和 highNumb 值的交换过程

(2) temp 是构造函数中定义的一个变量。变量除了有前面介绍的类型、值、地址、名字等属性外,还有一个重要的属性——作用域属性。所谓作用域是指变量名字可以有效使用的程序代码区间。一个简单的原则是:在某个范围内定义的变量,作用域就只能在这个范围内。例如,数据成员的作用域只在类的范围内可以使用,在函数中定义的变量,只能在该函数内使用,只有定义的所有类以及函数外部的变量,作用域才是全局的——作用域在整个

代码区间。

4.2.2 成员函数 calc()的定义与 while 语句

【代码 4-3】 成员函数 calc()的代码。

```
#include<iostream>
void Sumer::calc (void) {
    int i=lowNumb;                          //初始化表达式
    while (i<=highNumb)  {                  //while 循环及其条件
        sum+=i;                             //相当于 sum=sum+i
        i++;                                //相当于 i=i+1,修正表达式
    }
    std::cout<<lowNumb <<"到"<<highNumb<<"间的累加和为:"<<sum<<std::endl;
}
```

说明:

(1) sum+=i 中的+=是一种复合赋值操作符,它相当于 sum=sum+i,即赋值操作符和加操作符的复合。例如表达式 s*=a+b;相当于 s=s*(a+b);。

除了加与赋值操作符之外,还有其他多种操作符组成复合赋值操作符。

应当注意,复合赋值操作符的优先级仅次于赋值操作。

(2) 操作符++称为自增操作符,即 i++相当于 i=i+1,是 C/C++ 语言中一种简洁表示。其优先级别比较高,低于函数操作符,比算术操作符高。除++外,还有--称为自减操作符。表 4.3 为已经介绍过的一些操作符的优先级别和结合性比较。

表 4.3 已经介绍过的几种操作符的优先级别和结合性

优先级	操作符	名称	结合性	举例
高	::	作用域	→	Sumer::culc (void)
	., (void)	成员隶属,函数	→	student.name, fun (5)
	−,+,++,−−	负,正,自增,自减	←	−a,+5,i++,++i,i−−,−−i
	*,/,%	乘,除,取余	→	a*b,a/b,8%5
	+,−	加,减	→	a+b,a−b
	<<,>>	插入,提取	→	std::cout<<a; , cin >> a;
	>,>=,<,<=	大于,大于等于,小于,小于等于	→	if (x>y),if (x>=y),if (x<y)
	==,!=	等于,不等于	→	if (x==y),while (x!=0)
低	=, *=,/=,%=, +=,−=	赋值和算术赋值	←	a=b=c=5, x*=2

应当注意,尽量不要用自增与自减操作符组成复杂的表达式,例如:

```
a+ ++ ++ b;
```

它将使人难以理解容易导致错误。

(3) calc()函数的执行流程如图 4.2 所示。表 4.4 为当 lowNumb=3,highNumb=6 时

该段程序执行过程中变量 sun 和 i 值的变化情况。

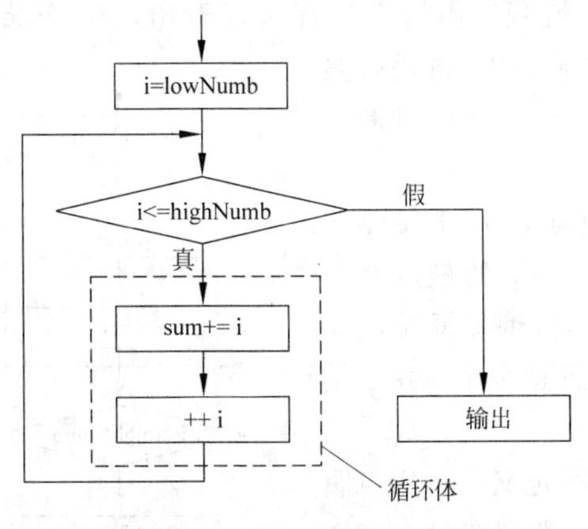

图 4.2 calc()函数的执行流程

表 4.4 lowNumb=3,highNumb=6 时,calc (void)执行过程中变量 sun 和 i 的变化

i	i <= highNumb	sum	i++
3	true (执行循环)	3	4
4	true (执行循环)	7	5
5	true (执行循环)	12	6
6	true (执行循环)	18	7
7	false (退出循环)	18	不执行

一个 while 循环由两部分组成：循环条件表达式(这里的 i<=highNumb)和循环体(这里的 sum+=i;i++;)。程序流程在进入这个结构之前,首先要对循环条件表达式进行测试,如果循环条件表达式为"真"(true),就开始执行循环体;为假(false),就跳过循环。每执行完一次循环体,就再对循环条件表达式测试一次,为"真"(true),就再执行一次循环体,否则退出循环。

对一个循环结构来说,在循环体中一定要有某些影响循环条件表达式值的操作,最后能使循环条件表达式为 false,结束循环。否则,将形成死循环。影响循环条件表达式值的操作称为修正表达式,如本例中的 i++。修正表达式中所修正的变量,一般称为循环变量,其值控制着循环的执行过程。为了让循环变量正确地控制循环过程,通常在进入循环体之前,要对其初始化(给定一个设定值),这个表达式称为初始化表达式,如本例中的 int i=lowNumb。初始化表达式位于循环开始之前。

程序设计就像写文章,对于同一个问题所设计的程序不是唯一的,即使对于同类控制结构,程序设计语言也提供了不同的解决方案,供程序设计人员根据具体情况选择。例如,对于分支结构,提供了 if-else 和 switch-case 两大类解决方案。同样,对于循环结构,除了 while 外,还提供了 do-while 和 for 解决方案。

4.2.3 使用 do-while 结构的 calc()函数

【代码 4-4】 使用 do-while 结构的 calc()函数。

```
void Sumer::calc (void) {
    int i=lowNumb;
    do  {
        sum+=i;
        i++;
    } while (i<=highNumb);                //注意最后要有一个分号

    std::cout<<lowNumb<<"到"<<highNumb<<"间的累加和为:"<<sum<<std::endl;
}
```

说明：

(1) 图 4.3 为使用 do-while 的 calc()函数流程。由这个流程可以看出，do-while 与 while 的第一个不同之处在于，它要先执行一次循环体，再进行是否要继续循环的判断。以后，同样是每执行一次循环体就判断一次要不要再循环。

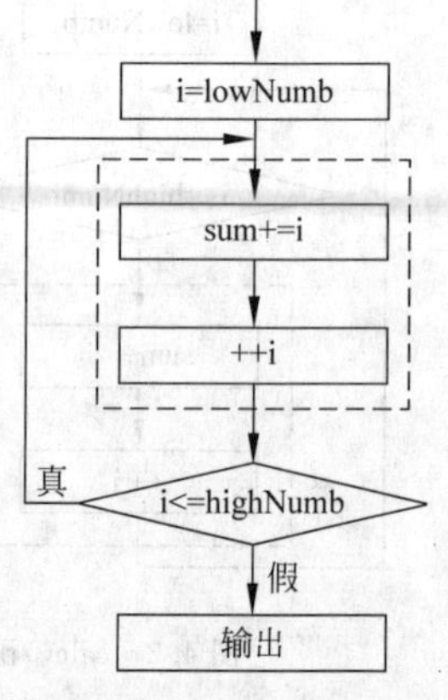

图 4.3 使用 do-while 的 calc(void)函数

(2) do-while 与 while 的第二个不同之处在于，do-while 结构要以分号结束，而 while 结构不需要。因为 do-while 的最后是一个 while(条件)。这样，当后面是一个复合语句时，编译系统就无法决定到底前面是一个 do-while 结构，还是后面是一个 while 结构。加上一个分号，这个问题就解决了。

(3) 在程序中，使用一个变量名之前必须先行定义——用声明语句声明变量的类型。在本例中，i 被声明为 int 类型变量。编译器执行到变量的声明语句，就会根据变量的类型给其分配合适的存储空间。以后，程序中用到这个变量名，编译器就将这个名字与这个存储空间以及所存储的数据联系起来，好比一个组织(企业、机构等)经过注册、挂牌之后，人们就会把其名字与所在建筑物联系起来一样。

4.2.4 使用 for 结构的 calc()函数

【代码 4-5】 使用 for 结构的 calc()函数。

```
void Sumer::calc (void) {
    for (int i=lowNumb; i<=highNumb; i++)
        sum+=i;
    std::cout<<lowNumb<<"到"<<highNumb<<"间的累加和为:" <<sum<<std::endl;
}
```

注意：初始化表达式(int i=lowNumb)的逻辑位置在循环体前，不含在循环体内。只有循环条件表达式(i<=highNumb;)和修正表达式(i++)才包含在循环体内。

4.2.5 三种循环流程控制结构的比较

do-while 结构是先执行一次循环体，再根据循环条件表达式决定是否终止循环。

while 结构是先判断循环条件表达式，再执行循环体。

for 将初始化表达式、循环条件表达式和修正表达式写在一处，常用于有明显次数特征的循环结构。

4.3 循环结构的测试

4.3.1 等价分类法与边值分析法

循环程序，特别是嵌套的循环程序以及循环结构与判断结构结合的程序，是逻辑复杂程序。对于逻辑复杂的程序，采用逻辑覆盖方法进行测试，工作量会非常大。在这种情况下可以采用黑箱测试——功能测试方法。在黑箱测试方法中，最基本的两种方法是等价分类法和边值分析法。

1. 等价分类法

等价分类法是一种典型的、重要的黑盒测试方法。它将程序所有可能的输入数据，即程序的输入域划分为(有效的和无效的)划分成若干个子集称为等价类。所谓等价是某个输入子集中的每个数据，对于揭露程序中的错误都是等效的。这样就可以在每个等价类中取一个数据作为测试用例，即用少量代表性数据代替其他数据，来提高测试效率。

等价分类法是一种系统性地确定要输入的测试数据的方法，其关键是划分等价类。利用这一方法设计测试用例可以不考虑程序的内部结构，仅以需求规格说明书为依据，通过认真分析和推敲说明书的各项需求，特别是功能需求，来确定输入子集的划分。这需要经验和知识的积累，并就具体情况进行具体分析。但是，在进行等价类划分时，最基本的划分方法是将等价类划分为有效等价类和无效等价类。

有效等价类指对于程序规格说明来说，是合理的、有意义的输入数据构成的集合。利用有效等价类可以检验程序是否实现了规格说明预先规定的功能和性能。有效等价类可以是一个，也可以是多个。

无效等价类和有效等价类相反，无效等价类是指对于软件规格说明而言，没有意义的、不合理的输入数据集合。利用无效等价类，可以找出程序异常说明情况，检查程序的功能和性能的实现是否有不符合规格说明要求的地方。例如，学生的成绩是[0,100]之间的数值，因此可以在数轴上得到一个有效等价类和两个无效等价类，如图4.4所示。

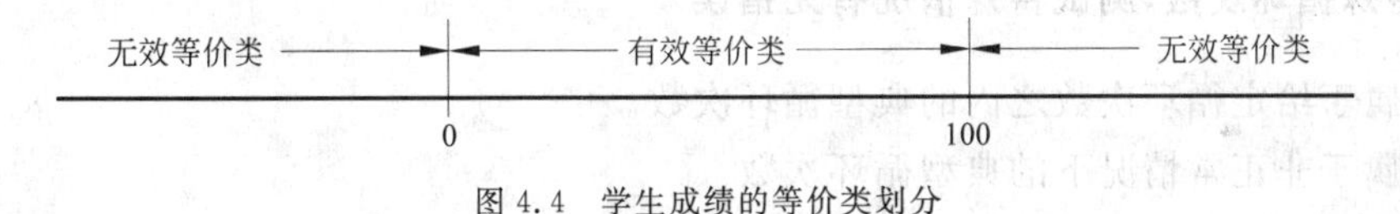

图4.4　学生成绩的等价类划分

2. 边值分析法

经验证明，程序中的错误许多分布在输入等价类和输出等价类的边缘上。边值分析法就是针对这种规律提出的一种黑盒测试策略。应用边值分析法，要注意它与等价类的差别。

(1) 边值分析着眼于等价类的边界值选择测试用例，而等价分类是从等价类中选取一个合适的例子作为测试用例。即对于一个等价类来说，等价分类选取的测试用例一般是一个；而边界分析选取的测试用例可能是一个，也可能是几个，可以考虑下面几种情况：

- 如果某个输入条件说明了值的范围，则可选择一些恰好取得边界值的例子，另外再给出一些恰好越过边界值属于无效等价的例子。
- 如果一个输入条件指出了输入数据的个数，则可取最小个数、最大个数、比最小个数少1、比最大个数多1，来分别设计测试用例。
- 若输入是有序集，则应把注意力放在第一和最后一个元素上。

(2) 边值分析不仅要注意输入条件，还要考虑输出空间产生的测试情况，按输出等价类设计测试用例。通常应先考虑以下几点：

- 对每个输出条件，如果指出了输出值的范围或输出数据的个数，则应按设计输入等价类的方法，为它们设计测试用例。
- 若输出是个有序集，则应把测试注意力放在第一和最后一个元素上。

4.3.2 循环结构的测试用例设计

循环结构可以看作是一种特殊的判定结构。一般来说，仅考虑循环结构的设定是否正确，可以采用边值分析法。此外还需要考虑是单重循环结构，还是嵌套的循环结构。这里，仅考虑单重循环结构的情况。对于单重循环结构，采用边值分析法，可以考虑如下情况。

1. 初始边值条件，测试初始化方面的问题

(1) 零次循环，即不执行循环体，如本例中取 highNumb<lowNumb。

(2) 一次循环，如本例中取 highNumb=lowNumb。

(3) 二次循环，进一步揭露初始化方面的问题，如本例中取 highNumb=lowNumb+1。

2. 终止边值条件，测试循环次数有无错误

(1) 第 n –1 次循环，如本例中取 highNumb=lowNumb+n –1。

(2) 第 n 次循环，如本例中取 highNumb=lowNumb+n。

(3) 第 n+1 循环，如本例中取 highNumb=lowNumb+n+1。

3. 特殊循环次数，测试特殊情况有无错误

(1) 属于给定循环次数之内的典型循环次数。

(2) 属于非正常情况下的典型循环次数。

4.3.3 累加器类的测试

1. 测试用例设计

对于本例来说，上述情形 1 中的零次循环、情形 2 中的第 n+1 次循环以及情形 3 不会存在，情形 1 中的二次循环、情形 2 中的 n –1 次循环在任何 lowNumb<highNumb 的条件下都会执行到。所以，最后只需要两组测试数据：lowNumb = highNumb 和 lowNumb< highNumb。

2. 主函数设计与测试结果

主函数的基本任务如下。

- 按照上述两组测试用例，生成 Sumer 类对象。
- 分别求累加和。

【代码 4-6】 主函数代码。

```
int main (void) {
    {
        Sumer s1 (1,1);                                    //lowNumb=highNumb
        s1.calc ();                                        //计算累加和
    }
    {
        Sumer s1 (5);                                      //lowNumb<highNumb
        s1.calc ();                                        //计算累加和
    }
    return 0;
}
```

执行结果如下：

```
1到1间的累加和为: 1
0到5间的累加和为: 15
```

4.3.4　变量(对象)的作用域问题

说明：任何一个对象都有其作用域和生命期。对象的作用域是指对象在程序代码的哪个区间有效。对象的生存期是指对象从创建到撤销的时间段。在没有特殊声明的情况下，在一个语句块中定义的变量(或对象)，在该语句块结束时会被自动撤销。这类变量(对象)称为自动变量(对象)。如上述主函数中的两个 s1 分别将其定义在不同的语句块中，则具有不同的作用域和生命期，是两个不同的变量。

4.4　语法知识扩展 2

4.4.1　C++ 语句

语句是程序中可以执行的最小单元。C++ 语言将语句分为如下几类。

(1) 声明语句：在 C++ 程序中，要使用一个标识符之前，必须要先让编译器知道这个标识符的含义，即告诉编译器名字的类型，即要先声明(定义)后使用。

(2) 表达式语句：在程序中，由常量、变量、函数和操作符组成的式子称为表达式。在表达式后面加上一个分号，就成为一个表达式语句，例如“a=b+5;”。

(3) 空语句：只有一个分号，没有其他内容，也可以成为一个语句，称为空语句。空语句有一些特殊的用途，如只表示一个语句的位置(如向 goto 语句提供跳转的目的位置——本书不介绍这种语句)等。

(4) 复合语句：也称块语句，是用花括号声明和语句序列，在语法上相当于一个简单语句。例如，将其作为循环体或条件语句中的一个分支等。复合语句虽然是语句的一种，但最后是以后花括号结尾，而不是以分号结尾。通常，一个块语句为一个作用域，即在这个区间定义的变量只能在这个区间使用。

(5) 程序流程控制语句：作用是改变程序执行的顺序。在程序中，一般语句都是按照书写的顺序执行的。但是为了某种需要，可以使程序流程产生改变。前面已经用过的 if 语句、while 语句、do-while 语句、for 语句、break 语句以及函数的调用和返回等就是流程控制语句。更多的流程控制语句以后再介绍。

4.4.2 函数

在程序中,函数的使用涉及 4 个环节:函数声明、函数定义(实现)、函数调用和函数返回。

1. 函数定义

函数定义也称函数实现,由函数体和函数头两部分组成。函数体由括在花括号中一些声明和语句组成,用于描述函数的功能通过哪些操作实现。函数头是函数与其调用者之间的接口,它由下列部分组成。

(1) 函数的返回类型,即函数返回值的类型。除构造函数外,如果函数只是一个过程调用,则应被声明为 void 类型。

(2) 函数名:一个合法的 C++ 标识符。

(3) 一对圆括号,称为函数操作符,表明其前的名字是函数类型。

(4) 形式参数列表:位于函数操作符之内,给出了一组形式参数的名字以及对应的数据类型。所以称为形式参数,是指它们并非实际运算的数据,而只是形式上的角色。

注意:

- 构造函数和析构函数没有返回类型。
- 析构函数没有参数。
- 构造函数名与类名相同,而析构函数名是类名前加一个波浪号。

2. 函数原型与函数特征标

世界上存在着的物体都有它自身不同的形状,这种代表着自身特征的形状叫原型(prototype)。对于函数来说,代表其特征的就是函数的接口——函数名称、返回值类型以及参数序列(数目、类型和顺序)。这些信息可以供编译器检查函数调用表达式是否正确并为调用表达式找到合适的函数定义。

函数原型就是一条表明函数原型信息的语句,在 C++ 中,使用于以下两个情况。

(1) 声明类时,用原型表明类的行为元素。

(2) 要在函数定义前进行函数调用时,或函数定义与调用表达式不在一个编译单元——文件中时,用函数原型向编译器提供有关函数的特征信息。

使用函数原型,应注意以下几点:

- 函数原型中可以不包括参数名称。其他信息应与函数定义中的函数头的对应部分完全一致。
- 库函数的函数原型在相应的头文件中,使用库函数必须用 #include 命令包含相应的头文件。
- 主函数不需要函数原型。

函数特征标也称函数签名(function signature),就是原型中把函数返回类型去掉以后剩下的东西(返回值、参数、调用方式等)。函数在重载时,利用函数签名的不同(即函数名与参数个数、顺序、类型的不同)来区别调用者到底调用的是哪个方法。

3. 函数调用和返回

程序中的一般语句是顺序执行的。当遇到一个函数调用语句时,就会将流程转向函数的实现代码处。在函数中遇到 return——返回语句时,就会按照“从哪里来到那里去”的原则,即将函数中的流程返回到调用处。

注意:函数调用时使用的参数(实参)须与函数原型的参数(形参)在类型上对应一致。

4.4.3 对象的存储

为了处理对象的存储问题,编译器需要处理如下两个问题。

(1) 该程序中有多少函数?存储这些函数的代码需要多大的空间?

(2) 该程序中有哪些数据需要存储?

为此,一旦程序开始运行,系统就开始做下面的工作。

① 开辟两个存储空间:代码区——用于存所有函数的代码;数据区——用于存储程序中的数据。数据区的起始地址是一个默认地址。

② 先将主函数的可执行代码从数据区的起始地址开始存储,之后依次将其他所有函数的可执行代码调入代码区。

③ 系统从默认地址处开始执行该程序的主函数。

④ 需要调用一个函数(如成员函数)时,只要找到该函数的起始地址,传递参数即可。由于一个类的各个对象之间的区别仅在数据成员上,成员函数是相同的,所以创建对象时不需要为每个对象复制一份成员函数。

⑤ 数据区内的数据,有些是编译时就知道如何存储的,程序开始运行就得到需要的存储空间;有些则是在程序运行执行过程中动态创建的。例如,对象中的数据成员就是该对象生成时才在数据区中创建并分配存储空间的。

图 4.5 比较了学生类声明与学生对象创建后程序存储区的使用情况。

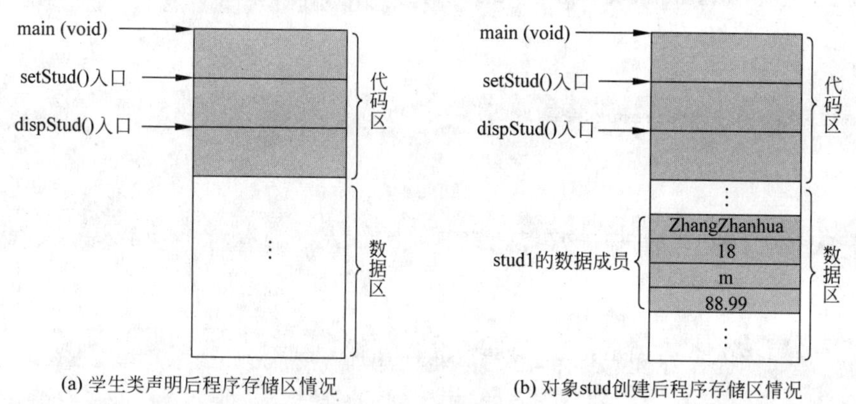

图 4.5 学生类的存储区

习 题 4

概念辨析

1. 选择。

(1) 循环体至少被执行了一次的语句为________。

A. for 循环　　B. while 循环　　C. do 循环　　D. 任一种循环

(2) i++与 ++i,________。

A. i++是先增量,后引用;++i 是先引用,后增量

B. i++是先引用,后增量;++i 也是先引用,后增量

C. i++是先引用,后增量;++i 是先增量,后引用

D. i++是先增量,后引用;++i 也是先增量,后引用量

(3) for 循环 for (x=0,y=0;(y!=123)&&(x<4);x++){}________。

A. 是无限循环　　B. 循环次数不定　　C. 最多执行 4 次　　D. 最多执行 3 次

2. 判断。

(1) 若有 int i=10,j=0;则执行完语句 if (j=0) i++; else i--;后,i 的值为 11。

(2) 若有 int i=10,j=2;则执行完语句 i *= j+8;后,i 的值为 28。

代码分析

1. 找出下面各程序段中的错误并说明原因。假设声明为

```
int a=1;
```

(1)

```
while (a<5):(std::cout<<"a="<<a);a++}
```

(2)

```
while (a<5)  {std::cout<<"a="<<a);a--}
```

(3)

```
while (a >5)  {std::cout<<"a="<<a;a--}
```

(4)

```
for (a, a<=10,a++) std::cout<<"a="<<a
```

(5)

```
for (a, a<=10,a--) std::cout<<"a="<<a
```

(6)

```
for (a; a >3;a--)std::cout<<"a="<<a;
```

(7)

```
do { std::cout<<"a="<<a;a++}while (a >3)
```

(8)

```
do std::cout<<"a="<<a;a++;while (a<3);
```

2. 指出下面各程序(段)的运行结果。

(1)

```
int a=3;
while (a-->0)
    std::cout<<a<<" ";
```

(2)

```
int a=1;
while (a >0) {
    std::cout<<a<<std::endl;
    a-=3;
}
```

(3)

```
for (int i=1;i<5; i++)
    std::cout<<(2 * i)<<" ";
```

(4)

```
int n=1024;
int log=0;
for (int i=1;i<n; i *=2)
    log++;
std::cout <<n<<" "
          <<log<<std::endl;
```

(5)

```
int a=1;
do
    std::cout<<a<<" ";
while (a++>0);
```

(6)

```
int a=10;
do {
    std::cout<<a<<std::endl;
    a-=3;
}while (a>0);
```

探索验证

1. 请简述以下两个 for 循环的优缺点。

```
//第一个
for (i=0; i++;) {
    if (condition)
        doSomething ();
    else
        doOtherthing ();
}
```

```
//第二个
if (condition) {
    for (i=0; i++;)
        doSomething ();
}
else {
    for (i=0; i++;)
        doOtherthing();
}
```

2. 既然一个类的成员函数为类所有,即所有类对象的成员函数都是相同的,那么为什么调用一个成员函数时,还必须用对象来调用呢?

开发实践

1. 某电子门锁在出厂时设置了密码，不过以后还可以再由用户重新设置密码。开启电子门锁时，只要输入正确的密码，门就可以自动打开。请用 C++ 程序模拟该电子门锁。

2. 请用一个 C++ 程序模拟一个计算器，该计算器具有如下功能。

(1) 可以进行加、减、乘、除四则连续运算。

(2) 使用的方法：先输入一个数据，然后输入操作符，再输入另一个数据；如果要继续运算就输入一个操作符，否则输入等号就可以显示结果。

(3) 操作符仅限＋、－、*、/四种。如果按错了键，要提示用户重新输入。可以多次输入，直到输入正确为止。

第5单元 简单的公司人员体系

继承(泛化)是一种基于已知类(父类)来定义新类(子类)的方法,或者说是一种将特性从一个类传递到另一个类的机制。这一单元介绍从一个已知类创建新类的基本方法,以及特性传递的基本形式。

5.1 公司人员的类层次结构

一个简单的公司人员体系,可能涉及3类对象:人(person)、员工(employee)和管理者(manager)。本题要建立这三者之间的联系。

5.1.1 问题建模

在公司里,普通员工(employee)与管理人员(manager)都是员工(employee),都具有员工特征;而在公司工作的人员与不在公司工作的人员,都是人(person),都具有人的特征。如果声明3个类,则它们之间具有如下关系:Person通常具有姓名(name)、年龄(age)和性别(sex)等属性;Employee,要在Person的基础上增加两个属性:职工号(workerID)和工资(salary);而Manager又要在Employee的基础上再增加一个属性——职位(post)。这种以一个类为基础,通过继承(inheritance),建立一个新的类的过程称为派生(derived)。派生所得到的类称为派生类(derived class)。作为派生其他类的类称为基类(base class)。派生类不仅继承了基类的属性,还继承了基类的行为。此外,在派生类中还可以追加其他的属性和行为。图5.1所示的类图,描述了本题中3个类之间的派生关系。

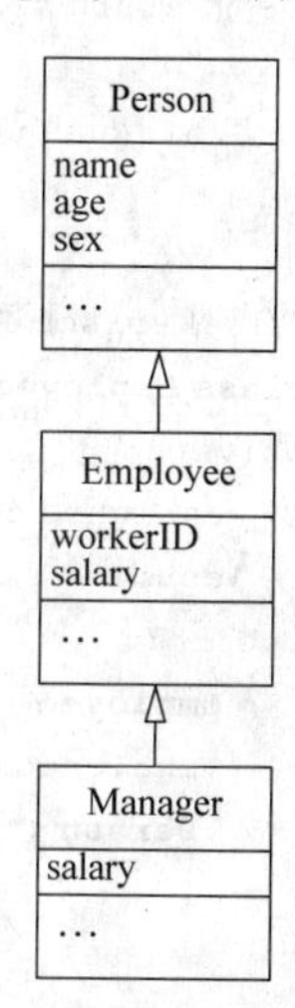

图5.1 公司人员体系模型

5.1.2 类层次结构声明

在C++语言中,派生关系用下面的格式描述。这里,public表示以公有方式派生。

```
class 派生类名: public 基类名
{
    新增成员列表
};
```

【代码5-1】 图5.1中派生关系的C++描述代码。

```
#include<string>
```

```
class Person {
private:
    std::string    name;
    int     age;
    char    sex;

public:
Person (std::string theName,int theAge,char theSex):name (theName),age (theAge),sex
(theSex)
    {}

    ~Person (void) {}

    std::string    getName (void)const                          //const 成员函数
    {return name;}

    int        getAge (void)const                               //const 成员函数
    {return age;}

    char getSex (void)const                                     //const 成员函数
    {return sex;}

    void output (void);
};

//声明 Person 类的派生类 Employee
class Employee:public Person {
private:
    unsigned int  workerID;
    double  salary;
public:
    Employee (std::string theName,int theAge,char theSex
    ,unsigned int theWorkerID, double theSalary)
    :Person (theName,theAge,theSex),workerID (theWorkerID), salary (theSalary)
    {}

    ~Employee (void) {}

    unsigned int    getWorkerID (void)const                     //const 成员函数
    {return workerID;}

    double    getSalary (void)const                             //const 成员函数
    {return salary;}

    void    output (void);
};

//声明 Employee 类的派生类 Manager
class Manager:public Employee {
```

```
private:
    std::string    post;
public:
    Manager (std::string theName,int theAge,char theSex,
            unsigned int theWorkerID,double theSalary,string thePost)
            :Employee(theName,theAge,theSex,theWorkerID,theSalary),post (thePost)
    {}

    ~Manager (void) {}

    std::string getPost (void)const                                    //const成员函数
    {return post;}

    void    output (void);
};
```

说明：

(1) 在具有泛化关系的类层次结构中，派生类对象包含基类对象，所以在声明派生类构造函数时，需要调用基类的构造函数，即要在初始化列表中列出对于基类构造函数的调用。

(2) 基类中私密成员的访问。如前所述，一个对象的公开成员，不仅可以被本对象的成员函数访问，也可以被本对象外部的函数访问。但是，一个对象的私密成员则只可以被本对象的成员函数访问，不能被任何外部函数访问，即使是派生类对象中的成员函数也不可。派生类对象的成员函数只能间接地通过基类成员函数访问基类的私密成员。这种间接访问可以通过两种形式进行：

- 派生类对象的新增成员函数调用基类公开函数。
- 由于派生类继承了基类的公开成员函数，因此可以将基类公开成员函数作为派生类对象的分量直接调用。

(3) 关键字 const 放在成员函数的函数头后面，将成员函数声明成为 const 成员函数。这样，就不允许在所定义的成员函数中出现修改数据成员值的语句，也不能调用非 const 成员函数，只能调用 const 成员函数。在本例中，凡是仅返回数据成员值的函数都不允许修改数据成员，所以都定义为 const 成员函数。

(4) 在派生类中，可以重新定义基类的同名成员函数。

(5) 在本例的各个类中，除了 output()外，其他成员函数都是在声明的同时，在类中给出了定义。这样的函数称为内联(inline)函数。内联函数与普通函数运行机理的区别如图 5.2 所示。普通函数的代码具有公共性，每遇一次调用，就把流程转移到这段公共代码一

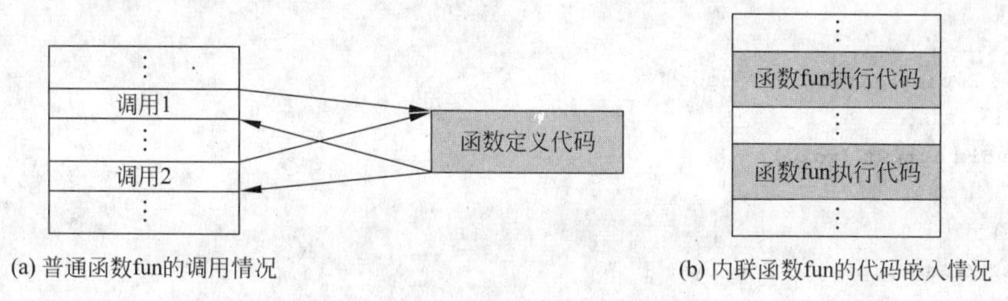

(a) 普通函数fun的调用情况　　(b) 内联函数fun的代码嵌入情况

图 5.2　编译后的普通函数和内联函数

次;而内联函数经过编译后,会在所有调用该函数的语句处,嵌入该内联函数的代码。普通函数调用时会有一个调用—返回的过程,这要耗费一些系统资源。而内联函数没有这些过程,所以效率比较高。因此,代码比较短且会多次调用的函数,常被写成内联函数。

内联函数的定义有两种形式:隐式形式和显式形式。上述定义在类中的内联函数称为隐式内联函数。如果在函数声明语句中冠以关键字 inline,这种内联函数就是显式的。显式内联函数的定义也可以写在类声明之外,这时函数头部的关键字 inline 是可选的。

【代码 5-2】 显式内联函数的例子。

```
class Circle {
public:
    ⋮
    inline double calcPerimeter (void);
    ⋮
};

inline double Circle :: calcPerimeter (void)  {        //关键字 inline 可选
    return 2 * PI * radius;
}
```

注意:内联函数中不宜有复杂的控制结构,有些编译器不支持内联函数中包含循环或 switch 结构,有的只接受一两个 if 语句。

5.1.3 在派生类中重定义基类成员函数

在类层次中,派生类继承了基类的成员函数(或数据成员)。但是,在派生类中往往有不同于基类中的功能补充,例如在一个人事管理系统中,在每一层都需要有一个显示人员数据的函数,为了便于记忆,可以使用相同的名字。然而,每一层显示的内容不相同,可能在父类只要显示:职工号、姓名、岗位,而在子类下一层还需要增加职位……,为此需要在子类中对这个显示函数重新定义,示例见代码 5-3。

【代码 5-3】 output 函数的重定义与实现。

```
#include<iostream>

class Person {
private:
    ⋮
    void output (void);
};

class Employee:public Person {
    ⋮
    void output (void);
};

class Manager:public Employee {
    ⋮
```

```
    void output (void);
};

void Person::output (void) {
    std::cout<<"姓名:"<<getName()<<std::endl;
    std::cout<<"年龄:"<<getAge()<<std::endl;
    std::cout<<"性别:"<<getSex()<<std::endl;
}

void Employee::output (void) {
    std::cout<<"姓名:"<<getName()<<std::endl;
    std::cout<<"年龄:"<<getAge()<<std::endl;
    std::cout<<"性别:"<<getSex()<<std::endl;
    std::cout<<"工号:"<<getWorkerID()<<std::endl;
    std::cout<<"工资:"<<getSalary()<<std::endl;
}

void Manager::output (void) {
    std::cout<<"姓名:"<<getName()<<std::endl;
    std::cout<<"年龄:"<<getAge()<<std::endl;
    std::cout<<"性别:"<<getSex()<<std::endl;
    std::cout<<"工号:"<<getWorkerID()<<std::endl;
    std::cout<<"工资:"<<getSalary()<<std::endl;
    std::cout<<"职位:"<<getPost()<<std::endl;
}
```

这样，在派生类中重定义了基类中的成员函数后，派生类对象用这个名字调用的是派生类中用这个名字定义的成员函数版本，基类对象用这个名字调用的是基类中用这个名字定义的成员函数版本，实现了一种多态性。例如：

```
Person per;
Employee emp;
Manager mang;
emp.output();                          //调用 Employee 类的 output()
per.output();                          //调用 Person 类的 output()
mang.output();                         //调用 Manager 类的 output()
```

也就是说，一旦在派生类中重定义了基类的一个成员函数，则在派生类中这个基类的成员函数就被屏蔽——不可见。不过，在派生类中如果还想访问基类中的函数版本，也并非不可能，只是需要使用作用域操作符指定其作用域。例如：

```
Manager m1(…);
m1.output();                           //调用 Manager 类的 output()
m1.Employee::output();                 //调用 Employee 类的 output()
m1.Person::output();                   //调用 Person 类的 output()
```

5.1.4 类层次结构中成员函数执行规则

【代码 5-4】 测试类层次结构中成员函数执行规则的程序。

```
#include<iostream>
#include<string>

class Person {
private:
    std::string    name;
    int         age;
    char     sex;
public:
    Person (std::string theName,int theAge,char theSex)
    :name (theName),age (theAge),sex (theSex) {
        std::cout<<"执行 Person 构造函数。"<<std::endl;          //输出提示
    }

    ~Person (void) {
        std::cout<<"执行 Person 析构函数。"<<std::endl;          //输出提示
    }

    std::string getName (void)const {return name;}
    int getAge (void)const {return age;}
    char getSex (void)const {return sex;}
    void output (void);
};

//声明 Person 类的派生类 Employee
class Employee:public Person {
private:
    unsigned int   workerID;
    double         salary;
public:
    Employee (std::string theName,int theAge,char theSex,unsigned int theWorkerID
    ,double theSalary)
    :Person (theName,theAge,theSex),workerID (theWorkerID),salary (theSalary) {
        std::cout<<"执行 Employee 构造函数。"<<std::endl;       //输出提示
    }

    ~Employee (void) {
        std::cout<<"执行 Employee 析构函数。"<<std::endl;       //输出提示
    }

    unsigned int getWorkerID (void)const {return workerID;}
    double getSalary (void)const {return salary;}
    void output();
};

//声明 Employee 类的派生类 Manager
class Manager:public Employee {
private:
    std::string post;
```

```
public:
    Manager (std::string theName,int theAge,char theSex,unsigned int theWorkerID
        ,double theSalary, std::string thePost)
        :Employee (theName,theAge,theSex,theWorkerID,theSalary),post (thePost) {
        std::cout<<"执行 Manager 构造函数。"<<std::endl;      //输出提示
    }

    ~Manager () {
        std::cout<<"执行 Manager 析构函数。"<<std::endl;      //输出提示
    }

    std::string getPost (void)const {return post;}
    void output ();
};

//output ()函数的实现
//…(同前,略)

//测试主函数
int main (void) {
    std::cout<<"\n-------初始化 Manager 对象时构造函数调用顺序--------\n";
    Manager m1 ("AAAAA",26,'f',555555,5432.10,"部长");
    std::cout<<"\n-------执行 m1.output ()的情形---------------------\n";
    m1.output ();
    std::cout<<"\n-------执行 m1.Employee::output ()的情形-----------\n";
    m1.Employee::output ();
    std::cout<<"\n-------执行 m1.Person::output ()的情形-------------\n";
    m1.Person::output ();
    std::cout<<"\n-------撤销 Manager 对象时析构函数调用顺序----------\n";
    return 0;
}
```

测试结果：

```
--------初始化Manager对象时构造函数调用顺序---------
执行Person构造函数。
执行Employee构造函数。
执行Manager构造函数。

-------执行m1.output ()的情形---------------------
姓名：AAAAA
年龄：26
性别：f
工号：555555
工资：5432.1
职位：部长

--------执行m1.Employee::output ()的情形-----------
姓名：AAAAA
年龄：26
性别：f
工号：555555
工资：5432.1

-------执行m1.Person::output ()的情形-------------
姓名：AAAAA
年龄：26
性别：f

-------撤销Manager对象时析构函数调用顺序----------
执行Manager析构函数。
执行Employee析构函数。
执行Person析构函数。
```

创建Manager m1对象过程中，构造函数的执行顺序

撤销Manager m1对象过程中，构造函数的执行顺序

说明：

(1) 在多层结构的类层次结构中，派生类的构造函数要调用直接基类的构造函数，不能调用间接基类的构造函数，构造函数的初始化列表中只能列出直接基类构造函数的调用。

(2) 构造函数的执行过程分为两个阶段：第一阶段是调用阶段，即按照从派生类到基类的方向，调用上一层的构造函数，直到最基层的类（没有可调用）为止。第二阶段是从最基类开始逆着调用的方向执行各层的构造函数。在每一层中，如采用初始化列表，则按照从左到右的方向依次执行。也就是说，声明一个派生类对象，意味着要先自动创建一个基类对象，再创建一个派生类对象。如图 5.3 所示，当声明一个 Manager 对象时，首先执行 Person 类构造函数，自动创建一个 Person 类对象；再执行 Employee 类构造函数，自动创建一个 Employee 类对象；最后执行 Manager 类构造函数，创建一个 Manager 类对象。

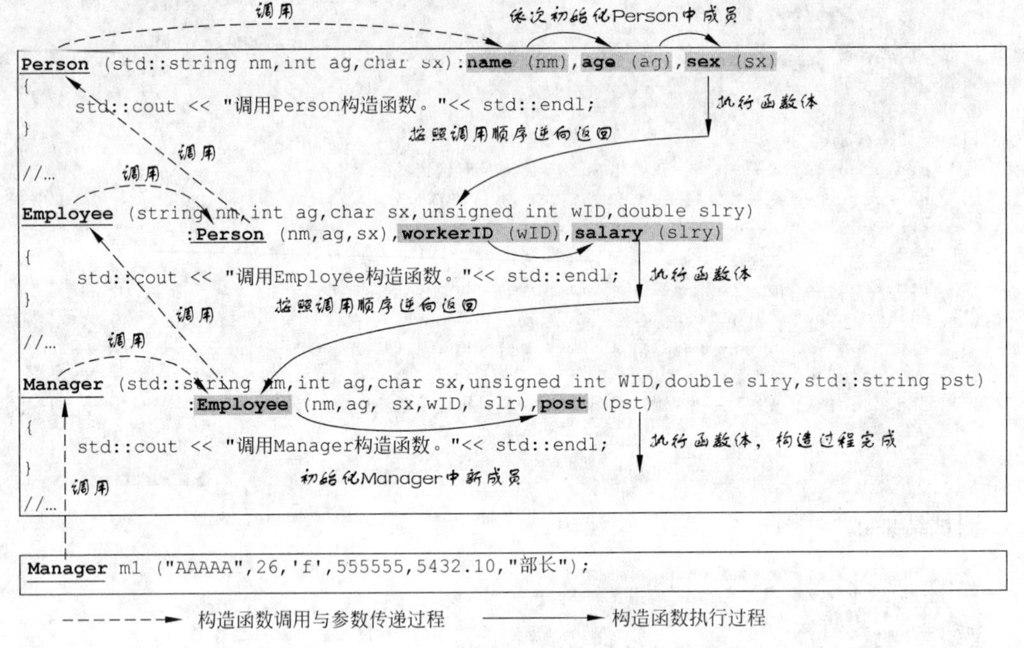

图 5.3　生成 Manager m1 过程中构造函数的调用过程

(3) 析构函数的执行顺序与构造函数的执行顺序相反，即当销毁派生类对象时，析构函数的执行顺序则是从下向上进行，即先执行派生类的析构函数，撤销派生类对象，然后执行基类的析构函数，撤销基类对象。

(4) 在创建派生类对象时，由于首先执行基类构造函数，所以也就首先创建了基类对象，为该对象中的数据成员分配存储空间，只不过这个对象是一个无名对象。接着再为派生类中所增添的数据成员分配存储空间。图 5.4 展示生成 Manager 对象时存储空间的分配过程。

(5) 当派生类与基类中有同名函数时，除非用作用域操作符指定，否则派生类对象调用该同名函数时，将按照派生类优先的原则调用派生类的那个同名函数。

(6) 派生类对象可以调用基类的公开成员，但不可调用基类的私密成员。

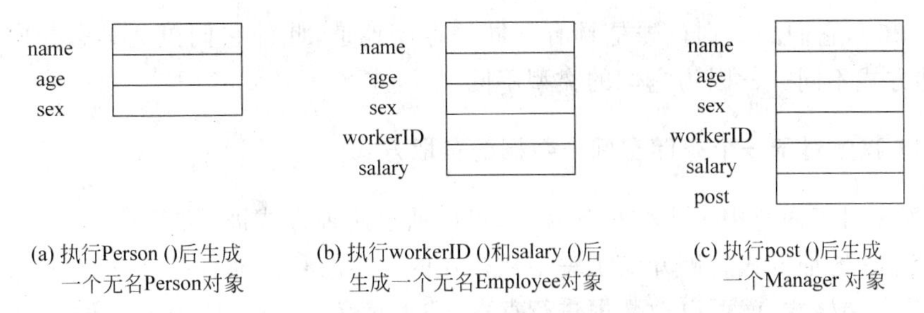

图 5.4 Manager m1 对象的内存分配过程

5.1.5 基于血缘关系的访问控制——protected

前面介绍了当一个类的成员采用 private 和 public 访问保护，在 public 派生时，基类的 private 成员在派生类中不可访问。这就带来许多不便。例如在代码 5-4 中，派生类要访问基类的私密成员，必须先调用基类的一个公开成员。那么如何才能做到在一个类层次结构中，使有些成员可以被各个类对象共同访问，而在该类层次结构的外部，不能访问，即做到血缘内外有别呢？这就要用 protected 进行访问控制。这类用 protected 进行访问控制的成员称为保护成员。一个基类的保护成员进行 public 派生后，在派生类中仍然是保护成员。

这样，访问控制就被分为 3 个级别了：

(1) private：访问权限仅限于本类的成员。

(2) protected：访问权限扩大到本血统内部。

(3) public：访问权限扩大到血统外部。

读者可以将代码 5-4 中 3 个类中的 private 改为 protected，观察运行结果。

5.2 指针与引用

5.2.1 指针＝基类型＋地址

1. 变量及其存储空间存储

一个变量(或对象)一经生成，系统就会给其分配一个由其类型所确定的存储空间。于是，变量与这个存储区域之间有了如下联系。

(1) 一个名字。

(2) 一个该存储区域的首地址。

(3) 一个由数据类型决定的存储区域大小和存储方式。

(4) 在这个存储区间中存放的数据值。

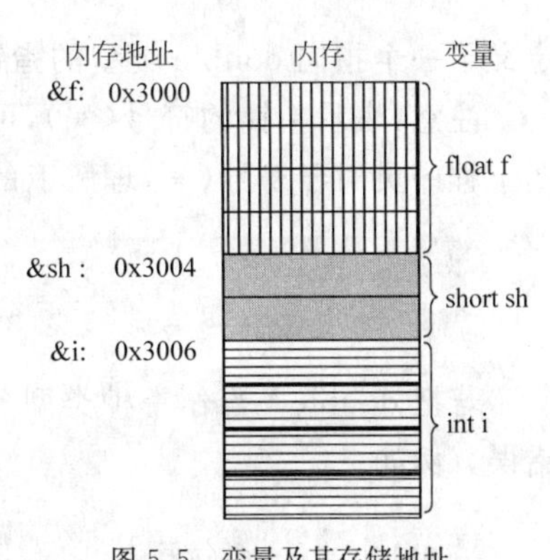

图 5.5 变量及其存储地址

图 5.5 表明了 3 个变量在内存中的存储情况。先看变量 i 和 sh，它们的区别一是具有不同的存储地址 0x3004 和 0x3006，二是它们所占有的存储空间大小不同，分别是 4B 和 2B——这是因为它们具有不同的类型。

再看变量 i 和 f,它们的区别首先是具有不同的存储地址,此外它们虽然具有相同的存储空间,但存储方式不同——因为它们的类型不同。

2. C++ 程序对于一个存储空间中数据的存取方式

C++ 程序对于内存中一个数据的存取,可以通过两种方式进行:

(1) 类型+地址方式。即知道了一个数据在内存中的存储地址(区间的首地址)、存储空间大小以及存储格式,就可以对数据进行存取。

(2) 变量名方式。即使用变量名进行存取。

实际上,在程序编译时,变量名被编译系统解释为地址+类型方式。因此从方便用户的角度,许多高级语言不向用户开放地址+类型方式。但是,C/C++ 从提供程序效率的角度,向用户开放了地址+类型方式并将之称为指针,即有关系

指针=基类型+内存地址

这个公式说明,类型对于指针是非常重要的。要使用一个指针,首先要求它必须确定是指向什么类型的数据。指针所指向数据的类型,称为指针的基类型。

3. 用变量名计算地址

一个变量一经定义,便有了地址。C++ 允许使用操作符 & 取得名字中所隐含的地址,并在程序中使用这些地址。例如对于图 5.5 中的变量 f,可以用表达式 &f 取得其地址 0x3000。& 称为取地址操作符,是一种单目操作符,具有较高的优先级和从右向左的结合性。

4. 指针变量的定义与初始化

如前所述,类型对于指针是非常重要的。一个指针可以不指向某个具体地址,但必须首先确定它指向什么类型。所以指针可以用下面的格式定义。

```
基类型 * 指针变量名;
```

这里,用(*)表明所定义的名字是一个指针变量名。例如:

```
double * pd;
```

定义了一个指向 double 类型的指针。

注意,表示指针的符号(*),可以靠近基类型,也可以靠近指针变量名。不同的写法表明了程序员对于符号(*)理解上的差异,但它们的语法都是正确的。例如:

```
double* pd1;                    //定义了一个变量 pd1,它是一个指向 double 类型的指针
double *pd2;                    //定义了一个指针变量 pd2,其基类型是 double
```

若把 double* 当作一种类型——“指向 double 类型的指针类型”,有时会引起理解上的错误。例如:

```
double* pd1,pd2,pd3;
```

并非定义了 pd1、pd2 和 pd3 三个指针变量，实际上它只定义了 pd1 为指向 double 类型的指针，pd2 和 pd3 都是 double 类型的变量，并非指针。要将声明 3 个变量都声明成指针，应采用下列声明。

```
double *pf1;
double *pf2;
double *pf3;
```

或

```
double *pd1, *pd2, *pd3;
```

在定义指针的同时，可以用一个变量的地址初始化它，即有格式：

基类型 *指针变量名=& 指向的变量名;

例如，下面代码定义了一个指向 double 变量 d 的指针 pd1：

```
double d;
double *pd1=&d;                    //用 &d 计算变量 d 的地址并用来初始化指针 pd1
```

5. 指针的递引用

指针的递引用就是通过指针得到变量的值。方法是在指针前面加一个星号。例如：

```
int i=5;
int *pi=&i;
std::cout<<*pi;
```

输出的结果为 5，即变量 i 的值。

6. void 指针

指针必须属于一个特定的类型，并且不同类型的指针之间不可以直接赋值，否则就会导致程序异常。为了便于处理某些特殊问题，C++ 允许定义一种指向 void 类型的指针，并将这类指针称为通用指针。通用指针可以被赋为任何其他类型的指针值，但不允许将 void 指针赋给其他任何类型的指针，因为这是非常不安全的。

```
int i=0;
int *pInt=&i;
double d=1.23;
double *pDouble=&d;
void *pVoid=NULL;
pVoid=&i;                          //用 pVoid 指向 i
pVoid=&d;                          //用 pVoid 指向 d
```

7. 危险的指针

指针是 C 语言族的一大特色，常常会给程序员带来极大便利。但是，越是方便的东西越容易出错。特别要防止使用失控指针。因为通过失控指针访问内存区,会导致难以预料的后果,甚至使程序崩溃。

失控指针往往产生于下列两种情况。

(1) C/C++不要求定义指针时一定要初始化,而程序员没有养成在定义指针时将其初始化的习惯。例如:

```
double* pd;
* pd=22334455;
```

这时,pd的地址是不确定的,假如正好在一个系统程序处,则执行上述操作,就会把数据22334455存入系统程序所在处,造成系统程序运行失败。

为防止出现这种情况的方法是要程序员养成将指针变量初始化的习惯;如果没有可给其初始化的具体地址,则可将其赋值为NULL(即0),使其成为一个空指针。空指针指向内存地址为0的位置,这里不存放任何数据,不会出危险。

(2) 在所指向的对象被撤销,而没有及时给指针一个地址,使指针成为悬空指针(dangling pointer)或称野指针(wild pointer)。也容易出现如上类似问题。

为了防止形成悬空指针,建议当指针指向的对象被撤销时,应立即将指针指向赋值为NULL(即0)。另外为了防止使用悬空指针,可以用if(ptr)或if(!ptr)来检查这些指针ptr是否悬空,后再使用。

此外,本书建议读者,特别是初学者一定要少用指针,在非用不可时一定要养成良好的指针使用习惯。

5.2.2 指向对象的指针与this

1. 指向对象指针的概念

定义了一个类,就是定义了一种类型;生成一种类的对象,就是生成了一种自己定义的类型的变量。可以定义一个指针指向一个对象,例如:

```
Sumer s1 (1,5);                    //创建一个Summer类对象s1
Sumer * ps1=&s1;                   //定义一个指向Summer类对象s1的指针
```

声明了一个指向对象的指针后,就可以用这个指针访问对象的成员。访问使用箭头操作符(->)。

【代码5-5】 使用指针的测试主函数。

```
#include<iostream>
int main (void) {
    Sumer s1 (1,5);                //创建一个Summer类对象s1
    Sumer * ps1 =  &s1;            //定义一个指向Summer类对象s1的指针
    ps1->calc();                   //使用指针调用计算累加和的成员函数
    return 0;
}
```

【代码 5-6】 使用指针递引用的测试主函数。

```
#include<iostream>
int main (void) {
    Sumer s1 (1,5);                             //创建一个 Summer 类对象 s1
    Sumer * ps1 =  &s1;                         //定义一个指向 Summer 类对象 s1 的指针
    (*ps1).calc();                              //使用指针递引用调用计算累加和的成员函数
    return 0;
}
```

测试结果都与前面相同。

注意：* this 两侧的圆括号不可以省略。因为成员操作符的优先级高于递引用操作符。

2. this 指针的特点

this 是一种特殊的指针，它有 3 大特点：

(1) this 以隐式参数的形式隐含于每个成员函数中(static 修饰的静态成员函数除外)。

(2) this 指向调用该成员函数的对象，可以称为“成员函数中指向本对象的指针”。当一个成员函数被一个对象调用时，编译器便在成员函数中自动生成一个隐含的 this 指针，并将对象的起始地址传递给这个指针。

(3) this 是一个指针常量，成员函数只可以应用它，而不可对其进行赋值。

3. this 指针的使用方法

this 指针可以显式使用，还可以递引用。例如本例的构造函数可以写为如下两种形式。

(1) 显式使用 this 指针。

```
Sumer :: Sumer (int lowNumb,int highNumb,int sum ) {
    this->lowNumb=lowNumb;
    this->highNumb=highNumb;
    this->sum=sum;
}
```

这里，赋值号前面与后面的两个变量(对象)名字相同，但前面的用 this 表明是当前对象的成员，后者指初始化构造函数的参数值。

(2) 递引用 this 指针。

```
Sumer :: Sumer (int lowNumb,int highNumb,int sum ) {
    (*this).lowNumb=lowNumb;
    (*this).highNumb=highNumb;
    (*this).sum=sum;
}
```

5.2.3 引用

在 C++ 中，引用(reference)实际上是为变量起的别名。例如：

```
int i=88;                              //定义变量 i
int &ri=i;                             //定义 ri 为变量 i 的引用(别名)
```

定义一个引用的一般格式为：

类型标识符 & 引用名=变量名;

关于引用，要注意如下几点。

(1) 定义引用，必须初始化，即一定要指明该引用是哪个变量的引用，否则就是语法错误。例如：

```
int x,y;
int &rx;                               //错误
int &ry=y;                             //正确
```

由于不能定义 void 类型的变量，所以不可对 void 类型进行引用。

(2) 可以定义一个常量的引用。例如：

```
int &ry=88;                            //正确
```

这时，编译器将会为 88 提供一个临时变量，即相当于

```
int temp=88;
int &ry=temp;
```

(3) 在同一个作用域(即一个块或一个函数等)中，一个引用不能与多个变量相联系。例如：

```
int a;
{
    int x,y;
    int &rx=x;
    int &rx=y;                         //错误
}
int &x=a;                              //正确,a 与 x 不在同一作用域内
```

(4) 指针变量也是变量，因此可以为指针变量定义引用。例如：

```
int x=88;
int * px=&x;                           //注意这里引用的类型为 int *
int * &rpx=px;
```

或者

```
int * pi;
int * &rpi=pi;
int x=88;
rpi=&x;
```

(5) 为一个变量定义了一个引用，并不需要在提供一份存储空间，引用所指向的存储空间就是原来变量所占有的存储空间。这样，一个变量就有了两个名字。

【代码 5-7】 观察变量与引用的等价性。

```
#include<iostream>
#include<iomanip>
int main (void) {
    int i=333;
    int& ri=i;
    std::cout<<"i="<<i<<std::setw(12)<<"ri="<<ri<<std::endl;
    i *=2;
    std::cout<<"i="<<i<<std::setw(12)<<"ri="<<ri<<std::endl;
    ri+=222;
    std::cout<<"i="<<i<<std::setw(12)<<"ri="<<ri<<std::endl;
    return 0;
}
```

程序运行结果：

```
i = 333         ri = 333
i = 666         ri = 666
i = 888         ri = 888
```

说明：操纵符 setw 用于为流中下一项设置域宽，并要求头文件<iomanip>。

(6) 可以建立引用的引用。例如：

```
int i=333;
int& ri=i;                          //ri 是 i 的引用
int& rri=ri;                        //rri 是 ri 的引用
int& rrri=rri;                      //rrri 是 rri 的引用
```

最后，ri、rri 和 rrri 都是 i 的别名。

(7) 可以为一个类对象定义引用。

5.3 类层次中的赋值兼容规则与里氏代换原则

5.3.1 类层次中的赋值兼容规则

一个类层次结构有许多特性，其中一个重要特性称为赋值兼容规则，指在需要基类对象的任何地方都可以使用公有派生类对象来替代，具体地说，如：

(1) 可以将派生类对象赋值给基类对象。

(2) 可以用派生类对象初始化基类的引用，或者说基类引用可以指向派生类对象，而无须进行强制类型转换。

(3) 可以用派生类对象地址初始化指向基类的指针，或者说指向基类的指针可以指向派生类对象，而无须进行强制类型转换。

因为通过公开继承，派生类得到了基类中除构造函数、析构函数之外的其他成员，并且所有成员的访问控制属性也和基类完全相同。即公有派生类实际就具备了基类的所有功能,凡是基类能解决的问题,公有派生类都可以解决。在替代之后,派生类对象就可以作为基类的对象使用,但只能使用从基类继承的成员。

【代码 5-8】 对代码 5-4 中的类进行赋值兼容规则的验证。

```
int main (void) {
    Employee e ("AAAAA",26,'f',555555,5432.10);
    std::cout<<"\n------将派生类对象赋值给基类对象后,用基类对象调用 output()------\n";
    Person p=e;
    p.output();

    std::cout<<"\n------用派生类对象初始化基类引用后,用基类引用调用 output()------\n";
    Person& rp=e;
    rp.output();

    std::cout<<"\n------用派生类对象地址初始化基类指针后,用基类指针调用 output()------\n";
    Person * pp=&e;
    pp->output();
    return 0;
}
```

测试结果如下。

```
执行Person构造函数。
执行Employee构造函数。

------将派生类对象赋值给基类对象后，用基类对象调用output()------
姓名：AAAAA
年龄：26
性别：f

------用派生类对象初始化基类引用后，用基类引用调用output()------
姓名：AAAAA
年龄：26
性别：f

------用派生类对象地址初始化基类指针后，用基类指针调用output()------
姓名：AAAAA
年龄：26
性别：f
执行Person析构函数。
执行Employee析构函数。
执行Person析构函数。
```

讨论:

(1) 从测试结果可以看出,在使用基类对象的地方用派生类对象替代后,系统仍然可以编译运行,语法关系符合赋值兼容规则。但是替代之后派生类仅仅发挥基类的作用,即只进行了基类部分的计算。这称为对派生类对象的切割。

(2) 赋值兼容规则是单向的,即不可以将基类对象赋值给派生类对象。

5.3.2 里氏代换原则

里氏代换原则(Liskov substitution principle,LSP)是由 2008 年图灵奖得主、美国第一位计算机科学女博士 Barbara Liskov 教授和卡内基 • 梅隆大学教授 Jeannette Wing 于 1994 年提出。它的严格表达是:如果对每一个类型为 T1 的对象 ob1,都有类型为 T2 的对象 ob2，使得以 T1 定义的所有程序 P 在所有的对象 ob1 都代换为 ob2 时，程序 P 的行为没有变化，那么，类型 T2 是类型 T1 的子类型。里氏代换原则可以通俗地表述为：在程序中，能够使用基类对象的地方必须能透明地使用其子类的对象。

应当注意，子类方法的访问权限不能小于父类对应方法的访问权限。例如，当“狗”是“动物”的派生类时，在程序段

```
动物 d=new 狗();
d.吃();
```

中，若“动物”类中的成员函数“吃()”的访问权限为 public，而“狗”类中的成员函数“吃()”的访问权限为 protected 或 private 时，是不能编译的。所以说，里氏代换原则是继承重用的一个基础。只有当派生类可以替换掉基类，软件单位的功能不会受到影响时，基类才能真正被重用，而派生类也才能够在基类的基础上增加新的行为。反过来的代换是不成立的。

可以说，里氏代换原则是赋值兼容规则的另一种描述。这个原则已经被编译器采纳。在程序编译期间，编译器会检查其是否符合里氏代换原则。这是一种无关实现的、纯语法意义上的检查。关于里氏代换原则的意义，通过下一节的介绍将会进一步理解。

5.4 虚函数与抽象类

5.4.1 动态绑定与虚函数

静态绑定(static binding)或称先行绑定(early binding)和动态绑定(dynamic binding)或称推迟绑定(late binding)是编译系统中的两个术语。静态绑定是指编译系统在编译时就能将一个名字与其实体的联系确定下来，即编译器在编译时就可以根据参数数目以及各参数的类型确定调用哪个函数实体。动态绑定是指编译系统在编译时还无法将一个名字与其实体的联系确定下来，必须在程序运行过程中才能确定具体要调用哪个函数体。本节要介绍的虚函数就是动态绑定。

根据赋值兼容规则，凡是使用基类的地方都可以用派生类替代。但是替代的仅仅是按照基类进行的切割。这确有些不便。若能在替代后得到的是派生类的全部，那就会带来许多方便。为此，C++ 引入了虚函数。即把与派生类中同名的基类成员函数用关键字 virtual 声明成虚函数。用此机制实现动态绑定。

【代码 5-9】 在代码 5-4 中 Porson 类的成员函数前增加关键字 virtual，并去掉各构造函数和析构函数中的输出语句，再用代码 5-8 中的主函数测试。

```
class Person {
private:
    std::string   name;
    int    age;
    char   sex;
public:
    Person (std::string theName,int theAge,char theSex)
```

```
    :name (theName),age (theAge),sex (theSex) {

    }
    ~Person (void) {

    }

    std::string getName (void)const  {return name;}
    int getAge (void)const  {return age;}
    char getSex (void)const  {return sex;}
    virtual void output (void);
};
```

测试结果：

```
------将派生类对象赋值给基类对象后，用基类对象调用output()------
姓名：AAAAA
年龄：26
性别：f

------用派生类对象初始化基类引用后，用基类引用调用output()------
姓名：AAAAA
年龄：26
性别：f
工号：555555
工资：5432.1

------用派生类对象地址初始化基类指针后，用基类指针调用output()------
姓名：AAAAA
年龄：26
性别：f
工号：555555
工资：5432.1
```

说明：

(1) 虚函数只适用于类层次结构中的成员函数，普通函数不能声明为虚函数。

(2) 调用虚函数的一定要引用或指针调用，不能对象直接调用。

(3) 显然，这个由虚函数实现的动态绑定，实现了里氏代换原则。

5.4.2 虚函数表

C++ 动态绑定是通过虚函数表(virtual table)实现的。虚函数表是 C++ 编译器为每一个类生成的一个指针数组，并保证其在内存中位于对象实例的最前面位置。指针数组中的每个指针分别指向该类的一个虚函数，即保存着该类的一个虚函数地址。

在类层次结构中，派生类会继承基类的虚函数表，即派生类虚函数表中的每一个指针也都保存着基类该虚函数的地址。但是，若在派生类中进行了重定义，则该虚函数指针中保存的就是重定义后的虚函数地址——派生类虚函数的地址，即用派生类中重新定义的虚函数覆盖了基类同名的虚函数。

编译器在为每个类创建一个虚函数表的同时，还为每个类生成一个隐含的指针成员 vptr，用其指向该类的虚函数表。一个类生成对象时，虚函数表指针 vptr 最先生成，其后才是该对象的其他数据成员。所以，vptr 中存放的就是该对象的虚函数表的地址。不过这些都是隐藏的，在程序中是看不到的。当指向基类的指针指向一个派生类时，就是把派生类的虚函数表的首地址送到了指向基类的指针中。由这个地址值以及虚函数在虚函数表中的偏移量,很容易得到所要访问的虚函数的地址,实现动态绑定。图 5.6 为一个 3 层的类层次结构中动态绑定的实现过程。引用是基于指针实现的,其动态绑定也是基于指针的。

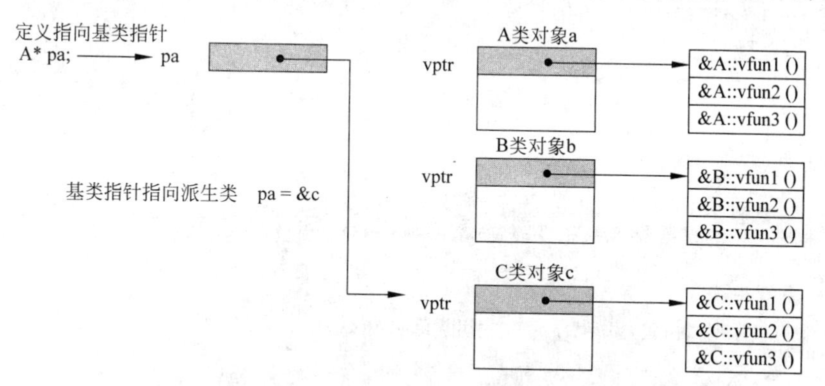

图 5.6 一个 3 层的类层次结构中动态绑定的实现过程

通过对于虚函数表的了解,可以知道虚函数只有通过指针或引用调用才能实现多态性;而通过对象调用,不能实现多态性,只会形成"切割"现象。

5.4.3 虚函数规则与虚析构函数

根据动态绑定的实现原理,使用虚函数应当遵守如下规则。

(1) 虚函数只可以通过基类指针或基类引用访问。

(2) 基类与派生类的虚函数必须原型一致,否则编译器将把它们作为重载函数处理而忽略了虚函数机制。

(3) 构造函数、内嵌函数都不能定义为虚函数。原因如下。

- 构造函数的调用执行过程中,对象还没有完全建立,也无法为其建立虚函数表。
- 内嵌函数在编译时就用函数体替换了调用语句,对象的函数代码并不实际单独存储,也就无法为其建立虚函数表。声明在类内部的成员函数,一旦声明为虚函数就不再看成内嵌函数。

(4) 析构函数可以声明为虚函数,并且在有些情况下很有用。

(5) 虚函数的虚拟性可以传递,即如果在基类中,一个成员函数被声明成虚函数,则该基类的所有派生类中相应的成员函数都会自动成为虚函数。

【代码 5-10】 在代码 5-9 测试的基础上,在主函数中,将对象修改为 Manager 类对象。

```
int main (void) {
    Manager m ("AAAAA",26,'f',555555,5432.10,"部长");
    std::cout<<"\n------将派生类对象赋值给基类对象后,用基类对象调用 output()------\n";
    Person p=m;
    p.output();

    std::cout<<"\n------用派生类对象初始化基类引用后,用基类引用调用 output()------\n";
    Person& rp=m;
```

```
    rp.output();

    std::cout<<"\n------用派生类对象地址初始化基类指针后,用基类指针调用 output()------\n";
    Person * pp=&m;
    pp->output();
    return 0;
}
```

测试结果:

```
------将派生类对象赋值给基类对象后, 用基类对象调用output()------
姓名: AAAAA
年龄: 26
性别: f

------用派生类对象初始化基类引用后, 用基类引用调用output()------
姓名: AAAAA
年龄: 26
性别: f
工号: 555555
工资: 5432.1
职位: 部长

------用派生类对象地址初始化基类指针后, 用基类指针调用output()------
姓名: AAAAA
年龄: 26
性别: f
工号: 555555
工资: 5432.1
职位: 部长
```

结果说明虚函数关系传递到了 Manager 类。

(6) 在派生类的虚拟函数中,若要调用基类的同名函数,需要使用作用域操作符指定。

5.4.4 纯虚函数与抽象类

常言道,在其位,谋其政。人人都要做事,什么人做什么事。为了描述这个行为,就要在前面的 Person-Employee-Manager 类层次结构中增加一个做事函数——doWork()。

【代码 5-11】 增加了 doWork()的 Person-Employee-Manager 类层次结构。为了明晰,仅写出与 doWork()有关部分。

```
class Person {
private:
    std::string     name;
    int       age;
    char      sex;
public:
    Person (std::string theName,int theAge,char theSex)
    :name (theName),age (theAge),sex (theSex) { }
    virtual void doWork();
};

class Employee:public Person {
private:
    unsigned int     workerID;
    double           salary;
```

```
public:
    Employee (std::string theName,int theAge,char theSex,unsigned int theWorkerID
    ,double theSalary)
    :Person (theName,theAge,theSex),workerID (theWorkerID),salary (theSalary) { };
    void doWork();
};

class Manager:public Employee {
private:
    std::string post;
public:
    Manager (std::string theName,int theAge,char theSex,unsigned int theWorkerID
        ,double theSalary, std::string thePost)
        :Employee (theName,theAge,theSex,theWorkerID,theSalary),post (thePost) { }
    ~Manager() { }
    void doWork();
};

void Person :: doWork(){
    //???
}

void Employee :: doWork(){
    std::cout<<"业务"<<std::endl;
}

void Manager::doWork(){
    std::cout<<"管理"<<std::endl;
}
```

那么,Person 类中的 doWork()函数的定义应当如何写呢?实际是很难写的。因为它没有具体的事业可谈。摆在这里仅仅作为一个"样子货"。在这种情况下,可以将 Person 类中的 doWork()函数声明写为

```
virtual void doWork()=0;
```

这样,就让它作为一个占位桩,称为纯虚函数。含纯虚函数的类称为抽象类(abstract class)。抽象类只能作为类层次的接口,不能再用来创建对象。

一旦在一个类中加入了一个纯虚函数,就必须在其需要创建实例对象的派生类中重写该函数;否则该派生类会继续成为一个抽象类,不能用于创建实例对象。特别当抽象类中声明有多个纯虚函数时,就必须在其要实例化的派生类中将所有纯虚函数都重写,只要留有一个不重写,这个派生类仍然不能实例化。

【代码 5-12】 在类 B 中,不重新定义 f2(),B 就不能实例化。

```
#include<iostream>
using namespace std;

class A{
```

```
public:
    virtual void f1()=0;                          //声明纯虚函数
    virtual void f2()=0;                          //声明纯虚函数
    virtual void f3(){}                           //声明一个虚函数
};
class B:public A{
public:
    virtual void f1(){std::cout<<"abc";}          //只重写一个虚函数
    //virtual void f2(){std::cout<<"123";}
};
int main(){
    B b;
    b.f1();
    return 0;
}
```

编译这个程序,会出现如下错误和警告:

```
error C2259: 'B' : cannot instantiate abstract class due to following members:
warning C4259: 'void __thiscall A::f2(void)' : pure virtual function was not defined
```

只要在类 B 中重新定义函数 f2(),程序就正常了。

5.4.5 虚函数在面向对象程序设计中的意义

虚函数提供了在类层次结构中用指向基类虚函数的引用或指针,对派生类函数的动态绑定。这样就实现了里氏代换原则,并在此基础上使人们可以面向基类进行编程,使得程序可以在不修改已有代码的前提下进行功能扩展。例如在已有的 Person-Employee-Manager 类层次结构中,要添加"实习生"(Student),只需要在 Person 下派生一个 Student 类便可,无须修改原来的 Employee 和 Manager。上述内容将在第 6 单元再进一步介绍。

5.5 多基派生与虚拟派生

5.5.1 多基派生

派生类只有一个基类时,称为单基派生。一个派生类具有多个基类时,称为多基派生或多重继承 (multiple inheritance),这时将继承每个基类的部分代码。多基派生是单基派生的扩展,与单基派生相比,既有同一性,又有特殊性。单基派生则可以看成是多基派生的特例。设类 D 由类 B1,B2,…,Bn 派生,则它应有如下格式。

```
class D: 派生方式 1  B1, 派生方式 2  B2, …, 派生方式 n  Bn
{
    //…
};
```

其中派生方式 i (i=1,2,…,n)规定了 Bi 类成员的派生方式：private 派生或 public 派生。若有连续几个基类具有相同的派生方式，则可以省略后面几个相同派生方式的关键字。

【代码 5-13】 由 Hard(机器名)与 Soft(软件，由 os 与 Language 组成)派生出 System。

```
#include<iostream>
#include<string>

class Hard {
protected:
    std::string  bodyName;
public:
    Hard (std::string bdnm) : bodyName (bdnm) {                       //构造函数
        std::cout<<"构造 Hard 对象。\n";
    }
    Hard (Hard & aBody) {                                             //复制构造函数
        std::cout<<"复制 Hard 对象。\n";
        bodyName=aBody.bodyName;
    }
    virtual ~Hard (void) {}
    void print (void) {
        std::cout<<"硬件名:"<<bodyName<<std::endl;
    }
};

class Soft {
protected:
    std::string os;
    std::string lang;
public:
    Soft (std::string o, std::string lg) : os (o) ,lang (lg) {        //构造函数
        std::cout<<"构造 Soft 对象。\n";
    }
    Soft (Soft & aSoft) {                                             //复制构造函数
        std::cout<<"复制 Soft 对象。\n";
        lang=aSoft.lang;
        os=aSoft.os;
    }
    virtual   ~Soft (void) {}
    void   print (void) {
        std::cout<<"操作系统:"<<os<<",语言:"<<lang<<std::endl;
    }
};

class System:public Hard,public Soft    {                             //派生类 System
    std::string owner;
public:
    System (std::string ow, std::string bn, std::string o, std:: string lg)
    :Hard (bn),Soft (o,lg), owner (ow) {                              //调用基类构造函数
```

```
        std::cout<<"构造 System 对象。\n";
    }
    System (std::string ow,Hard& h, Soft& s): Soft (s), Hard (h) { //调用基类复制构造函数
        owner=ow;
        std::cout<<"复制 System 对象。\n";
    }

    void print (void)  {                                    //重定义一个 print 函数
        std::cout<<"机主:"<<owner <<";\n 硬件名:"<<bodyName
                        <<";\n 软件名:"<<os<<","<<lang<<"。"<<std::endl;
    }
};
```

【代码 5-14】 测试主函数如下。

```
int main (void) {
    System b ("Wang",                                       //用常参数表创建派生类对象
             "DELL Optiplex 330",
             "Linux",
             "C++");
    b.print();
    std::cout<<"Ok! \n";
    Hard abody ("三星笔记本 X1");
    Soft asoft ("UNIX","Java");
    System a ("Zhang",abody,asoft);                         //用基类对象创建派生类对象
    a.print();
    system ("pause");
    return 0;
}
```

测试结果:

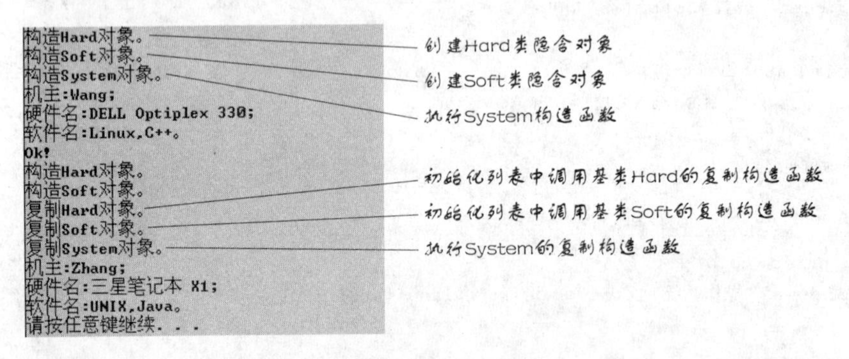

说明:

(1) 在多基派生类中执行构造函数时,需要调用直接基类的构造函数。调用的顺序由派生类声明时类头中类派生表中的顺序决定,本例是 class System: public Hard, public Soft,即先 Hard,后 Soft,而不是按照派生类构造函数的初始化列表中的顺序决定,本例中为 System(std::string ow, std::string bn, std::string o, std:: string lg): Hard(bn), Soft(o,lg), owner(ow),即先 Soft,后 Hard。因此本例先调用 Hard 构造函数,后调用

Soft 构造函数。

(2) 析构函数的调用顺序与构造函数的调用顺序相反。

(3) 用关键字 virtual 修饰的函数称为虚函数，用于实现类层次中的动态绑定。

5.5.2 多基派生的歧义性问题

1. 基类中同名成员的冲突

在代码 5-13 中将 System 类中的成员函数 print()注释后，程序的编译情况如图 5.7 所示。

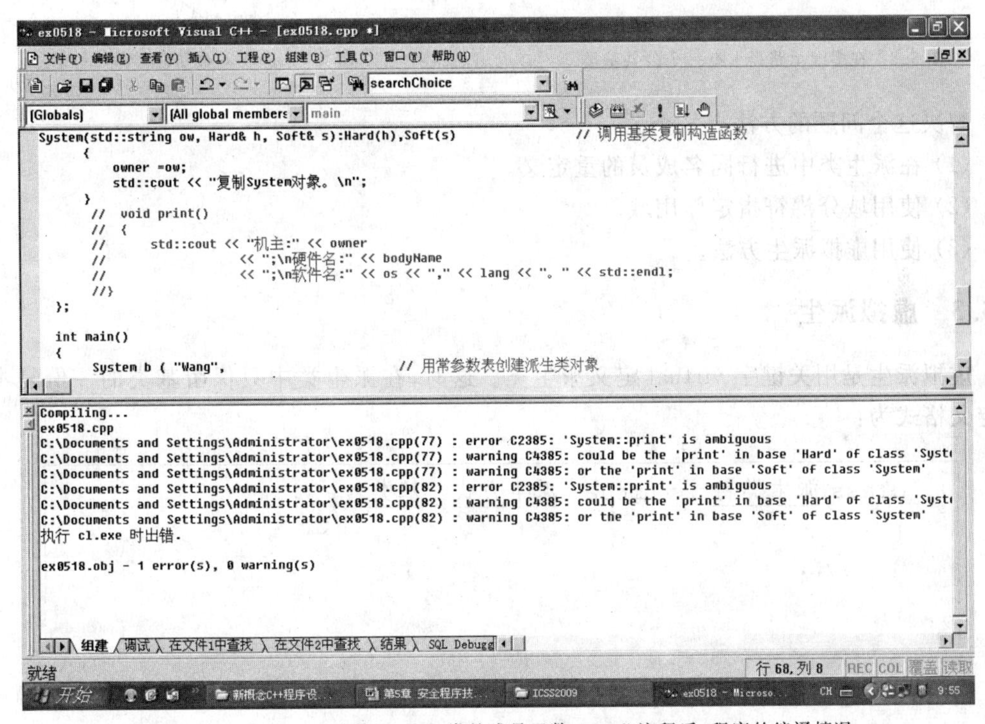

图 5.7 在代码 5-13 中将 System 类的成员函数 print()注释后，程序的编译情况

这 4 个错误分别发生在主函数中的两个语句中：b.print()；和 a.print()；，每个语句各出现两个错误。

(1) error C2385：'System::print' is ambiguous。即在 System 域中 print 是"模糊的"。

(2) warning C4385：could be the 'print' in base 'Hard' of class 'System' or the 'print' in base 'Soft' of class 'System'。即进一步说明，问题在于(派生到)System 类中的 print，到底是来自基类 Hard，还是来自基类 Soft。

这种歧义性问题是由于 System 类的两个基类中存在有同名的成员，在派生类中形成名字冲突所致。解决这个问题的方法有两个。

(1) 在派生类中重定义一个成员，将两个同名的基类成员屏蔽掉。代码 5-13 中就是采用了这种方法，所以在未注释掉 System 类中的 print()函数之前，程序可以正常运行。

(2) 用域分辨符进行分辨。

2. 共同基类造成的重复继承问题

如图 5.8 所示,在多基派生中,如果在多条继承路径上有一个公共的基类(如图中的 base0),则在这些路径的汇合点(如图中的 derived 类对象)形成相当于图 5.9 所示的结构,将在派生类中产生来自不同路径的公共基类的重复复制,形成名字冲突。

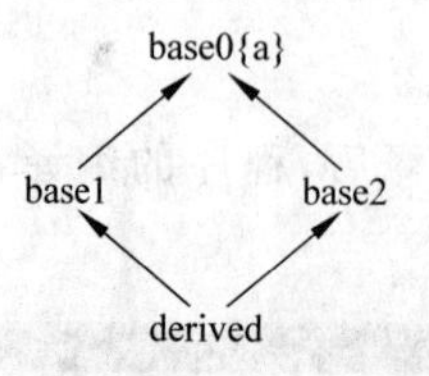

图 5.8 在多继承路径上有一个公共基类

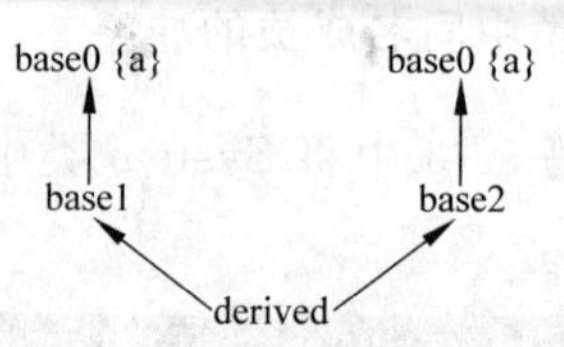

图 5.9 图 5.8 的等价结构

解决这个问题的方法有 3 个。

(1) 在派生类中进行同名成员的重定义。

(2) 使用域分辨符指定作用域。

(3) 使用虚拟派生方法。

5.5.3 虚拟派生

虚拟派生是用关键字 virtual 定义派生类。这时,在派生类中只保留基类的一份复本。其定义格式为:

```
class 派生类名 : virtual 派生方式  基类名
{
    //…
};
```

【代码 5-15】 虚拟派生举例。

```
class base0 {
public:
    int a;
    //…
};
class base1:virtual public base0 {
    //…
};
class base2:virtual public base0 {
    //…
};
class derived:public base1,public base2 {
    //…
};
```

在这样的类层次中，base0 的成员在 derived 类对象中就只保留一个复本。下面对虚基类再做几点说明。

(1) virtual 也是派生方式中的一个关键字，它与访问控制关键字(public 或 private，protected)间的书写顺序无关。如代码 5-15 中也可以改写为

```
class base1:public virtual base0 {
    //…
};
```

(2) 为了保证虚基类在派生类中只继承一次，就必须在定义时将其直接派生类都说明为虚拟派生；否则除从用作虚基类的所有路径中得到一个复本外，还从其他作为非虚基类的路径中各得到一个复制。

使用虚基类可以避免由于同一基类多次复制而引起的二义性。如对上述类层次结构使用下面的语句都是正确的。

```
derived d;
int i1=d.a;
int i2=d.base1 :: a;
int i3=d.base2 :: a;
```

并且，i1、i2、i3 具有相同的初值。

(3) 虚基类对象的初始化。如图 5.9 所示，当 A 与 B 都是 C 与 D 的虚基类时，系统将要自左向右按深度优先遍历算法对公有派生类 E 进行初始化。为了便于说明问题，把图 5.10 改画成图 5.11 的形式。初始化过程如下：

① 初始化 C 的 A。

② 初始化 C 的 B。

③ 初始化 C。

④ D 的 A 与 B 均已初始化，初始化 D。

⑤ 初始化 E。

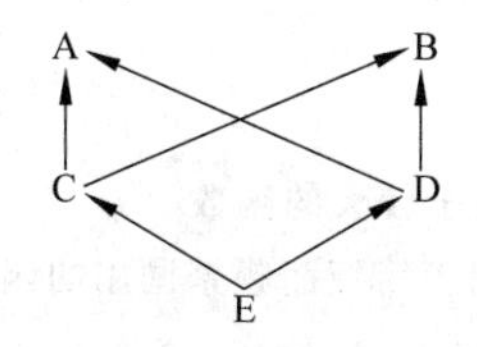

图 5.10 虚基类对象的初始化

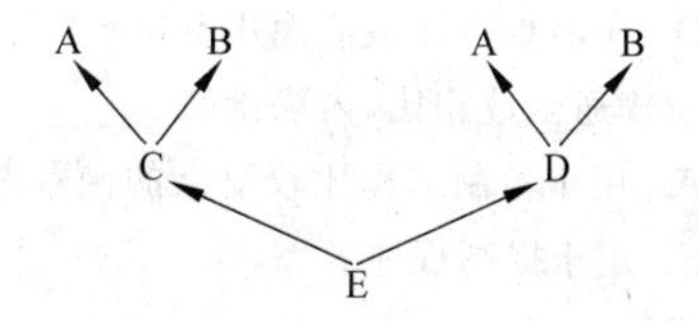

图 5.11 图 5.10 的等价结构

习 题 5

概念辨析

1. 选择。

(1) 继承的优点在于________。

A. 按照自然关系,使类的概念拓宽

B. 可以实现部分代码重用

C. 提供有用的概念框架

D. 便于使用系统提供的类库

(2) 执行派生类构造函数时,会涉及以下3种操作:

① 派生类构造函数函数体;

② 对象成员的构造函数;

③ 基类构造函数。

它们的执行顺序为________。

A. ①、②、③　　B. ①、③、②　　C. ③、②、①　　D. ③、①、②

(3) 执行派生类构造函数时,要调用基类构造函数。当有多个层次时,基类构造函数的调用顺序为________。

A. 按照初始化列表中排列的顺序

B. 按照类声明中继承基类的排列顺序(从左到右)

C. 由编译器随机决定

D. 按照类声明中继承基类的排列逆序(从右到左)

(4) 在派生类构造函数的成员初始化列表中,不包括________。

A. 基类的构造函数

B. 派生类中子对象的初始化

C. 基类中子对象的初始化

D. 派生类中一般数据成员的初始化

(5) 下列描述中,表达错误的是________。

A. 公开继承时基类中的 public 成员在派生类中仍是 public 的

B. 公开继承是基类中的 private 成员在派生类中仍是 private 的

C. 公开继承时基类中的 protected 成员在派生类中仍是 protected 的

D. 私密继承时基类中的 public 成员在派生类中是 private 的

(6) 派生类对象可以访问其基类成员中的 ________。

A. 公开继承的公开成员

B. 公开继承的私密成员

C. 公开继承的保护成员

D. 私密继承的公开成员

(7) 内联函数是________。

A. 定义在一个类内部的函数

B. 声明在另外一个函数内部的函数

C. 在函数声明最前面使用 inline 关键字修饰的函数

D. 在函数定义最前面用 inline 关键字修饰的函数

(8) 与普通函数相比,内联函数________。

A. 用于控制结构比较复杂的函数

B. 用于较大的函数

C. 用于提高程序效率

D. 用于简短而频繁调用的函数

(9) 指针________。

A. =地址

B. 可以引用没有名称的内存地址

C. 是存储地址的变量

D. 是存放某种类型数据的地址变量

(10) "指针=基类型+地址",表明________。

A. 只有地址相等,而基类型不同的指针不是同一个指针

B. 两个不同基类型的指针,不可以进行算术减运算

C. 要搞清指针的概念,地址比基类型更重要,所以先要考虑地址

D. 要搞清指针的概念,基类型比地址更重要,因为后面才是重点

(11) 假定变量 m 定义为"int m=7;",则定义变量 p 的正确语句为________。

A. int * p=&m;　　B. int p=&m;　　C. int & p=* m;　　D. int * p=m;

(12) 表达式 * ptr 的意思是________。

A. 指向 ptr 的指针　　B. 递引用 ptr

C. 引用 ptr 所指向变量的值　　D. 一个数乘以 ptr 的值

(13) 已知 p 是一个指向类 Sample 数据成员 m 的指针，s 是类 Sample 的一个对象，则将 8 赋值给 m 的正确表达式为________。

A. s.p=8　　B. s->p=8　　C. s.* p=8　　D. * s.p=8

(14) 定义一个指向类 Sample 数组的指针 p 的正确表达式为________。

A. Sample * p[5]　　B. Sample(* p)[5]　　C. (Sample *)p[5]　　D. Sample * p[]

(15) 虚函数可以________。

A. 创建一个函数，但却永远不会被访问

B. 聚集不同类的对象，以便被相同的函数访问

C. 使用相同的函数名访问类层次中的不同对象

D. 作为类的一个成员，但不可被调用

(16) 使用虚函数________。

A. 创建名义上可以访问但实际不会执行的函数

B. 可以使用相同的调用形式访问不同类对象中的成员

C. 可以创建一个基类指针数组，用其保存指向派生类的指针

D. 允许在一个类层次结构中，使用一个函数调用表达式执行不同类中声明的函数

(17) 运行时多态性要求________。

A. 基类中必须声明虚函数　　B. 派生类中重新定义基类中的虚函数

C. 派生类中也声明有虚函数　　D. 通过基类指针或引用访问虚函数

(18) 虚函数________。

A. 是一个实际上不存在的函数　　B. 可以在声明时定义，也可以在实现时定义

C. 是实现动态联编的必要条件　　D. 是声明为 virtual 的成员函数

(19) 下列函数中，可以是虚的是________。

A. 自定义的构造函数　　B. 复制构造函数　　C. 内嵌函数　　D. 析构函数

(20) 类 B 是通过 public 继承方式从类 A 派生而来的，且类 A 和类 B 都有完整的实现代码，那么下列说法中正确的是________。

A. 类 B 中具有 pubic 可访问性的成员函数个数一定不少于类 A 中 public 成员函数的个数

B. 一个类 B 的实例对象占用的内存空间一定不少于一个类 A 的实例对象占用的内存空间

C. 只要类 B 中的构造函数都是 public 的，在 main 函数中就可以创建类 B 的实例对象

D. 类 A 和类 B 中的同名虚函数的返回值类型必须完全一致

(21) 纯虚函数________。

A. 是将返回值设定为 0 的虚函数

B. 是不返回任何值的函数

C. 所在的类永远不会创建对象，只作为父类的虚函数

D. 是没有参数也没有任何返回值的虚函数

(22) 抽象类________。

A. 没有类可以派生　　B. 不可以实例化

C. 不可以定义对象指针和对象引用　　D. 必须含有纯虚函数

(23) 如果一个类含有一个以上的纯虚函数，则称该类为________。

A. 虚基类　　B. 抽象类　　C. 派生类　　D. 以上都不对

(24) 多基继承即________。

A. 两个以上层次的继承　　B. 从两个或更多基类的继承

C. 对两个或更多数据成员的继承　　D. 对两个或更多成员函数的继承

(25) 类C是以多基继承的方式从类A和类B继承而来的,类A和类B无公共的基类,那么________。

A. 类C的继承只能采用public方式　　B. 可改用单继承方式实现类C的同样功能

C. 类A和类B至少有一个是友元类　　D. 类A和类B至少有一个是虚基类

(26) 多基派生类的对象构造涉及以下内容。

① 所有非虚基类的构造函数(按被继承的顺序)

② 所有虚基类的构造函数(按被继承的顺序)

③ 所有子对象的构造函数(按声明的顺序)

④ 派生类构造函数的函数体

执行时的顺序为________。

A. ③、④、①、②　　B. ②、①、③、④　　C. ②、④、③、①　　D. ④、③、①、②

(27) 在多继承中,公有派生和私有派生对于基类成员在派生类中的可访问性与单继承规则________。

A. 完全相同　　B. 完全不同

C. 部分相同,部分不同　　D. 以上都不对

2. 判断。

(1) 派生类成员可以认为是基类成员。　　(　　)

(2) 基类可以有任意多个派生类。　　(　　)

(3) 基类私密成员不能作为派生类的成员。　　(　　)

(4) 由于有了继承关系,在派生类中基类的所有成员都像派生类自己的成员一样。　　(　　)

(5) 派生类不能具有同基类名字相同的成员。　　(　　)

(6) 在类层次结构中,生成一个派生类对象时,只能调用直接基类的构造函数。　　(　　)

(7) 在生成一个派生类对象时,同时生成了一个基类对象。因此,基类的数据成员被生成两份副本。　　(　　)

(8) 所有基类成员都可以被派生类对象访问。　　(　　)

(9) 一个类层次结构中,基类对象与派生类对象之间可以相互赋值。　　(　　)

(10) 在派生类中,可以重新定义基类中的同名函数,但该定义仅适用于派生类。　　(　　)

(11) 在公开继承中,基类中的公开成员和私密成员在派生类中都是可见的。　　(　　)

(12) 基类的protected和private成员可以被其派生类成员函数访问,不能被其他函数访问。　　(　　)

(13) 箭头操作符是一元操作符。　　(　　)

(14) 指向对象的指针可以用来访问其成员函数和数据成员。　　(　　)

(15) 类指针可以做数据成员。　　(　　)

(16) 可以将任何对象地址赋值给this指针,使其指向任一对象。　　(　　)

(17) this指针指向当前调用函数的对象。　　(　　)

(18) 用this指针可以访问它所指向的对象。　　(　　)

(19) 在基类声明了虚函数后,在派生类中重新定义该函数时可以不加关键字virtual。　　(　　)

(20) 只有虚函数+指针或引用调用,才能真正实现运行时的多态性。　　(　　)

(21) 如果派生类成员函数的原型与基类中被声明为虚函数的成员函数原型相同,这个派生类函数自动继承基类中虚函数的特性。　　(　　)

(22) 构造函数可以声明为虚函数。　　(　　)

(23) 抽象类只能是基类。 ( )

(24) 纯虚函数也需要定义。 ( )

(25) 运行时多态性与类的层次结构有关。 ( )

(26) 纯虚函数可以被继承。 ( )

(27) 含有纯虚函数的类称作抽象类。 ( )

(28) 抽象类不能被实例化。 ( )

(29) 虽然抽象类的析构函数可以是纯虚函数,但要实例化其派生类对象,仍必须提供抽象基类中析构函数的函数体。 ( )

(30) 设置虚基类的目的是消除二义性。 ( )

(31) 虚基类对象的初始化由派生类完成。 ( )

(32) 虚基类对象的初始化次数与虚基类下面的派生类个数有关。 ( )

(33) 在多继承情况下,派生类构造函数的执行顺序取决于成员在初始化列表中的顺序。 ( )

代码分析

1. 指出下面各程序的运行结果。

(1)

```
#include<iostream.h>
class A {
public:
    A (void)  {std::cout<<"A's con."<<std::endl;}
    ~A (void) {std::cout<<"A's des."<<std::endl;  }
};
class B {
public:
    B (void)  {std::cout<<"B's con."<<std::endl;}
    ~B (void) {std::cout<<"B's des."<<std::endl;  }
};
class C:public A,public B {
public:
    C (void):member (void),B (void),A (void) {std::cout<<"C'scon."<<std::endl;}
    ~C (void) {std::cout<<"C's des."<<std::endl;    }
private:
    A member;
};
void main (void) {
    C obj;
}
```

(2)

```
#include<iostream>
class A {
public:
    A (void) {a1=0;a2=0;}
    A (int i) {a1=0,a2=0;}
    A (int i,int j):a1 (i),a2 (j) {}
```

```
    void outputA (void) {std::cout<<"  a1 is:"<<a1<<"  a2 is:"<<a2;}
private:
    int a1,a2;
};
class B:public A {
public:
    B (void) {b=0;}
    B (int i):A (i) {b=0;}
    B (int i,int j):A (i,j) {b=0;}
    B (int i,int j,int k):A (i,j) {b=k;}
    void outputB (void) {
        outputA ();
        std::cout<<"  b is:"<<b<<std::endl;
    }
private:
    int b;
};

int main (void) {
    B b1;
    B b2 (1);
    B b3 (1,2);
    B b4 (1,2,3);
    b1.outputB ();
    b2.outputB ();
    b3.outputB ();
    b4.outputB ();
    return 0;
}
```

(3)

```
#include<iostream.h>
class Sample {
public:
    int x;
    int y;
    void disp (void) {
    std::cout <<"x="<<x
              <<",y="<<y
              <<std::endl;
      }
};
void main (void) {
    int Sample:: * pc;
    Sample s;
    pc=&Sample::x;
    s. * pc=10;
```

```
    pc=&Sample::y;
    s.*pc=20;
    s.disp ();
}
```

(4)

```
#include<iostream>
class A {
public:
    virtual void act1 (void);
    void act2 (void) {act1 ();}
};
void A::act1 (void) {
    std::cout<<"A::act1 () called. "<<std::endl;
}
class B : public A {
public:
    void act1 (void);
};
void B::act1 (void) {
    std::cout<<"B::act1 () called. "<<std::endl;
}
void main (void) {
    B b;
    b.act2 ();
}
```

(5)

```
#include<iostream>
class Sample {
    int x;
public:
    Sample (int a) {
        x=a;
        std::cout<<"constructing object:x="<<x<<std::endl;
    }
};

void func (int n) {
    static Sample obj (n);
}

void main (void) {
    func (1);
    func (10);
}
```

2. 找出下面程序中的错误并改正。

```
#include<iostream>
class A {
    int m;
public:
    void setData (void) {
        cout<<"Enter a number:";
        cin >>m;
    }
    void show () {
        std::cout<<m;
    }
};
```

```
int main (void) {
    A a;
    a->setData ();
    a->show ();

    A * pa;
    pa=new A;
    pa.setData ();
    (* pa).show ();
    return 0;
}
```

探索验证

1. 请写出 char *p 与“零值”比较的 if 语句。
2. 编写程序，观察在 private 派生或 protected 派生时，基类成员到派生类中后访问属性的变化。

开发实践

1. 车分为机动车和非机动车两大类；机动车可以分为客车和货车，非机动车可以分为人力车和兽力车。请建立一个关于车的类层次结构，并设计测试函数。
2. 自己设想一个具有三层以上类结构的例子，并用 C++ 语言实现它。
3. 应用虚函数编写程序，对大学生和研究生的信息进行管理。

第6单元 面向对象程序设计的原则与设计模式

通过前面5个单元的学习,读者已经了解了面向对象程序设计的一些基本知识和方法,已经可以写出简单的面向对象的程序了。但是,设计程序犹如设计建筑物,有的设计师设计出来的建筑没有特点、有伤眼球;有的设计师设计出的建筑久看不厌、充满经典。那么,什么样的程序才是好的程序呢?本单元介绍这方面的有关知识。

6.1 面向对象程序设计的基本原则

好的程序的概念来自人们长期的摸索和实践的考验。这些用心血总结出的原则,经过多重提炼,变得呆板晦涩。为了便于初学者理解,下面从一个故事说起。

王彩同学是计算机软件专业大三的同学,正在学习C++面向对象的程序设计课程。一天,张教授将他请到办公室,说附近一家民营小厂信息化起步,希望能有学计算机软件的同学到厂里帮忙。问他愿意不愿意去。王彩说,我没有经验,怕承担不了。教授说,不怕,有问题我们一起解决。于是王彩欣然同意。故事也就开始了。

星期三上午3、4节没课,王彩决定先去厂里看看情况。于是带着自己的笔记本电脑来到厂里。这时,厂长已经在办公室等候。原来这是一家生产圆柱体部件的小厂。厂里为了计算原料,需要计算圆柱体积。计算公式是:

圆柱(pillar)体积(volume)=底(bottom)面积(area)×高(height)

厂长说,现在这些都是用手工计算的。计算中有时候算圆(circle)底的面积时会出错,能不能先设计一个计算圆面积的程序?王彩心想,“小菜一碟!”。于是打开笔记本电脑,三下五除二,马上就设计出来,为了讨厂长喜欢,还增加了一个画图功能。

【代码6-1】 王彩设计的计算圆面积的C++程序。

```
#include<iostream>
class Circle {
private:
    static double Pi;
    double radius;
public:
    Circle(double r);
    void draw();
    double getArea();
};
double Circle::Pi=3.1415926;
Circle::Circle(double r):radius(r){}
```

```
double Circle::getArea(){return (Pi * radius * radius);}
void Circle::draw(){std::cout<<"画圆"<<std::endl;}
```

接着,又设计了如下的测试程序。

```
int main(){
    double r;
    std::cout<<"请输入圆半径:";
    std::cin>>r; Circle c(r);
    std::cout<<"圆面积为:" <<C.getArea()<<std::endl;
    c.draw();
    return 0;
}
```

测试结果:

```
请输入圆半径: 1.0
圆面积为: 3.14159
画圆
```

厂长很高兴。顷刻,12 点已经过了。厂长打电话叫送来两盒 8 元的快餐,在办公室与王彩共进午餐。吃饭间,厂长问王彩:能不能一下子就把圆柱体积计算出来?王彩眨了眨眼睛说:下午还有两节课。我下课后再来吧?厂长说:下午有客户来,明天这个时间来如何?王彩想了想,说:好的。

下午正好是张教授的课。王彩赶到教室,预备铃已经响过,张教授已经打开投影设备,看见王彩进来,就问:情况如何?王彩简单地讲了一下情况。张教授开玩笑地说:你明天中午又有快餐吃了。这时上课铃声响起。王彩要坐到座位上去,张教授说:先在给大家介绍一下情况。王彩故弄玄虚地给同学们介绍了他的 5 分钟杰作,并把代码也写在白板上。张教授问他:那圆柱计算你想如何做呢?王彩满不在乎地说:这个更简单,只要由类 Circle 派生出一个 Pillar 类,问题就解决了。教授说:你把 Pillar 类声明写出来。王彩神气十足地在白板上写出了如下代码。

【代码 6-2】 王彩最先写出的 Pillar 类声明。

```
class Pillar:publc Circle {
private:
    double height;
public:
    Pillar (Circle r, double h);
    void draw();
    double getVolume();
};
```

教授问:这个设计有什么好?

王彩:继承(泛化)是一种基于已知类(父类)来定义新类(子类)的方法,它的最大好处是带来可重用。而软件重用能节约软件开发成本,真正有效地提高软件生产效率。

教授:不错,但除了继承,还有别的重用方式吗?

王彩:……(一下子答不上来)。

教授:好吧,你先就座吧。

说着，教授打开投影，投影屏上显示出一行字：从可重用说起：合成/聚合优先原则。

6.1.1 从可重用说起：合成/聚合优先原则

“重用”(reuse)也被称作“复用”，是重复使用的意思。软件重用是指在两次或多次不同的软件开发过程中重复使用相同或相似软件元素的过程。这里所说的“软件元素”包括程序代码、测试用例、设计文档、设计过程、需求分析文档甚至领域知识和经验等。通常，可重用的元素也称作软构件。构件的大小称为构件的粒度，可重用的软构件越大，重用的粒度越大。使用软件重用技术可以减少软件开发活动中大量的重复性工作，这样就能提高软件生产率，降低开发成本，缩短开发周期。同时，由于软构件大都经过严格的质量认证，并在实际运行环境中得到校验，因此，重用软构件有助于改善软件质量。此外，大量使用软构件，能有效地提高软件的效率、灵活性和可靠性。

一般说来，软件重用可分为如下三个层次。

(1) 知识重用(例如，软件工程知识的重用)。

(2) 方法和标准的重用(例如，面向对象方法或国家制定的软件开发规范的重用)。

(3) 软件成分的重用。

下面，主要介绍两种重用机制：继承重用和合成/聚合重用。

1. 继承重用的特点

继承是面向对象程序设计中的一种传统的重用手段。继承重用的好处是新的实现较为容易，因为超类的大部分功能都可以通过继承关系自动进入子类，同时修改或扩展继承而来的实现也较为容易。但是，继承重用也会带来一些副作用，例如：

(1) 继承重用是透明的重用，又称“白箱”重用，即超类的内部细节常常是对子类透明的，因为不将超类的实现细节暴露给子类，就无法继承。这样就会破坏软件的封装性。

(2) 子类的实现对父类有非常紧密的依赖关系，父类实现中的任何变化都将导致子类发生变化，形成这两种模块之间的紧密耦合。这样，当这种继承下来的实现不适合新的问题时，就必须重写父类或用其他适合的类代替，从而限制了重用性。

(3) 由于父类与子类之间的紧密关系，使得模块化的概念从一个类扩展到了一个类层次。随着继承层次的增加，模块的规模不断膨胀，趋向难于驾驭。

程序模块的高内聚与低耦合

模块化(modularity, modularization)是人类求解复杂问题、建造或管理复杂系统一种策略。模块化程序设计可以降低开发过程的复杂性，但只有独立性好的模块才能实现这个目标。模块的独立性可以从内聚(cohesion)和耦合(coupling)两个方面评价。

内聚又称为块内联系，是模块内部各成分之间相互关联或可分性的度量。模块的内聚性低，表明该模块可分性高；模块的内聚性高，表明该模块不可分性高。

耦合又称为块间联系，是模块之间相互联系程度的度量。耦合性越强，模块间的联系越紧密，模块的独立性越差。

2. 合成/聚合重用及其特点

在第 1.3.6 节中已经介绍过合成和聚合。简而言之，合成或聚合是将已有的对象纳入到新对象中,使之成为新对象的一部分,因此也成为面向对象程序设计中的另一种重用手段。这种重用有如下一些特点。

(1) 由于成分对象的内部细节是新对象所看不见的,所以合成/聚合重用是黑箱重用,它的封装性比较好。

(2) 合成/聚合重用所需的依赖较少。用合成和聚合的时候新对象和已有对象的交互往往是通过接口或者抽象类进行的,这就直接导致了类与类之间的低耦合,有利于类的扩展、重用、维护等,也带来了系统的灵活性。

(3) 合成/聚合重用可以让每一个新的类专注于实现自己的任务,符合单一职责原则(随后介绍)。

(4) 合成/聚合重用可以在运行时间内动态进行,新对象可以动态地引用与成分对象类型相同的对象。

3. 合成/聚合优先原则

合成/聚合优先原则也称合成/聚合重用原则(Composite/Aggregate Reuse Principle, CARP),其简洁的表述是:要尽量使用合成和聚合,尽量不要使用继承。因为合成/聚合使得类模块之间具有弱耦合关系,不像继承那样形成强耦合,有助于保持每个类的封装性,并被集中在单个任务上。同时,可以将类和类继承层次保持在较小规模上,不会越继承越大而形成一个难于维护的庞然大物。

但是,这个原则也有自己的缺点。因为此原则鼓励使用已有的类和对象来构建新的类的对象,这就导致了系统中会有很多的类和对象需要管理和维护,从而增加系统的复杂性。同时,也不是说在任何环境下使用合成聚合重用原则就是最好的,如果两个类之间在符合分类学的前提下有明显的"IS-A"的关系,而且基类能够抽象出子类的共有的属性和方法,而此时子类有能通过增加父类的属性和方法来扩展基类,那么此时使用继承将是一种更好的选择。

听了张教授的课后,王彩深有感悟,下课后立即写出了以下代码。

【代码 6-3】 采用合成/聚合的 Pillar 类。

```
class Pillar {
private:
    Circle bottom;
    double height;
public:
    Pillar (Circle b, double h);
    void draw();
    double getVolume();
};
Pillar::Pillar(Circle b, double h):bottom(b),height(h){}
double Pillar::getVolume(){return (bottom.getArea() * height);}
void Pillar::draw(){std::cout<<"画圆柱。"<<std::endl;}
int main(){
    double r,h;
```

```
    std::cout << "请输入圆半径和真柱高:";
    std::cin>>r>>h;
    Circle b(r);
    Pillar p(b,h);
    std::cout << "圆柱体积为:"<<p.getVolume() <<std::endl;
    p.draw();
    return 0;
}
```

测试结果：

```
请输入圆半径和真柱高：1.0 2.0↵
圆柱体积为：6.28319
画圆柱。
```

带着成功的喜悦，王彩然后神气十足地去找张教授。教授看了说，不错。不过刚才厂长又给了你一个新任务：厂里现在有了一批合同，要生产矩形(rectangle)柱体，要你把原来的设计修改一下。你打算如何修改？

王彩几乎没有思考地说：那很简单，就再增加一个Rectangle类好了。

教授：那你回去把代码写出来。

过了几天，又是张教授的课了。王彩胆颤心惊地坐在座位上，头也不敢抬，生怕教授提问自己。因为几天了，厂长交给的那个任务还没有完成，程序增加了一个Rectangle类，但是Pillar类的修改麻烦得不得了。改了这里，那里出错；改了那里，这里又出错。心想，这就是软件工程中讲的软件维护。看来，设计不容易，维护更困难。

想着，想着，上课铃响了。谢天谢地，教授没有提问他，讲起了下面的内容：从可维护性说起：开-闭原则。

6.1.2 从可维护性说起：开-闭原则

1. 软件的可维护性和可扩展性

设计一个程序的根本目的是满足用户的需求，既要满足用户现在的需求，也要满足用户将来的需求。但是，要做到这一点往往是非常困难的。其原因是多方面的，既有用户对于需求表达的不完全、不准确因素，也有开发者对于用户需求理解的不完全、不准确因素，还有用户因条件、因认识而做出的需求改变因素。因此，一个软件在交付之后还常常需要进行一些修改。这些在软件交付使用之后的修改，就称为软件的维护。

一般说来，软件维护可以有如下4种类型：校正性维护、适应性维护、完善性维护、预防性维护。这4种维护原因中，除了改正性维护外，其他都可以归结为是为适应需求变化而进行的维护。如图6.1所示，统计表明，软件维护在整个软件开发中的比例占到60%～70%；而完善性维护在整个维护工作中的比重占到50%～60%，其次是适应性维护(占18%～25%)。

软件开发的根本目的就是满足用户需求。但是用户需求总是在变化并且难以预料。例如：

(1) 软件设计的根据是用户需求，而用户对于自己对需求往往不够明确或不周全，特别是对于新的软件的未来运行情形想象不到，需要在应用中遇到问题才能提出。

(2) 用户的需求会根据业务流程、业务范围、管理理念等不断变化。

(3) 软件设计者对用户需求有误解，而有些误解往往要到实际运行时才能够被发现。

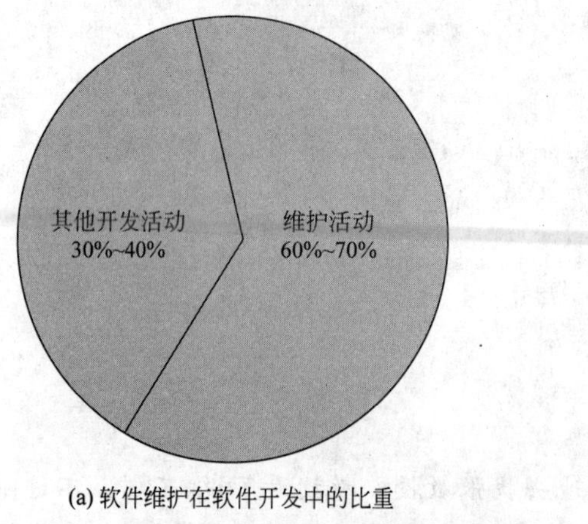

(a) 软件维护在软件开发中的比重

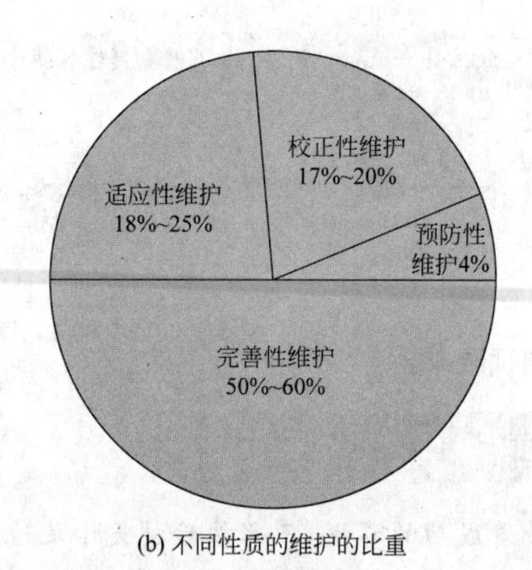

(b) 不同性质的维护的比重

图 6.1　软件维护的统计工作量

不让用户有需求的变化是不可能的。早期的结构化程序设计也注意到了这些变化，不过它要求用户在提出需求以后，便不能再变化，否则“概不负责”。这显然是不符合实际的。这是早期结构化程序设计的局限性。

可维护性软件的维护就是软件的再生，一个好的软件设计既要承认变化，又要具有适应变化的能力，即使软件具有可维护性(maintainability)。在所有的维护工作中，完善性维护的工作量占到一半，其反映的是用户需求的增加。为此，可维护性要求新增需求能够以比较容易和平稳的方式加入到已有的系统中去，从而使这个系统能够不断焕发青春，这成为系统的可扩展性(extensibility)。

2. 开-闭原则

开-闭原则(open-closed principle，OCP)由 Bertrand Meyer 于 1988 年提出。开-闭原则中“开”，是指对于软件组件的扩展；开-闭原则中“闭”，是指对于原有代码的修改。它的原文是：“Software entities should be open for extension，but closed for modification”，即告诫人们，为了便于维护，软件模块的设计应当“对于扩展开放(open for extension)”，而“对于修改关闭(closed for modification)”。或者说，模块应尽量在不修改原来代码的前提下进行扩展。例如，一个软件用于画图形的程序，原来为画圆和三角形设计，后来需要增加画矩形和五边形的功能，就是扩展。若进行这一扩展时，不改动原来的代码，就符合了开-闭原则。

开-闭原则可以充分体现面向对象程序设计的可维护、可扩展、可重用和高灵活性，是面向对象程序设计中可维护性重用的基石，是对一个设计模式进行评价的重要依据。

从软件工程的角度来看，一个软件系统符合开-闭原则，至少具有如下的好处。

(1) 通过扩展已有的软件系统，可以增添新的行为，以满足用户对于软件的新需求，使变化中的软件系统有一定的适应性和灵活性。

(2) 对已有的软件模块，特别是其最重要的抽象层模块不能再修改。这就能使变化中的软件系统有一定的稳定性和延续性。

上完这节课，王彩心里明白了许多：原来我的程序就是不符合开-闭原则，怪不得添加一个功能，引起了一连串修改。要是程序规模大一些，修改的工作真不可想象。可又有些迷惑。怎么才能做到符合开-闭原则呢？问教授。教授说下节课会告诉你。

虽然才过了两天，可好像过了很长时间。这一节课终于来到了。王彩早早来到教室，就想知道如何才能做到符合开-闭原则。

教授今天讲的题目是：面向抽象原则。

6.1.3 面向抽象原则

1. 具体与抽象

抽象的概念由某些具体概念的“共性”形成，把具体概念的诸多个性排出，集中描述其共性，就会产生一个抽象性的概念。抽象与具体是相对的。在某些条件下的抽象，会在另外的条件下成为具体。在程序中，高层模块是低层模块的抽象，低层模块是高层模块的具体；类是对象的抽象，对象是类的实例；父类是子类的抽象，子类是父类的具体；接口是实例类抽象，实例类是接口的具体化。

2. 依赖倒转原则

面向抽象原则原名叫做依赖倒转原则(dependency invension principle，DIP)是关于具体(细节)与抽象之间关系的规则。

初学程序设计的人，往往会就事论事地思考问题。例如，一个人去学车，教练使用的是夏利车，他就告诉别人“我在学开夏利车。”学完之后，他也一心去买夏利车。人家给他一辆宝马，他不要，说：“我学的是开夏利车。”这是一种依赖于具体的思维模式。显然，这种思维模式禁锢了自己。将这种思维模式用于设计复杂系统，设计出来的系统的可维护性和可重用性都是很低的。因为抽象层次包含的应该是应用系统的商务逻辑和宏观的、对整个系统来说重要的战略性决定，是必然性的体现，其代码具有相对的稳定性。而具体层次含有的是一些次要的与实现有关的算法逻辑以及战术性的决定，带有相当大的偶然性选择，其代码是经常变动的。

依赖倒转原则就是要把错误的依赖关系再倒转过来。它的基本描述为下面的两句话。

(1) 抽象不应该依赖于细节，细节应当依赖于抽象。

(2) 高层模块不应该依赖于低层模块。高层模块和低层模块都应该依赖于抽象。

3. 接口与面向接口的编程

接口(interface)用来定义组件对外所提供的抽象服务。所谓“抽象服务”，是在程序中接口只指定承担某职责或提供某种服务所必须具备的成员，而不提供它所定义的成员的实现，即不说明这种服务具体如何完成。在C++中接口实际上就是抽象基类。接口不能实例化，需要具体的实例类来实现，形成了接口与实现的分离，使一个接口就可以有多个实例类、一个实例类可以实现多个接口。这充分表明接口定义的稳定性和实例类的多样性，从而做到了可重用和可维护之间的统一。

接口只是一个抽象化的概念，是对一类事物的最抽象描述，体现了自然界“如果是……则必须能……”的概念，具体的实现代码由相应的实现类来完成。例如，在自然界，动物都有“吃”的功能，就形成一个接口。具体如何吃，吃什么，要具体分析，具体定义。

【代码 6-4】 描述上述情形的 C++ 代码。

```
class 动物 {
public:
    virtual void eat (void)=0;                          //声明纯虚函数
};

class 食肉动物 : public 动物 {
public:
    void eat() {                                        //重新定义
        std::cout<<"吃肉\n";
    }
};

class 食草动物 : public 动物 {
public:
    void eat() {                                        //重新定义
        std::cout<<"吃草\n";
    }
};
```

显然,相对于实现,接口具有稳定性和不变性。但是,这并不意味着接口不可发展。类似于类的继承性,接口也可以继承和扩展。接口可以从零或多个接口中继承。此外,和类的继承相似,接口的继承也形成接口之间的层次结构,也形成了不同的抽象粒度。例如,动物的吃、人的吃、老人的吃等,形成了不同的抽象层次。

应当注意,接口是对具体的抽象,并且层次越高的接口抽象度越高。这里所说的"接口"泛指从软件架构的角度、在一个更抽象的层面上,用于隐藏具体底层类和实现多态性的结构部件。这样,依赖倒转原则可以描述为:接口(抽象类)不应依赖于实现类,实现类应依赖接口或抽象类。更加精简的定义就是"面向接口编程":要针对接口编程,而不是针对实现编程。这一定义,在面向对象的编程时,意义更为明确。

4. 面向接口编程举例

【例 6.1】 开发一个应用程序,模拟计算机(computer)对于移动存储设备(mobile storage)的读写。现有 U 盘(flash disk)、MP3(MP3 player)、移动硬盘(mobile hard disk)三种移动存储设备与计算机进行数据交换,以后可能有其他类型的移动存储设备与计算机进行数据交换。不同的移动存储设备的读、写的实现操作不同。U 盘和移动硬盘只有读、写两种操作。MP3 则还有一个播放音乐(play music)操作。

对于这个问题,可以形成多种设计。下面列举两个典型方案。

方案 1:定义 FlashDisk、MP3Player、MobileHardDisk 三个类,然后在 Computer 类中分别为每个类分别写读、写成员函数,例如为 FlashDisk 写 readFromFlashDisk()、writeToFlashDisk()两个成员函数。总共 6 个成员函数。在每个成员函数中实例化相应的类,调用它们的读写函数。

【代码 6-5】 方案 1 的部分代码。

```
class FlashDisk{
public:
    FlashDisk (){}
    void read();
    void write();
};

class MP3Player {
public:
    MP3Player (){}
    void read();
    void write();
    void playMusic();
};

class MobileHardDisk {
public:
    MobileHardDisk (){}
    void read();
    void write();
};

class Computer {
public:
    Compute(){}
    void readFromFlashDisk ();
    void writeToFlashDisk ();
    void readFrom MP3Player ();
    void writeTo MP3Player ();
    void readFromMobileHardDisk ();
    void writeToMobileHardDisk ();
};

void Computer::readFromFlashDisk (){
    FlashDisk fd;
    fd.read();
}

void Computer::writeToFlashDisk (){
    FlashDisk fd;
    fd.write();
}
//其他成员函数,略
```

分析：这个方案最直白，逻辑关系最简单。但是它可扩展性差，若再要扩展其他移动存储设备时，必须对 Computer 进行修改，不符合“开-闭原则”。此外，该方案冗余代码多。若有 100 种移动存储，Computer 中就至少要写 200 个成员函数。这是不能接受的。

方案 2：定义一个抽象类 MobileStorage，在里面写纯虚函数 read()和 write()，三个存储设备继承此抽象类，并重写 read()和 write()。Computer 类中包含一个类型为 MobileStorage 的成员变量，并为其编写 get/set 器。这样 Computer 中只需要两个成员函数 readData()和 writeData()，通过动态多态性模拟不同移动设备的读写。

【代码 6-6】 方案 2 的部分代码。

```
class MobileStorage{
public:
    MobileStorage (){}
    virtual void read()=0;                          //纯虚函数
    virtual void write()=0;                         //纯虚函数
};

class FlashDisk : public MobilcStorage {
public:
    FlashDisk (){}
    void read();                                    //重定义
    void write();                                   //重定义
};

class MP3Player : public MobileStorage {
public:
    MP3Player (){}
    void read();
    void write();
    void playMusic();
};

class MobileHardDisk : public MobileStorage {
public:
    MobileHardDisk (){}
    void read();
    void write();
};

class Computer {
    MobileStorage & ms;
public:
    Computer(MobileStorage & m):ms(m){}
    void set(MobileStorage & ms){this->ms=ms;}
    void readData ();
    void writeData ();
};

void Computer::readData (){
    ms.read();
}
```

```
void Computer::writeToFlashDisk ();
    ms.write();
}

//从移动硬盘读的客户端代码
int main(){
    MobileStorage * pms= & MobileHardDisk();
    Computercomp(* pms);
    comp.set(* pms)
    comp.readDatar();
    return 0;
}
```

分析：在这个方案中，实现了面向接口的编程。程序中，在类 Computer 中，把原来需要具体的类的地方都用接口代替。这样首先解决了代码冗余的问题，不管有多少种移动设备，都可以通过多态性动态地替换，使 Computer 与移动存储器类之间的耦合度大大下降。

听着，听着，王彩茅塞顿开。要不是在课堂上，他一定会大喊着跳起来。这时，解决方案已经在他脑子里形成(如图 6.2 所示)。心里想，不要说增添一个矩形，再增加一个三角形或其他形状的柱底都不会再修改其他部分了。下课以后，不到 20 分钟，程序就写成并测试成功。

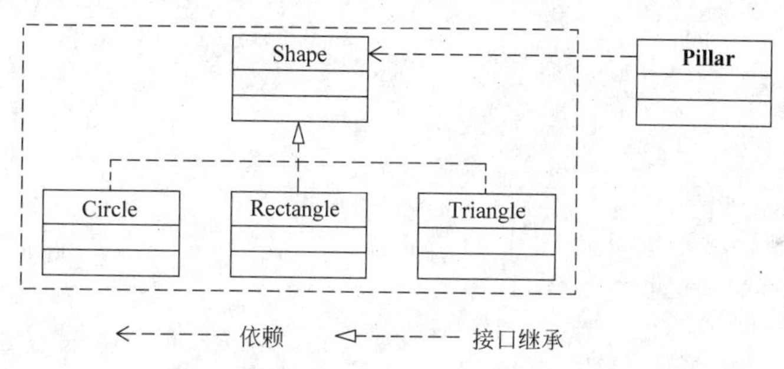

依赖　　接口继承

图 6.2　面向抽象的计算圆柱体体积的程序结构

【代码 6-7】　王彩设计的面向抽象的程序。

```
#include<iostream>

class Shape{                                    //为圆、三角形和矩形等添加的接口——抽象类
public:
    virtual  void draw()=0;
    virtual  double getArea()=0;
};

class Circle:public Shape{
private:
    static double Pi;
    double radius;
```

```
public:
    Circle(double r);
    void draw();
    double getArea();
};
double Circle:: Pi=3.1415926;
Circle::Circle(double r):radius(r){}
double Circle::getArea(){return (Pi * radius * radius);}
void Circle::draw(){std::cout<<"画圆。"<<std::endl;}

class Rectangle:public Shape{
private:
    double length;
    double width;
public:
    Rectangle (double l, double w);
    void draw();
    double getArea();
};
Rectangle::Rectangle (double l, double w): length(l), width(w){}
double Rectangle::getArea(){return (length * width);}
void Rectangle::draw(){std::cout<<"画矩形。"<<std::endl;}


class Pillar {
private:
    Shape& bottom;
    double height;
public:
    Pillar (Shape& b, double h);
    void draw();
    double getVolume();
};
Pillar::Pillar(Shape& b, double h):bottom(b),height(h){}
double Pillar::getVolume(){return (bottom.getArea() * height);}
void Pillar::draw(){std::cout<<"画柱体。"<<std::endl;}

int main(){
    Shape * s1=&Circle(1.0);                        //用实例类对象初始化接口的指针
    Pillar p1(*s1,10);
    std::cout<<"圆柱体积为:"<<p1.getVolume()<<std::endl;
    Shape * s2=& Rectangle (3.0,2.0);               //用实例类对象初始化接口的指针
    Pillar p2(*s2,10);
    std::cout<<"矩形柱体积为:"<<p2.getVolume()<<std::endl;
    return 0;
}
```

测试结果：

```
圆柱体积为:31.4159
矩形柱体积为:60
```

测试完毕，王彩连蹦带跳地唱着歌激动地来到张教授办公室。张教授看了他的程序，轻描淡写地说了声：还可以。这一声，好像一盆凉水从王彩的头顶浇下。

“怎么？还有问题？”他弱弱地问了一声。

“首先，”教授指着王彩程序中的主函数说：“我不太喜欢指针，你能用引用实现吗？”

“嗯……，”王彩稍作思考后说：“可以。”接着只修改了两句：

```
int main(){
    Shape& s1=Circle(1.0);                          //用实例类对象初始化接口的引用
    Pillar p1(s1,10);
    std::cout<<"圆柱体积为:"<<p1.getVolume()<<std::endl;
    Shape * s2=& Rectangle (3.0,2.0);               //用实例类对象初始化接口的引用
    Pillar p2(* s2,10);
    std::cout<<"矩形柱体积为:"<<p2.getVolume()<<std::endl;
    return 0;
}
```

“不错。还有……，”刚得到教授称赞而放开的心又绷紧了，眼睛盯着教授想听后面的教导。“你现在的画图功能还没有使用。那你的画图是画什么图？是黑白图，还是彩色图？如果原来是画黑白图，现在要增加画彩色图的功能，该如何修改？假如除了计算面积、画图，再增加一个其他功能，又该如何修改？”

王彩懵了。

6.1.4 单一职责原则

1. 对象的职责

通常，可以从三个视角观察对象。

(1) 代码视角：在代码层次上，对象是主要关心这些代码是否符合有关语言的描述语法，用于说明描述对象的代码之间是如何交互的。

(2) 规约视角：在规约层次上，对象被看做是一组可以被其他对象调用或自身调用的方法，用于明确怎样使用软件。

(3) 概念视角：在概念层次上，理解对象最佳的方式就是将其看作是“具有职责的东西”，即对象是一组职责。

所谓职责，职者、职位也；责者，责任也。因此，职责就是在一个位置上做所做的事。在讨论程序构件时，可以认为一个对象或构件的职责包括两个方面：一个是知道的事，用其属性描述；另一个是其可以承担的责任——功能，即其能做的事，用其行为描述。

职责对于对象的作用：在现实社会中，每个人各司其职、各尽其能，整个社会才会有条不紊地运转。同样，每一个对象对应该有其自己的职责。对象是由职责决定的。对象能够自己负责自己，就能大大简化了控制程序的任务。

2. 单一职责原则

单一职责原则(single responsibility principle,SRP)用一句话描述:"就一个类而言,应该仅有一个引起它变化的原因。"也就是说,不要把变化原因各不相同的职责放在一起,因为每一个职责都是一个变化的轴线,当需求变化时会反映为类的职责的变化。如果一个类承担的职责多于一个,那么引起它变化的原因就有多个。当一个职责发生变化时,可能会影响其他的职责。另外,多个职责耦合在一起,会影响重用性,增加耦合性,削弱或者抑制类完成其他职责的能力,从而导致脆弱的设计。这就好比生活中一个人身兼数职,而这些事情相互关联不大,甚至有冲突,那就无法很好地履行这些职责。

单一职责原则的基本思想是通过分割职责来封装(分隔)变化。例如王彩设计的程序中,从接口到具体类,都拥有分别用来计算面积和画图形的成员函数 getArea()和 draw()。这就使它们都有了两个职责,也就有了两个引起变化的原因。当其中一个原因变化时,往往会波及无辜的另一方。如果将不同的职责分配给不同的类,实现了单个类的职责单一,就隔离了变化,它们也就不会互相影响了。

听到这里,王彩有些坐不住了,有些跃跃欲试了。教授一眼望穿:"王彩先不要急,等我把下面的一小节讲完。"

6.1.5 接口分离原则

接口分离原则(interface segregation principle, ISP)的基本思想是:接口应尽量单纯,不要太臃肿。

【例 6.2】 设计一个进行工人管理的软件。有两种类型的工人:普通的和高效的,他们都能工作,也需要吃饭。于是,可以先建立一个接口(抽象类)——IWorker,然后派生两个工人类:Worker 类和 SuperWorker 类。

【代码 6-8】 用一个接口管理工人的部分代码。

```
class IWorker {
public:
    virtual void work();
    virtual void eat();
};

class Worker:public IWorker {
public:
    void work() {
        //...工作
    }

    void eat() {
        //...吃午餐
    }
};
```

```
class SuperWorker:public IWorker{
public:
    void work() {
        //...高效工作
    }

    void eat() {
        //...吃午餐
    }
};

class Manager {
    IWorker worker;
public:
    void setWorker(IWorker w) {
        worker=w;
    }

    void manage() {
        worker.work();
        worker.eat();
    }
};
```

分析：这样一段代码似乎没有问题，并且在 Manager 类中应用了面向接口编程的原则。但是，如果现在引进了一批机器人，就有问题了。因为机器人只工作，不吃饭。这时，仍然使用接口 IWorker，就有问题了。为机器人而定义的那么 Robot 类将被迫实现 eat()函数。因为接口中的纯虚函数必须在实现类中全部实现。尽管可以让 eat()函数的函数体空，但这会对程序造成不可预料的结果，例如，管理者可能仍然为每个机器人都准备一份午餐。问题就在于接口 IWorker 企图扮演多种角色。由于每种角色都有对应的函数，所以接口就显得臃肿，称为胖接口(fat interface)。而胖接口的使用，往往会强迫某些类实现它们用不着的一些函数。这种现象称为接口的污染。消除接口污染的方法是对接口中的函数进行分组，即对接口进行分离。

【代码 6-9】 把 IWorker 分离成 2 个接口。

```
class IWorkable {
public:
    virtual void work();
};

class IFeedable {
public:
    virtual void eat();
};

class Worker:public IWorkable, public IFeedable {
```

```
public:
    void work() {
        //...工作
    }

    void eat() {
        //...吃午餐
    }
};

class SuperWorker:public IWorkable, public IFeedable {
public:
    void work() {
        //...高效工作
    }

    void eat() {
        //...吃午餐
    }
};

class Robot:public IWorkable{
public:
    void work() {
        //...工作
    }
};

class Manager {
    IWorkable worker;

public:
    void setWorker(IWorkable w) {
         worker=w;
    }

    void manage() {
         worker.work();
    }
};
```

这段代码,解决了前面提出的问题。解决的办法就是分离接口,使每个接口都比较单纯,也不再需要 Robot 类被迫实现 eat()方法。

接口分离原则有一些不同的定义,但把它们概括起来就是一句话:应使用多个专门的接口,而不要使用单一的总接口,即客户端不应该依赖那些它不需要的接口。再通俗一点就是:接口尽量细化,尽量使一个接口仅担当一种角色,使接口中的函数尽量少。

"教授,那接口分离原则,不就是单一职责原则的一个具体化吗?"王彩忍耐不住自己的表现欲，还使用了一个专业术语。

“是的，”教授微笑着说“接口分离原则与单一职责原则是有些相似，不过在审视角度上它们不甚相同：单一职责原则注重的是职责，是业务逻辑上的划分；而接口分离原则是针对抽象、针对程序整体框架的构建约束接口，要求接口的角色(函数)尽量少，尽量单纯、有用(针对一个模块)。”

“好了，今天就讲到这里。王彩好像有了新想法，把你的新设计思路说给大家看看。”

“好！”王彩早就等着这一机会了，马上走到讲台上，画出了自己设计的 UML 类图(见图 6.3)。

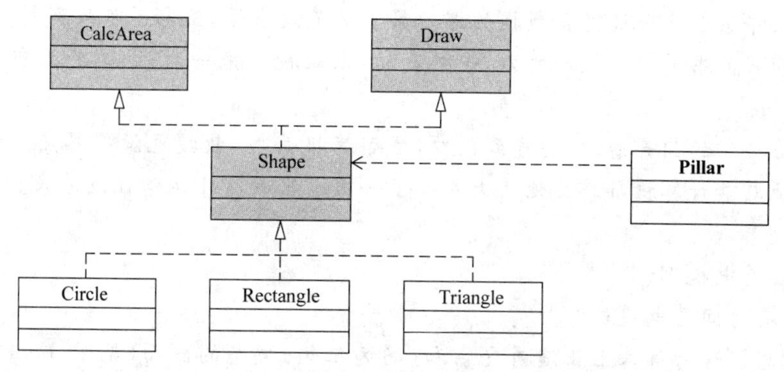

图 6.3　接口分离使功能增加变得容易

下面是增加的程序代码。

```
class CalcArea{                                    //计算面积的接口
public:
    virtual  double getArea()=0;
};

class Draw{                                        //画图接口
public:
    virtual  void draw()=0;
};

class Shape:public CalcArea,public Draw{           //空的接口
};
……// 其他不动
```

从到厂里联系，到把一个完整的柱体开发设计平台完成，王彩只用了仅仅半个月的时间。

这天，他带着自己的笔记本电脑到厂里给厂长交差。去了一看，厂长、副厂长、总工、技术科长、财务科长都在场。先让王彩演示，后来大家七嘴八舌地进行了提问，王彩都一一回答，并把大家问到的部分重点演示一次。所有人都很满意。末了，厂长对王彩说：“我们后面还要开会，今天就不留你吃午餐了。行吗？”

“没关系，只要你们觉得好用就行。或者，用起来，还有什么问题，我都会随叫随到的。”

王彩嘴上这么说,心里却想:事情做完了,连8块钱的盒饭也没有了……。王彩正想着,突听厂长说:"办好了?"王彩还以为厂长在问自己。抬头一看,只见厂长正在与站在他身边的财务科长讲话。财务科长递给厂长一片纸,说:"办好了。"这时,厂长对王彩说:"我看你这台笔记本电脑也该淘汰了。为了感谢你的辛苦,厂里决定给你奖励一台笔记本电脑。这是一张支票,你可以用它买一台一万元左右的笔记本电脑。"

王彩一听,意外惊喜,但一想,这是张教授交给的任务,怎么能要人家的报酬呢?连说:"这样不合适。我是张教授……",王彩没有说完,厂长打断他说:"你来之前,我已经同张教授说好了。"但王彩还是死活不要。

第二天上午第3、4节还是张教授的课。第1、2节没有课,王彩早早来到图书馆,找了几本关于设计模式的书看。九点半左右,手机震动,张教授发来一封短信,要王彩到他办公室一趟。

张教授办公室的门开着,王彩走到门口,喊了声报告,张教授也没有答应。只见张教授正聚精会神地盯着计算机屏幕。他又大声喊了一次。张教授才示意让他进来。

"教授忙?"

"没有,在看电视剧。"

"教授还有时间看电视剧?"

"很有意思,"这时屏幕上正演着安嘉和(冯远征饰)失态的画面(见图6.4)"是梅婷、冯远征、王学兵和董晓燕主演的《不要和陌生人讲话》。这和一会儿要同你们讲的课有关。"

王彩奇怪地想,程序设计还与爱情剧有关?只见教授正在关机、收拾公文包。

"快上课了,我们一起走吧。刚才叫你来,是厂长把张支票送来了,你还是收了吧。也是你的劳动所获嘛!"

说着,说着,到了教室。上课了,张教授打开投影机,显示的题目果真是:不要和陌生人说话。

图6.4 《不要和陌生人说话》剧照

6.1.6 不要和陌生人说话

"不要和陌生人说话"也是一条程序设计的基本原则,也称最少知识原则(least knowledge principle,LKP)或迪米特法则(law of demeter,LoD)。它来自1987年秋天,美国Northeastern University的Ian Holland所主持的项目Demeter。这个法则有如下一些描述形式。

(1) 一个软件实体应当尽可能少地与其他实体发生相互作用。

(2) talk only to your immediate friends即只与直接朋友交流,或不与陌生人说话。

(3) 如果两个类不必彼此直接通信,那么这两个类就不应该发生直接的相互作用。如果其中的一个类需要调用另一个类的某一个方法的话,可以通过第三者转发这个调用。

(4) 每一个软件单位对其他的单位都只有最少的知识,并且仅限于那些与本单位密切相关的软件单位。

迪米特法则有狭义和广义之分。

1. 狭义迪米特法则

即要求每个类尽量减少对其他类的依赖。由于类之间的耦合越弱,越有利于重用;同时一个类的修改,不会波及其他有关类。使用迪米特法则的关键是分清"陌生人"和"朋友"。对于一个对象来说,朋友类的定义如下:出现在成员变量、方法的输入输出参数中的类称为成员朋友类;而出现在方法体内部的类不属于朋友类,是"陌生人"。例如,下面是"朋友"的一些例子。

- 对象本身,即可以用 this 指称的实体。
- 以参数形式传入到当前对象成员函数的对象。
- 当前对象的成员对象。
- 当前对象创建的对象。

遵循类之间的迪米特法则会使一个系统的局部设计简化,因为每一个局部都不会和远距离的对象有直接的关联。但是,应用迪米特法则有可能造成的一个后果就是:系统中存在大量的中介类,这些类之所以存在完全是为了传递类之间的相互调用关系,与系统的商务逻辑无关。这在一定程度上增加了系统全局上的复杂度,也会造成系统的不同模块之间的通信效率降低,使系统的不同模块之间不容易协调。

2. 广义迪米特法则

广义迪米特法则也称为宏观迪米特法则,主要用于控制对象之间的信息流量、流向以及影响,使各子系统之间脱耦。

【例 6.3】 一个系统有多个模块,当多个用户访问系统时,形成图 6.5(a)所示的情形。显然这是不符合迪米特法则的。按照迪米特法则对系统进行重组,可以得到图 6.5(b)所示的结构。重组是靠增加了一个 Facade(外观)的。这个 Facade 模块就是一个"朋友"。利用它使得"用户"对于子系统访问时的信息流量控制。通常,一个网站的主页就是一个 Facade 模块。Facade 模块形成一个系统的外观形象。采用这种结构的设计模式称为外观模式。

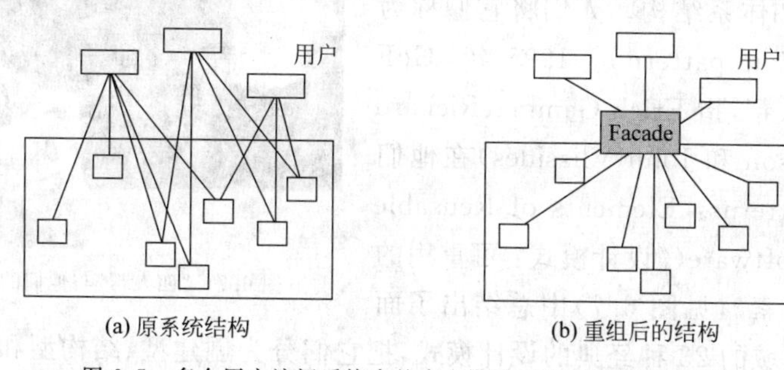

图 6.5 多个用户访问系统内的多个模块时迪米特法则的应用

【例 6.4】 一个系统有多个界面类和多个数据访问类,它们形成了图 6.6(a)所示的关系。由于调用关系复杂,导致了类之间的耦合度很大,信息流量也很大。改进的办法是按照迪米特法则,增加一些中介者(mediator)模块,形成如图 6.6(b)所示的中介者模式。

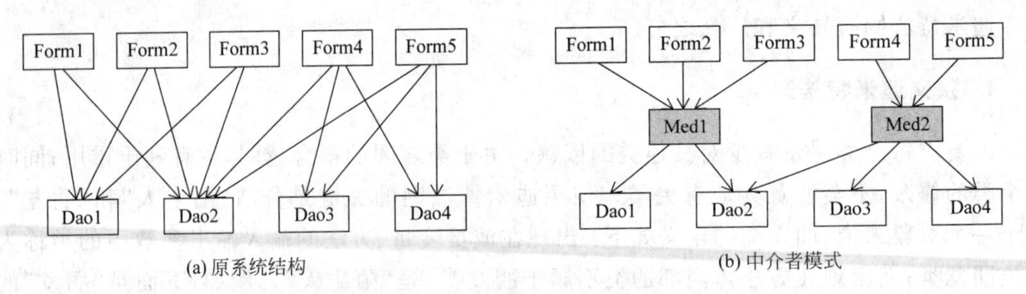

图 6.6　具有多个界面类和多个数据类的系统中迪米特法则的应用

利用迪米特法则控制流量过载时,可以考虑如下策略。

(1) 优先考虑将一个类设置成不变类。

(2) 尽量降低一个类的访问权限。

(3) 尽量降低成员的访问权限。

下课了,王彩飞快走到教授面前:"教授,这些原则太重要了,这些天,我感觉思想升华了不少。""这一段时间,你进步的确不小。不过,这些原则要用好,也不是这么简单。比如,你的设计还不太完美。"说着,教授从包中拿出一本书,"这本书送给你,好好钻研一下,对于改进你的程序大有好处。"王彩接过书一看,是一本:Design Patterns: Elements of Reusable Object-Oriented Software。

6.2　GoF 设计模式

上一节介绍了王彩同学为工厂设计一个程序的过程。经过这个摸索,王彩积累了不少经验,下次再碰到类似问题,他就可以拿来套用了。类似的情况,早在程序设计网络社区中早就开始了。在不同的程序设计网络社区中,都聚集了一批程序设计爱好者,互相交流、总结经验,形成并积累了许多可以简单方便地复用的、成功的经验、设计和体系结构。人们将它们称为"设计模式"(design pattern)。1995 年,GoF(gang of four,四人帮,指 Erich Gamma、Richard Helm、Ralph Johnson 和 John Vlissides)在他们的著作 Design Patterns: Elements of Reusable Object-Oriented Software(《设计模式:可重用的面向对象软件的要素》,见图 6.7)中总结出了面向对象程序设计领域的 23 种经典的设计模式,把它们分为创建型、结构型和行为型 3 类,并给每一个模式起了一个形象的名字。这一节对它们作简要介绍。

图 6.7　"四人帮"与他们的《设计模式》

需要说明的是,GoF 的 23 种设计模式是成熟的、可以被人们反复使用的面向对象设计方案,是经验的总结,也是良好思路的总结。但是,这 23 种设计模式并不是可以采用的设计模式的全部。可以说,凡是可以被广泛重用的设计方案,都可以称为设计模式。有人估计已经发表的软件设计模式已经超过 100 种，此外还有人研究反模式。

6.2.1 创建型设计模式

一个面向对象的程序总要包含三个部分：声明并定义(不一定在当前程序中，也许是别人定义的)类、创建对象和应用对象。于是，一个自然的想法是，用户生成对象然后使用它。但是，这样是不好的。因为用户要自己生成对象，就要知道生成的细节，如有哪些数据成员、各是什么类型、各起什么作用等。这样要求用户，就有点像使用某种产品的人，必须知道如何生产该产品一样。

GoF 创建型设计模式有 5 种，都是针对如何创建对象的，并且主要思想是将对象的创建与其使用相分离，即它隐藏了类的实现和对象创建的细节，用户只需知道它们共同的接口，而不必知道对象创建的细节。这样使软件的结构更加清晰，整个系统的设计更加符合面向抽象的原则。后面介绍 GoF 的 5 种创建型设计模式以及常用的简单工厂(simple factory)模式。

1. 简单工厂模式

简单工厂模式(simple factory pattern)又称静态工厂方法(static factory method)模式，它把创建对象看做工厂生产产品，结构如图 6.8 所示。

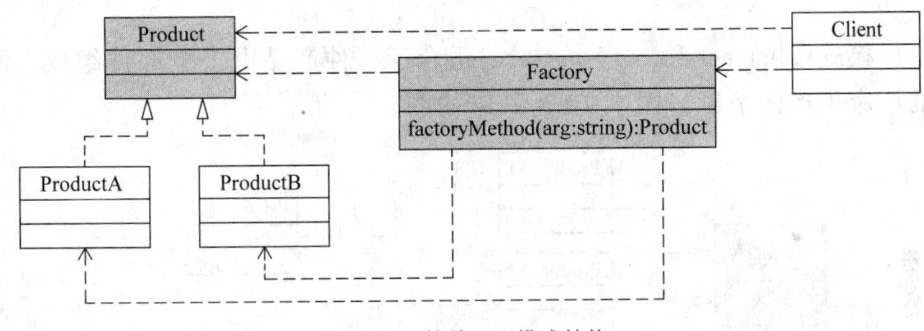

图 6.8 简单工厂模式结构

(1) 为了隐藏产品的生产细节，为要生产的产品类(要创建对象的类)定义一个共同的父类——Product。

(2) 定义一个专门的类——工厂类——Factory，用工厂中的成员函数 factoryMethod()生产产品(对象)。这个函数返回抽象产品类对象，它所包含的判断逻辑可以根据参数决定实例化哪个类，即决定所返回的对象是哪个产品类的对象。

(3) 客户端针对 Product 类和 Factory 类编程，即先定义一个 Product 类对象，再由 factoryMethod()将一个具体对象赋值给它。

这样，就实现了对象的产品生产与产品使用一定程度的分离。

简单工厂模式并不是 GoF 23 种之一，但它简单明了，常作为简单应用或介绍设计模式的入口。

2. 工厂方法模式

工厂方法模式(factory method pattern)简称工厂模式,也称为虚拟制造器(virtual constructor)模式或多态工厂(polymorphic factory)模式。它的基本思想是把 Factory 定义为一个抽象类,产品对象的生成交给它的子类进行:每一个工厂子类对应一个产品子类。这样,factoryMethod()中的判断逻辑以及创建产品对象的职责,交给不同的子类担当。实现了单一职责。同时,当用户要增加一种产品时,无须修改 factoryMethod()中的判断逻辑,符合了面向抽象的编程和开-闭原则。图 6.9 为其结构图。

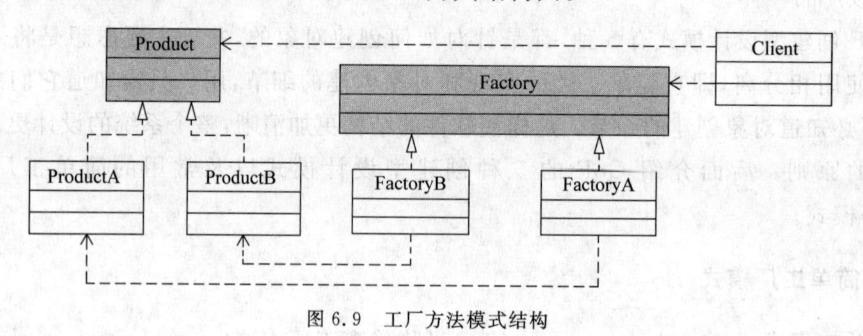

图 6.9 工厂方法模式结构

3. 抽象工厂模式

抽象工厂模式(abstract factory pattern)适合于一种产品由多个部件组成,而不同的部件由不同的厂家生产的情形。图 6.10 为其结构图。

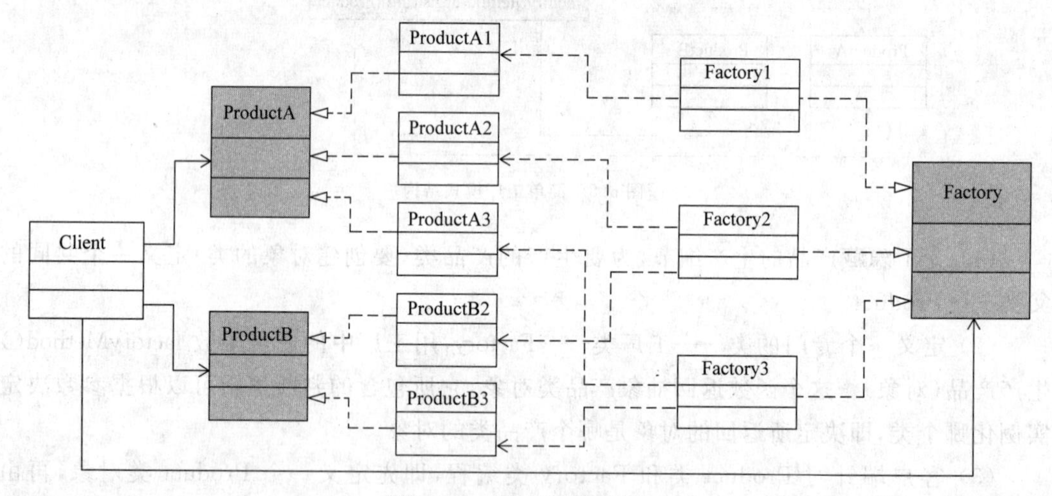

图 6.10 抽象工厂模式结构

4. 建造者模式

一台复杂产品的建造往往涉及许多零部件,并且用这些零部件组装该复杂产品时还有顺序等细节上的要求。同样,一个许多其他对象组成的复杂对象的创建,也有许多创建的细节。对于这样的对象,用户更是对它包含哪些属性、具体如何创建没有兴趣。在这种情形下,可以使用建造者模式(builder pattern)或称生成器模式。建造者模式可以将一个复杂对象的构建与其表示相分离,使得同样的建造过程可以创建不同的表示。如图 6.9 所示,建造者模式由如下一些角色构成。

(1) 产品(如图 6.11 中的 Product):被构造的复杂对象,包含多个组件。

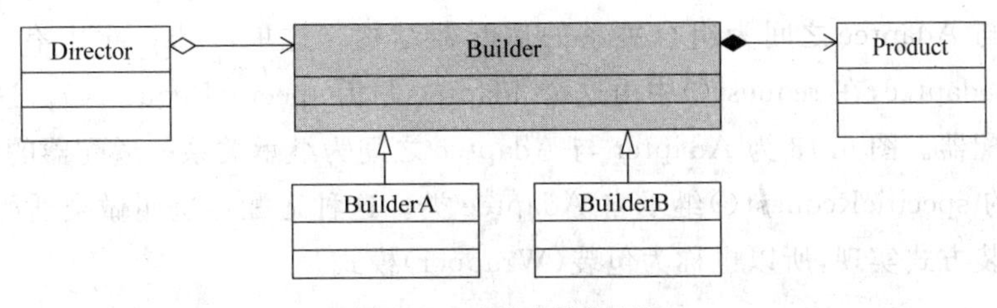

图 6.11 建造者模式结构

(2) 抽象建造者(如图 6.11 中的 Builder):为建造各种不同产品对象而定义的接口。类中包含了各产品组件的虚拟创建函数(如 buildX()、buildY()等),还包含返回复杂对象的虚拟函数。

(3) 具体建造者(如图 6.11 中的 BuilderA、BuilderB):实现了抽象建造者的实例类。

(4) 指挥者(或称导演,如图 6.11 中的 Director):安排复杂对象中各组件的建造顺序,向用户提供具体建造者。

5. 原型模式

简单地说,原型模式(prototype pattern)用于已有对象创建新的对象。

6. 单例模式

单例模式(singleton pattern)是确保一个类只创建一个对象,并提供一个访问它的全局访问点。实现单例类最基本的思想有两点:

(1) 将构造函数定义成私密的或保护的——目的是不让外部函数随意地进行这个类的实例化。

(2) 通过一个静态成员来进行该类的实例化——调用这个私密的构造函数。由于静态成员只能有一个实例,就保证了只能实例化一次。

6.2.2 结构型设计模式

结构型设计模式是从增强系统功能、提高系统效率、方便用户访问等方面考虑,在结构上进行调整、重组的解决方案。GoF 结构型设计模式提供了 7 种解决方案。

1. 适配器模式

适配器模式(adapter pattern)可以将一个类的接口转换成客户希望的另外一个接口,使原本由于接口不兼容而不能一起工作的那些类可以一起工作。适配器模式中的角色有如下几种。

(1) 目标抽象类(Target):用户期望的接口,可以是抽象类,也可以是具体类。

(2) 被适配类(Adaptee):已经存在需要适配的类,是一个抽象类。

(3) 适配器类(Adapter):担当适配职责的类。

基本的策略是:在 Adapter 类中实现的客户端需求 request()中,包装被适配类 Adaptee 中的 specificRequest()。具体做法要看 Adapter 与 Adaptee 之间的关系。图 6.12 为 Adapter 与 Adaptee 之间为组合关系的适配器结构。这里,Adapter 中有一个 Adaptee 类对象成员 adaptee,在 request()中由这个 adaptee 调用 specificRequest()。这种适配器也叫做对象适配器。图 6.13 为 Adapter 与 Adaptee 之间为继承关系的适配器的结构。这里,Adapter 中的 specificRequest()继承自 Adaptee 类。这种适配器也叫做类适配器。由于适配器通过包装方式实现,所以也称为包装(Wrapper)模式。

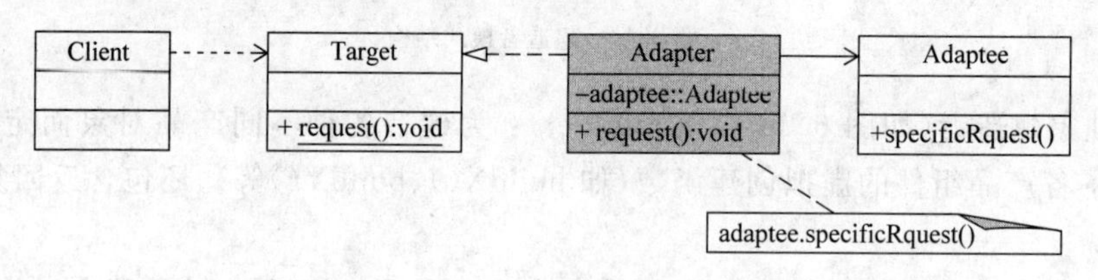

图 6.12 组合方式适配器模式结构

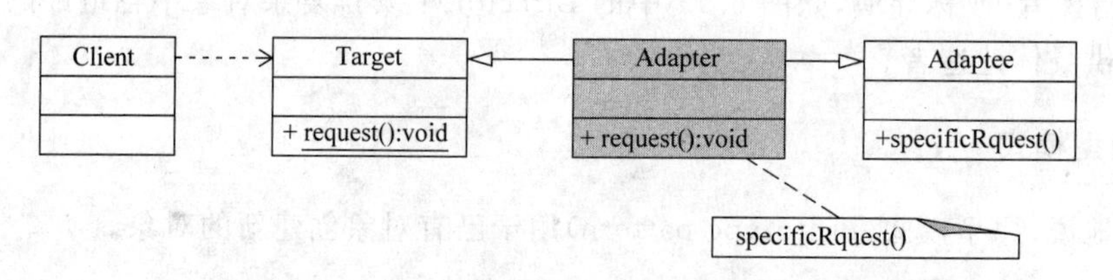

图 6.13 继承方式适配器模式结构

基于上述策略,可以把适配器做成单向适配器或双向适配器。

2. 代理模式

当客户直接访问某些对象有些不便时,可以采用代理模式(proxy pattern)。如图 6.14 所示,要通过代理(Proxy)访问实际主体(RealSubject)的关键是为代理类和实际主体类建立一个共用的接口——Subject(抽象主体)。

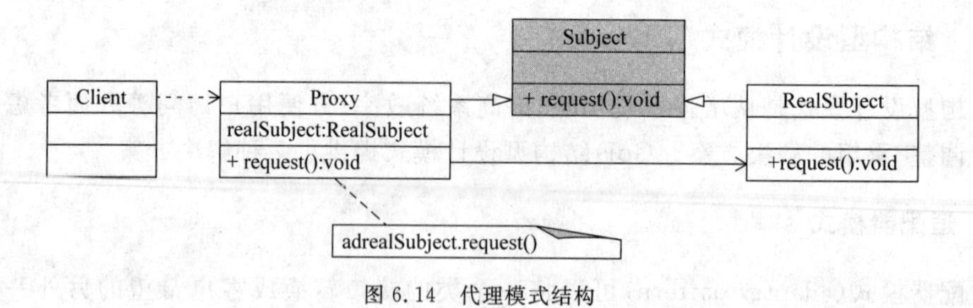

图 6.14 代理模式结构

3. 桥接模式

当系统中的某个类有两个或以上维度独立的变化(如绘制图形类中有形状和颜色两种维度的变化)时,可以利用桥接模式(bridge pattern)将其抽象部分与它的实现部分分离,使它们都可以独立地变化。如图 6.15 所示,具有两个维度的桥接模式由两套角色构成。一套是抽象部分,由抽象类(Abstraction)和它的派生类——扩充抽象类(Refined Abstraction)组成;另一套是实现部分,由实现类接口(Implementor)和它的具体类——具体实现类(ConcreteImplementor)组成。两部分之间采用组合关联。

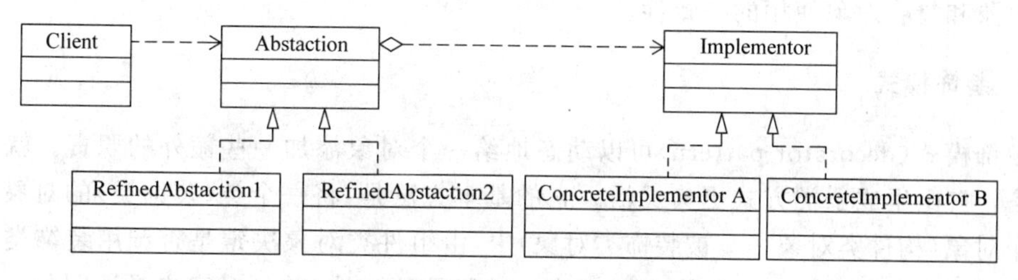

图 6.15 具有两个变化维度的桥接模式结构

桥接模式用抽象关联取代了多层继承,巧妙地将类之间的静态继承关系转换为动态的对象组合关系,将类中所具有的两个变化维度分离,不仅使系统更为灵活,也有效地控制了系统中类的个数,很好地体现了开闭原则、合成/聚合优先原则、里氏代换原则、依赖倒转原则等。

4. 外观模式

外观模式(facade pattern)可以为外部访问子系统提供一个一致的界面。如图 6.16 所示,Facade 类就是各子系统接口的聚合类。

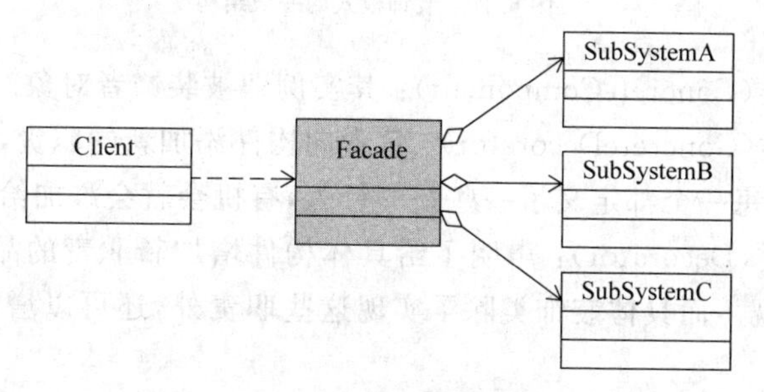

图 6.16 外观模式结构

5. 组合模式

组合模式(composite pattern)关注事物的整体与部分间的关系,所以也称为"整体-部分"(Part-Whole)模式。整体-部分之间的关系,通常用树形结构进行描述。单个对象称为叶子(Leaf);组合对象,即非叶子的节点称为容器(Composite)。组合模式的设计动机是追求客户对单个对象和复合对象的使用具有一致性。图 6.17 为组合模式的一般结构。

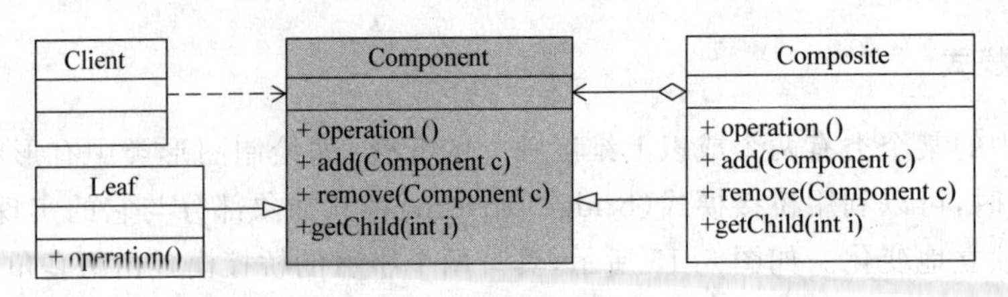

图 6.17 组合模式的一般结构

显然,由于叶子与容器有了一个共同的父类,按照依赖倒转原则编程,就会实现客户对单个对象和复合对象使用的一致性。

6. 装饰模式

装饰模式(decorator pattern)可以动态地给一个对象添加一些额外的职责。就扩展功能而言,它比生成子类方式更为灵活。它的基本方法是,将一个类(装饰类)的对象嵌入到另一个对象(构件类对象——被装饰类对象)中,由组件类对象决定是否调用装饰类对象的行为来扩展自己的职责——装饰自己。这一过程是动态地、并且对客户是透明的——客户端对未装饰过的对象和装饰过的对象都以一致的方式处理。

装饰模式的一般结构如图 6.18 所示。这个结构中包含如下 4 种角色。

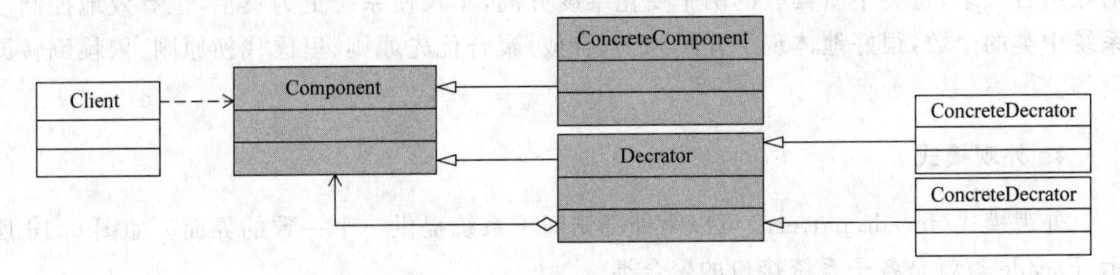

图 6.18 装饰模式的一般结构

(1) 具体构件类(ConcreteComponent):其实例即被装饰者对象。

(2) 具体装饰类(ConcreteDecorator):负责向构件添加新的职责,其实例即装饰者。这样的类可以有多个,每一个都定义了一些新的行为,有机会就会添加给具体构件。

(3) 抽象装饰类(Decorator):声明了给具体构件增加新职责的品种,这些职责在其子类具体装饰类中实现。而具体装饰类除了实现这些职责外,还可以增加新的函数以便扩展对象的行为。

(4) 抽象构件类(Component):作为具体构件类(ConcreteComponent)和抽象装饰类(Decorator)的共同父类。

因为具体构件类(ConcreteComponent)和抽象装饰类(Decorator)都是抽象构件类(Component)的子类,所以指向抽象构件类的引用既可以存放被装饰者对象,也可以存放装饰着对象。如果把具体构件类和抽象装饰类的成员函数都声明为虚函数,就既可以调用抽象构件类对象的成员函数,又可以调用具体构件类的成员函数。指向抽象构件类的指针也有类似效果。

7. 享元模式

在面向对象的程序设计中，由类创建对象较好地体现了面向对象程序设计中代码重用机制带来的该效率和可靠性。但是，由于对象的生成十分简单，就会带来在一个程序中对象过多的情形。过多的对象会导致运行代价过高，造成程序性能的下降。不过人们发现，在一个系统中，大量被创建的对象中，有许多对象是相同或者部分成员相同的。按照开-闭原则，如果能众多对象中的不变部分与可变部分相分离，提取不变部分为众多的对象共享，就会较好地解决对象太多造成的效率下降问题。享元模式(Flyweigh Pattern)就是这样一种解决方案，它运用共享技术有效地支持大量细粒度对象的复用。

享元模式的关键是使用享元对象为其他对象提供共享状态。享元维护(存储)的数据是不因环境改变而改变的数据，称为享元内部状态。使用享元的对象或应用程序中所维护的数据是称为享元外部状态。外部状态具有可变性和不确定性，享元可以以其成员函数的参数的形式得到外部状态。在实际应用中，享元的内部状态是有限的，享元对象只能设计成小的对象。这种对象称为细粒度对象。享元模式的结构比较复杂，一般要结合工厂模式使用。图 6.19 为享元模式的一般结构。

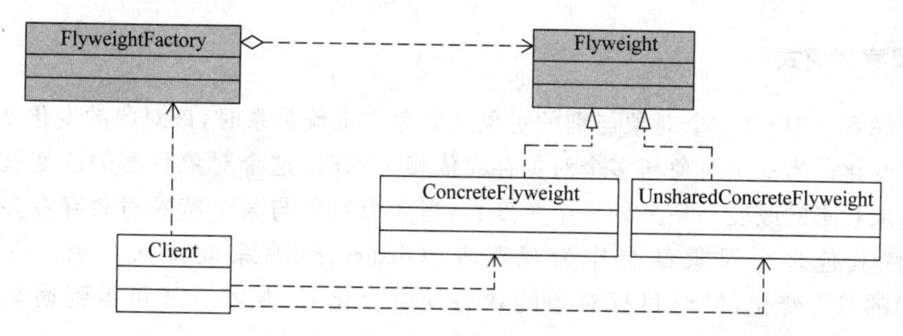

图 6.19　享元模式的一般结构

在这个结构中，抽象享元类(Flyweight)声明了一个接口，通过它可以接收并作用于外部状态。此外还定义了具体享元类的公开方法，以向外部提供享元对象的内部状态，同时用于设置外部状态。Flyweight 有两种子类：具体享元类(ConcreteFlyweight)和非共享具体享元类(UnsharedConcreteFlyweight)。前者用于存储内部状态，后者是一个不能被共享的子类。享元工厂类(FlyweightFactory)用于创建并管理享元对象。

6.2.3　行为型设计模式

在系统运行过程中，各个对象不是孤立存在的，系统的很多复杂功能是在对象之间相互通信、相互作用、相互协作中完成的。GoF 行为型模式(Behavioral Pattern)提供了 11 种对象之间典型关系的解决方案，它们所关注的是不同类和对象之间职责的划分和算法的抽象化。

1. 命令模式

在系统中，许多功能是通过请求的方式执行的，即一个对象向另外一个对象发出请求，要它调用一个函数。然而有时请求者(Invoker)还没有确定接收者(Receiver),或无法直接与接收者联系。这时可以采用命令模式(Command Pattern),将一个请求封装到"命令"(Command)对象将请求送交接收者。这样就使发送者和接收者完全解耦,并通过命令对象用不同的请求对客户进行参数化。图 6.20 为命令模式的一般结构。

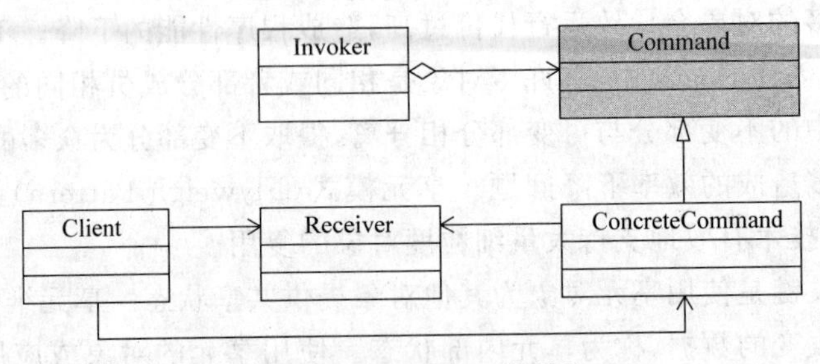

图 6.20 命令模式的一般结构

这个模式运行时,需要在客户类中创建发送者对象和具体命令对象。在创建具体命令对象时指定其对应的接收者,发送者和接收者之间无直接联系,通过具体命令对象实现间接调用。

2. 观察者模式

在程序系统中,当一个对象与别的对象之间存在依赖关系时,该对象的变化就会引起其他对象的变化。当一个对象与多个对象存在依赖关系时,这个对象状态的改变就会引起多个其他对象状态的改变。从另外一个角度看,当多个对象与某个特殊对象存在多对一的依赖关系时,其他多个对象都会作为观察者(Observer)跟踪该特殊对象——目标对象(Subject)的状态变化,以便目标对象的状态发生变化时,观察者皆可得到通知并被自动更新。

观察者模式(observer pattern)用于定义对象间的一种一对多的依赖关系,如图 6.21 所示,它由抽象目标对象和具体目标对象、抽象观察者和具体观察者组成。

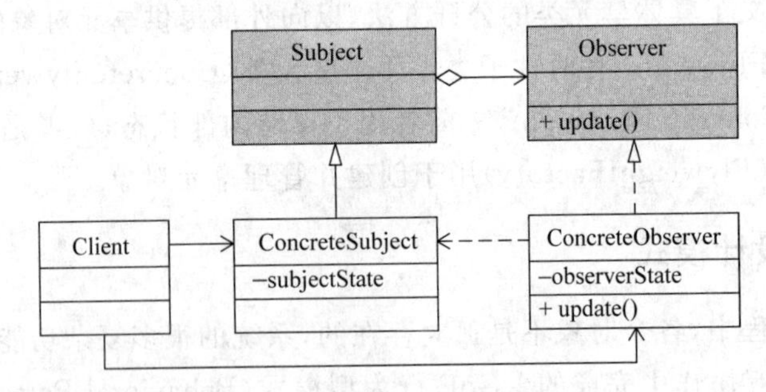

图 6.21 观察者模式的一般结构

(1) Subject 包含如下成员。

- 以任意数量的观察者对象作为其数据成员。
- 用于添加观察者和删除观察者的成员函数。
- 通知对方的成员函数。

(2) ConcreteSubject 的职责包括下列内容。

- 包含经常发生改变的数据。
- 向各观察者发出通知。
- 实现或重定义父类的业务逻辑。

(3) Observer 的职责：声明一个数据更新函数 update()，对目标的改变做出反应。

(4) ConcreteObserver 的职责：

- 维护一个指向 ConcreteSubject 对象的引用或指针，可以调用具体目标类的添加或删除函数，将自己添加到 Subject 中的观察者集合中，或从中将自己删除。
- 实现 update()。
- 存储具体观察者的有关状态，并与 ConcreteSubject 保持一致。

3. 状态模式

有一些对象中会含有一个或多个动态变化的属性。当这样的对象与外部事件产生互动时，其内部状态就会变化，从而使得其行为随之变化。这样的对象成为有状态的(stateful)对象。这些属性被称为状态。有状态的对象往往在其生存周期中会有多种状态。这些状态之间可以转换。状态模式(state pattern)用于解决这种复杂对象的状态转换以及不同状态下行为的封装问题。采用状态模式设计有状态对象，使得对象可以灵活地切换状态而无须关心对象的状态及其转换细节。

状态模式的关键是引入一个抽象状态类(State)来存储对象的所有可能状态，并定义了在不同状态下的行为，包括各种状态之间的转换。抽象状态类可以派生出不同的具体状态类(ConcreteStateA，ConcreteStateB，…)，来实现(重定义)抽象状态中定义的函数。图 6.22 为状态模式的一般结构。

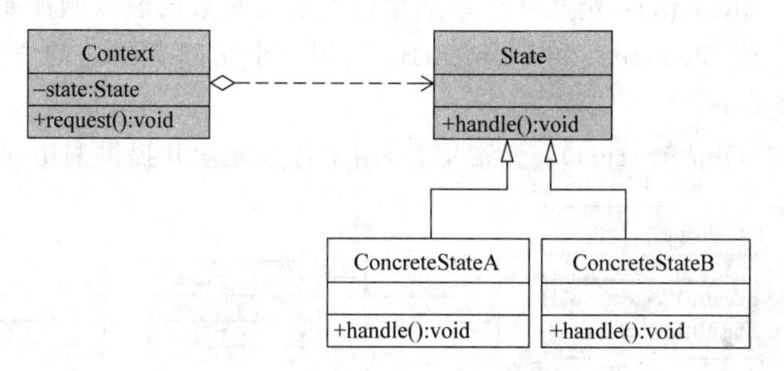

图 6.22 状态模式的一般结构

在状态模式中，环境就是有状态的对象。它的状态用一个 State 对象表示，在具体实现时用 State 子类对象初始化。

4. 备忘录模式

有状态对象在程序运行期间的不同时刻可能具有不同的状态。当对象从一个状态变到另一个状态并操作结束后，有时还需要回到原来的某个状态。这时必须记得原来的状态。备忘录模式(memento pattern)提供了保存原来某个状态的机制，它能在不破坏封装性的前提下，捕获一个对象的内部状态，并在该对象之外记录这个对象的状态，以便以后将对象恢复到需要的状态。

如图 6.23 所示。备忘录模式涉及 3 种角色：发起者类（Originator）、备忘录类（Memento）和责任者类（Caretaker）。发起者类即需要保存内部状态的类。备忘录用于存储原发者的内部状态。备忘录对象由原发者创建，并由原发者决定保存哪些内部状态。责任者负责管理保存备忘录对象。在责任者类中，可以存储一个或多个备忘录对象，并且它只负责存储备忘录对象，而不能修改备忘录对象，也无须知道备忘录对象的细节。

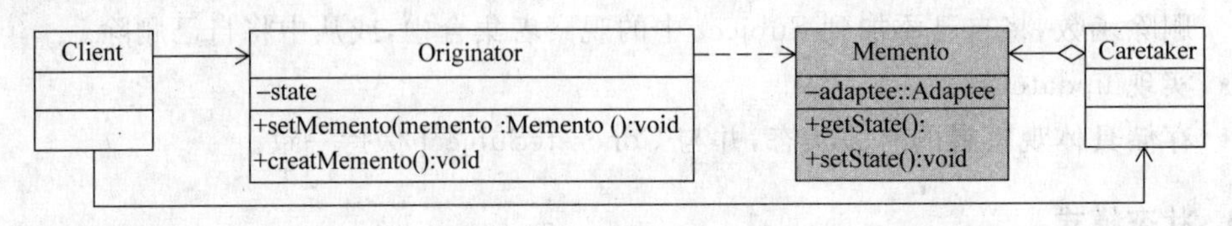

图 6.23　备忘录模式的一般结构

5. 访问者模式

访问者模式（visitor pattern）为多个访问者有选择地访问一个集合中的元素提供了一种解决方案。图 6.24 为访问者模式的一般结构。它由如下三大部分组成。

(1) 访问者部分。包括：

- 抽象访问者（Visitor）：为每一个具体访问类声明一个访问操作，如 visitElementA（Element）和 visitElementB（Element）。
- 具体访问者，如 Visitor1 和 Visitor2：实现抽象访问者声明的操作。

(2) 元素部分。包括：

- 抽象元素（Element）：定义一个以抽象访问者为参数的成员函数 accept()。
- 具体元素，如 ElementA 和 ElementB：调用一个访问者的访问方法，完成一个元素的操作。

(3) 对象组织（ObjectStruct）：元素集合，用于存放元素并提供遍历元素的成员函数。

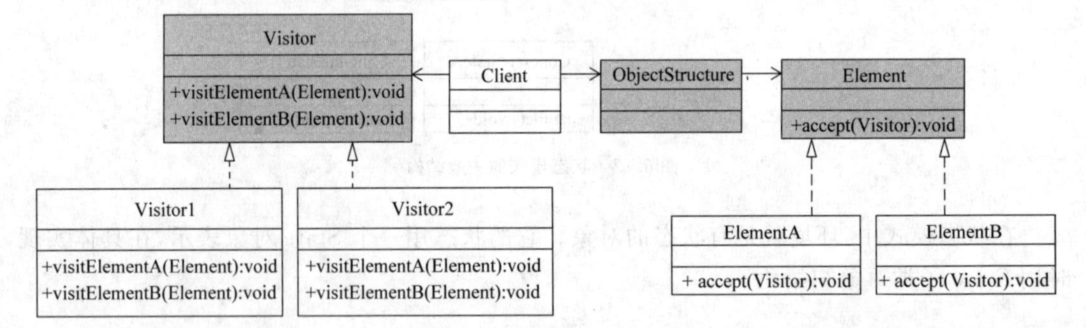

图 6.24　访问者模式的一般结构

6. 迭代器模式

聚合对象用于存储多个对象。迭代器模式（iterator pattern）提供了一种从外部对聚合对象进行遍历，而不暴露聚合对象内部结构的解决方案。图 6.25 为迭代器模式的一般结构。它由迭代器和聚合类两大部分组成，并各分为抽象类和具体类。

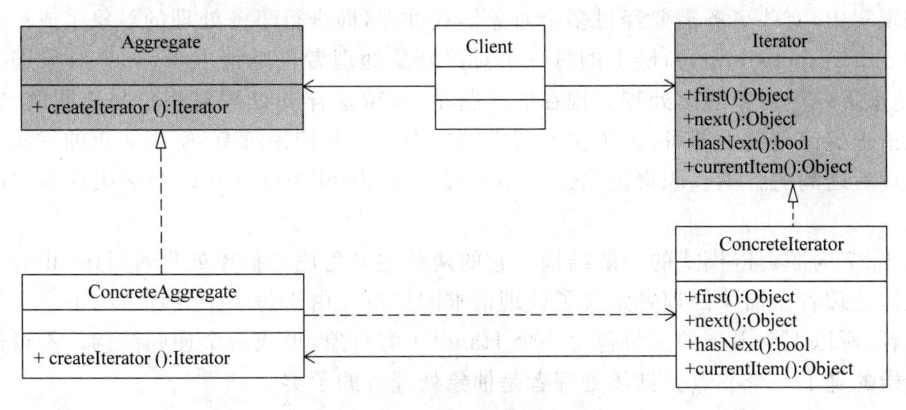

图 6.25　迭代器模式的一般结构

(1) 抽象聚合类(Aggregate)用于存储对象，并定义声明一个 createIterator()用于创建相应迭代器对象。具体聚合类(ConcreteAggregate)实现了抽象迭代器。

(2) 抽象迭代器(Iterator)声明了多种不同的遍历方法，例如：

- first()：获取第一个元素。
- next()：访问下一个元素。
- hasNext()：判断还有无元素。
- currenItem()：获取当前元素。

具体迭代器(ConcreteIterator)用于实现抽象迭代器。

7. 中介者模式

中介者模式(mediator pattern)是系统中对象之间具有多对多联系的一种解决方案。其基本思想是，在具有多对多联系的对象之间，引入用一个中介对象来封装一系列的对象交互，从而使系统中的其他对象完全解耦。当系统中某个对象需要与系统中的另外一个对象交互时，只需要将自己的请求通知中介即可。如果有新的加入者，该加入者只要含有中介者的引用(或指针)，并让中介者含有自己的引用(或指针)，就可以访问系统中的其他对象了。图 6.26 为中介者模式的一般结构，它由中介(Mediator)和同伙(Colleague)两部分组成。具体同伙类(ConcreteColleague)有多个，而具体中介类(Concrete Mediator)就一个。

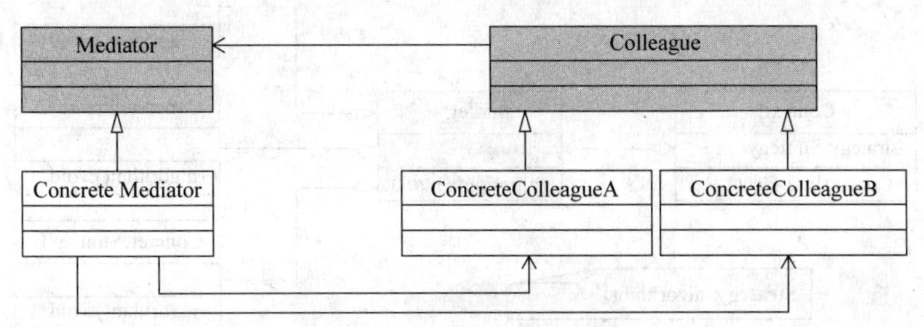

图 6.26　中介者模式的一般结构

8. 职责链模式

在现实中,有些事务需要经过多个对象链式处理,即进行事务处理的对象组成一个职责链(chain of responsibility),链上的每一个对象既是处理者也是请求者;一个对象进行处理之后,请求下一个对象继续处理。现在的问题是,希望这样的处理对用户是透明的,即用户只要把请求提交到链上即可,无须关心请求的处理细节和传递细节,实现请求的发送者与请求的处理者之间的解耦。职责链模式(chain of responsibility pattern)是解决这类问题的一种方案。

图 6.27 为职责链模式的一般结构。它的两种主要角色是抽象处理者(Handler)和一系列的具体处理者。抽象处理者定义了处理请求的接口。由于每一个处理者的下家仍然是一个处理者,所以 Handler 的成员包含一个 Handler 的对象,形成一个递归结构。不过这个对象成员指的是下一个节点。具体处理者是抽象处理者的子类。

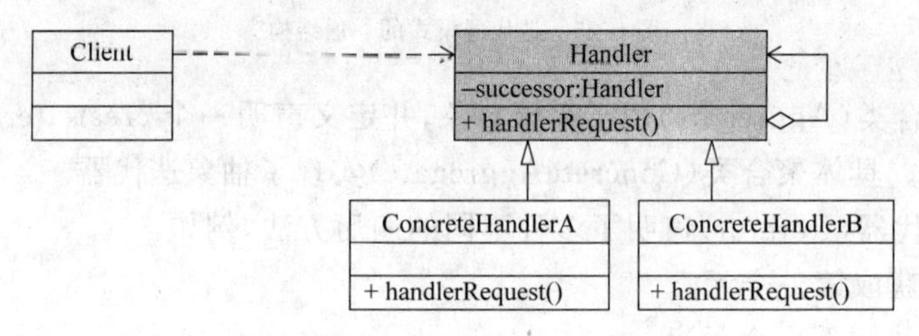

图 6.27　职责链模式的一般结构

9. 策略模式

在程序设计中,往往会遇到一个问题有一个算法族与之对应,根据不同的背景(上下文,context)选用其中的一个算法。或者说,允许针对不同情况,采用不同的处理策略(strategy)。策略模式(strategy pattern)提供了解决这类问题的方案。

策略模式的基本思想是:将算法的定义与其使用分离,即将算法的行为与其背景分离,将算法的定义封装在具体策略类(ConcreteStrategyX)中,每一个具体策略类封装一个实现算法。同时,为了便于扩展,为这些具体策略类引入一个抽象策略类(Strategy),在其中定义抽象算法。背景类(Context)针对抽象策略类编程。按照这个思想,策略模式有图 6.28 所示的基本结构。

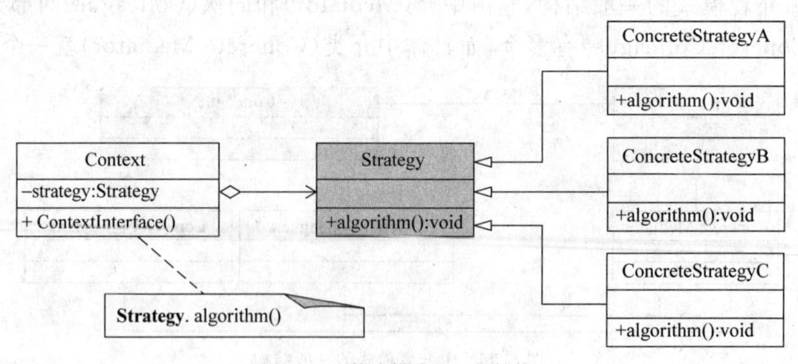

图 6.28　策略模式的一般结构

10. 解释器模式

解释器模式(interpreter pattern)为处理表达类对象(如表达式、语句等)提供了一种解决方案。它的基本思想是:将一个表达对象的处理分割终结表达对象和非终结表达对象两部分。终结表达对象负责处理与表达的文法终结符相关的解释操作,非终结表达对象负责处理与表达的文法非终结符相关的解释操作,形成图 6.29 所示的结构。为了实现面向抽象的编程,对终结表达类(TerminalExpression)和非终结表达类(NonterminalExpression)抽象,引入一个抽象表达类(Expression)。背景类(Context)用来存储需要解释的表达。

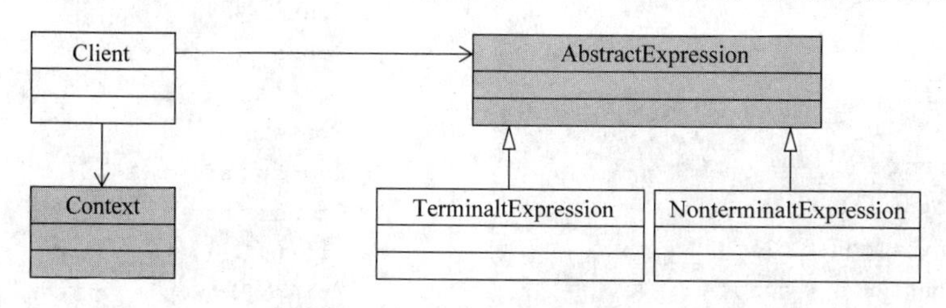

图 6.29 解释器模式的一般结构

在客户类中构造了有关文法的抽象语法树。该抽象语法树由终结表达类和非终结表达类的实例组成。

11. 模板方法模式

在编写类的时候,有时需要按照固定的顺序执行一组函数。在这种情况下,可以将这些函数的调用语句封装到一个实例函数中,调用该实例函数相当于按照一定顺序执行若干个函数,从而形成一个算法框架——称为模板方法。这种解决方案称为模板方法模式(template method pattern)。

模板方法模式的结构如图 6.30 所示。这是一种最简单的模式,只有一个抽象模板类(AbstructTemplate)和一个具体模板类(ConcreteTemplate)。在抽象模板类中定义一些抽象函数,并实现了一个模板方法,用于定义一个算法的骨架。在具体模板类中,实现抽象模板类中定义的抽象函数,继承或覆盖抽象模板类中的具体函数。

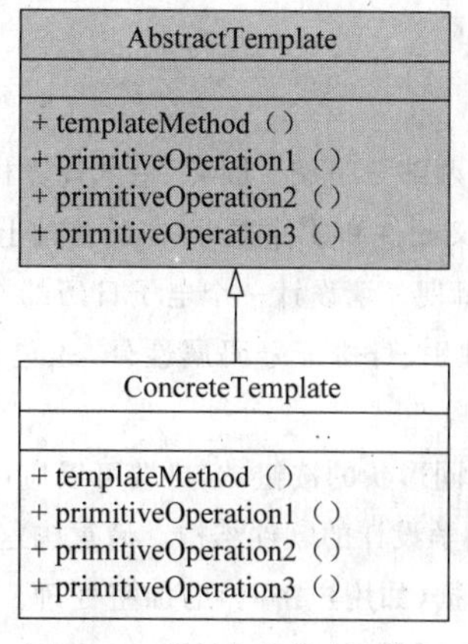

图 6.30 模板方法模式的结构

习　题　6

代码分析

找出下面程序段中的错误，并改正。

(1)

```
const A& operator=(const A& a);
```

(2)

```
int ii=0;
    const int i=0;
    const int * p1i=&i;
    int * const p2i=&ii;
    const int *  const p3i=&i;
    p1i=&ii;
     * p2i=100;
```

(3)

```
class A {
A & operate=(const A & other);
};
A a, b, c;
a=b=c;
(a=b)=c;
```

(4)

```
const int a=10;
int i=1;
const int * &ri=&i;
ri=&a;
ri=&i;
const int * pi1=&a;
const int * pi2=&i;
ri=pi1;
ri=pi2;
 * ri=i;
 * ri=a;
```

(5)

```
const int a=10;
int i=5;
int * const &ri=pi;
int * const &ri=&a;
(* ri)++;
i++;
ri=&i;
```

探索验证

1. 帮助王彩分析他的设计还有哪些不足，应如何改进。

2. 分析 GoF 23 种设计模式，指出它们分别符合面向对象程序设计原则中的哪些原则。

开发实践

1. 一个计算机系统由硬件和软件两部分组成。因此，一个计算机系统的成员是硬件和软件，而硬件和软件又各有自己的成员。请先分别定义硬件和软件类，再在此基础上定义计算机系统。

2. 电子日历上显示时间，又显示日期。请设计一个电子日历的 C++ 程序。

3. 定义一个 Person 类，除姓名、性别、身份证号码属性外，还包含一个生日属性，而生日是一个 Date 类的数据。Date 类含有年、月、日 3 个属性。

4. 某图形界面系统提供了各种不同形状的按钮，客户端可以应用这些按钮进行编程。在应用中，用户常常会要求按钮形状。图 6.31 是某同学设计的软件结构。请重构这个软件，使之符合开-闭原则。

5. 某信息系统需要实现对重要数据（如用户密码）的加密处理。为此，系统提供了两个不同的加密算法类：CipherA 和 CipherB，可以实现不同的加密算法。在这个系统中，还定义了一个数据操作类

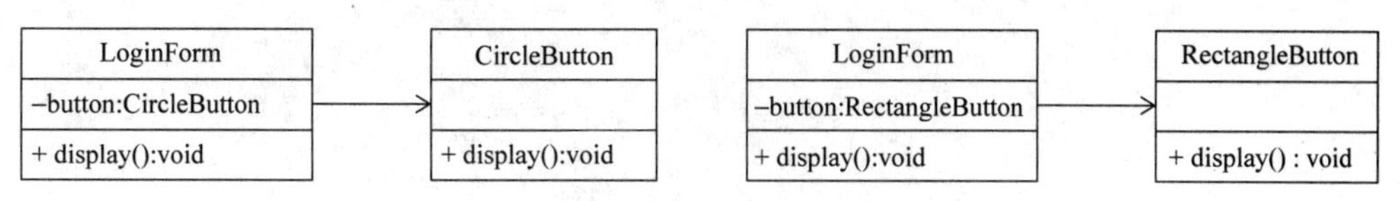

图 6.31　某个同学设计的图形界面系统结构

DataOptator，在 DataOptator 类中可以选择系统提供的一个实现的加密算法。某位同学设计了如图 6.32 所示的结构。请重构这个软件，使之符合里氏代换原则。

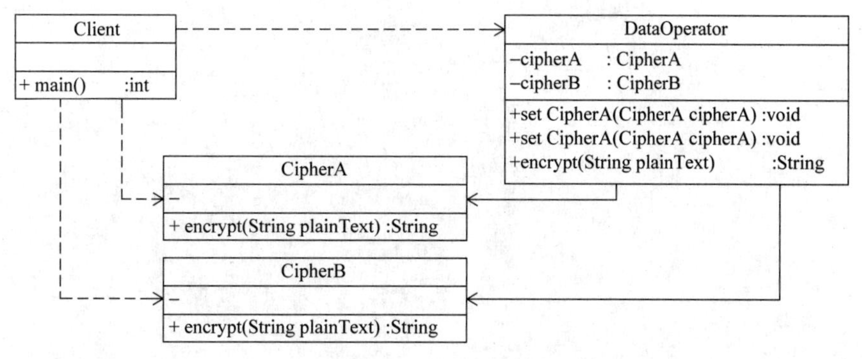

图 6.32　某个同学设计的加密系统结构

6. 某信息系统提供一个数据格式转换模块，可以将一种数据格式转换为其他格式。现系统提供的源数据类型有数据库数据（DatabaseSource）和文本文件数据（TextSource），目标数据格式有 XML 文件（XMLTransformer）和 XLS 文件（XLSTransformer）。某位同学设计的数据转换模块结构如图 6.33 所示。请重构这个软件，使之符合依赖转换原则。

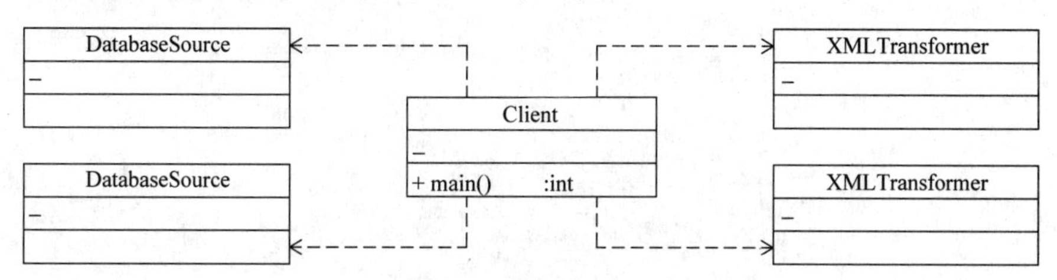

图 6.33　某个同学设计的数据转换模块结构

7. 假如有一个 Door，有 lock、unlock 功能，另外，可以在 Door 上安装一个 Alarm 而使其具有报警功能。用户可以选择一般的 Door，也可以选择具有报警功能的 Door。请设计一个符合接口分离原则的程序，先用 UML 描述，再用 C++ 描述。

8. 一台计算机可以让中年人用于工作，可以让老年人用于娱乐，也可以让孩子用于学习。请设计一个符合接口分离原则的程序，先用 UML 描述，再用 C++ 描述。

9. 手机现在有语音通信功能，还有照相功能、计算器功能、上网功能等，而且还可能增添新的功能。请设计一个模拟的手机开发系统。

第 2 篇　C++ 晋阶

程序设计语言是程序设计的基本工具。为了便于组织程序、保证程序的可用性和可靠性，每种程序设计语言都提供了一些相应的机制。学好程序设计，不仅需要进行科学而灵活的逻辑思维训练，还需要灵活而恰当地运用程序设计语言提供的机制。本篇介绍 C++ 提供的一些重要机制，使读者的 C++ 程序设计水平再上一个台阶。

第7单元 C++ 常量

数据可以用变量存放，也可以用常量形式表示。常量是程序不可修改的固定值，可以分字面常量和符号常量。字面常数就是直接书写出来的常数，通常不被单独存储，而是与代码一起存储。符号常量是将一个常量用一个符号表示。

7.1 字面常量

字面常量也称直接变量，是可以从字面上直接识别的不变量。不同类型的字面常量的表示形式是不同的。这里仅介绍整型字面常量。

7.1.1 整型字面常量的表示和辨识

1. 书写整型字面常量使用的三种进制

在 C++ 中，整型常量可以使用十进制数、八进制数、十六进制数等格式书写。表 7.1 为 3 种进制之间的关系。

表 7.1 C++ 的十进制、八进制和十六进制整数的关系

进制	记数符号	前缀
十进制	0,1,2,3,4,5,6,7,8,9	无
八进制	0,1,2,3,4,5,6,7	0
十六进制	0,1,2,3,4,5,6,7,8,9,a/A,b/B,c/C,d/D,e/E,f/F	0x

(1) 合法的八进制和十六进制 C++ 整常数举例

0177777——八进制正整数，等于十进制数 65535。

－010007——八进制负整数，等于十进制数－4103。

0XFFFF——十六进制正整数，等于十进制数 65535。

－0xA3——十六进制负整数，等于十进制数－163。

(2) 不合法的 C++ 八进制和十六进制整常数举例

09876——非十进制数，又非八进制数，因为有数字 8 和 9。

20fa——非十进制数，又非十六进制数，因为不是以 0x 开头。

0x10fg——出现非法字符。

2. C++ 整型字面常量类型的确定

遇到一个整型字面常量，如何区分为 short、int、long、long logn、unsigned 呢？

(1) 默认原则。按照常数所在的范围，决定其类型。例如，在 16 位计算机中：

• 当一个常整数的值在十进制−32 768～32 767(八进制数 0～0 177 777、十六进制数 0x0～0xFFFF)之间,如 234、327 66、0 177 776、0xFFFE 等即被看作是 int 型。

• 超出上述范围的整常数,被看作长整数(32 位)。例如,−32 769、32 768、0 200 000、0x10000 等被看作是 long int 型。

(2) 后缀字母标识法。例如:

• 用 L 或 l 表示 long 类型整数,如−12L(十进制 long int)、076L(八进制 long int)、0x12l(十六进制 long int)。

• 用 LL 或 ll 表示 long long int 类型整数,如−12LL(十进制 long long int)。

• 用 U 或 u 表示 unsigned 类型,如 12345u——(十进制 unsigned int)、12345UL——(十进制 unsigned long)。

7.1.2 浮点类型字面常量的表示和辨识

1. 浮点类型字面常量的书写格式

C 语言中的浮点类型数据常量有两种书写格式:

(1) 小数分量(定点)形式。即一个浮点类型数由小数点和数字组成,即小数点是必需的。例如 3.14159、0.12345、3.、.123 等。

(2) 科学记数法(浮点,即指数)形式。它把一个浮点类型数的尾数和指数并列写在一排,中间用一个字母 E 或 e 分隔,前面部分为尾数,后面的整数为指数。例如 112.345,用科学记数法可以表示为 0.19345e+2、0.19345E+2、19345e−3。

注意:

• 尾数部分可以有小数点,但指数部分一定是一个有符号整数。

• 尾数部分必须存在。

• 正号可以省略。

例如,1.23e5、3E−3 都是正确的科学记数法表示,而 E−3、1e0.3 都是不正确的科学记数法表示。

2. 浮点类型字面常量的辨识后缀

C++ 将浮点类型数据分为 float、double 和 long double 三种类型,并且默认的浮点类型数据是 double 类型的。因此,对于带小数点的常量,C 语言编译器会将之作为 double 类型看待。如果要特别说明某带小数点的常量是 float 类型或 long double 类型,可以使用后缀字母:

• 用 f 或 F 表示 float 类型,如 123.45f、1.2345e+2F。

• 用 l 或 L 表示 long double 类型,如 1234.5l、1.2345E+3L。

7.1.3 字符常量

1. 字符数据与 ASCII 码表

在计算机中,字符和数值都用 0、1 进行编码。为此制定了一些编码规则。在 C/C++ 中使用的是 ASCII(American Standard Code for Information Interchange，美国信息交换标准代码)。标准 ASCII 码使用 7 位二进制数来表示标准的单字节字符。这个方案起始于 20 世纪 50 年代后期，于 1967 年定案。它最初是美国国家标准，供不同计算机在相互通信时用作共同遵守的西文字符编码标准，后被国际标准化组织(International Organization for Standardization，ISO)定为国际标准，称为 ISO 646 标准，适用于所有拉丁文字字母。表 7.2 为标准 ASCII 码字符表。

表 7.2　标准 ASCII 码(7 位码)字符表

	列	0	1	2	3	4	5	6	7
行	b6b5b4 / b3b2b1b0	000	001	010	011	100	101	110	111
0	0000	NUL	DLE	SP	0	@	P	、	p
1	0001	SOH	DC1	!	1	A	Q	a	q
2	0010	STX	DC2	"	2	B	R	b	r
3	0011	ETX	DC3	#	3	C	S	c	s
4	0100	EOT	DC4	$	4	D	T	d	t
5	0101	ENQ	NAK	%	5	E	U	e	u
6	0110	ACK	SYM	&	6	F	V	f	v
7	0111	BEL	ETB	'	7	G	W	g	w
8	1000	BS	CAN	(	8	H	X	h	x
9	1101	HT	EM		9	I	Y	I	y
A	1010	LF	SUB	*	:	J	Z	j	z
B	1011	VT	ESU	+	;	K	[	k	{
C	1100	FF	FS	,	<	L	\	l	}
D	1101	CR	GS	—	=	M	]	m	}
E	1101	SO	RS	.	>	N	^	n	~
F	1111	SI	US	/	?	O	—	o	DEL

char 类型的数据不仅可以表示字符，还可以表示小的整数(－128～127)，例如：

```
for (char letter='A';letter<='z';letter++)   //用 letter 表示小整数
    cout<<letter;
```

此外，char 类型的数据还可以用 unsigned 或 signed 修饰。

2. 转义字符序列

转义字符是指字符具有另外的特定含义，不再是其字面含义，通常使用转义字符表示 ASCII 码字符集中不可打印的控制字符和特定功能的字符。表 7.3 为 C++ 定义的转义字符。

表 7.3　C++ 定义的转义字符序列

序列	值	字符	功　能
\a	0X07	BEL	警告响铃(BEL,bell)
\b	0X08	BS	退格(BS,back space)
\f	0X0C	FF	换页(FF,form feed)
\n	0X0A	LF	换行(LF,line feed)
\r	0X0D	CR	回车(CR,carriage return)
\t	0X09	HT	水平制表(HT,horizontal table)
\v	0X0B	VT	垂直制表(VT,vertical table)
\\	0X5c	\	反斜杠("\")
\'	0X27	'	单撇号("'")
\"	0X22	"	双撇号(""")
\0	0		字符串结束符
\?	0X3F	?	问号("?")
\ddd	整数	任意	0:最多为 3 位的八进制数字串
\xhh	整数	任意	H:十六进制数字串

在 C++ 程序中,使用不可打印字符时,通常用转义字符表示。使用转义字符时需要注意以下问题:

(1) 转义字符中只能使用小写字母,每个转义字符只能看作一个字符。

(2) \v 垂直制表和\f 换页符对屏幕没有任何影响,但会影响打印机执行相应操作。

广义地说,C++ 语言字符集中的任何一个字符均可用转义字符来表示。\ddd 和\xhh 正是为此而提出的,分别表示八进制和十六进制的 ASCII 代码。于是,一般字符常量就有了数值型和字符型两大类表示方法。例如,字符 A 可以有下列表示方法。

```
65                  //十进制数值表示法
0101                //八进制数值表示法
0x41                //十六进制数值表示法
'\101'              //八进制转义字符表示法
'\x41'              //十六进制转义字符表示法
'A'                 //字符表示法
```

3. 字符常量与字符串

字符常量是用单撇号括起的字符(包括转义字符),而字符串是用双撇号括起的 0 个或多个字符。要注意二者的区别。例如:

"":长度为 0 的字符串。

'':空字符。

'a':字符 a。

"a":字符串。

7.1.4 bool 类型常量

ANSI/ISO C++ 标准增添了 bool 类型数据，用于表示逻辑表达式(包括关系表达式和逻辑表达式)的值。bool 类型的值只有两个：true(“真”)和 false(“假”)。用这两个值可以预定义布尔(bool,逻辑)变量的初值，例如：

```
bool isSmaller=true;
```

true 和 false 虽然是两个逻辑字面量，但往往也作为 1 和 0 的符号。例如：

```
int tr=true;                //实际上是给 tr 赋了初值 1
int fl=false;               //实际上是给 fl 赋了初值 0
```

此外，任何非 0 的值都可以作为 true,0 可以作为 false,例如：

```
bool isSmaller =-99;        //将 isSmaller 初始化为 true
bool noSmaller=0;           //将 noSmaller 初始化为 false
```

7.2 const 保护

const(constant)意为“恒定不变”。在 C++ 程序中，const 作为一个关键字，可以修饰变量，也可以修饰指针，还可以修饰函数参数和函数返回值，使它们“固化”，强制性地保护数据不被意外修改，有利于提高程序的可读性。此外，它能提供类型等错误检查(宏名是没有类型的)，有利于提高程序的可靠性。因此，Use const whenever you need(对 const 需要就用)是一个良好的编程习惯。下面介绍关键字 const 的一些用法。

7.2.1 用 const 修饰简单变量

C++ 允许程序员在定义变量时使用关键字 const，使所定义的变量的值不可修改，成为只读变量。定义只读变量，有两种等价的格式：

```
const 数据类型 变量 1=初始化表达式 1,变量 2=初始化表达式 2,…
数据类型.const 变量 1=初始化表达式 1,变量 2=初始化表达式 2,…
```

说明：

(1) const 变量像普通变量一样占有独立的存储空间，并且也像普通变量一样，会由编译器进行类型的检测。

(2) const 变量的值具有不可改变性，例如：

```
const double PI=3.14159;
PI=4.5678;                  //错误，把常对象作为左值
```

(3) 用 const 修饰一个变量,必须在定义的同时初始化,不初始化将产生一个错误。例如:

```
const double PI;                    //错误,对于非外部的常对象必须初始化
```

(4) 可以通过函数对常量进行初始化。例如:

```
double fun (void) {return 3.14159;};
const double i=fun ();              //正确
```

7.2.2 const 修饰函数

const 可以用在函数的如下 3 个地方。

(1) 用 const 修饰参数,保护所修饰的参数值不能在函数体内被修改,形式如下:

```
void func (const int a);
```

(2) 用 const 修饰返回类型,保护函数的返回值是不能被修改,形式如下:

```
const int func (void);
```

(3) 用 const 定义常成员函数,使该成员函数不能修改类中成员的值。形式如下:

```
int func (void) const;
```

有关常成员函数的特点将在 7.3 节中介绍。

1. const 保护函数参数

用于保护参数的值在函数体中不被修改是 const 最广泛的一种用途。关于这一点,前面已经做过概略介绍。这里进一步加以说明。

(1) const 只能保护输入参数,即用于保护不参与输出的参数。因为一个参数输入后,又原封不动地输出是没有意义的,一定有些修改。例如:

```
void StringCopy (char& strDestination, const char& strSource);
```

给 strSource 加上 const 修饰后,如果函数体内的语句试图改动 strSource 的内容,编译器将指出错误。

(2) const 保护对于值传递调用的参数是没有意义的,一般用于大数据的引用或指针的传递调用。因为在值传递过程中,函数会自动产生临时变量用于复制该参数。这样的输入参数本来就无需保护,所以不要加 const 修饰。例如不要将函数 void func1 (int x)写成 void func1 (const int x);也不要将函数 void func2 (AClass a)写成 void func2 (const AClass a)。

当 AClass 是一个自定义数据类型(例如类)时,void Func (AClass a) 这样声明的函数,效率一定比较低。因为在调用时,函数体内将产生 AClass 类型的临时对象用于复制对象

a，而临时对象的构造、复制、析构过程都将消耗时间。

在传递大数据时，为了提高效率，可以将传值传递改为传引用调用，即将上述函数声明改为 void func (AClass& a)，因为引用传递不需要产生临时对象。但是引用传递有可能直接改变调用函数中的数据，如上面的参数 a。解决这个问题很容易，只需对引用参数加以 const 修饰保护，即上面的函数声明进一步变为

```
void Func (const AClass &a);
```

对于预定义类型(内部数据类型)的参数不存在构造、析构的过程，复制也非常快，其值传递和引用传递的效率几乎相当。因此建议对于内部数据类型的输入参数，不要将值传递的方式改为 const 引用传递。否则既达不到提高效率的目的，又降低了函数的可理解性。例如 void func (int x)不应该改为 void func (const int &x)。

(3) const 参数的一种很好的替代是将 const 保护转移到函数内部，对外部调用者屏蔽，以免引起歧义。例如，可以将函数 void func (const int &x)改为

```
void func (int x) {
    const int& rx=x;
    rx...
    ⋮
}
```

2. const 保护函数返回值

用 const 保护函数返回值时，要将 const 写在函数声明的最前方。对于预定义类型的返回来说，返回已经是一个数值，自然无修改可言，还可能造成读程序时的困惑；对于自定义类型而言，返回中可能还会包括可以被赋值的变量成员，这时使用 const 保护还是有意义的。

但是，通常不建议用 const 修饰函数的返回值类型为某个对象或对某个对象引用的情况。因为，返回的对象中含有可以被赋值的变量成员，而返回 const 引用的函数本身可以作为左值使用，它们被用 const 修饰后都失去了原来的这些性质。例如：

```
class A_class;                          //内部有构造函数，声明如 A_class (int r=0)
A_class func1 (void) {return A_class ();}
const A_class func2 (void) {return A_class ();}
```

上面的自定义类 A_class 和函数 Function1()、Function2()进行如下操作：

```
func1 ()=A_class (1);                   //正确，可以作为左值调用
func2 ()=A_class (1);                   //错误，const 返回值禁止作为左值调用
```

要非常小心，一定要弄清楚函数究竟是想返回一个对象的复本还是仅返回“别名”就可以了，否则程序会出错。所以，当函数的返回值为某个对象本身(非引用和指针)时，将其声明为 const 多用于二目操作符重载函数并产生新对象的情况。

【代码 7-1】 观察下面的程序。其中的“operator=”是一个函数名，用于将赋值操作符重新定义成可直接进行非预定义类型数据的操作，称为赋值操作符重载函数。这里用于对

复数进行赋值操作。关于操作符重载详见第 13.4 节。

```
#include<iostream>
class Complex {
private:
    double              real,image;
public:
    Complex (double r=0,double i=0):real (r),image (i) {}
    Complex (const Complex& other);
    Complex         operator= (const Complex& c1);
    void            disp (void);
};

Complex::Complex (const Complex& other) {                    //成员函数
    real=other.real;
    image=other.image;
    return;
}

Complex Complex::operator= (const Complex& other) {          //成员函数
    return Complex (other.real,other.image);
}

void Complex::disp (void) {
    std::cout<<"复数为:"<<real;
    if (image >0)
        std::cout<<"+"<<image<<"i";
    else if (image<0)
        std::cout<<image<<"i";
    std::cout<<"\n";
    return;
}
```

下面的主函数中有个语法没有问题但不合乎逻辑、测试却完全可以通过的表达式。

```
int main (void) {
    Complex c1 (1,2),c2 (3,4),c3;
    (c1=c2)=c3;                                              //合法不合理的表达式
    return 0;
}
```

为了防止这种“合法不合理”的情形出现可以将该操作符重载函数的返回值进行 const 保护。如写成

```
const complex operator= (const complex & c1);
```

这样，再测试就能给出错误信息：

```
no operator defined which takes a left-hand operand of type 'const class Complex' (or
there is no acceptable conversion)
```

变“合法不合理”为“不合理又不合法”，让编译器可以检查，从而提高了程序的安全性。

7.2.3 const 修饰类成员与对象

1. 数据成员的 const 保护

const 限定类的数据成员，可以保护该成员不被修改。其使用要点如下。

(1) const 数据成员是一种特殊的数据成员，任何函数都不能对其实施赋值操作。

(2) 对于 const 数据成员，初始化不能在类声明的声明语句中进行，因为编译器不为类声明分配存储空间，所以不能保存 const 变量的值。此外也不能在构造函数的函数体中对 const 数据成员以赋值的方式进行初始化，只能而且必须在构造函数的初始化段中进行。

【代码 7-2】 用 const 保护数据成员的正确与错误用法。

```
class A {
    const int aa=10;                    //错误,不能在声明语句中初始化常数据成员
    const int aa;                       //正确
public:
    A (const int a) { aa=a;}            //错误
    A (const int a):aa (a) {}           //正确,在初始化段中初始化常数据成员
    //…
};
```

若将一个数据成员声明为 mutable，则表明此成员总是可以被更新，即使它是在一个 const 成员函数中。

注意，用 const 变量作为类的数据成员，尽管可以用初始化段的方式进行初始化，但这样的符号常量仅对某一个对象有效，而不是为所有对象共享。

2. const 成员函数

const 成员函数就是用 const 限定的类成员函数，其使用要点如下。

(1) const 成员函数只是告诉编译器，不修改类对象。即 const 成员函数不能修改调用它的对象，也不能调用本类对象中的非 const 成员函数，从而保证了不能间接修改本类对象的数据成员。如果在编写 const 成员函数时，不慎修改了数据成员，或者调用了其他非 const 成员函数，编译器将指出错误。

(2) 关键字 const 的位置在函数原型（函数头）的最后，例如：

```
void Person::disp()const;
```

不能写在最前面。例如：

```
const void Person::disp();
```

若将 const 写在最前面，是对函数返回值的保护，而不是对成员函数访问对象的结果格式。

(3) const 也是函数类型的一部分，在声明和定义时，关键字 const 都不可少。两个函数名字和参数都相同时，一个带有 const 与一个不带有 const，可以被看成是两个不同的函数。即 const 成员函数可以被相同参数表的非 const 成员函数重载。

【代码 7-3】 const 成员函数被相同参数表的非 const 成员函数重载实例。

```
#include<iostream>

class A {
public:
     A(int x, int y) : _x(x), _y(y) {}
    int get() { return _x;}
    int get() const { return _y;}
private:
    int _x, _y;
};

int main(){
    A obj(2, 3);
    const A obj1(2, 3);
    std::cout <<obj.get() <<" " <<obj1.get();
    return 0;
}
```

(4) 类的构造函数、析构函数、拷贝构造函数以及赋值构造函数都属于特殊的成员函数，都不能为 const 成员函数。

3. 对象的 const 保护

对象是一种特殊的变量。与数据对象一样，类对象也可以被声明为 const 对象。下面介绍 const 对象的用法。

(1) const 对象的声明格式为：

const <u>类名</u> <u>对象名</u> (<u>初始化值</u>);

例如，采用如下声明：

```
const Person zh("Zhang",50,'m');
```

对象 zh 就成为一个 const 对象了。

表 7.4 为对象的 const 成员与非 const 成员之间的访问关系。

(2) 一个对象一旦被声明为 const 对象，其所有的数据成员就自动成为 const 数据成员，即其所有数据成员的值在对象的整个生命期内都不能被改变。

表 7.4 对象的 const 成员与非 const 成员之间的访问关系

<table>
<tr><th>数据成员</th><th>非 const 成员函数</th><th>const 成员函数</th></tr>
<tr><td>非 const 数据成员</td><td>可以引用,也可以改变</td><td rowspan="3">可以引用,但不可以改变</td></tr>
<tr><td>const 数据成员</td><td>可以引用,不可以改变</td></tr>
<tr><td>const 对象的数据成员</td><td>不允许</td></tr>
</table>

(3) 与其他常量一样,动态创建的 const 对象必须在创建时初始化,并且一经初始化,其值就不能再修改。由于 const 对象的所有数据成员都是 const 数据成员,因此应采用初始化列表方式进行初始化。但若该类提供了无参构造函数,则此对象可隐式初始化为默认值。

(4) const 对象只能调用 const 成员函数,不能调用非 const 成员函数。原因就是 const 对象由 const *this 指针指向,而不能由非 const *this 指针指向。而非 const 对象既能调用非 const 成员函数,又能调用 const 成员函数。非 const 对象能调用 const 成员函数的原因就是 this 指针可以转换为 const *this 指针。例如,对已经定义了的对象 Person zh,若使用语句:

```
zh.disp();
```

系统将会发出警告:

```
Non-const function Person::disp() called for const object in function main().
```

当把 disp()声明修改为

```
void Person::disp() const;
```

后,就可以合法地访问对象,即对它的数据成员可以用 disp()成员函数输出了。

属于例外的是构造函数与释放函数,因为 const 对象被看作只能生成与撤销、不能访问的对象。

7.2.4 const 修饰引用

const 引用是对于 const 对象的引用。下面介绍 const 引用的一些特点和用法。

(1) const 引用的语法意义表明,不会通过该引用间接地改变被引用的对象,但引用的变量(或对象)可以直接改变。例如:

```
double pi=3.14159;
const double& rpi=pi;
rpi=4.14159;                         //错误
pi =  4.14159;                       //ok
```

此外,还应当阻止重新定义一个新的非 const 引用绑定到已经定义有 const 引用的变量,因为这个非 const 引用将会导致通过引用 const 对象的修改,造成混乱。

(2) const 引用可以用不可寻址的值初始化,也可以用不同类型的对象初始化,只要能从一种类型转换到另一种类型即可。例如:

```
const double & rpi=3.14159;                 //用不可寻址的值初始化
double pi=3.14159;
const int & irpi=pi;                        //用不同类型对象初始化
```

引用是对象的别名，在内部存放的是被引用对象的地址。对于不可寻址的值或不同的类型，编译器为了实现引用，必须生成一个临时对象，但用户不能访问它。例如，对于上述定义可以分别理解为

```
double temp=3.14159;                        //生成临时对象 temp
const double & rpi=temp;                    //用 temp 初始化 rpi
```

和

```
double pi=3.14159;
int tmp=pi;                                 //将 double 类型向 int 类型转换
const int & ri= pi
```

注意：这两种情况仅适合 const 引用，对于非 const 引用不可使用。例如：

```
double & rpi=3.14159;                       //错误,用不可寻址的值初始化非 const 引用
double pi=3.14159;
int & irpi=pi;                              //错误,用不同类型对象初始化非 const 引用
```

7.2.5 const 修饰指针

const 还可以使用在指针定义中，这时在声明语句中会有如下 3 种情况。

(1) 一个名字——指针名。

(2) 两种对象——指针和指针的递引用。

(3) 3 个修饰——指针名前的数据类型、const 和指针操作符 *。

由于当(*)号在类型名前，即为

```
const * int…
```

形式时，会形成失踪的类型名问题，建议不要使用。其他组合形式形成表 7.5 中的几种使用情形。

表 7.5 在指针定义中 const 的使用方法

名　称	理解技巧	示　例	const 保护内容
常量指针(指向常量的指针)	const 后续递引用符(*)	const int * pa const * int pa int const * pa	保护指针的递引用，但指针值可变
指针常量(作为常量的指针)	const 后续指针名	int * const pb	保护指针变量值(地址)，指针递引用可变
常量指针常量(指向常量的指针常量)	两个 const 分别修饰基类型和指针名	const int * const pc int const * const pc	指针及其递引用都受保护，都不可变

理解技巧：去掉基类型关键字，看 const 后接什么，由此决定 const 修饰的是什么。下

面分别讨论。

1. const 保护递引用对象

(1) 声明格式:

```
const 基类型 * 指针名;
```

```
基类型 const *指针名;
```

(2) 名称:常量指针,即指向常量的指针。

(3) 理解技巧:由 const 的后接词决定 const 类型。去掉类型关键字,可以看到,const 修饰的是"* 指针名",即 const 修饰指针的递引用。

(4) 特点:

- 常量指针指其递引用为常量,但并非指针指向真正的常量,只是强调不能通过该指针修改它所指向的对象。
- 定义时不需要初始化,并且还可以修改其指向,但不可以把一个 const 对象的地址赋给一个不是指向 const 对象的指针。
- 不能使用 void * 指针保存 const 对象地址,必须使用 const void * 类型保存 const 对象地址。
- 可以将变量的地址赋给指向常量的指针变量,而常量的地址不能赋给无约束的指针。

【代码 7-4】 用 const 修饰递引用的影响。

```
int a=0,b=1;
const int c=6;
const int* pi1;                    //声明一个指向 int 类型的常量指针 pi
pi1=&a;                            //OK,修改指针,指向非常量
*pi1=10;                           //错误,不能用递引用方式修改所指向的对象
a=10;                              //OK,所指向的对象值可以修改
pi1=&b;                            //OK,修改指针,指向非常量
*pi1=20;                           //错误,不能用递引用方式修改所指向的对象
pi1=&c;                            //OK,修改指针,指向常量
*pi1=30;                           //错误,不能用递引用方式修改所指向的对象
int* pi2=&c;                       //错误,不能把一个常量对象地址赋给一个无约束指针
void* pv=&c;                       //错误,不能使用 void*指针保存 const 对象的地址
const void* pv=&c;                 //OK,使用 const void*类型保存常量对象地址
```

2. const 保护指针值

(1) 声明格式:

```
基类型 * const 指针名=变量地址;
```

(2) 名称:指针常量。

(3) 理解技巧:由 const 后接的词决定 const 类型。const 后接指针名,说明 const 修饰指针名,即 const 保护的是指针值。

(4) 特点:

- const 修饰指针本身,将指针声明为常量,不可以修改,不可以作为左值,不可以指向其他的对象。
- 指针所指向的地址中存放的值不受该指针为常量的影响,可以通过该指针的递引用修改它指向的对象。
- 定义时必须初始化,并且"="号两边的类型一定要一致。

【代码 7-5】 用 const 修饰指针产生的影响。

```
const int a=1;
const int b=2;
int i=3;
int j=4;

int *pi1=&b;                          //错误,不能将常量地址送非常量指针
const int* pi2=&i;                    //正确,可以将变量的地址送常量指针
const int* pi3=&a;                    //正确,可以将常量的地址送常量指针
int * const pi4=&i;                   //正确, pi4 的类型为 int* const
int * const pi5=&a;                   /*错误,不能将常量地址送非指针常量
                                        *pi5 的类型为 int* const
                                        *&a 的类型为 const int* const */
pi2=&j;                               //错误, 指针是常量,不可变
*pi4=a;                               //正确, *pi 没有限定是常量,可变
*pi4++;                               //错误,指针常量不能改变其指针值
```

3. const 保护指针及其递引用的对象

(1) 声明格式:

```
const 基类型* const 指针名= 变量地址;
基类型 const * const 指针名= 变量地址或名字;
```

(2) 名称:常量指针常量。

(3) 特点:指针不可以修改,指针递引用的对象也不能修改。

【代码 7-6】 用 const 修饰指针及其递引用的影响。

```
const int a=1;
const int b=2;
int i=3;
int j=4;
const int* const pi1=&i;
```

```
const int *pi2=&j;
const int *const pi3=pi1;
pi1=&b;                              //错误, pi1不可变
pi1=&j;                              //错误, pi1不可变
*pi1=b;                              //错误, *pi1不可变
*pi1=j;                              //错误, *pi1不可变
pi1++;                               //错误,pi1不可变
++i;                                 //正确
a--;                                 //错误, a为const
```

还有一种可能：

```
const * 基类型 const 指针名= 变量地址;
```

7.3 枚举类型

7.3.1 枚举类型与枚举常量

在现实世界中，像逻辑、颜色、星期、月份、性别、职称、学位、行政职务等这样一些事物，具有一个共同的特点，就是它们的属性是可以列举——枚举出来的一组常量，例如，逻辑{true,false}、颜色{red,yellow,blue,white,black}、星期{sun,mon,tue,wed,thu,fri,sat}等。这些被枚举的值都是常数，若要为某种类型的这些事物设置一个变量，变量的取值只能是这组常量中的某一个。例如，一个Color类型的变量，只能在{red,yellow,blue,white,black}中取值。为了描述这类只能在一个集合中取值的数据，C++/C设置了一种特定的用户定制数据类型——枚举(enumeration)类型。

枚举类型定义格式如下：

```
enum 枚举类型名 {枚举元素列表};
```

说明：

(1) enum为枚举类型关键字，枚举类型名是一个符合C++标识符规定的枚举类型名字，枚举元素列表为一组枚举常量标识符。例如：

```
enum Color {red,yellow,blue,white,black};
```

定义了一个以red、yellow、blue、white和black为枚举常量的枚举类型Color。用它声明的变量只能在它定义的枚举元素中取值。

(2) 编译器给枚举元素的默认值是从0开始的一组整数。对于上述定义的Color类型来说，这组值依次被默认为0,1,2,3,4。即red、yellow、blue、white和black只是这组整型数据的代表符号。

(3) 根据需要，枚举元素所代表的值可以在定义枚举类型时显式地初始化。例如对于

星期,可以这样定义:

```
enum Day {sun=7,mon=1, tue=2, wed=3,thu=4, fri=5, sat=6};
```

这样更符合人们的习惯,用起来也比较自然。在默认情况下,枚举元素的值是递增的。因此,当要给几个顺序书写的元素初始化为连续递增的整数时,只需要给出第一个元素的数值。所以上述定义可以改写为

```
enum Day {sun=7,mon=1, tue, wed,thu, fri, sat};
```

7.3.2 枚举变量及其定义

定义枚举类型的目的是要用它去生成枚举变量参加需要的操作。生成枚举变量的方法与生成结构体变量类似,可以用 3 种方式进行:先定义类型后生成变量,定义类型的同时生成变量和直接生成变量。例如要生成变量 carColor,可以用下面一种方式。

(1) 先定义类型后生成变量,例如:

```
enum Color {red,yellow,blue,white,black};
enum Color carColor=red;
```

(2) 定义类型的同时生成变量,例如:

```
enum Color {red,yellow,blue,white,black}carColor;
```

(3) 直接生成变量,例如:

```
enum {red,yellow,blue,white,black}carColor;
```

枚举变量的生成,表明系统将为其分配存储空间,大小为存储一个整型数所需的空间。在生成一个枚举变量的同时,还可以为之初始化,例如:

```
enum Color {red,yellow,blue,white,black}carColor=white;
```

7.3.3 对枚举变量和枚举元素的操作

表 7.6 对于枚举变量和枚举元素所能进行的操作进行了比较。

表 7.6 枚举变量和枚举元素的操作比较

操作内容	枚举变量	枚举元素	例 子

赋值或键盘输入	可以	不可以	carColor=red; //①直接使用枚举元素赋值
			carColor=(enum Color)2; //②指定枚举元素序号

比较	可以	可以	if (carColor==white)printf ("My car. "); if (carColor<yellow) printf ("Wife's car. ");
输出	可以	可以	pintf ("%d,%d",carColor,red);

说明：

(1) 枚举元素在编译时被全部求值，因此不会占用对象的存储空间，并且一经定义所有的枚举元素都成为常数。在程序中，任何要改变枚举元素值的操作都是非法的。

(2) 枚举常量只是一个符号，本身并无任何物理含义。枚举常量的含义完全由程序设计者自己假定。一般定名时宜使用让人易于理解的字母组合。例如：

```
enum weekday {sunday,monday,tuesday,wednesday,thursday,friday,saturday};
```

也可以写为

```
enum weekday {sun, mon,tue,wed,thu,fri,sat};
```

究竟用 sunday 还是 sun 代表人们心目中的“星期天”，完全自便，甚至可以用别的名字，例如 a、b、c、d 等。

(3) 枚举常量的隐含数据类型是整数，其最大值有限，且不能表示浮点数。在程序中，要想建立整个类的恒定常量，可以用类中的枚举常量来实现。特别是在某些不能直接使用数值的地方，可以用枚举来代替，例如：

```
class A {
    ⋮
    enum {size1=10, size2=20};
    int array1[size1];
    int array2[size2];
}
```

(4) 枚举是一种类型，不可以用枚举元素的整型值代替枚举常量参加操作（如给枚举变量用枚举元素代表的整数赋值），因为这些整型值并非枚举元素。只有将枚举元素代表的整型值转换为枚举类型后，才可以当作枚举元素使用。

(5) 枚举变量只能在枚举元素中取值。

7.3.4 用枚举为类提供整型符号常量名称

在类中经常要使用一些常量。由于编译器不为类声明分配存储空间，所以用 const 变量作为数据成员，仅对某个对象有效。所以，在类中定义能为类的所有对象共享的符号常量的方法有如下两个。

(1) 用静态成员变量。

(2) 用枚举常量。例如：

```
class Year{
    enum { Months=12};
    ⋮
```

这里，声明的枚举类型仅仅为了创建一个符号名称，不需要提供枚举变量名，所以不是数据成员。这个名称可以供类的所有对象共享。但是，这种形式的符号常量，仅仅适合整型常量,对于浮点常量,只能用静态成员变量方式。

7.4 宏

宏是 C++ 编译器提供的一种文字间进行替换的编译预处理机制。利用这种替换机制,可以提高程序的可读性。

7.4.1 宏定义

【代码 7-7】 求圆的周长和面积的一个程序。

```
#include<iostream>

#define PI          3.1415926                //宏定义
#define R           1.0                      //宏定义
#define CIRCUM      2.0 * PI * R             //宏定义,使用了前面定义的 R 和 PI
#define AREA        PI * R * R               //宏定义,使用了前面定义的 R 和 PI
int main (void) {
    std::cout<<"The circum is "<<CIRCUM<<" and area is "<<AREA<<std::endl;
    return 0;
}
```

程序运行结果:

```
The circum is 6.28319 and area is 3.14159
```

说明:在读代码中,首先定义了 4 个字符串,用于分别代表 # define 行中其后面的字符串。在阅读这个程序时,可以这样来理解:

① 执行主函数,遇到 CIRCUM 和 AREA,分别用各自后面的字符串进行替换,得到 2.0 * PI * R 和 PI * R * R。

② 由于 PI 和 R 还是符号,应进一步进行替换,得到 2.0 * 3.1415926 * 1 和 3.1415926 * 1 * 1。

③ 这样,printf()函数就可以将其参数计算出了。

这些代换是在编译预处理时进行的,即程序在编译前已经代换好了。所以,程序中只要写出宏定义,就可以在其后面使用所定义的宏名了。不仅常量可以用一个名字代替,一个表达式也可以用一个名字代替,甚至还可以用宏进行一个有参数的计算。

使用宏应当注意如下几点。

1. 关于宏名

(1) 宏名字不能用撇号括起来。例如:

```
#define "YES"    1
⋮
printf (""YES"");
```

将不进行宏定义。

(2) 宏名中不能含有空格。例如想用 A NAME 定义 SMISS,而写成:

```
#define A  NAME   SMISS
```

则实际进行的宏定义是 A 为宏名字,宏体是 NAME SMISS。因为最先出现的空格才是宏名与宏体之间的分隔符。

(3) C++ 程序员一般都习惯用大写字母定义宏名字。这样可使宏名与变量名有明显的区别,还有助于快速识别要发生宏替换的位置,提高程序的可读性。

(4) 不能进行宏名的重定义。

(5) 不能把宏名当变量名使用,如不能对宏名赋值等。

(6) 宏名的作用域是从其定义开始到本源程序文件结束的代码区间。可以使用预处理命令 # undef 提前结束其作用域。例如:

```
#define PI 3.1415926          //定义宏名 PI
⋮
#undef  PI                    //宏名 PI 作用域结束
⋮
```

2. 关于宏定义

(1) 宏定义的基本格式如下。

```
#define 宏名 宏体字符串
```

(2) 宏定义不是声明,也不是语句,而是一条编译预处理命令,末尾不能加分号。

(3) 宏定义可以写在源程序中的任何地方,但必须写在函数之外,通常写在一个文件之首。对多个文件可以共用的宏定义,可以集中起来构成一个单独的头文件。

(4) 在 # define 命令中,宏名字与字符串(宏体)之间用一个或多个空格分隔。这个空格就是宏名与宏体之间的分隔符号。

(5)一行中写不下的宏定义,应在前一行结尾使用一个续行符"\",并且在下一行开始不使用空格。例如:

```
#define AIPHABET ABCDEFGHHIJKLMN\
OPQRSTUVWXY
```

(6) 宏定义可以嵌套。

3. 关于宏替换

(1) 不可以替换作为用户标识符中的成分。例如,在代码 7-1 中,不可以用"R"替换 CIRCUM 中的 R。

(2) 不能替换字符串常量中的成分,即当宏名出现在字符串中时,编译器对其不做代换处理。

【代码 7-8】 使用宏定义的圆周长和面积计算。

```
#include<iostream>
#define PI          3.1415926
#define R           1.0
#define CIRCUM      2.0*PI*R
#define             AREA PI*R*R

int main (void) {
    std::cout<<"The circum is "<<CIRCUM<<" and area is "<<AREA<<std::endl;
    return 0;
}
```

运行结果:

```
The circum is 6.283185 and area is 3.141593
```

显然不会用宏体 2.0*PI*R 和 PI*R*R 替换字符串中的 Circum 和 area。

7.4.2 整型类型的极值宏

不同的编译器对于自己使用的整型表示范围,用宏定义在头文件 limits.h 中。表 7.7 列出了 limits.h 定义的整型类型的极值宏。

表 7.7 limits.h 中定义的整型类型极值宏

类型	最大值	最小值	说明
short int	SHRT_MAX	SHRT_MIN	
unsigned short int	USHRT_MAX	0	
int	INT_MAX	INT_MIN	
unsigned int	UINT_MAX	0	
long int	LONG_MAX	LONG_MIN	
unsigned long int	ULONG_MAX	0	
long long int	LLONG_MAX	LLONG_MIN	对 C99
unsigned long long int	ULLONG_MAX	0	对 C99

使用这些宏可以很方便地查看具体编译器中整型数据的表示范围。

【代码 7-9】 输出当前编译系统整数极值。

```
#include<iostream>
#include<limits>
int main (void) {
    std::cout<<"minimum short int is:"<<SHRT_MIN<<std::endl;
```

```
    std::cout<<"maxnimum short int is:"<<SHRT_MAX<<std::endl;
    std::cout<<"maxnimum unsigned short int is:"<<USHRT_MAX<<std::endl;
    std::cout<<"minimum int is:"<<INT_MIN<<std::endl;
    std::cout<<"maxnimum int is:"<<INT_MAX<<std::endl;
    std::cout<<"maxnimum unsigned int is:"<<UINT_MAX<<std::endl;
    std::cout<<"minimum long int is:"<<LONG_MIN<<std::endl;
    std::cout<<"maxnimum long int is:"<<LONG_MAX<<std::endl;
    std::cout<<"maxnimum unsigned long int is:"<<ULONG_MAX<<std::endl;
    return 0;
}
```

程序运行结果如下。

```
minimum short int is:-32768
maxnimum short int is:32767
maxnimum unsigned short int is:65535
minimum int is:-2147483648
maxnimum int is:2147483647
maxnimum unsigned int is:4294967295
minimum long int is:-2147483648
maxnimum long int is:2147483647
maxnimum unsigned long int is:4294967295
```

7.4.3 带参宏定义

1. 带参宏定义的基本格式

带参宏定义有点像函数,但是用法和定义有所不同。

【代码 7-10】 使用带参数宏定义计算圆周长和面积。

```
#include<iostream>
#define PI              3.1415926
#define CIRCUM(r)       2.0 * PI * (r)
#define AREA(r)         PI * (r) * (r)

int main (void) {
    double r;
    std::cout<<"Input a radius:";
    std::cin >>r;
    std::cout<<"The circum is "<<CIRCUM (r)<<" and area is "<<AREA (r)<<std::endl;
    return 0;
}
```

经编译预处理后 CIRCUM(x)变为 2.0 * PI * (x),AREA (x)经替代后得到 PI * (x) * (x)。一次运行结果如下。

```
Input a radius:1.0 ↵
The circum is 6.28319 and area is 3.14159
```

显然,带参的宏在形式上很像函数。它也带有形参,调用时也进行实参与形参的结合。带参宏定义的格式如下。

```
#define 标识符 (形参表) 宏体
```

2. 带参宏定义使用注意事项

注意：这时的宏体是一个表示表达式的字符串。正确地书写宏体的方法是将宏体及其各个形参应该用圆括号括起来。

【代码 7-11】 演示 4 种求平方的宏定义的正确性。

```
#define SQUARE(x) x * x                              //(a)
#define SQUARE(x) (x * x)                            //(b)
#define SQUARE(x) (x)* (x)                           //(c)
#define SQUARE(x) ((x)* (x))                         //(d)
```

到底哪个对呢？下面用几个表达式进行测试：

(1) 用表达式 a=SQUARE (n+ 1)测试，这时：

- 对于宏代换(a)替换，得到 a=n+1 * n+1。显然结果不对。
- 对于宏代换(b)，得到 a=(n+1 * n+1)，结果与由(a)相同。
- 对于宏代换(c)，得到 a=(n+1) * (n+1)，结果对。
- 对于宏代换(d)，得到 a=((n+1) * (n+1))，结果对。

(2) 用表达式 a=16/SQUARE (2)对(c)和(d)进行测试。

- 对于宏代换(c)，得到 a=16/(2) * (2)=32，显然不对。
- 对于宏代换(d)，得到 a=16/((2) * (2))=4，结果对。

所以，还是应该把宏体及其各形参都用圆括号括起来。

注意，千万不要在宏名部分加多余的空格，例如，当把

```
#define CIRCUM(r)        2.0 * PI * (r)
```

写成

```
#define CIRCUM (r)        2.0 * PI * (r)
```

时，编译器将认为是要把 CIRCUM 替换为“(r) 2.0 * PI * (r)”。

3. 带参宏与函数的比较

宏与函数都可以作为程序模块应用于模块化程序设计中，但它们各有特色。

(1) 时空效率不相同。采用宏定义，在编译预处理时便在源代码重用宏体替换宏名。这往往使程序体积膨胀，加大了系统的存储开销。但是它不像函数调用要进行参数传递、保存现场、返回等操作，所以时间效率比函数高。通常对简短的表达式以及调用频繁、要求快速响应的场合（如实时系统中），采用宏比采用函数合适。

(2) 宏的参数没有类型，宏代换时也不进行类型检查。因此，只要预处理后的程序依然合乎语法规则，就可以接收任何类型的参数，更具“通用”性。但是由于不进行类型检查，也不进行类型转换，不能像函数那样在类型不合适时给出出错信息。

(3) 宏虽然可以带有参数，但宏定义过程中不像函数那样要进行参数值的计算、传递及

结果返回等操作;宏定义只是简单的字符替换,不进行计算。因而一些过程是不能用宏代替函数的,如递归调用。同时,还可能产生函数调用所没有的副作用。

【代码 7-12】 采用函数与带参宏计算 1～5 平方的比较。

```
/* 采用函数计算 */
#include<iostream>
long square (int n) {
    return (n * n);
}
int main (void) {
    int i=1;
    while (i<=5)
        std::cout<<square (i++)<<std::endl;
    return 0;
}
```

执行结果:

```
1
4
9
16
25
```

结论:程序执行成功。

```
/* 采用带参宏计算 */
#include<iostream>
#define SQUARE (n) ( (n) * (n))

int main (void) {
    int i=1;
    while (i<=5)
        std::cout<<SQUARE (i++)<<std::endl;
    return 0;
}
```

编译、执行结果如下。

```
1
9
25
```

结论:程序未达到预期目的。

原因:当 i=1 时,先被替换,执行语句

```
cout<< (1) * (1)<<endl;
```

输出 1。然后 i 经过两次自增,变为 3,再被替换,输出 9。接着 i 经过两次自增,变为 5,再被替换,输出 25。最后经过两次自增,变为 7,不再重复,程序结束。

可以看到,使用带参的宏,引入了 i++的副作用,而用函数则不会出现此问题。因为在

函数中 i++作为实参只出现一次，而在宏定义后 i++出现两次。

(4) 无法用一个指针指向宏，因为宏不被分配存储空间。而可以用一个指针指向一个函数，因为函数分配有存储空间。

(5) 宏有副作用，应当尽量不用宏。

习　题　7

概念辨析

选择。

(1) 下面各项中，均是合法整型常量的项是________。

A. 180　－0XFFFF　011　　B. －0xcdf　01a　0xe

C. －01　999,888　06688　　D. －0x567a　2e5　0x

(2) 下面各项中，均是正确的八进制数或十六进制数的项是________。

A. －10　0x8f　018　　B. 0abcd　－017　0xabc

C. 0010　－0x11　0xf12　　D. 0a123　－0x789　－0xa

(3) 下面各项中，均是合法浮点类型常量的项是________。

A. ＋2e＋1　3e－2.3　05e6　　B. －.567　23e－3　－8e9

C. －123e　1.2e.5　＋2e－1　　D. －e2　.23　2.e－0

(4) 下面各项中，均是合法转义字符的项是________。

A. '\"　'\\'　'\n'　　B. '\'　'\17'　'\"

C. '\018'　'\f'　'\xabc'　　D. '\\0'　'\101'　'\xf1'

(5) 下面各项中，不正确的字符串是________。

A. 'abcd'　　B. "I Say：'Good!' "　　C. "0"　　D. "　"

(6) 常数 10 的十六进制表示为________，八进制表示为________。

A. 8　　B. a　　C. 12　　D. b

(7) 对于定义 char c;下列语句中正确的是________。

A. c＝'97';　　B. c＝"97";　　C. c＝97;　　D. c＝"a";

(8) 下面的叙述中，不正确的是________。

A. 宏名无类型　　B. 宏替换不占用运行时间

C. 宏替换进行的是字符串替换　　D. 宏名必须大写

(9) 为了用宏名 PR 表示常量 printf，下列宏定义中符合 C++ 语法的是________。

A. ＃define PR，printf　　B. define PR printf

C. ＃define PR printf;　　D. ＃define PR printf

(10) 类 A 有一个实例化的常量对象 a，那么下面的说法中不正确的是________。

A. 类 A 的非静态数据成员一定都是常量成员

B. 通过 a 可以直接调用类 A 的常量成员函数

C. a 不能直接作为左值表达式使用

D. a 可以是静态常量对象

(11) 对于调用者而言，常成员函数________。

A. 可以改变常量或非常量成员数据　　B. 只改变常量成员数据

C. 只改变非常量成员数据 D. 常量和非常量成员数据都改变不了

(12) 已知：print()函数是一个类的常成员函数，它无返回值，下列表示中，正确的是________。

A. void print (void) const; B. const void print (void);

C. void const print (void); D. void print (const);

(13) 常量对象中的数据成员________。

A. 全部都会被自动看作为常量

B. 只有被再用 const 修饰的成员才会被看作为常量

C. 只有 private 成员才可以被自动看作为常量

D. 只有 public 成员才可以被自动看作为常量

(14) 下列不能作为类的成员的是________。

A. 本类对象的指针 B. 本类对象

C. 本类对象的引用 D. 他类的对象

(15) 常引用和常指针：________。

A. 常引用所引用的对象不能被更新，常指针指向的对象也不能被更新

B. 常引用所引用的对象不能被更新，常指针指向的对象能被更新

C. 常引用所引用的对象能被更新，常指针指向的对象也能被更新

D. 常引用所引用的对象能被更新，常指针指向的对象不能被更新

(16) const int *p 说明不能修改________。

A. p 指针 B. p 指针指向的变量

C. p 指针指向的数据类型 D. 上述 A、B、C 三者都不对

(17) 假定变量 m 定义为"int m=7;"，则定义变量 p 的正确语句为________。

A. int * p=&m; B. int p=&m; C. int & p=*m; D. int *p=m;

(18) 对于声明 int b;，下列声明中，两个等同的是________。

A. const int* a=&b; B. const* int a=&b;

C. const int* const a=&b; D. int const* const a=&b;

(19) 关于枚举变量，下面的叙述中不正确的是________。

A. 要将一个枚举类型中隐含的整型数赋值给枚举变量，必须将其先转换为相应的枚举类型

B. 两个同类型的枚举变量之间可以进行关系操作

C. 两个同类型的枚举变量之间可以进行算术操作

D. 对一个枚举变量可以进行++或--操作

(20) 下面关于枚举类型的说法中，正确的是________。

A. 可以为枚举元素赋值 B. 枚举元素可以进行比较

C. 枚举元素的值可以在类型定义时指定 D. 枚举元素可以作为常量使用

(21) 下面关于枚举的说法中，正确的是________。

A. 枚举元素是整型常量 B. 枚举元素是字符常量

C. 枚举元素是字符串常量 D. 以上都不对

代码分析

1. 阅读下列程序，选择正确答案。

(1) 下面程序的输出结果为(　　)。

```
#define  f(x) x * x
#include<iostream>
int main (void) {
    int a=8,b=4,c;
    c=f (a)/f (b);
    std::cout<<c<<std::endl;
    return 0;
}
```

A. 4　　　B. 8

C. 64　　　D. 16

(2) 下面程序的输出结果为(　　)。

```
#include<iostream>
#define f(x) x*x
int main (void)      {
    int m;
    m=f (4+4)/f (2+2);
    std::cout<<m<<std::endl;
    return 0;
}
```

A. 22　　　B. 28

C. 4　　　D. 16

(3) 下面程序的输出结果为(　　)。

```
#include<iostream>
#define F(x,y) (x)* (y)
int main (void) {
    int m=3,n=4;
    std::cout<<F(m++,n++)<<std::
    endl;
    return 0;
}
```

A. 20　　　B. 16

C. 15　　　D. 12

(4) 下面程序的输出结果为(　　)。

```
#include<iostream>
int main (void) {
    enum e { elm2=1,elm3,elm1};
    char * ss[]={"AA", "BB","CC" ,
    "DD"};
    std::cout <<ss[elm1]<<ss[elm2]
            <<ss[elm3]<<std::endl;
    return 0;
}
```

A. AABBCC　　　B. DDCCBB

C. CCBBAA　　　D. DDBBCC

(5) 下面的描述中,符合C++语法的枚举定义为(　　)。

A. enum a= {"one","two","three"};　　　B. enum a= {one,two,three};

C. enum a {one=6+2,two=-1,three};　　　D. enum a {"one","two","three"};

(6) 设有定义

```
enum whose {my,your=10,his,her=his+10};
```

则下面语句的输出为(　　)。

```
std::cout<<my <<your<<his<<her<<std::endl;
```

A. 0,1,2,3　　　B. 0,10,0,10　　　C. 0,10,11,21　　　D. 1,10,11,21

(7) 若有下面的定义

```
enum {A=21,b=23,C=25}abc;
```

则下面的循环语句

```
for (abc=A; abc<C; abc++) std::cout<<"*";
```

将(　　)。

A. 成死循环　　　B. 循环2次　　　C. 循环4次　　　D. 语法出错

(8) 对于声明

```
int a=248; b=4;int const c=21;const int * d=&a;
int * const e=&b;int const * f const =&a;
```

下列表达式中,会被编译器禁止的是(　　)。请说明原因。

```
: * c=32;          d=&b; * d=43;          e=34;          e=&a;          f=0x321f;
```

2. 找出下面各程序段中的错误并说明原因。

(1)

```
const A& operator=(const A& a);
```

(2)

```
int ii=0;
const int i=0;
const int *p1i=&i;
int * const p2i=&ii;
const int * const p3i=&i;
p1i=&ii;
*p2i=100;
```

(3)

```
class A {
    A & operate=(const A & other);
};
A a, b, c;
a=b=c;
(a=b)=c;
```

(4)

```
const int a=10;
int i=1;
const int * &ri=&i;
ri=&a;
ri=&i;
const int *pi1=&a;
const int *pi2=&i;
ri=pi1;
ri=pi2;
*ri=i;
*ri=a;
```

(5)

```
const int a=10;
int i=5;
int * const &ri=pi;
int * const &ri=&a;
(*ri)++;
i++;
ri=&i;
```

3. 下面程序中,for 循环的执行次数是多少?

```
#include<iostream>
#define N 2
#define M  N+1
#define K  M+1 * M/2
int main (void)    {
    int i;
    for (i=1;i<K;i++) {…}
    ⋮
return 0;
}
```

4. 某程序有一个头文件 type1.h,其内容为

```
#define N  3
#define M1  N * 2
```

程序如下。

```
#include<iostream>
#include "type1.h"
#define M2  M1 * 3
int main (void) {
    int i;
    i=M2-M1;
    std::cout<<i;
    return 0;
}
```

指出程序编译后运行的结果。

5. 指出下面程序的运行结果。

```
#include<iostream>
class R {
public:
    R (int r1,int r2) {R1=r1;R2=r2;}
    void print (void);
    void print (void) const;
private:
    int R1,R2;
};
void R::print (void) {
    std::cout<<R1<<":"<<R2<<std::endl;
}
void R::print (void) const {
    std::cout<<R1<<";"
<<R2
<<  std::endl;
}
void main (void) {
    R a (5,4);
    a.print ();
    const R b (20,52);
    b.print ();
}
```

探索验证

1. 下面赋值操作符重载函数定义正确吗？

```
const A_class& operator= (const A_class& a);
```

2. 下面是试图比较 char * p 与“零值”比较的 if 语句的三种不同形式。试分析它们的优劣。

```
if (p==0)或 if (p!=0)
if (p==null)或 if (p!=null)
if (p) 或 if (!p)
```

3. 下面是一个判断参数是否奇数的函数,请分析这个函数是否可行。

```
int isodd (int i) {
    return i%2==1;
}
```

4. 对于定义

```
typedef struct {
    int x;
    int y;
}Point;
Point x,y;
Point *a=&x, *b=&y;
```

解释下列各语句的含义:

(1) x=y;

(2) a=y;

(3) a=b;

(4) a=*b;

(5) *a=*b;

5. 分析下面一段代码:

```
const int i=0;
int * p=(int*)&i;
p=100;
```

其中 const 的常量值是否一定不可以被修改?

6. 分析下面的代码有什么实用的价值。

```
const float EPSINON=0.00001f;
if ((x >=-EPSINON) && (x<=EPSINON))
⋮
```

7. 在 C++ 语言程序中,有些地方必须使用常量表达式,例如定义数组大小以及 case 后面的标记。试设计一个程序,测试 const 变量能不能用到这些地方。

开发实践

1. 定义一个带参的宏实现两个数据的交换,并用测试程序进行测试。

2. 定义一个带参的宏实现从 3 个数中给出最大数,并用测试程序进行测试。

3. 定义一个带参的宏实现判断一个年份是否为闰年,并用测试程序进行测试。

4. 编写一个 C++ 程序,能根据用户输入的今天是星期几(数字或英文名称均可),输出明天是星期几的英文名称。

第8单元 数组——顺序地组织同类型数据

8.1 数组及其应用

8.1.1 数组基础

1. 数组的特点

数组(array)是系统定义的一种构造数据类型,它有如下特点。

(1) 数组用一个名字组织多个同类型数据。这个名字称为数组名,组成数组的数据称为数组元素。

(2) 数组元素可以是原子的(基本类型的),也可以是组合的、对象的,但必须类型相同。"类型相同"意味着每个元素都具有相同的存储空间,并可以进行同样的运算。这个类型称为数组的基类型。

(3) 数组中的数据元素在逻辑上和在物理上都是顺序的,即在逻辑上,每个元素要顺序编号(从0开始),这个顺序号称为下标;在物理上,表现为在内存是按照逻辑顺序依次存放的。

例如,54张扑克牌用简单变量存储需要54个变量,但是如果用数组card来存储,一个名字card代表了54个扑克牌数据的整体,也代表了54个变量。这54个变量分别用数组名加上写在方括弧中的序号(称下标),即card[0],card[1],…,card[53]表示;在物理上,这54个下标变量依次相邻地存放。

2. 数组的定义

与C++中的任何标识符一样,数组名必须先定义才可以使用。数组的定义格式如下。

```
类型 数组名 [整型常量表达式];
```

如声明语句

```
int card[54];
```

告诉编译器要为数组card连续地开辟可以存放54个int类型数据的空间。图8.1为数组card定义后,编译器为其分配内存的示意图。从这个图中可以看出,下标变量与地址的关系:在一个数组中,各个下标变量占用的存储空间相同,都是一个数组基类型的大小;当基类型为int时,每个下标变量都占用4B的存储空间,于是下标增1,下标变量的地址增4。

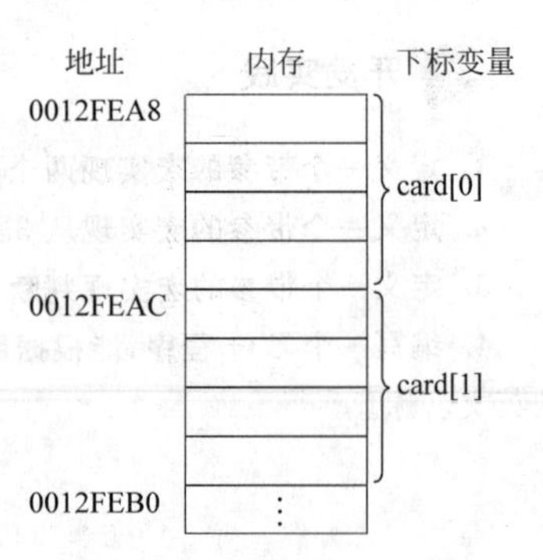

图8.1 编译器为数组card分配内存的示意图

说明：

（1）定义数组时，方括号内的整型常数表达式用于表示数组的大小，即数组中元素的个数。

（2）一个数组在程序中只能定义一次，不可以重复定义。

3. 数组元素的初始化

数组的声明语句是定义性声明，在声明的同时可以对数组各元素初始化，初始化表达式按元素顺序依次写在一对花括号内。

```
int card[54]={101,102,103,104,105,106,107,108,109,110,111,112,113,
              201,202,203,204,205,206,207,208,209,210,211,212,213,
              301,302,303,304,305,306,307,308,309,310,311,312,313,
              401,402,403,404,405,406,407,408,409,410,411,412,413,
              501,502,};
```

C++ 语言还允许使用下列初始化的省略方式。

（1）初始化时省略数组大小由编译器根据初始值的个数自动决定。如上述使用过的声明语句：

```
int card[]={101,102,103,104,105,106,107,108,109,110,111,112,113,
            201,202,203,204,205,206,207,208,209,210,211,212,213,
            301,302,303,304,305,306,307,308,309,310,311,312,313,
            401,402,403,404,405,406,407,408,409,410,411,412,413
            501,502,};
```

（2）允许省略为 0 的初始化值，如语句

```
int a[]={1,2,0,3,0};
```

可以写成

```
int a[]={1,2,,3,};
```

注意，中间的逗号数不能缺少。

（3）当最后的几个元素初始化值为 0 时，可以只写出前面的数列，但数组体积不可省略。如语句

```
int a[8]={1,2,3,0,0,0,0,0};
```

可以写成

```
int a[8]={1,2,3};
```

或

```
int a[8]={1,2,3,,};
```

或

```
int a[]={1,2,3,,,,,};
```

但不能写成

```
int a[]={1,2,3};
```

(4) C++ 11 允许初始化数组时省略赋值号。例如：

```
int a[3] {1,2,3};
```

还允许在花括号内为空，来把所有元素都初始化为零。例如：

```
unsigned int a[30]={};                    //将所有元素初始化为 0
unsigned int b[50] {};                    //将所有元素初始化为 0
float c[80] {};                           //将所有元素初始化为 0.0
```

4. 数组元素操作

数组是一种可以整体定义、个别使用的数据类型，即下标变量可以被个别使用，例如可以给某一个下标变量单独赋值，将其单独输出等，而不可以将一个数组整体一次赋值给另一个数组，也不可将一个数组的各元素一下子输出。这些操作只能一个元素一个元素地进行。

由于下标采用一组连续的整数，所以采用计数循环结构对多个数组元素进行操作，效率较高。例如：

```
int a[10];
```

定义了一个数组，可以使用下面的循环结构进行数据元素的输入：

```
for (int i=0;i<10;i++)
    cin>>a[i];
```

或者采用下面的结构对连续的几个下标变量值输出：

```
for (int i=5;i<9;i++)
    cout<<a[i]<<",";
```

8.1.2 对象数组的定义与初始化

数组是按照顺序关系组织同类型数据的数据结构。类是一种用户自定义的数据类型，也可以用数组组织同一个类的多个对象。对象数组的定义与基本类型数组的定义在形式上似乎没有区别，但在执行中还有一些特殊要求。

1. 声明类

定义对象数组，首先要声明一个类，用来作为该数组的基类型。学习小组是几个同学的学习组织。在程序中,可以使用学生对象数组的模型来表现。所以要先定义一个学生类。为了简化问题,假设学生类只有 3 个数据成员:学号、姓名和成绩。

【代码 8-1】 学生类的定义。

```
#include<string>
class Student {
private:
    int    studID;
    string studName;
    double studScore;
public:
    Student (int sd,std::string nm,double sc): studID (sd),studName (nm),studScore (sc)
    { }
    int    getStudSid (void)const{return studID;}
    std::string getStudName (void)const{return studName;}
    double getStudScore (void)const{return studScore;}
};
```

2. 对象数组定义

类 Student 定义之后,似乎定义该类型的数组非常简单。

【代码 8-2】 定义 Student 数组的主函数。

```
int main (void){
    Student studGroup[10];
    return 0;
}
```

但是编译这个程序却出现如下错误。

```
error C2512: 'Student' : no appropriate default constructor available
```

即找不到可用的默认构造函数。因为,在类 Student 中只定义了一个有参构造函数,编译器再不生成默认的构造函数了。为此,在类 Student 中增加一个如下的无参构造函数。为了说明该无参构造函数的作用,在其函数体中加了一行输出语句。

```
Student (void){std::cout<<"调用一次无参构造函数。\n";}
```

然后进行测试,结果为:

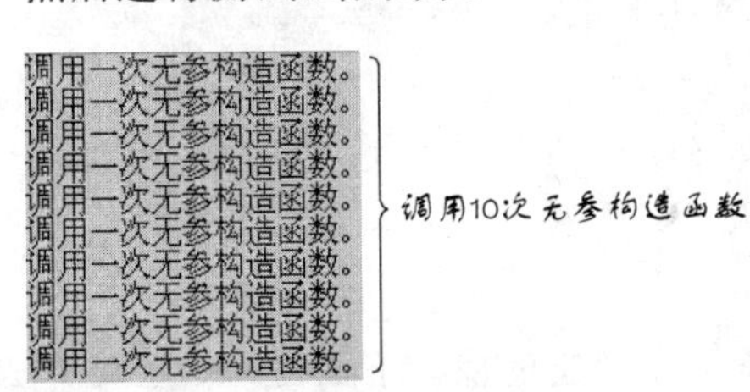

程序在执行对象数组的定义语句时,要根据该对象数组元素的个数,调用无参构造函数。也就是说,定义对象数组时,就创建了数组中所有的对象。

3. 对象数组定义时的初始化

为了进一步说明对象数组定义以及初始化过程发生的现象，将测试用例改为部分初始化：

```
Student studGroup[10]={Student (20081206,"Zhang",88.23),
                       Student (20120907,"Cai",78.35),
                       Student (20090511,"Wang",99.63)};
```

同时，为了说明有参构造函数的执行情况，将构造函数改为：

```
Student (int sd,std::string nm,double sc): studID (sd),studName (nm),studScore (sc)
{ std::cout<<"调用一次有参构造函数。\n";}
```

测试结果如下。

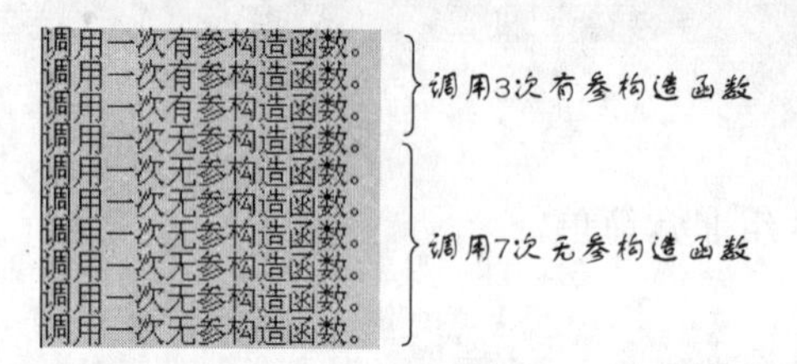

由测试结果可以得到结论：定义一个对象数组时，将创建对象数组中的所有对象，并同时调用构造函数。其中调用有参构造函数的次数由要求初始化的元素数决定，其余调用无参构造函数。显然，为了定义对象数组，无参构造函数最好不要省略。

4. 对象数组成员的访问

数组元素的访问，实际上是访问数组元素的成员。要访问对象数组中对象的成员，可以用下面的格式进行：

> <u>下标变量</u> . <u>对象成员</u>

例如：

```
cout<< studGroup[1].getStudName ()<<endl;
```

8.1.3 数组元素的搜索与排序

1. 数组元素的搜索

数组经常进行的一种操作，就是在数组中搜索一个给定的值。下面是一个粗略算法。

① 确定搜索什么，例如是搜索学号、姓名还是成绩。这称为搜索关键字。

② 搜索算法。最基本的搜索算法是穷举法，即是对数组元素一一测试的过程。

③ 输出搜索结果。搜索之后，会得出两种结果：搜索到或搜索不到。搜索到，则输出一组数据；搜索不到，则输出搜索失败的信息。

【例 8.1】 穷举搜索 Student 数组，给出成绩最好者的名字。

问题分析：设计这个程序的思路如下。

(1) 通过两两比较，找到一个最好的成绩。基本算法是：

```
定义一个与成绩类型相同的变量 maxScore,用来存储学生最好的成绩。
定义一个整型变量 theStudent,用于存储成绩最好的学生数组元素下标。
先令 theStudent=0,并令 maxScore=studGroup[theStudent].getStudScore ()。
for( int i=0;i<5;i++)
    if(studGroup[i+1] .getStudScore()>maxScore){
        maxScore=studGroup[i+1] .getStudScore();
        theStudent=i+1;
    }
```

这个算法最后保存在 maxScore 中的就是这个学生小组的最好成绩，对应的下标为 zheStudent。

(2) 输出 studGroup[theStudent].getStudName ()，就输出了成绩最好者的名字。

【代码 8-3】 输出成绩最好者的名字的主函数。

```
#include<iostream>

int main(void){
    Student studGroup[5]={Student (20081206,"Zhang",88.23),
                          Student (20120907,"Cai",78.35),
                          Student (20090511,"Wang",99.63),
                          Student (20100123,"Li",66.66),
                          Student (20110567,"Chen",77.77)};

    int theStudent=0;
    double maxScore=studGroup[theStudent].getStudScore ();

    for( int i=0;i<5;i++)
        if(studGroup[i+1] .getStudScore () >maxScore ){
            maxScore=studGroup[i+1] .getStudScore ();     //暂记当前最好成绩
            theStudent=i+1;                               //暂记当前最好成绩对应下标
        }
    std::cout<<"该小组成绩最好者为: "<<studGroup[theStudent ] .getStudName ();
    std::cout<<",成绩为: "<<studGroup[theStudent ] .getStudScore ()<<std::endl;
    return 0;
}
```

测试结果如下：

```
该小组成绩最好者为: Wang, 成绩为: 99.63
```

2. 数组元素的排序

数组元素排序就是对一个数组中的元素按照一定的规则进行排列。排序的方法很多，例如，有交换法、选择法、希尔法、插入法等。不同的方法效率不同。对排序方法的全面分析研究是算法分析或数据结构课程的任务，本节仅介绍一种在算法方法上具有代表性的排序算法——冒泡排序。

对对象数组中的元素进行排序，也要指定用于排序的关键字。例如，对于 Student 类数组元素排序，需要从 3 个数据成员——studID、studName 和 studScore 中指定一个作为关键字。下面讨论如何采用冒泡算法分别按照 studScore 排序的排序函数。

下面用图 8.2 来说明冒泡排序算法的基本思想。

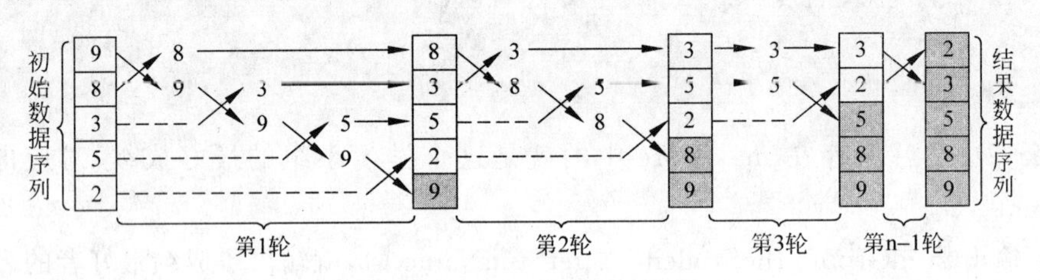

图 8.2　对 5 个数据进行冒泡排序的过程

假定要对数据序列{9,8,3,5,2}进行升序排列，则进行冒泡排序的方法是：首先对第 1 个和第 2 个数进行比较，如果顺序（即升序），则不动；若逆序，则进行交换。接着对第 2 个和第 3 个数据按此规则进行比较交换处理。对于 n 个数据，要比较交换 $n-1$ 次，就完成了最后一对数据的比较交换，使一个数据（如图中 9）成为已经排好序的数列的一个数据。这称为一轮比较交换。接着，再重新从头开始，依次对相邻的两个数据进行比较交换。由于经过第一轮比较交换，就有一个数据成为已经排好序的数据，所以第 2 轮只需要进行 $n-1-1$ 次比较交换；对于 n 个数据，需经过 $n-1$ 轮的比较交换，才可以使 $n-1$ 数据排好序，当然也就使 n 个数据排好序了。根据这个算法很容易写出如下 3 个排序函数。由于它们要对数据成员进行操作，所以应当成为类 StudGroup 的成员函数。

【代码 8-4】 按成绩排序函数。

```
void scoreSort (Student sGroup[],int studNumber){
    for (int j=0; j<=studNumber -2; j ++)                //总轮数
        for (int i=0; i<studNumber -j -1;i ++)           //每轮中未排序元素比较交换
            if (sGroup[i].getStudScore () >sGroup[i+1].getStudScore ()){
                Student temp=sGroup[i];
                sGroup[i]=sGroup[i+1];
                sGroup[i+1]-temp;
            }
}
```

这里，使用数组作为参数。若函数中需要数组的大小（studNumber），还需要将数组大小作为参数。

【代码 8-5】 测试主函数。

```
#include<iostream>

int main(void){
    Student studGroup[5]={Student (20081206,"Zhang",88.23),
                          Student (20120907,"Cai",78.35),
                          Student (20090511,"Wang",99.63),
                          Student (20100123,"Li",66.66),
                          Student (20110567,"Chen",77.77)};

    scoreSort (studGroup,5);                    //调用排序函数
    for(int i=0; i<5; i++){
        std::cout<<studGroup[i].getStudSid()<<",";
        std::cout<<studGroup[i].getStudName()<<",";
        std::cout<<studGroup[i].getStudScore()<<std::endl;
    }
    return 0;
}
```

一次测试结果如下。

```
20100123,Li,66.66
20110567,Chen,77.77
20120907,Cai,78.35
20081206,Zhang,88.23
20090511,Wang,99.63
```

说明：用数组名作为函数参数，在调用表达式中，可以只使用函数名，在函数定义中对应的参数要表明是个数组并要说明数组类型。同时，调用方还需要向函数传递数组大小。

8.1.4 基于容器的 for 循环

数组可以看成一个存放一组有序数据的容器(container)。对于容器，C++ 11 提供了一种简洁的 for 循环。例如：

```
double score[5]={77.7,66.6,88.8,55.5,99.9};
for(double x:score)
    std::cout<<x<<",";
std::cout<<std::endl;
```

可以依次输出一个学习小组的学习成绩。或者写成

```
for(double x: {77.7,66.6,88.8,55.5,99.9})
    std::cout<<x<<",";
std::cout<<std::endl;
```

但是要修改数组元素的值时，必须使用 x 的引用。如要把每个人的成绩减 5 分，应写为

```
double score[5]={77.7,66.6,88.8,55.5,99.9};
for(double x:score)
    x-=5;
```

8.1.5 const 数组

用 const 修饰数组，实际上是定义了一组常量集合。例如：

```
const int r[]={1,2,3,4};
struct S {int a,b;};
const S s[]={(1,2),(3,4)};
```

编译器会为 r 和 s 分配内存。但对于下面的语句

```
int temp[r[2]];                                    //错
```

编译时，会出现一组错误：

```
error C2057: expected constant expression。
error C2466: cannot allocate an array of constant size 0。
error C2133: 'temp': unknown size。
```

8.1.6 用数组作为类的数据成员

1. 在类中可以用数组作为数据成员

【代码 8-6】 用数组作为类的数据成员。

```
#include<string>
#include<iostream>

class Student {
private:
    int          studID;
    std::string  studName;
    double       studScore;
public:
    Student (void){
        studID=0;studName=""; studScore=0;
    }
    void setStudent (void);
    int getStudSid (void)const{return studID;}
    std::string getStudName (void)const{return studName;}
    double getStudScore (void)const{return studScore;}
};

class StudGroup{
private:
    enum {groupSize=10};                           //定义数组大小
    Student stGroup[groupSize];                    //数组定义
    int studNumber;                                //实际学生数
```

```
public:
    StudGroup (int sNum=0);                     //构造函数
    void showElement (int num);                 //显示一个元素
    void searchAStud (void);                    //在数组中搜索一个元素
    void sortList (void);                       //数组元素排序
    int sidSearch (void);                       //学号搜索函数声明
    int nameSearch (void);                      //姓名搜索函数声明
    int scoreSearch (void);                     //成绩搜索函数声明
};

//部分类成员函数实现
void Student::setStudent (void){
    std::cout<<"请输入一个学生学号: ";
    std::cin>>studID;
    std::cout<<"请输入一个学生姓名: ";
    std::cin>>studName;
    std::cout<<"请输入一个学生成绩: ";
    std::cin>>studScore;
}

void StudGroup::showElement (int i){
    std::cout <<stGroup[i].getStudSid ()<<"\t"<<stGroup[i].getStudName ()<<"\t"
              <<stGroup[i].getStudScore ()<<std::endl;
}
```

从表面看，本例与上例的区别仅在于把数组的定义从主函数移到了一个类声明中，差别似乎不大。但是，从程序设计的角度来看，却带来一个比较复杂的问题，就是如何对数组大小和成员进行初始化的问题。

2. 作为类数据成员的数组大小定义方法

在类中使用数组作为数据成员，一个比较困难的问题就是如何定义数组的大小。由于说明数组大小的数据必须是一个整常数，而在类声明中不能对任何变量进行初始化。为了解决这个问题，可以采用下列办法。

(1) 直接用一个常数定义数组的大小。例如在本例中，可以使用下列语句。

```
Student stGroup[10];
```

(2) 使用枚举常数定义类的数组成员大小，本例中就是采用了这种方法。

```
class StudGroup{
private:
    enum {groupSize=10};                        //数组大小
    Student stGroup[groupSize];                 //数组定义
    //…
};
```

（3）在类声明之前定义一个常变量，例如：

```
const int groupSize=10;
class StudGroup{
private:
    Student stGroup[groupSize];                    //数组定义
    //…
};
```

这里的变量 groupSize 是一个全局变量。全局变量的作用域是一个文件。即一个文件中的所有函数、所有类、所有语句中都可以使用。显然，它破坏了类的封装性。

3. 作为类数据成员的数组初始化方法

使用数组作为类的数据成员带来的另外一个问题，就是如何对数组元素进行初始化。比较好的方法是利用循环语句，从键盘输入数据进行数组元素的填充。基本算法如下。

```
StudGroup::StudGroup (int sNum):studNumber (sNum){
    if (studNumber >groupSize)                     //避免下标越界
        对 groupSize 个元素初始化;
    else
        对 studNumber 个元素初始化;
}
```

细化后，得到如下算法。

```
StudGroup::StudGroup (int sNum):studNumber (sNum){
    int n=0;
    if (studNumber >groupSize)
        n=groupSizer;
    else
        n=studNumber;
    对 n 个元素进行初始化;
}
```

【代码 8-7】 进一步细化得到的代码。

```
StudGroup::StudGroup (int sNum):studNumber (sNum){
    int n=0;
    if (studNumber >groupSize)
        n=groupSize;
    else
        n=studNumber;
    for (int index=0; index<n;index++){
        stGroup[index].setStudent ();
    }
}
```

可以分别用 3 个不同的 studNumber 进行测试：

(1) studNumber>groupSize;

(2) studNumber=groupSize;

(3) studNumber<groupSize。

【代码 8-8】 用 studNumber<groupSize 进行测试的主函数。

```
int main (void){
    StudGroup sg1 (4);
    sg1.StudGroup (1);
    return 0;
}
```

测试结果:

```
请输入一个学生学号: 111 ↵
请输入一个学生姓名: aaa ↵
请输入一个学生成绩: 99.9 ↵
请输入一个学生学号: 222 ↵
请输入一个学生姓名: bbb ↵
请输入一个学生成绩: 66.6 ↵
请输入一个学生学号: 333 ↵
请输入一个学生姓名: ccc ↵
请输入一个学生成绩: 77.7 ↵
请输入一个学生学号: 444 ↵
请输入一个学生姓名: ddd ↵
请输入一个学生成绩: 88.8 ↵
222      bbb      66.6
```

其他两种情况的测试,请读者自己完成。

注意:这个程序执行时,要先按 groupSize(10)对数组 stGroup[groupSize]进行初始化,再按照 studNumber 分别输入前几个元素的数据,所以要先调用 Student 类的无参构造函数,再调用 StudGroup 类的构造函数。为此,要在 Student 类中显式定义无参构造函数。

8.1.7 数组下标越界问题

由图 8.1 可以看出,系统能按照数组定义的大小和基类型给其分配存储空间。例如,所定义的元素个数为 10,则最大存储空间为 10 个元素类型大小。如果超出这个空间,就称为数组越界。许多计算机程序设计语言为了系统的安全,提供了数组元素越界检测,一旦发现数组元素的下标超出定义的范围,就会发出错误信息。但是,C 和 C++ 为了提高程序的效率,没有提供数组下标越界检测机制,在出现数组下标越界时,不会发出任何警告。例如:

```
int a[10]={0,1,2,3,4,5,6,7,8,9};
for (int i=0; i<=100; i++)
    cout<<a[i]<<",";
```

这样,就会把数组定义范围外面的一些信息输出出来。这些信息有可能是用户的一些机密或重要数据。若是通过数组越界进行写操作,则可能会破坏其他地方的程序代码。有些黑客就是用这种方法进行攻击的。由于 C 语言和 C++ 没有提供越界检测,所以要求设计程序时一定要注意越界问题,以防不测。

8.2 二维数组

8.2.1 二维数组的定义

数组是同类型数据的组合,同时它也是一种数据类型。按照数组的定义,还可以进一步将同类型(基类型相同并且大小也相同)的数组再组织成数组。这样组成的数组就具有了两个下标,也称为二维数组。例如,表 8.1 为一个学习小组的学习成绩,小组共 10 个人,学习 5 门功课。

表 8.1 10 个人学习 5 门功课的成绩表

	张叁	李思	王舞	陈柳	郭骑	杨芭	刘依	徐尔	孙纠	赵石
物理	96.3	87.6	76.5	68.9	83.6	92.6	88.6	77.3	85.3	66.6
化学	88.5	78.5	85.3	75.4	78.3	91.5	90.3	67.3	86.2	77.7
数学	89.7	67.8	67.6	67.9	66.5	89.3	89.9	66.5	79.6	88.8
语文	86.3	77.2	87.9	83.3	77.5	67.5	78.9	63.2	77.1	65.4
历史	83.6	69.3	90.2	78.6	76.9	66.3	67.8	78.7	68.3	76.5

则这样的一组数据,可以看成 10 位同学、5 门课程成绩组织而成的数据结构。由于每个数据都是浮点类型,因此可以定义为

```
double scores[5][10];
```

这里的两个下标,前者称为行下标——用下标值表示课程,后者称为列下标——用下标值表示学生。用一维数组的概念看,就是定义了一个大小为 5 的数组,其数组元素为 5 个 double 类型的大小为 10 的一维数组。图 8.3 表明了这种关系。

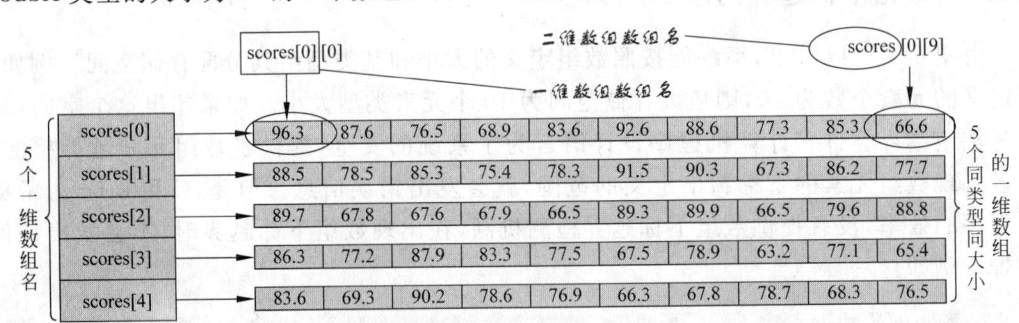

图 8.3 二维数组的意义

8.2.2 二维数组的初始化

与一维数组相同,二维数组的初始化也是用花括号列出各元素的值,并且可以根据具体情况分别使用如下几种不同的方法。

1. 完全初始化

二维数组的完全初始化有如下几种形式。

(1) 分行初始化即在花括号内再用花括号将每行的元素值括起。例如：

```
double scores [5][10]={{96.3,87.6,76.5,68.9,83.6,92.6,88.6,77.3,85.3,66.6},
                       {88.5,78.5,85.3,75.4,78.3,91.5,90.3,67.3,86.2,77.7},
                       {89.7,67.8,67.6,67.9,66.5,89.3,89.9,66.5,79.6,88.8},
                       {86.3,77.2,87.9,83.3,77.5,67.5,78.9,63.2,77.1,65.4},
                       {83.6,69.3,90.2,78.6,76.9,66.3,67.8,78.7,68.3,76.5}};
```

(2) 不分行形式则不需要在花括号内再用花括号将每行的元素值括起。例如：

```
double scores [5][10]={96.3,87.6,76.5,68.9,83.6,92.6,88.6,77.3,85.3,66.6,
                       88.5,78.5,85.3,75.4,78.3,91.5,90.3,67.3,86.2,77.7,
                       89.7,67.8,67.6,67.9,66.5,89.3,89.9,66.5,79.6,88.8,
                       86.3,77.2,87.9,83.3,77.5,67.5,78.9,63.2,77.1,65.4,
                       83.6,69.3,90.2,78.6,76.9,66.3,67.8,78.7,68.3,76.5};
```

进行全部元素初始化时，可以省略第一维的大小。编译器可以根据第二维的大小和初值数量确定第一维的大小。例如：

```
double scores[][10]={{96.3,87.6,76.5,68.9,83.6,92.6,88.6,77.3,85.3,66.6},
                     {88.5,78.5,85.3,75.4,78.3,91.5,90.3,67.3,86.2,77.7},
                     {89.7,67.8,67.6,67.9,66.5,89.3,89.9,66.5,79.6,88.8},
                     {86.3,77.2,87.9,83.3,77.5,67.5,78.9,63.2,77.1,65.4},
                     {83.6,69.3,90.2,78.6,76.9,66.3,67.8,78.7,68.3,76.5}};
```

或

```
double scores[][10]={96.3,87.6,76.5,68.9,83.6,92.6,88.6,77.3,85.3,66.6,
                     88.5,78.5,85.3,75.4,78.3,91.5,90.3,67.3,86.2,77.7,
                     89.7,67.8,67.6,67.9,66.5,89.3,89.9,66.5,79.6,88.8,
                     86.3,77.2,87.9,83.3,77.5,67.5,78.9,63.2,77.1,65.4,
                     83.6,69.3,90.2,78.6,76.9,66.3,67.8,78.7,68.3,76.5};
```

但是，第二维的大小是不可缺的。例如下面 4 种定义都是不合法的。

```
double scores[][]={{96.3,87.6,76.5,68.9,83.6,92.6,88.6,77.3,85.3,66.6},…}};
double scores[5][]={{96.3,87.6,76.5,68.9,83.6,92.6,88.6,77.3,85.3,66.6},…}};
double scores[][]={96.3,87.6,76.5,68.9,83.6,92.6,88.6,77.3,85.3,66.6,…};
double scores[5][]={96.3,87.6,76.5,68.9,83.6,92.6,88.6,77.3,85.3,66.6,…};
```

2. 不完全初始化

不完全初始化可以只对下列 3 种形式的元素进行初始化。

(1) 只初始化所有行中的前面几个元素。例如：

```
double scores[5][10]={{96.3,87.6,76.5,68.9},
                      {88.5,78.5},
                      {89.7},
                      {86.3,77.2,87.9},
                      {83.6,69.3,90.2,78.6,76.9}};
```

(2) 只初始化前面几行中的前面几个元素。例如：

```
double scores[5][10]={{96.3,87.6},{88.5,78.5,85.3},{89.7}};
```

(3) 只初始化前面几个元素。例如：

```
double scores[5][10]={96.3,87.6};
```

注意：进行不完全初始化时，不能省略任何维的大小，且没有被初始化的元素，其值是不确定的。

8.2.3 二维数组元素的访问

要访问二维数组的元素，就要指定其两个下标。当要对二维数组某一行的数据进行访问(如求一个小组中某一门课程的平均成绩)或某一列的数据进行访问(如一个小组中某位同学各门课程的平均成绩)时，就要使用单循环结构程序。而如果要对整个数组中的数据进行访问，如求一个小组中所有学生的各门课程的平均成绩，要使用双重循环结构程序。

具体程序比较简单，请读者自己完成。

8.3 数组元素的指针形式

8.3.1 一维数组元素的指针形式

1. 数组名的实质

在 C++ 程序中，数组名被编译器解释为数组存储空间的首地址。

【代码 8-9】 测试数组名的代码。

```
#include<iostream>

int main (void) {
    int a[5]={5,4,3,2,1};
    std::cout<<"数组名 a 的值: "<<a<<std::endl ;
    std::cout<<"数组起始元素地址: "<<&a[0]<<std::endl;          //& 为取地址操作符
    std::cout<<"a+0: "<<a+0<<",&a[0]: "<<&a[0]<<std::endl;
    std::cout<<"a+1: "<<a+1<<",&a[1]: "<<&a[1]<<std::endl;
    std::cout<<"a+2: "<<a+2 <<",&a[2]: "<<&a[2]<<std::endl;
    return 0;
}
```

运行结果：

```
数组名a的值：0012FF58
数组起始元素地址：0012FF58
a + 0：0012FF58,&a[0]：0012FF58
a + 1：0012FF60,&a[1]：0012FF60
a + 2：0012FF68,&a[2]：0012FF68
```

注意是十六进制

说明：

(1) 由程序运行结果可以看出，数组名是一个指向数组起始元素的指针，并且是一个指针常量。为了测试其是否为指针常量，可以试着在上面的程序中增加一条语句

```
a++;
```

运行时就会出现下面的编译错误：error C2105：'++' needs l-value。表明"++"操作符需要左值，而a是一个右值，因为它是常量。

(2) 设i是个整数，则a+i表示指针a移动了i个数组元素(基类型)空间位置，在本例中移动了i×8B的空间。

2. 用数组名指针访问数组元素

按照上面的分析，数组名指针加i具有与索引为i的下标变量相同的地址，因此通过数组名指针间接访问数组元素，得到与使用下标索引访问数组元素同样的效果。

【代码 8-10】 用数组名指针访问数组元素。

```
#include<iostream >

int main (void) {
    int a[5]={5,4,3,2,1};
    std::cout<<"*(a+0): "<<*(a+0)<<",a[0]: "<<a[0]<<std::endl;
    std::cout<<"*(a+1): "<<*(a+1)<<",a[1]: "<<a[1]<<std::endl;
    std::cout<<"*(a+2): "<<*(a+2)<<",a[2]: "<<a[2]<<std::endl;
    return 0;
}
```

运行结果：

```
*(a + 0): 5,a[0]: 5
*(a + 1): 4,a[1]: 4
*(a + 2): 3,a[2]: 3
```

说明：对于数组a，有如下对应关系：

a+1~&a[1]	或	*(a+1)~a[1]
a+2~&a[2]		*(a+2)~a[2]
⋮		⋮
a+n~&a[n]		*(a+n)~a[n]

3. 用指向数组的指针变量访问数组元素

数组名是一个指针常量，有时会有一些不便。使用指向数组的指针变量，可以带来一定

的灵活度。定义指向数组的指针，就是定义指向数组基类型的指针，并用数组名进行初始化。

【代码 8-11】 用指向数组的指针访问数组元素。

```
#include<iostream>

int main (void) {
    int a[5]={5,4,3,2,1};
    int * pa=a;                        //用数组名初始化数组指针变量
    std::cout<<" * (pa+0): "<< * (pa+0)<<",&a[0]: "<<a[0]<<std::endl;
    std::cout<<" * (pa+1): "<< * (pa+1)<<",&a[1]: "<<a[1]<<std::endl;
    std::cout<<" * (pa+2): "<< * (pa+2)<<",&a[2]: "<<a[2]<<std::endl;
    return 0;
}
```

运行结果：

```
* (pa + 0): 5,a[0]: 5
* (pa + 1): 4,a[1]: 4
* (pa + 2): 3,a[2]: 3
```

说明：下标形式的数组元素与指针形式的数组元素各有优缺点。当要按递增或递减顺序访问数组时，使用指针又快又方便；而要随机访问数组元素时，使用下标要好一些。虽然使用下标比使用复杂的指针表达式要慢，但容易理解。

8.3.2 二维数组元素的指针形式

1. 二维数组名的意义

C++ 语言把二维数组解释为由多行一维数组组成的广义向量，二维数组的数组名也就被解释为一个指向广义向量起始行的指针；对于最终元素来说，它是一个二级指针。例如声明语句

```
double a[3][5];
```

可以解释为数组 a 是一个特殊的一维数组，它由 3 个元素 a[0]、a[1]和 a[2]构成，而每个元素又代表一个包含 5 个元素的一维数组，其关系如图 8.4 所示。

```
a[0]---->a[0][0]  a[0][1]  a[0][2]  a[0][3]  a[0][4]
a[1]---->a[1][0]  a[1][1]  a[1][2]  a[1][3]  a[1][4]
a[2]---->a[2][0]  a[2][1]  a[2][2]  a[2][3]  a[2][4]
```

图 8.4 二维数组各分量之间的关系

而二维数组中任一数组元素 a[i][j]的地址可表示为

a[i][j]的地址＝a[i]＋j * sizeof(a 的基类型)

例如：

```
a[i]地址=a+i * sizeof (a[i])        //sizeof (a[i])为存储一维数组 a[i]所需字节数
```

2. 二维数组中的地址等价关系

在二维数组中,存在表 8.2 的地址等价关系。

表 8.2 二维数组中的几种地址等价关系

二级指针表示	一级指针表示的等价形式		地 址
a	*a	a[0]	&a[0][0]
	*a+1	a[0]+1	&a[0][1]
	⋮	⋮	⋮
	*a+j	a[0]+j	&a[0][j]
a+1	*(a+1)	a[1]	&a[1][0]
	*(a+1)+1	a[1]+1	&a[1][1]
	⋮	⋮	⋮
	*(a+1)+j	a[1]+j	&a[1][j]
⋮	⋮	⋮	⋮
a+i	*(a+i)	a[i]	&a[i][0]
	*(a+i)+1	a[i]+1	&a[i][1]
	⋮	⋮	⋮
	*(a+i)+j	a[i]+j	&a[i][j]

3. 二维数组名递引用的等价关系

在二维数组中,存在如下递引用等价关系。

```
a[0]        *a
a[1]        *(a+1)
 ⋮            ⋮
a[i]        *(a+i)
 ⋮            ⋮
a[i][0]     *a[i]          **(a+i)
a[i][1]     *(a[i]+1)      *(*(a+i)+1)
 ⋮            ⋮               ⋮
a[i][j]     *(a[i]+j)      *(*(a+i)+j)
```

8.3.3 多维数组元素的指针形式

如果把一个多维数组都看作一个广义的一维数组,那么数组名是指向这个广义一维数组第一个元素的指针。对一维数组来说,它指向第一个数据;对二维数组来说,它指向第一行数据;对三维数组来说,它指向第一页数据,如图 8.5 所示。数组名指针每增 1,地址下移广义数组中一个元素的位置。

从图 8.5 还可以看出,对于二维数组来说,数组 b 与行 b[0]以及与元素 b[0][0]具有同

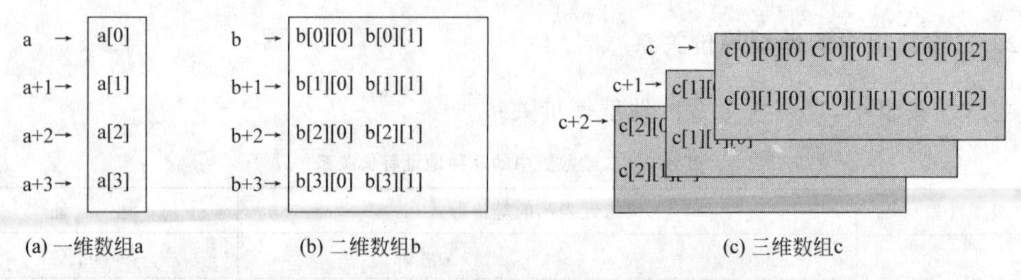

(a) 一维数组a (b) 二维数组b (c) 三维数组c

图 8.5 数组名指针的移动规律

一个地址,即指向数组 b 的指针(行 b[0]的地址)与指向行 b[0]的指针(元素 b[0][0]的地址)具有相同的地址值,但是指向数组 b 的指针与指向行 b[0]的指针却不是同类型的指针,它们的基类型是不相同的。同样,指向数组 c 的指针(页 c[0]的地址)与指向页 c[0] 的指针(行 c[0][0]的地址)以及指向行 c[0][0]的指针(元素 c[0][0][0]的地址)具有相同的地址值,但是它们也不是同一类型,因为这些指针虽然地址值相同,但基类型不同。

8.4 栈

栈是一种数据结构,它像图 8.6 所示的放圆盘子的桶:盘子只能从顶部放入,也只能从顶部取出,所以先放进的,只能后取出。在计算机程序中,作为一种数据结构,栈可以用数组实现,实现的过程如图 8.7 所示。

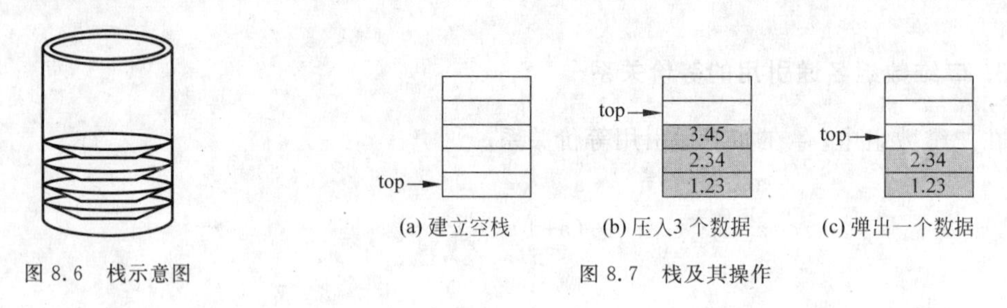

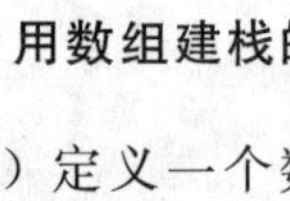

图 8.6 栈示意图

(a) 建立空栈 (b) 压入3 个数据 (c) 弹出一个数据

图 8.7 栈及其操作

8.4.1 用数组建栈

1. 用数组建栈的过程

(1) 定义一个数组,同时设置一个变量 top 用于指示当前可以存储数据的位置,如图 8.7(a)所示。变量 top 称为栈顶指针,即像水位计一个指路标一样指向当前可以存储数据的栈顶位置。在这里,栈顶指针所存储的实际上就是当前可存储数据的数组元素下标值。

(2) 向栈中存入一个数据的过程是,将要存入的数据写到 top 所指向的存储位置,然后执行 top++,以便再继续存进下一个数据。图 8.7(b)是先后存进两个数据后的情形。这个存储过程,好像往枪的弹盒中压入子弹一样,所以称为压入(push)。

(3) 由栈中取出一个数据的过程是,先执行 top--,接着从 top 所指向的存储位置读取数据。这个过程犹如从枪的子弹盒中弹出子弹一样,也称为弹出(pop)。图 8.7(c)是弹出一个数据后栈的情形。由于数据被读出，这个空间可以用来压入新的数据。

【代码 8-12】 Stack 类的基本代码。

```
class Stack{
private:
    enum{stackSize=20};                    //用枚举元素定义栈大小
    int top;                               //栈顶指针
    double stc[stackSize];                 //存放栈的 double 类型数组
public:
    Stack (void){top=0;}                   //栈初始化
    void push (double data)                //压栈函数
    {stc[top++]=data;}
     double pop()                          //弹出函数
    {return stc[--top];}
};
```

说明：栈的初始化应当包含两项内容：开辟栈空间——定义存放栈的数组和初始化栈顶指针。由于上述原因，数组大小只能是预先定义好的。因而初始化就只有栈顶指针初始值——初始指向位置。这里，将栈顶指针的初始值定义为数组的起始元素。

2. 改进的栈类声明

上面的栈定义有两个缺点：

(1) 对于压入函数来说，由于栈的缓冲区是有限的，所以压入操作只能在栈未满时才能进行。对于上述栈来说，由于新的数据要压入到当前栈顶指针的位置，并且压入后要执行 top++。这样，当 top==stackSize 时，就不允许再压入数据了，否则执行 top++后，top 将会指向缓冲区外。所以，top==stackSize 就表示栈满。

(2) 对于弹出函数来说，由于弹出操作只能在有数据时，即 top>1 时才能进行。当 top=0 时，称为栈空，就不可再进行弹出操作，否则不仅没有弹出数据，执行 top--后还会使 top=-1。

这两个修改请读者自己完成。

8.4.2 栈的应用

栈最重要的特征是先进后出(first in last out，FILO)或后进先出(last in first out，LIFO)。因此，凡是具有这样特征的问题，都可以用栈实现或模拟。例如，在程序中，嵌套调用的函数都是先调用后返回(见图 8.8)，编译系统就是利用栈来处理函数调用的。在编译系统中，对于表达式的计算也是采用栈进行的，即先把要计算的数据按照一定的规则压栈，然后逐个地弹出进行计算。许多应用问题也可以采用栈方式求解。例如迷宫问题、数制转换问题等。

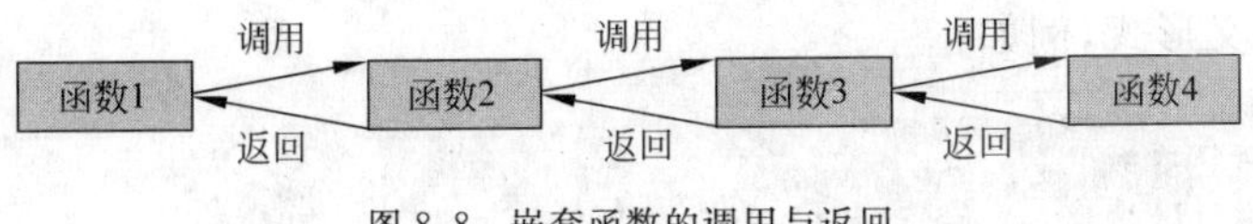

图 8.8 嵌套函数的调用与返回

8.5 字　符　串

字符串就是用双撇号括起来的一串文字。在 C++ 中,可以使用两种类型的字符串:一种类型是基类型为 char 的数组,这是从 C 语言中继承来的一种字符串,也称为 C 字符串;另一种是 ANSI/ISO C++ 提供的 string 类机制。

8.5.1 C 字符串

1. C 字符串的定义

C 字符串是 char 数组类型数据,它的每个字符依次存放在一个 char 数组内,最后再存一个空白字符 NULL(一个全 0 字节,用'\0'表示)。字符串"C++ Program" 存储的数组如图 8.9 所示。

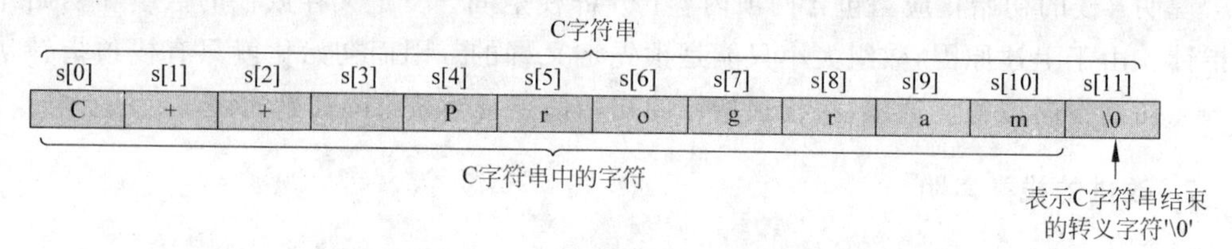

图 8.9　字符串"C++ Program"的存储

由于要多存储一个'\0',定义 char 数组形式的字符串时,要使其大小比字符串中的字符个数多一个字节。例如上面的字符串可以用下面形式定义并初始化。

```
char s[12]={'C','+','+',' ','P','r','o','g','r','a','m','\0'};
```

通常将 s 称为这个字符串的名字。这个声明形式,表明了字符串是一个字符型数组,并且要以转义字符'\0'结束。不过,C/C++ 允许使用下面的简单形式。

```
char s[12]="C++ Program";
```

注意:字符数组作为字符串进行初始化时,C 编译器将自动加上一个'\0'标志。因此给定的字符数组的大小要比实际存储的字符串中的有效字符数多 1。如果一个字符数组的长度不足于存储字符串的结束标志'\0',这个数组就无法当作字符串使用。例如:

```
char s[11]="C++ Program";
```

就不能把 s 当作字符串。

为了避免定义数组形式的字符串时,要先确定其字符个数这样的麻烦,可以采用默认字符数组大小的定义形式,例如:

```
char s[]="C++Program";
char s[]={'C','+','+',' ','P','r','o','g','r','a','m','\0'};
```

要注意字符数组与字符串的区别,在于定义时最后有无结尾的空字符'\0'。例如:

```
char s[]={'C','+','+',' ','P','r','o','g','r','a','m','\0'};     //字符串
char s[]={'C','+','+',' ','P','r','o','g','r','a','m'};          //字符数组
```

2. C字符串的操作与字符串函数库

C字符串不是基本类型,而是一种组合数据类型。因此,不能使用系统预定义的操作符对字符串进行操作。例如,不能使用赋值操作符给已经定义的字符串变量赋值,也不能用关系运算中的相等操作符来比较两个字符串是否相等……,即

```
char s1[12],s2[10];
s1="C++Program";                                              //语法错误
⋮
if (s1==s2)                                                   //语法错误
//…
```

因此,如果要将一个C字符串变量变成具有另外一个C字符串的值,就必须使用复制的方法。

【代码8-13】 字符串复制函数。

```
void strcopy (const char dest[],char src[]){
    int i=0,j=0;
    while ((dest[i++]=src[j++])!='\0');
}
```

说明:如图8.10所示,dest和src是两个字符数组形参名。表达式dest ([i++]=src[j++])的作用是:让i和j同步增1,每次将src[j]赋值给dest[i]。当把最先遇到的'\0'赋值给dest[i]时,表达式(dest[i++]=src[j++])!='\0'为"假",退出循环结构,复制结束。

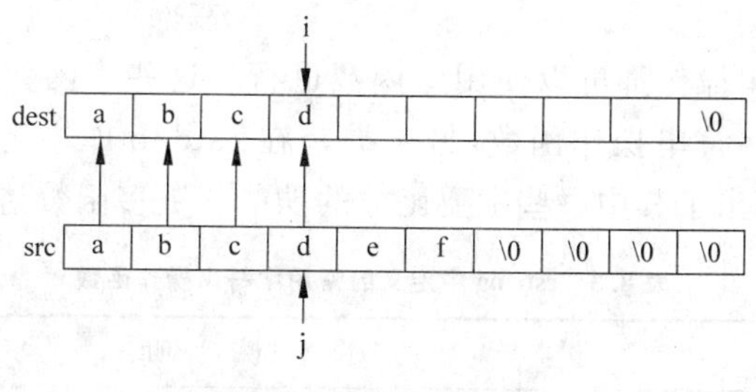

图8.10 字符串复制过程

这里使用了i和j分别作为两个数组的下标。请读者分析,只使用一个i是否可以?

【代码8-14】 从字符串中删除指定字符。

```
int squeeze (char s[],int c){
    int i,j;
    for (i=j=0; s[i] !='\0'; i++)
        if (s[i] !=c)
```

```
        s[j++]=s[i];
    s[j]='\0';
    if (i==j)
        return 0;
    return 1;
}
```

说明：数组 s 设置了两个下标 i 和 j，i 用于标识源数组的元素，j 用于标识删掉 c 后的目的数组的元素，它们都从 0 开始。若 s[i]不为 c，将第 i 个元素赋值给第 j 个元素，然后 j 自增 1，i 随后在 for 循环头中增 1；若 s[i]为 c 时，则 j 不动，只 i 增 1，即跳过元素 c，使下一轮将 c 后的 s[i]复制到 s[j]中。这一过程进行到旧 s 结束（遇'\0'）为止。

函数返回整型数，若能找到查找的字符，返回 1；否则，返回 0。

【代码 8-15】 将一个十进制整数转换成二进制数。

```
itob (unsigned n,char s[]){          //将 n 转换成二进制字符串 s
    int i=0;
    do{                              //按除 2 取余产生逆序数字符串
        s[i++]=n % 2+'0';            //用除 2 取余产生一个数字,再转换为 ASCII 码
    } while ((n/=2) !=0);            //除 2 取整给出下一个数并判断是否转换结束
    s[i] ='\0';                      //添加字符串结束符
    reverse (s);                     //逆序转换函数
}
```

说明：任何一个数字都可以看成是数字字符组成的数字字符串。该函数是按照除 2 取余的方法来进行十-二进制的转换，即用表达式 n/=2 不断产生被除数；用表达式 n%2 产生一个二进制数；并用表达式 n%2+'0'产生一个对应的 ASCII 码。因为'0'给出了数 0 的 ASCII 码(48)，当产生的二进制数为 0 时，其 ASCII 码就是 0+48；当产生的二进制数为 1 时，其 ASCII 码就是 1+48。由于产生的二进制码序列是逆序的，所以最后要使用一个逆序转换函数 reverse()。

实际上，许多字符串操作都可以使用库函数进行。这些库函数主要分为两类：一类为在 cstring 库中定义的字符串操作函数，另一类是在 cstdlib 库中定义的字符串转换函数。表 8.3 和表 8.4 分别列出了其中一些主要函数的功能。更多函数请查看有关手册。

表 8.3 cstring 中定义的常用字符串操作函数

函数名与参数	说　明
strcpy (目的串,源串);	将源串复制到目的串,返回目的串
strcat (目的串,源串);	将源串副本追加到目的串末尾,覆盖目的串终止符,返回目的串
strcmp (串 1,串 2);	按字典序比较串 1 和串 2,根据串 1 小于、等于或大于串 2,分别返回一个负数、0 或正整数
strlen (串);	返回字符串的长度
strcmp (串,字符);	在一个字符串中找一个字符初次出现的位置
strstr (串 1,串 2);	在串 1 中查找串 2 第一次出现的位置

表 8.4　cstdlib 中定义的常用字符串转换函数

函数名与参数	说　明
double atof (const 字符串)；	将字符串中的数字字符、空格和 d/D/e/E 转换成双精度数
int atoi (const 字符串)；	将字符串中的数字字符、空格转换成整型数
long atoi (const 字符串)；	将字符串中的数字字符、空格转换成长整型数

使用上述字符串函数要注意如下几点。

(1) 使用函数 strcpy (目的串，源串)时，目的串必须已经分配存储地址并且缓冲区空间必须大于源串的空间。例如：

```
char s1[10],s2[] ="C++Program";
strcpy (s1,s2);                          //会发生越界写入错误
strcpy (s1,"C++Program");                //会发生越界写入错误
```

(2) 使用函数 strcat (目的串，源串)时，目的串的空间应当足够大，要能放下连接后的新串。

(3) 两个字符串的比较是从两个字符串的第一个字符的比较开始，按照 ASCII 码表中字符的值决定它们的大小；如果第一个字符相同，则用第 2 个字符的值代表两个字符串的大小；依此类推。

3. 为字符串常量添加下标

C++ 语言也允许用下标来引用字符串常量中的一个字符。例如：

```
char ch;
ch="I am a student."[8];
printf ("%c",ch);
```

将输出字符 t。这在某些情况下会比较方便。

4. 用操作符>>和<<输入/输出字符串

字符串可以字符数组名作为输出项，使用 C++ 标准流对象 cout 和插入操作符<<进行整体输出。但输出的字符中不包括'\0'，输出遇到'\0'后结束。

空格是一个字符串的结束标志。使用 C++ 标准流对象 cin 和提取操作符>>输入字符串时，一个字符串中不能包含空格。但是可以输入多个以空格分隔的字符串。

【代码 8-16】 利用>>和<<编程，并从键盘输入字符串“I am a student.”。

```
#include<iostream>
int main (void){
    std::cout<<"请输入一句话：\n";
    char str1[20],str2[20];
    std::cin>>str1>>str2;                //从键盘输入字符串"I am a student."
    std::cout<<"输入内容：\n"<<str1<<str2<<std::endl;
    return 0;
}
```

程序运行结果：

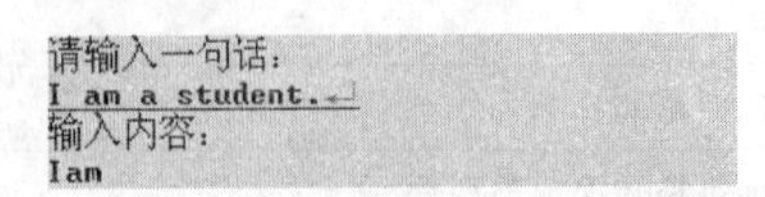

说明：程序所以出现这个结果，原因在于用这种方式读取C字符串时，将把所有空白字符（空格、制表符和换行符）作为特殊字符处理：忽略这些空白字符，并在遇到的空格和换行字符处终止一次提取操作。所以当从输入流"I am a student."中，为str1提取字符"I"后遇到空格，结束一次提取；接着为str2提取字符"am"后遇到空格，又结束一次提取；之后再没有变量需要提取，操作结束。显然，编译器处理字符串会根据空字符的位置确认其长度，而不是根据数组的大小，并且C++对于字符串的长度没有限制。

5. 使用get()或getline()输入字符串

get()和getline()是输入流类istream的两个成员函数。它们都是从输入流中提取字符，并且遇到在这样3种情况时结束：一是遇到参数中给定的字符；二是读取字符数达到长度为－1；三是达到文件尾。提取结束会自动追加结束符'\n'。它们的使用形式和区别见表8.5。

表8.5 get()和getline()的用法

函数形式与参数	说　明
std::cin.get(字符数组,长度,'字符');	不提取字符串分界符，把分界符保留在输入流中
std::cin.getline(字符数组,长度,'字符');	提取字符串分界符

这里，get()函数不提取字符串分界符，把分界符保留在输入流中；而getline()提取字符串分界符。

【代码8-17】 欲从键盘输入两次字符串"I am a student."的程序。

```
#include<iostream>

int main (void){
    char str1[20],str2[20];
    std::cout<<"请输入一句话：\n";
    std::cin.get (str1,20,'\n');            //从键盘输入字符串"I am a student."
    std::cout<<"输入内容："<<str1<<std::endl;
    std::cout<<"请输入一句话：\n";
    std::cin.getline (str2,20,'\n');        //从键盘输入字符串"I am a student."
    std::cout<<"输入内容："<<str2<<std::endl;
    return 0;
}
```

执行结果：

```
请输入一句话：
I am a student.↵
输入内容：I am a student.
请输入一句话：
输入内容：
```

说明：这个程序使用get()函数将一行字符串提取到字符串变量中，但是似乎没有执行

getline()函数，只输入了一个字符串。原因在哪里？这是因为 get()函数不提取分界符，把分界符保留在输入流中。执行 getline()时，输入流中还保留一个换行符，提取该换行符到 str2 后结束提取。所以，并非没有执行 getline()函数。为了避免这种情况，在使用 get()函数后，可以使用一个操作符 std::ws，用来跳过空白字符。

【代码 8-18】 代码 8-17 的改进。

```
#include<iostream>

int main (void){
    char str1[20],str2[20];
    std::cout<<"请输入一句话：\n";
    std::cin.get (str1,20,'\n');                //从键盘输入字符串"I am a student."
    std::cout<<"输入内容："<<str1<<std::endl;
    std::cout<<"请输入一句话：\n";
    std::cin>>std::ws;                          //ws 为跳过开头空白字符
    std::cin.getline (str2,20,'\n');            //从键盘输入字符串"I am a student."
    std::cout<<"输入内容："<<str2<<std::endl;
    return 0;
}
```

运行结果：

```
请输入一句话：
I am a student.↵
输入内容：I am a student.↵
请输入一句话：
I am a student.↵
输入内容：I am a student.↵
```

也可以使用空的 get()函数提取换行符，例如：

```
cin.get (str1,20,'\n');
cin.get ();                                     //吸收跳过一个空白字符
```

或利用 cin>>str1 返回 cin 对象，将调用拼接起来：

```
(cin>>str1).get();
```

8.5.2 string 字符串

1. string 字符串的特点

string 类在许多方面改进了 C 字符串，主要有如下几点。

(1) string 字符串是 string 类对象，而不再是用'\0'作为结束符字符数组。

用户使用 string 类需要头文件 string 的支持。

(2) string 字符串用构造函数创建。

(3) 在 string 字符串中，用数据成员存储对象文本，并且对象文本的最后不需要添加'\0'作为字符串的结束符。

(4) string 类中定义了大量成员函数,为字符串操作提供了方便。例如 string 类对象允许采用部分简单的操作符进行 string 类对象的操作,包括:

- 用“+”进行两个字符串的连接。
- 像基本类型那样,用==、!=、>、<、>=、<=进行比较运算。
- 像基本类型那样,用提取和插入操作符进行输入/输出操作,也可以使用 get()和 getline()。
- 像基本类型那样,用“=”进行赋值运算,用“+=”操作符进行连接赋值运算。
- 像 C 字符串一样,用[]访问字符串中的某个字符。

2. string 类的构造函数

string 类原有 7 个构造函数。后来,C++ 11 又新增了 2 个构造函数。表 8.6 为其中常用的 6 个(表中的 size_type 为依赖于实现的整型;npos 为字符串最大值,通常为 unsigned int 的最大值)。

表 8.6 string 类的常用构造函数

序号	构 造 函 数	描 述
1	string(const char* s)	用 C 字符串初始化 string 对象
2	string(const char* s,size_type n)	用 C 字符串中的前 n 个字符初始化 string 对象
3	string(size_type n,char c)	用 n 个字符 c 初始化 string 对象
4	string(const string& str)	用已有 string 对象初始化新 string 对象
5	string(const string& str, string size_type pos=0,size_type n=npos)	用已有 string 对象中的一段初始化新 string 对象:从 pos 开始到结束,或从 pos 开始的 n 个字符
6	string()	创建一个长度为 0 的默认 string 对象

【代码 8-19】 测试 cstring 类构造函数的用法。

```
#include<iostream>
#include<string>
int main () {
    using std::string ;                  //声明 string 为 std 中定义的名字
    using std::cout;                     //声明 cout 为 std 中定义的名字
    using std::endl;                     //声明 endl 为 std 中定义的名字

    char cs[17]="this is a string";

    string one(cs);          cout<<"one:"<<one<<endl;
    string two(cs,10);       cout<<"two:"<<two+"…"<<endl;
    string three(8,'$ ');    cout<<"three:"<<three<<endl;
    string four(one);        cout<<"four:"<<four<<endl;
    string five(one,10,3);   cout<<"five:"<<five<<endl;
    string six;
    six=two+three;           cout<<"six:"<<six<<endl;
    return 0;
}
```

测试结果如下。

```
one:this is a string
two:this is a …
three:$$$$$$$$
four:this is a string
five1:str
six:this is a $$$$$$$$
```

3. string 字符串输入

如前所述,C 字符串有 3 种输入方式:

```
char cstr[30];
cin>>cstr;                        //输入方式 1
cin.getline(cstr,30);             //输入方式 2
cin.get(cstr,30);                 //输入方式 3
```

string 字符串具有两种输入方式;

```
string str;
cin>>str;                         //输入方式 1
getline(cin,str)                  //输入方式 2
```

对于 cin>>方式来说,两种字符串没有区别,都遵循 cin>>的提取检查原则:为一个字符串变量提取时,首先跳过空白,从第 1 个非空白字符开始读取,直到冲区空或遇到空白字符。所以它们都无法输入有空格的字符串。

对于 getline()方式来说,为两种字符串输入时,都可以使用一个可选的参数来指定输入的边界。例如:

```
cin.getline(cstr,30,':');         //对 C 字符串
getline(cin,str,':')              //对 string 字符串
```

但是,它们还有两点不同:

(1) 对于 C 字符串,cin 是作为调用对象使用的。而对 string 字符串来说,cin 是作为参数使用的。

(2) 为 C 字符串输入时,需要指定字符串长度,以防止越界造成运行中错误。而为 string 字符串输入时,不需要指定字符串长度,因为 string 版本的 getline()具有自动调整目标大小的功能,不会产生越界错误。除非遇到如下情况:

- 输入到达文件尾。
- 遇到分界字符(通常为空白)。
- 读取达到最大允许值(string::npos 和可供分配的存储空间,二中取小者)。

4. string 字符串操作

string 字符串用 string 类成员函数进行操作。string 类中声明了丰富的成员函数,可以提供几乎所有可能的操作,并且各种类型的操作大都可以提供不同方式的操作。表 8.7 为 string 类可以提供的常用操作类型。

表 8.7　string 类提供的常用操作类型

类型	常见操作	使用方式数	说　明
内存相关操作	size(),length()	各 1	返回字符串长度
	max_size()	1	返回字符串所能包含的最大字符数
	empty()	1	检测字符串是否为空
	resize()	2	修改字符串长度
	capacity()	1	返回重新分配前字符串中字符个数
	clear()	1	清空字符串
访问	[],at()	各 2	返回下标值对应的字符
	front()	2	访问字符串的第一个元素(C++11)
	back()	2	访问字符串的最后一个元素(C++11)
	substr()	1	返回子串
赋值	=	5	赋值(C++11 增加 2 个)
	assign()	8	赋值(C++11 增加 1 个)
搜索	find()	4	搜索子字符串(C++11)
	rfind()	4	搜索子字符串最后一次出现的位置
	find_first_of()	4	搜索子字符串中字符首次出现的位置
	find_last_of()	4	搜索子字符串中字符最后出现的位置
	find_first_not_of()	4	搜索第一个不位于子字符串中的字符
	find_last_not_of()	4	搜索最后第一个子字符串中不出现的字符
比较	compare()	6	比较 2 个字符串
修改	+=	3	追加
	append()	6	追加
	insert()	9	插入
	erase()	3	删除字符
	replace()	11	替换部分内容
	copy()	1	复制字符串或部分到 C 字符串
	swap()	1	交换

5. string 字符串与 C 字符串的相互转换

string 类对象与 C 字符串都是与字符串有关的数据类型，但是它们之间有许多不同，并非同一数据类型。因此，在要使用字符串的地方，要注意二者之间的转换问题。基本原则如下：

(1) 由于 string 类具有自动类型转换的功能，所以可以将 C 字符串直接转换为 string 类型。即下面的代码是合法的。

```
#include<string>
#include<cstring>
```

```
char cs[]="This is a Cstring.";
std::string ss;
ss=cs;                          //合法,先将 cs 转换为 string 类型,再赋值给 ss
strcpy (cs,ss.c_str ());        //合法,先用 c_str ()将 string 类对象转换为 C 字符串,再复制
```

(2) 由于C字符串没有自动类型转换功能,并且不能使用系统预定义的操作符,所以下面的代码是非法的。

```
cs=ss;                          //非法,C 字符串不能自动转换类型,也不能使用"="
strcpy (ac,ss);                 //非法,ss 不能自动转换为 C 字符串
cs=ss.c_str ();                 //非法,不能使用"="
```

习 题 8

概念辨析

1. 选择。

(1) 表示一个多维数组的元素时,每个下标________。

A. 用逗号分隔　　B. 用方括号括起再用逗号分隔

C. 用逗号分隔再用方括号括起　　D. 分别用方括号括起

(2) 一个数组的________。

A. 所有元素的类型都相同　　B. 各元素可以是任何类型

C. 每个元素在内存中的存储位置都是随机的　　D. 首元素下标为1

(3) 拟在数组a中存储10个int类型数据,正确的定义应当是________。

A. int a[5+5]={0};　　B. int a[10]={1,2,3,0,0,0,0};

C. int a[]={1,2,3,4,5,6,7,8,9,0};　　D. int a[2*5]={0,1,2,3,4,5,6,7,8,9};

(4) 拟在数组a中存储10个int类型数据,正确的定义应当是________。

A. int a[5+5]={{1,2,3,4,5},{6,7,8,9,0}};　　B. int a[2][5]={{1,2,3,4,5},{6,7,8,9,0}};

C. int a[][5]={{1,2,3,4,5},[6,7,8,9,0}];　　D. int a[][5]={{0,1,2,3},{}};

E. int a[][]={{1,2,3,4,5},{6,7,8,9,0}};　　F. int a[2][5]={};

(5) 若AB为一个类,则执行语句AB a (4),b[3];时,自动调用该类构造函数的次数为________。

A. 1　　B. 2　　C. 4　　D. 7

(6) 读取多行文本,需要________。

A. 使用"cout <<"组合　　B. 使用一个有参的cin.get()函数

C. 使用两个有参的cin.get()函数　　D. 使用3个有参的cin.get()函数

(7) string类对象________。

A. 要以0为终止标志　　B. 用可以使用赋值操作符进行复制

C. 没有成员函数　　D. 可以使用[]操作符访问其中一个字符

2. 判断。

(1) 操作符+可以用于string对象,连接两个字符串。　(　　)

(2) 操作符-可以用于string对象,从一个字符串中删除子字符串。　(　　)

(3) 可以使用cin>>初始化string对象,并用空白键结束输入。　(　　)

(4) 一个函数可以返回一个string对象。　(　　)

代码分析

1. 找出下面各程序段中的错误并说明原因。

(1)

```
int a={11,22};b[33];
```

(2)

```
double c[3]={11 22 33 44};
```

(3)

```
float d (3)={11;22;33};
```

(4) 数组 e[3][2]包含 6 个元素：e[0][0]、e[0][1]、e[0][2]、e[1][0]、e[1][1]和 e[1][2]。

(5)

```
const int StudentNumber=30;
int scores [StudentNumber];
for (int i=1;i<=StudentNumber;i++)scores[0]=0;
```

(6)

```
const char* pc="asdf";
pc[3]='a';
pc="ghik";
```

(7)

```
const char* step[3]={"left","right","hop"};
step[2]="skip";
step[2][1]='i';
```

(8) 对于声明

```
#include<string>
std::string s1,s2,s3,s4;
```

找出下面语句中的错误。

```
s1='This ';
s2='is an ';
s3='example';
s4=s1+s2+s3;
s1=s4 -s2;
if (s4>s1) std::cout<<s4;
```

(9) 下列代码有何问题？

```
void char2Hex ( char c ) {
```

```
//将字符用十六进制表示
char ch=c/0x10+'0'; if ( ch >'9' ) ch+=('A'-'9'-1);
char cl=c%0x10+'0'; if ( cl >'9' ) cl+=('A'-'9'-1);
std::cout<<ch<<cl<<' ';
}
char str[]="I love 中国";
for ( size_t i=0; i&ltstrlen (str);++i )
char2Hex ( str[i] );
std::cout<<std::endl;
```

(10)

```
const int nameLen=8;
chart name[nameLen]={'C','o','m','p','u','t','o','m'};
if (strcmp (name,depart) ==0)std::cout<<"Depart is equal to name.\n";
```

2. 表达式 (a)和 (b)的求值过程有没有区别？如果有，区别在哪里？假定变量 offset 的值是 5。

```
int i[10];
int *p=&i[0];
int offset=5;
p+=offset;          /* 表达式 (a) */
i+=5;               /* 表达式 (b) */
```

3. 给定下列声明

```
int array[4][5][3];
```

把下列各个指针表达式转换为下标表达式填入表 8.8 中。

表 8.8　指针表达式转换为下标表达式

指针表达式	下标表达式	指针表达式	下标表达式
*array		*(*(*(array+3)+1)+2)	
*(array+2)		*(*(*array+1)+2)	
*(array+1)+1		*(**array+2)	
((array+1))		**(*array+1)	
((array+1)+4)		***array	

4. 阅读程序，选择正确的输出结果。

(1) 正确的输出结果是________。

```
#include<iostream>
int main (void) {
    int a[5]={1,2,3,4,5,6,7,8,9,10,11,12};
    int *p=a+5, *q=NULL;
     *q= *(p+5);
    std::cout<< *p<<","<< *q<<endl;
    return 0;
}
```

A. 6 6　　B. 6 11　　C. 5 5　　D. 编译出错

(2) 正确的输出结果是________。

```
#include<iostream >
int main (void) {
    int a[5]={2,4,6,8,10},y=1,x, * p;
    p=&a[1];
    for ( x=0; x<3; x++)
        y+= * (p+x);
    std::cout<<y<<std::endl;
    return 0;
}
```

A. 20　　B. 19　　C. 18　　D. 17

(3) 正确的输出结果是________。

```
#include<iostream >
int main (void) {
    char a[]=" programming ",b[]=" "language ";
    char * p1=a , * p2=b;
    int i;
    for ( i=0; i<=5;++i)
        if ( * (p1+i) == * (p2+i))
            std:: cout<< * (p1+i) <<std::endl;
    return 0;
}
```

A. rg　　B. or　　C. gm　　D. ga

(4) 正确的输出结果是________。

```
#include<iostream >
int main (void) {
    int a[5]={2,4,6,8,10}, * p, * * k;
    p=a;
    k=&p;
    std:: cout<< * (p1++)<<std::endl;
    std:: cout<< * * k<<std::endl;
    return 0;
}
```

A. 4 6　　B. 2 4　　C. 6 8　　D. 编译出错

(5) 执行下列程序段后，s 的值是________。

```
int a[2][3] ={{1,2,3},{4,5,6}};
int s, * p=a;
s=( * p) * ( * (p+2) * ( * (p+4));
```

A. 418　　B. 15　　C. 20　　D. 6

(6) 假定 a 为一个整型数组名,则元素 a[4]的字节地址为________。

A. a+4　　B. a+8　　C. a+16　　D. a+32

开发实践

设计下列各题的面向对象的 C++ 程序,并为这些程序设计测试用例。

1. 输入一个十进制数,输出对应的十六进制数。

2. 设计一个 C 程序,演示二维字符数组形式的字符串数组与字符指针数组形式的字符串数组的存储区别。

第9单元　变量的作用域、生命期、连接性和名字空间

作用域、生命期和连接性是变量(包括对象)的重要属性。本单元介绍这些属性的基本概念和用法。顺便介绍与作用域概念相近的名字空间的概念和用法,然后重点介绍类的静态成员。

9.1　基本概念

9.1.1　标识符的作用域及其分类

作用域(scope)是程序代码的一个区间。变量的作用域是指变量名字在某个域中的可用性。所以,严格地说,是标识符的作用域。按照代码范围的大小从小到大,可以把标识符的作用域分为语句域、语句块域、函数域、类域和文件域。

1. 语句域

语句域是指标识符仅在一个语句中有效,是最小的作用域。

函数原型声明具有语句域。即在函数原型声明中使用的参数名,只在这个语句中有效。

【代码 9-1】 语句域示例。

```
#include <iostream>

long fact(int n);                                   //参数 n 仅在这个语句中有效

int main(){
    std::cout<<fact (10)<<std::endl;
    return 0;
}

long fact (int x) {
    long f=1;
    for (int i=1;i <=x;f *=i,i ++);
    return f;
}
```

【代码 9-2】 在域外使用标识符将引起错误。

```
#include <iostream>

long fact(int n);

int main(){
```

```
    n=10;                                          //错
    std::cout<<fact (n)<<std::endl;                //错
    return 0;
}

long fact (int x) {
    long f=1;
    for (int i=1;i <=x;f *=i,i ++);
    return f;
}
```

这个代码编译时出现错误：

```
D:\My program Files\exx008001.cpp(6): error C2065: 'n' : undeclared identifier
```

2. 程序块域

程序块域也称语句块作用域或简称块域，针对那些定义在用花括号括起的一组语句中、if 的子语句中、switch 的子语句中以及循环体中的变量或对象而言。它们的作用范围仅在定义它的相应范围内，从定义时起是有效的。

【代码 9-3】 两种语句块域示例。

```
1:  #include <iostream>
2:
3:  int main(){
4:      int a=888;
5:      {                                          //块 1
6:          //std::cout<<",b="<<b<<std::endl;      不加注释会出错
7:          int b=999;
8:          std::cout<<"在块 1 中: "<<"a="<<a<<",b="<<b<<std::endl;
9:          {                                      //块 2
10:             int b=666;
11:             std::cout<<"\n 在块 2 中: "<<"a="<<a<<",b="<<b<<std::endl;
12:         }
13:         {                                      //块 3
14:             int b=333;
15:             std::cout<<"\n 在块 3 中: "<<"a="<<a<<",b="<<b<<std::endl;
16:         }
17:         std::cout<<"\n 在块 1 中: "<<"a="<<a<<",b="<<b<<std::endl;
18:     }
19:     return 0;
20: }
```

运行结果：

```
在块1中: a = 888, b = 999
在块2中: a = 888, b = 666
在块3中: a = 888, b = 333
在块1中: a = 888, b = 999
```

由上例可以看出以下几点。

(1) 当第6行不加注释时,会出现错误:

```
D:\My program Files\exx008001.cpp(6) : error C2065: 'b' : undeclared identifier
```

说明块作用域的起始点为该标识符说明处,终点是该块的结束处;并且块作用域是可以嵌套的。

(2) 不同块中定义的相同名字(如块2和块3中定义的变量b)被看成不同的标识符。

(3) 语句块域可以嵌套,并且内块中的标识符可以屏蔽外块中的同名标识符,使其不可见。所以标识符的作用域和其可见性并非始终一致。

3. 函数域

函数域或称函数作用域,针对函数的形参、函数体内定义的变量或对象而言(如代码9-3中的变量a),但不包括在函数体内的语句块中定义的变量或对象(如代码9-3中的变量b)。对于C++来说,函数域也可以看成一种块域,并且是最大的块域。

4. 文件域

文件是程序进行编译的单位,所以文件域也称编译单元域。在函数和类之外定义的标识符具有文件作用域,其作用域从说明点开始,在文件结束处结束。文件作用域包含该文件中所有的其他作用域。

由于文件是编译的单位组织,所以文件域成为一个特殊域:标识符可以在文件域或块域中定义,但在文件域中定义的标识符在文件中所有的块中都可以使用,称之为全局变量;在块域中定义的标识符具有局部性,称之为局部变量。

在C++程序中,一定属于文件域的有:

(1) 类的成员函数以外的其他函数。

(2) 宏名,除非文件中出现了undef取消定义。

(3) 如果标识符出现在头文件的文件作用域中,则它的作用域扩展到嵌入了这个头文件的程序文件中,直到该程序文件结束。

【代码9-4】 文件作用域示例。

```
#include <iostream>

int i;                                        //文件作用域
int main(){
    i=888;
    {
        int i=666;                            //块作用域
        std::cout<<"i="<<i<<std::endl;        //输出 666
    }
    std::cout<<"i="<<i<<std::endl;            //输出 888
    return 0;
}
```

运行结果：

```
i = 666
i = 888
```

在此程序中，最外层的 i 有文件作用域，最内层的 i 有块作用域，最内层的 i 隐藏最外层的 i，这时在最内层无法存取文件作用域的 i。使用作用域操作符::，可以在块作用域中存取被隐藏的文件作用域中的名字。

【代码 9-5】 使用作用域操作符::在块域中访问具有文件域的变量。

```
#include <iostream>

int i;                                          //文件作用域
int main(){
    i=888;
    {
        int i=666;                              //块作用域
        std::cout<<"i="<<::i<<std::endl;        //使用作用域操作符::
    }
    std::cout<<"i="<<i<<std::endl;
    return 0;
}
```

运行结果：

```
i = 888
i = 888
```

说明：可能读者已经注意到了，前面讲过，C++ 程序是从主函数开始执行，随主函数结束而结束，中间可以调用其他函数。那么定义全局变量的语句 int i;是什么时间执行呢？可以说，是编译时执行的。因为外部的定义都是静态的。

5. 类域

一个类由一些成员组成，包括数据成员和成员函数。这些成员名字的作用域为所在的类。这包含了下面几点意思。

(1) 这些名称是外部无法直接访问的，包括了公开成员。即使要访问公开成员，也必须通过类的对象或指向对象的指针，用成员操作符(.) 或间接成员操作符(->)；对于静态成员则要通过类名加作用域解析操作符(::)进行访问。而一个类的成员之间访问或引用，没有上述限制。

(2) 要定义某个成员时，必须使用作用域解析操作符(::)加以限制。

(3) 不同的类中可以具有相同的类成员名，不会引起冲突。

9.1.2 变量的生命期与内存分配

1. 变量生命期及其类型

总地来说，变量的生命期可以分为 3 类。

(1) 永久生命期,或称静态生命期。具有这种生命期的变量在编译时就被分配了存储空间并初始化。其生命期是从程序开始运行到程序运行结束。

(2) 临时生命期,或称自动生命期。具有这种生命期的变量往往被用于程序的一个局部,即在程序的某个域中需要时才被用定义语句创建,这个域结束时便被自动撤销。

(3) 可控生命期,或称动态生命期。具有这种生命期的变量也是被用于程序的一个局部,但与域无关,其创建与撤销完全由程序员掌控。关于这种机制将在第 13 单元介绍。

2. C++ 存储分配

为了管理方便,编译器将这 3 种生命期的变量分配在不同的存储区中。图 9.1 为典型的 C++ 程序存储空间分布。它分为 5 个部分。

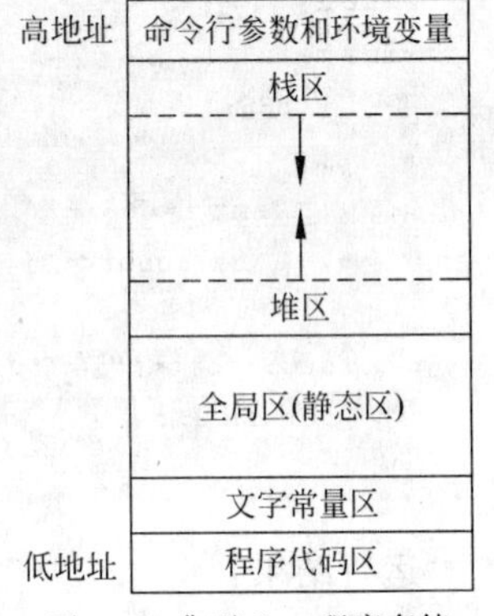

图 9.1 典型 C++ 程序存储空间布局

(1) 栈区(stack area)与临时(自动)生命期。栈是一种先进后出或后进先出式的存储管理方式。栈区用于存储运行函数所需要的局部变量、函数参数、返回数据、返回地址等。程序运行到一个变量定义时,才开始为其分配存储空间,并按照分配的先后顺序压入栈中;当程序运行到该变量所在的块结束时,编译器按照先进后出的原则执行弹出操作,自动释放该块内的局部变量所占用的系统资源。由于这些变量只生存在程序的某个局部运行期间,所以称为临时变量。还由于这些过程是自动完成的,所以又称为自动变量。还由于这样的生命期是局部的,也被称为局部变量。局部变量在定义时如果不显式初始化,则值是一个未知数。

(2) 动态存储区与可控(动态)生命期。堆区(heap area)存放由程序员分配并释放的变量,即它们可以由程序员需要时用一个操作符创建,不再需要时用一个回收操作符回收,它们的生命完全掌握在程序员手中,由程序员根据需要动态地掌控,不受块域的影响。所以它们的生命期是可控的、动态的。

堆区与栈区共用一个公用存储区,分别从这个区的两端开始进行存储分配。

(3) 静态区与永久(静态)生命期。静态区也称永久区,存放永久生命期的变量,称为静态变量。静态变量在编译时即被创建并初始化,如果不显式初始化,则在编译时会默认初始化为零。静态变量的生命期与程序的运行生命期一致,即程序运行开始,它们就存在;程序运行结束时才被操作系统撤销。通常把这种生命期称为全局生命期或永久生命期。

(4) 文字常量区。常量存储区是一块比较特殊的存储区,里面存放的是常量,不允许修改,字符串常量就放在这里,程序结束后由系统释放。

(5) 程序代码区。程序代码区存储 CPU 执行的指令部分,也就是主要的程序代码编译出来的目标代码。这些代码具有只读属性,可以共享,例如类成员函数和全局函数的二进制代码。

9.1.3 标识符的连接性

标识符的连接性(linkage)指标识符的作用域可以被扩展的能力,或者说是标识符在不同的单元间共享的能力。按照连接性,可以把标识符分为外部连接标识符、内部连接标识符和无连接标识符。由于链接是编译的一个阶段,所以连接性的划分以文件域(编译域)为基准进行划分。

(1) 外部连接性:标识符的作用域有可能被扩充到其他文件域,即可以在文件间共享。

(2) 内部连接性:标识符的作用域只限于当前文件域,即只能在一个文件的不同函数间共享。

(3) 无连接性:标识符的作用域只限于当前函数域或块域,没有被共享的能力。

9.2 C/C++的存储属性关键字

标准C/C++语言用4种存储属性关键字:auto、register、static和extern综合了变量的作用域、生命期和连接性。

9.2.1 用auto或register定义自动变量

1. auto关键字

auto修饰变量具有局部作用域和自动生命期,称为自动变量。自动变量的基本声明格式为

```
[auto] 数据类型 变量名[=初始化表达式],…;
```

auto是自动变量的存储类别标识符,它的作用是告诉编译器将变量分配在自动存储区。方括号中的内容是可以省略的,即定义在块内并且省略了auto的变量定义,系统默认此变量为auto。前面使用的变量基本上都是自动变量。

2. register关键字

register修饰的变量是在寄存器中存储的变量。这类变量具有局部变量的所有特点。当把一个变量指定为寄存器存储类别时,系统就将它存放在CPU中的一个寄存器中。通常把使用频率较高的变量(如循环次数较多的循环变量)定义为register类别。所有函数的形式参数都是register的,即不能用auto修饰形式参数。

由于各种计算机系统中的寄存器数目不等,寄存器的长度也不同,因此C++对寄存器存储类别只作为建议提出,不作硬性统一规定。在程序中如遇到指定为register类别的变量,系统会尽可能地实现它,但如果因条件限制,例如只有8个寄存器,而程序中定义了20个寄存器变量时,系统会自动将它们(即未能实现的那部分)处理成自动(auto)变量。

9.2.2 用extern定义或修饰全局变量

1. 外部变量的定义

外部类型的作用域是文件作用域,它被存储在静态存储区,生命期是永久的。

外部变量定义在所有函数之外，所以也称外部变量，其定义的基本格式为：

```
extern 类型关键字 变量名=初始化表达式;
```

注意，这里的"初始化表达式"是必需的。只有将关键字 extern 省略时，才可以将初始化部分省略，由编译器为变量指定默认值，如对 double 类型用 0.0 初始化，即下面的 3 个外部声明是等价的。

```
extern double d=0.0;
double d=0.0;
double d;
```

注意，省略关键字 extern 的定义只能定义在函数外部，而不省略的形式可以定义在任何位置。

定义与声明

严格地说，定义与声明是两个不相同的概念。声明的含义更广一些，定义的含义稍窄一些，定义是声明的一种形式，定义具有分配存储的功能，凡是定义都属于声明，称为定义性声明(defining declaration)。另一种声明称为引用性声明(referencing declaration)，它仅仅是对编译系统提供一些信息。总之，声明并不都是定义，而定义都是声明。

对于局部变量，声明与定义合二为一；对于全局变量，声明与定义各司其职。

在一个程序中，定义性声明只能有一个，而引用性声明可以有多个。定义性声明中可以有初始化表达式，但引用性声明中不可以有初始化表达式。

2. 用 extern 引用性声明将外部变量的作用域向前扩展——链接到当前位置

对于 C++ 来说，外部变量具有内部链接性，当其定义位于一个文件的后部时，可以用引用性声明将其链接到前部。函数的原型声明就是一种引用性声明。相对于引用性声明，把外部类型的定义称为定义性声明。变量的引用性声明的格式为

```
extern 类型关键字 变量名;
```

注意：这里没有初始化部分。与引用性声明的区别是，定义性声明要么使用有关键字 extern 的，必须有初始化部分；要么省略关键字 extern 的，可以没有初始化部分。

【代码 9-6】 使用引用性声明将全局变量的作用域向前扩展。

```
#include <iostream>
void gx (),gy ();
int main (void) {
    extern int x,y;                    //引用性声明,将 x 和 y 的作用域扩充到主函数
    std::cout<<": x="<<x<<"\t y="<<y<<std::endl;
    y=246;
    gx ();
    gy ();
    return 0;
}

void gx () {
    extern int x,y;                    //引用性声明,将 x 和 y 的作用域扩充到函数 gx()
```

```
    x=135;
    std::cout"2:x="<<x<<"\t y="<<y<<std::endl;
}

int x,y;                                        //定义性声明,定义 x、y 是外部变量

void gy () {
    std::cout"3:x="<<x<<"\t y="<<y<<std::endl;
}
```

运行结果：

```
1: x = 0          y = 0
2:x = 135         y = 246
3:x = 135         y = 246
```

讨论：第一次输出 x=0 和 y=0，是外部变量初始化的结果（不给初值便自动赋以 0）。在执行 gx()函数时，只对 x 赋值，没对 y 赋值，但在 main 函数中已对 y 赋值，而 x 和 y 都是外部变量，因此可以引用它们的当前值，故输出 x=135，y=246。同理，在函数 gy()中，x 和 y 的值也是 135 和 246。

定义性声明与引用性声明除了形式不同外，外部变量的定义性声明只能有一次，但引用性声明可以有多次。

3. 用 extern 引用性声明将外部变量连接到当前文件中

外部变量具有外部连接性。假设一个程序由两个以上的文件组成。当一个外部变量定义在文件 file1.cpp 中时，在另外的文件中使用 extern 声明，可以通知链接器一个信息："此变量到外部去找"，或者说在链接时告诉链接器："到别的文件中找这个变量的定义"。也就是说，使用 extern 声明就可以将其他源程序文件中定义的变量以及函数连接到本源程序文件中。

【代码 9-7】 将外部变量连接到其他文件的例子。

```
/*** file1.cpp ***/
#include <iostream>
int x,y;                                        //定义外部变量 x、y
char ch;                                        //定义外部变量 ch
int main (void) {
    x=12;
    y=24;
    f1 ();
    std::cout<<ch;
    return 0;
}
```

```
/*** file2.cpp ***/
extern int x,y;                                 //引用性声明
```

```
extern char ch;                              //引用性声明
f1 () {
    std::cout<<x<<","<<y<<std::endl;         //引用外部变量
    ⋮
    ch='a';                                  //引用外部变量
⋮
}
```

说明：

(1) 在file2.cpp文件中没有定义变量x、y、ch，而是用extern声明x、y、ch是外部变量，因此在file1.cpp中定义的变量在file2.cpp中也可以引用。x、y在file1.cpp中被赋值，它们在file2.cpp中也作为外部变量，因此输出12和24。同样，在file2.cpp中对ch赋值'a'，在file1.cpp中也能引用它的值。当然要注意操作的先后顺序，只有先赋值才能引用。

注意：在file2.cpp文件中不能再定义“自己的外部变量”x、y、ch，否则就会犯“重复定义”的错误。

(2) 如果一个程序包含有若干个文件，并且不同的文件中都要用到一些共用的变量，可以在一个文件中定义所有的外部变量，而在其他有关文件中用extern来声明这些变量即可。

(3) 在C++程序中，函数都是全局的，也可以加上extern修饰，将其作用域扩展到其他文件。

9.2.3 static关键词

static是一个非常重要的存储属性关键词，它可以用来修饰局部变量，将其生命期延长为永久的；也可以修饰全局变量，将全局变量的外部连接性限制为内部的；还可以用于定义类的成员，使其成为该类的所有对象共享的成员。本节介绍前两者，后者在下一节专门介绍。

1. 用static将外部变量连接性限制为内部连接性

在多文件程序中，若用static修饰外部变量的定义，则该外部变量的连接性被限制在当前文件内部，即不能接到其他文件；而无static修饰的外部变量，链接性是外部的。例如，某个程序中要用到大量函数，其中有几个函数要共同使用几个外部变量时，可以将这几个函数组织在一个文件中，并将这几个外部变量定义为静态的，以保证它们不会与其他文件中的变量发生名字冲突，保证文件的独立性。

【代码9-8】 采取表达式r2=(r1 * 123+59) % 65536，产生一个随机数序列。只要给出一个r1，就能在0～65535范围内产生一个随机整数r2。

```
static unsigned int r;                       //将全局变量的连接性变为内部的

int random (void) {
    r=(r * 123+59) % 65536;
```

```
    return (r);
}

/*产生 r 的初值*/
unsigned randomstart (unsigned int seed) {retrun r=seed;}
```

说明：r 是一个静态外部变量，初值为 0。在需要产生随机数的函数中先调用一次 randomstart 函数以产生 r 的第一个值，然后再调用 random 函数。每调用一次 random，就得到一个随机数。

【代码 9-9】 代码 9-8 的测试主函数(也单独用一个文件存储)。

```
#include <iostream>

int main (void) {
    int i,n;
    std::cout<<"Please enter the seed:";
    std::cin>>n;
    randomstart (n);
    for (i=1;i<10;i++)
    std::cout<<random ();
    return 0;
}
```

运行时能产生 9 个随机数。下面是两次运行记录：

```
Please enter the seed: 5↵
674 17425 46182 44349 15498 5769 54286 58101 3058
```

```
Please enter the seed: 3↵
428 52703 60000 40027 8180 23159 30568 24371 48572
```

这里，将产生随机数的两个函数和一个静态外部变量的声明组成一个文件，单独编译。这个静态变量 r 是不能被其他文件直接引用的，即使别的文件中有同名的变量 r 也互不影响。r 的值是通过 random 函数返回值带到主调函数中的。因此，在编写程序时，往往将用到某一个或几个静态外部变量的函数单独编成一个小文件。可以将这个文件放在函数库中，用户可以调用函数，但不能使用其中的静态外部变量(这个外部变量只供本文件中的函数使用)。

对于一个多文件程序来说，由于每个文件可能都是由不同的人单独编写的，这难免会出现不同文件中同名但含义不同的外部变量。这时，若采用静态外部变量，就可以避免引同名而造成的尴尬局面。所以，在程序设计时最好不用外部变量，非用不可时，也要尽量优先考虑使用静态外部变量。

【代码 9-10】 extern 与 static 综合应用实例。

```
//code1.cpp
extern int a;                          //声明变量 a: 外部链接
```

```
extern void f (int x);                        //声明函数 f,外部链接;x: 局部,无链接
static int b=999;                             //定义变量 b: 全局,内部链接
int main(){
    f(a);
    f(b);
    return 0;
}
```

```
//code2.cpp
#include <iostream>
extern int a;                                 //声明变量 a,使其作用域向前扩展到此
void f( int b){                               //定义函数 f,全局,外部链接;变量 b,局部,无链接
    std::cout<<"a="<<a
             <<",b="<<b
             <<std::endl;
}
int a=888;                                    //定义变量 a: 全局变量,外部链接
```

执行结果：

```
a = 888,b = 888
a = 888,b = 999
```

说明：

(1) 关键字 extern 可以将作用域从定义域延伸到声明语句所在域。

(2) 函数一般具有外部连接性,所以函数声明可以用关键字 extern 修饰,也可以省略关键字 extern。

(3) 函数也可以用 static 修饰为文件内部的,以限制外部引用。

2. 用 static 将局部变量的生命期延长为永久

自动变量在使用中有时不能满足一些特殊的要求,特别是在函数中定义的自动变量,会随着函数的返回被自动撤销。但是有一些问题需要函数保存中间计算结果。解决的办法是将要求保存中间值的变量声明为静态的,这样,这些变量的生命期就成为永久的了。

【代码 9-11】 计算阶乘的程序。

```
#include <iostream>
int main (void) {
    for (int i=1;i <=3;i ++) {
        static long int fact=1;           //fact 只在函数第一次调用时初始化,在以后调用中共用
        fact *=i;
        std::cout<<i <<"! ="<<fact<<std::endl;
    }
    return 0;
}
```

执行结果：

```
1! = 1
2! = 2
3! = 6
```

讨论：若不将变量 fact 用 static 修饰，则得到的结果如下。

```
1! = 1
2! = 2
3! = 3
```

原因在于 fact 是定义在 for 循环体中的一个自动变量。若用 static 修饰，虽然没有改变该变量局部作用域的性质，但是将其生命期延长为永久的，即每次循环都是在前次计算的结果上进行的。而去掉了 static，则变量 fact 的生命期变为局部的，即每进入一次 for 循环，都要重新定义并初始化一次变量 fact，使乘法在前一次累乘的结果上进行，其值只有 1 * i。

这个例子也说明，由于 static 使局部变量的生命期成为永久，这带来一个好处，就是使该变量可以为多个过程所共享。代码 9-11 实现了在各轮循环过程中的共享。也可以实现在一个函数的不同调用中的共享。

【代码 9-12】 用 static 实现一个函数不同调用时的共享。

```
#include <iostream>
void getFact (int n) {
    for (int i=1;i <=3;i ++) {
        static long int fact=1;          //fact 只在函数第一次调用时初始化,在以后调用中共用
        fact *=i;
        std::cout<<i <<"!="<<fact<<std::endl;
    }
}

int main (void) {
    getFact (3);
    return 0;
}
```

测试结果仍为：

```
1! = 1
2! = 2
3! = 6
```

3. 静态对象

对象可以被定义为静态对象。静态对象的特点是：构造函数与析构函数只执行一次，并且析构函数的执行顺序与初始化的顺序相反。

【代码 9-13】 静态对象创建与撤销时，构造函数与析构函数的执行情形。

```
//CLASS.h
class CLASS{
private:
    char ch;
```

```
public:
    CLASS(char c);
    ~CLASS();
};

//CLASS.cpp
#include <iostream>
#include "CLASS.h"

void f();
void g();
CLASS A('A');

int main(){
    std::cout<<"\ninside main"<<std::endl;
    f();
    f();
    g();
    std::cout<<"\noutside main"<<std::endl;
    return 0;
}

CLASS ::CLASS(char c):ch(c){
    std::cout<<"construct for "<<ch<<std::endl;
}

CLASS ::~CLASS(){
    std::cout<<"destruct for "<<ch<<std::endl;
}

void f(){
    static CLASS B('B');
}

void g(){
    static CLASS C('C');
}
```

测试结果：

```
construct for A

inside main
construct for B
construct for C

outside main
destruct for C
destruct for B
```

说明：

(1) 这个程序执行时，在主函数中函数 f()执行两次，但构造函数只调用了一次。

(2) 在主函数执行时，对象创建顺序为 B、C，而析构函数的执行顺序为 C、B。

4. 静态成员函数

类的成员不能使用 auto、register 和 extern 等修饰符，只能用 static 修饰符。用 static 修饰的成员称为该类的静态成员。类的静态成员有许多特殊性，主要特点是为所有实例所共享。关于静态成员变量的概念已经在第 3.4 节和 4.4 节进行了介绍，本节介绍类静态成员的用途。

静态成员函数具有如下特性。

(1) 使用 static 关键字声明的函数成员称为静态成员函数。静态成员函数属于类的静态成员，只有一个备份，并且在编译时就已经可以运行。所以静态成员是可以独立访问的，即无须创建任何对象实例就可以访问。因此，虽然对于公有的静态函数成员函数，既可以通过类名引用，也可以通过对象名引用，但一般情况下建议用对象名来引用静态函数成员。而一般的成员函数只能通过对象名来调用。

(2) 在静态成员函数的实现中不能直接引用类中说明的非静态成员，只能访问静态成员变量。因为静态成员函数属于类本身，在类的对象产生之前就已经存在了，先存在者无法访问后存在者。然而，在非静态成员函数中可以调用静态成员函数。因为，后出现者应当可以访问先出现者。

静态成员函数要访问非静态数据成员，可以通过传一个对象的指针、引用等参数得到对象名，然后通过对象名来访问。这是相当麻烦的。

【代码 9-14】 静态成员函数的使用。

```
#include <iostream>

class M {
public:
    M(int a) { A=a;B+=a;}
    static void f1(M m);
private:
    int A;
    static int B;
};

void M::f1(M m){
    std::cout<<"A="<<m.A<<std::endl;
    std::cout<<"B="<<M.B<<std::endl;
}

int M::B=0;

int main(){
    M p(111),q(222);
    M::f1(p);                          //调用时不用对象名,直接用类名
    M::f1(q);
    return 0;
}
```

运行结果：

```
A=111
B=333
A=222
B=333
```

(3) 静态成员函数的地址可用普通函数指针储存，而普通成员函数地址需要用类成员函数指针来储存。例如：

```
class base{
    static int func1();
    int func2();
};
int (* pf1)()=&base::func1;                    //普通的函数指针
int (base:: * pf2)()=&base::func2;             //成员函数指针
```

(4) 静态成员函数不含 this 指针。所以构造函数和析构函数不可以定义为 static，因为构造函数要给每一个对象一个 this 指针。若将构造函数定义为静态的，就无法构造和访问 this 指针。

(5) 静态成员函数在类体中的声明前加上关键字 static，不可以同时再声明为 virtual、const、volatile 函数；它们出现在类体外的函数定义不能再加上关键字 static。

```
class base{
    virtual static void func1();               //错误
    static void func2() const;                 //错误
    static void func3() volatile;              //错误
};
```

(6) 静态成员函数可以定义成内联的，也可以定义成非内联的。当要定义成非内联的静态成员函数时，不可再使用关键字 static。

根据上述关于静态数据成员和静态成员函数的特征，下面为类 WangPo 定义一个模拟显示总重与总个数的静态成员函数。

【代码 9-15】 WangPo 类的定义。

```
#include <iostream>

class WangPo {
    float weight;
    static int totalNumber;                    //静态数据成员：卖出个数
    static float totalWeight;                  //静态数据成员：卖出总重
public:
    WangPo (float w);                          //模拟售瓜
    ~WangPo (void) {}                          //析构函数
    void returnedPurchas (void);               //退货
    static void totalDisp (void);              //显示总重与总数的静态成员函数
};

float WangPo::totalWeight=0;                   //静态数据成员的定义性声明
```

```
int WangPo::totalNumber=0;                    //静态数据成员的定义性声明

WangPo::WangPo (float w) {                    //模拟售瓜
    weight=w;
    std::cout<<"卖出一个瓜,重量: "<<weight<<std::endl;
    totalNumber ++;
    totalWeight +=weight;
}

void WangPo::returnedPurchas (void) {         //退货
    std::cout<<"退货一个瓜,重量: "<<weight<<std::endl;
    totalNumber --;
    totalWeight -=weight;
}

void WangPo::totalDisp (void) {               //显示总重与总数的静态成员函数
    std::cout<<"总计卖出个数:" <<totalNumber<<std::endl;
    std::cout<<"总计卖出重量:"<<totalWeight<<std::endl;
}
```

【代码 9-16】 测试主函数。

```
int main (void) {
    WangPo w1 (3.5f);                         //卖出 w1
    WangPo::totalDisp ();

    WangPo w2 (6.3f);                         //卖出 w2
    WangPo::totalDisp ();

    WangPo w3 (5.6f);                         //卖出 w3
    WangPo::totalDisp ();

    w2.returnedPurchas ();                    //退回 w2
    WangPo::totalDisp ();
    return 0;
}
```

测试结果与前面相同。但是显示函数 totalDisp ()却不是使用对象调用的,而是由 main ()调用的。因为,这个函数已经与对象无关,成为所有对象可以共用的函数了。

9.3 名字空间域

9.3.1 名字冲突与名字空间

1. 名字空间的概念

2007 年 7 月 31 日,一个网站中发布了中国 13 亿人口中重复率最高的名字前 50 个,其中有张伟(290 607 人)、王伟(281 568 人)、王芳(268 268 人)、李伟(260 980 人)等。众多的重名现象,在某些情况下已经成为一个令人头疼的问题。但是,对于一个家庭来说,就不会出现这个现象。

在程序中同样会出现这样的问题。随着程序规模的扩大,程序中使用的具有全局作用域的名字会越来越多,例如全局变量名、函数名、类名、全局对象名等。大规模的程序一般是多人合作编写的。每一个人在自己涉及的那部分程序中可以做到名字不重,但很难保证与别人编写的那部分程序中没有名字冲突。此外,一个程序往往还需要包含一些头文件,这些头文件中也有大量的名字,如 cout、cin、ostream、istream 等。这么多名字的程序块,其中极有可能包含有与程序的全局实体同名的实体,或者不同的块中有相同的实体名。它们分别编译时不会有问题。但是,在进行连接时,就会报告出错,因为在同一个程序中有两个同名的变量,认为是对变量的重复定义。这就是名字冲突(name clash)或称全局名字空间污染(global namespace pollution)。解决名字冲突的有效方法是引入名字空间(name space)机制。

名字空间的作用是将一个程序中的所有名称规范划分到不同的集合——名字空间中,确保每个名字空间中没有任何两个相同的名字定义。否则,将会引起重定义错误。

2. 名字空间的创建

名字空间用关键字 namespace 定义,格式如下:

```
namespace 名字空间名
{
    名字定义 1
    名字定义 2
    ⋮
    名字定义 n
}                          //注意后面没有分号
```

在声明一个名字空间时,花括号内不仅含有变量(可以带有初始化表达式),也能含有常量、数(可以是定义或声明)、结构体、类声明、模板以及一个嵌套名字空间。

【代码 9-17】 名字空间的定义。

```
namespace zhang1 {                                  //名字空间定义
    const double  PI=3.14159;                       //全局常量定义
    double        radius=2.0;                       //全局变量定义
    double        getCircumference (void)           //外部函数定义
     {return 2 * PI * radius;}

    class C {
        int       a;
        int       b;
    public:
        C (int aa,int bb):a (aa),b (bb) {}
        int       disp (void) {return (a +b);}
```

```
    };
    namespace   zhang2                          //嵌套的名字空间定义
    {int age;}
}
```

说明：

(1) namespace 是定义名字空间所必须写的关键字，zhang1 是用户自己指定的名字空间的名字，在花括号内是声明块，在其中声明的实体称为名字空间成员（namespace member）。这里，radius、age 是全局变量名，PI 是全局常量名，getCircumference 是外部函数名，它们在程序中的作用没有变，仅仅是把它们加入在指定的名字空间。

(2) zhang1 和 zhang2 是两个名字空间名，它们形成嵌套结构。

(3) 对于大型程序来说，名字空间定义以头文件的形式保存。本例中的 ex0518.h 就是存放这个名字空间定义的头文件。对于较小的程序则可以将上述代码与其他操作写在一起，用一个程序文件存储。

3. 标准名字空间 std

标准 C++ 库的所有标识符都是在一个名为 std 的名字空间中定义的，或者说标准头文件（如 iostream）中函数、类、对象和类模板是在名字空间 std 中定义的。std 是 standard（标准）的缩写，表示这是存放标准库的有关内容的名字空间。

9.3.2 名字空间的使用

1. 名字空间的基本用法

名字空间外部的代码不能直接访问名字空间内部的元素。要在某作用域中使用其他名字空间中定义的元素，首先要将定义该元素的头文件包含在当前文件中，然后可以使用下面的 3 种方法将名字空间中的元素引入当前的代码空间中。

(1) 直接使用名字空间限定方式。

【代码 9-18】 主函数中对每一个名字，都用名字空间限定（qualified）其名字空间。

```
#include <iostream>
int main (void) {
    std::cout<<zhang1::PI<<std::endl;
    std::cout<<zhang1::radius<<std::endl;
    std::cout<<zhang1::getCircumference ()<<std::endl;
    std::cout<<zhang1::zhang2::age<<std::endl;

    zhang1::C c1 (2,3);
    std::cout<<c1.disp ()<<std::endl;

    return 0;
}
```

作用域操作符“::”表明所使用名字来自哪个名字空间。

(2) 使用 using 声明将一个名字空间成员引入当前作用域。

【代码 9-19】 在主函数中,用 using 作为关键字,声明某个名字空间中的某个名字,使其进入当前作用域,包括了标准名字空间 std 中的 cout、cin、endl 等名字的应用。

```
#include <iostream>

int main (void) {
    using std::cout;
    using std::endl;

    using zhang1::PI;
    using zhang1::radius;
    using zhang1::getCircumference;
    using zhang1::C;                          //类名的引入
    using zhang1::zhang2::age;                //嵌套名字域的引入

    cout<<PI<<endl;
    cout<<radius<<endl;
    cout<<getCircumference ()<<endl;

    C c1 (2,3);
    cout<<c1.disp ()<<endl;                   //成员函数的使用

    return 0;
}
```

说明:

- using 声明遵循作用域规则,超出了作用域就不再有效。这里,所引入的名字都是在主函数 main ()中。如果在函数外部,则将这些名字引入到全局作用域中,并且局部变量能够覆盖同名的全局变量。
- 对于类中的成员来说,只引入类名即可。
- 不合理的 using 声明有时会引发名字冲突。例如

```
using zhang1::val1;
using wang2::val1;
val1=5;
```

将导致二义性。

(3) 使用 using 编译预处理命令将一个名字空间中的所有元素引入到当前作用域中,如对于代码 9-17~代码 9-19 来说,可以使用下面的语句。

```
using namespace zhang1;
// …
```

这种方法用于标准名字空间 std 时写为

```
#include <iostream>
using namespace std;
//…
```

说明：

- using 命令也遵循作用域规则，超出了作用域就不再有效。
- using 命令使一个名字空间中的所有元素都可以使用，不需要再用名字空间限定符。
- using 命令导入了一个名字空间中的所有名字，并且当其中某个名字与局部名字发生冲突时，局部名字将覆盖名称空间版本，而编译器不会发出警告。所以，不如 using 声明安全。因为 using 声明只导入制定的名字，并且当与局部名字冲突时，编译器会发出指示。

2. 名字空间的使用指导原则

(1) 尽量使用在已命名的名字空间中声明的变量名，尽量避免使用全局变量和静态全局变量。

(2) 导入名字时，优先使用名字域解析和 using 声明，尽量不用 using 命令。

(3) 使用 using 声明时，首选将其作用域设置为局部，即在局部域中声明。

(4) 不要在头文件中使用 using 命令。

(5) 非使用 using 命令不可时，应当将其放在所有编译预处理命令之后。

9.3.3 无名名字空间和全局名字空间

1. 基本概念和用法

以上介绍的是有名字的名字空间，C++ 还允许使用没有名字的名字空间，即名字空间定义时不给出名字。由于该名字空间没有名字，所以在其他编译单元（文件）中无法引用，只能在本编译单元（文件）的作用域内有效，并且其成员可以不必（也无法）用名字空间名限定。

【代码 9-20】 无名名字空间应用示例。

```
#include <iostream>

namespace {                                          //定义无名名字空间
    int a=5;
    void fun1 ()
    { std::cout<<"OK."<<std::endl;}
}

int fun2 (void) { return a +3;}

int main (void) {
    fun1 ();
    std::cout<<a<<std::endl;
    std::cout<<fun2 ()<<std::endl;
    return 0;
}
```

无名名字空间的成员 fun1 函数和变量 a 的作用域为仅为文件（确切地说，是从声明无名名字空间的位置开始到所在文件结束）。在代码 9-20 中使用无名名字空间的成员，无需任何限定。

2. 用无名名字空间代替 static 修饰符

对于代码 9-20 来说，如果还有其他文件，则它们不能使这个无名名字空间中的成员有效。这种把一些名字限定于一个编译单元（文件）的功能，完全可以代替用 static 声明全局变量。实际上，C++ 中用 static 声明变量具有文件作用域的方法是继承了 C 语言的这个机制。随着越来越多的 C++ 编译系统实现了 ANSI C++ 建议的名字空间的机制，使用无名名字空间成员的方法将会取代以前的对全局变量的静态声明或将成为一个趋势。

3. 全局名字空间

全局名字空间是一个默认的名字空间，即当一个名字不被明确地声明或限定在特定的名字空间时，就默认其为全局名字空间中的名字。

注意：无名名字空间成员和全局名字空间成员都可以在没有任何限定的条件下直接使用，但两者还有表 9.1 所列出的一些明显不同。

表 9.1　无名名字空间与全局名字空间的明显不同

	定义形式	作用域
全局名字空间	无名字空间显式定义	程序所有文件
无名名字空间	有名字空间显式定义，但没有名字空间名	仅用在当前编译单元

使用这种方法能使客户端在应用单例类时，不必关心单例对象的释放。

习　题　9

概念辨析

1. 选择。

(1) 局部变量________。

A. 在其定义的程序文件中，所有函数都可以访问

B. 可用于函数之间传递数据

C. 在其定义的函数中，可以被定义处以下的任何语句访问

D. 在其定义的语句块中，可以被定义处以下的任何语句访问

(2) 全局变量________。

A. 可以被一个系统中任何程序文件的任何函数访问

B. 只能在它定义的程序文件中被有关函数访问

C. 只能在它定义的函数中，被有关语句访问

D. 可用于函数之间传递数据

(3) 使变量具有文件作用域的关键字是________。

A. extern　　B. static　　C. auto　　D. register

(4) 回收对象的数据成员所占用存储空间，是在________。

A. 程序执行结束时，由操作系统进行的
B. 对象寿命结束时，由析构函数进行的
C. 主函数结束时，由操作系统进行的
D. 对象的寿命结束时，由操作系统进行的

(5) 在类的静态成员函数的实现体中，可以访问或调用________。

A. 本类中的静态数据成员
B. 本类中非静态的常量数据成员
C. 本类中其他的静态成员函数
D. 本类中非静态的成员函数

(6) 将变量静态局部变量是为了________。

A. 使其对于一些函数可见
B. 使其仅对于一个函数可见
C. 当函数不执行时值不变
D. 函数执行结束后使其不撤销

(7) 在某文件中定义的静态全局变量（或称静态外部变量），其作用域________。

A. 只限于某个函数　B. 只限于本文件　C. 可以跨文件　D. 不受限制

(8) 名字空间可以________。

A. 限制一个程序中使用的变量名过多
B. 限制一个名字太长
C. 用来限制程序元素的可见性
D. 给不同的文件分配不同的名字

(9) 用于指定名字空间时，std 是一个________。

A. 定义在<iostream>中的标识符
B. 系统定义的关键字
C. 定义在<iostream>中的操作符
D. 系统定义的类名

(10) 用于指定名字空间时，using 是一个________。

A. 定义在<iostream>中的标识符
B. 系统定义的操作符
C. 系统定义的预编译命令
D. 系统定义的类名

(11) 用于指定名字空间时，namespace 是一个________。

A. 系统定义的类名
B. 系统定义的操作符
C. 预编译命令
D. 系统定义的关键字

2. 判断。

(1) 自动变量在程序执行结束时才释放。（　）

(2) 声明一个全局变量，其前必须加关键字 extern。（　）

(3) 通常可以用静态变量代替全局变量。（　）

(4) 在程序中使用全局变量比使用静态变量更安全。（　）

(5) 若 i 为某函数 func 之内说明的变量，则当 func 执行完后，i 值无定义。（　）

(6) 成员函数内的局部变量与该函数的寿命是一致的。（　）

(7) 全局变量与类的寿命是一致的。（　）

(8) 对象的非静态成员数据与该对象的寿命是一致的。（　）

(9) 静态数据成员只能被静态函数操作。（　）

(10) 如果在类中声明了静态数据成员，必须声明静态成员函数。（　）

(11) 静态成员函数为一个类的所有对象共享。（　）

(12) 同一个类的两个非静态成员函数，它们的函数名称、参数类型、参数个数、参数顺序以及返回值类型不能完全相同。（　）

(13) 类的静态数据成员需要在创建每个类对象时进行初始化。（　）

(14) 名字空间可以多层嵌套。类 A 中的函数成员和数据成员，它们都属于类名 A 代表的一层名字空间。（　）

(15) 一个名字空间不可以有多个名字空间分组。（　）

代码分析

1. 找出下面各程序段中的错误并说明原因。

(1)

```
//file1.cpp
int a=1;
int func (void) {
⋮
}

//file.cpp
extern int a=1;
int func (void);
void g (void) {
    a=func ();
}

//file3.cpp
extern int a=2;
int g (void);
int main (void) {
    a=g ();
    ⋮
}
```

(2)

```
//file1.cpp
int a=5,b=8;
extern int a;

//file2,cpp
extern double b;
extern int c;
```

2. 指出下面各程序的运行结果。

(1)

```
#incude <iostream>
using std::cout;
int f (int);
int main (void) {
    int i;
    for (i=0;i<5;i ++)
        cout<<f(i)<<"";
return0;
}
int f (int i) {
    static int k=1;
    for (;i>0;i --)
        k +=i;
    return k;
}
```

(2)

```
#include <iostream>
using namespace std;
namespace sally {
    void message (void);
}
namespace {
    void message (void);
}
int main (void) {
    {
        message ();
        using sally::message;
        message ();
    }
    message ();
    return 0;
}
namespace sally {
    void massage () {
        std::cout
        <<"Hello from sally.\n";
    }
}
namespace {
    void message (void) {
        std::cout
        <<"Hello from unnamed.\n";
    }
}
```

3. 解释下列各句中 name 的意义。

```
extern std::string name;
std::string name("exercise 3.5a");
extern std::string name("exercise 3.5a");
```

开发实践

1. 设计一个账户类为王婆卖瓜管理账目。

2. 为一个名为 func 的 void 函数写一个函数声明。该函数有两个参数：第一个参数名为 a1，属于定义在 space1 名字空间中的 C1 类型；第二个参数名为 a2，属于定义在 space2 名字空间中的 C2 类型。

探索验证

1. 编写一段程序，测试在自己的系统上运行一个函数返回为局部变量的引用时出现的情况，并进一步解释这种现象出现的原因。

2. 静态对象的所有成员都是静态的吗？

第10单元 C++异常处理

10.1 程序异常及其应对

10.1.1 程序异常的概念

程序异常(exceptions)是程序运行异常的简称,即程序在运行过程中出现了问题使之不能正常运行,例如下面一些情况。

- 内存不足(out of memory)、内存耗尽等。
- 程序需要读写文件,而文件已经被移除。
- 程序需要进行远程访问,而网络连接中断。
- 程序需要打印,而打印机没有连接好或出现故障。
- 程序运算中出现数据溢出,如除数为零等。
- 无效参数或输入了错误类型的数据。
- 由于数组越界而引起的问题。

这些情况不是语法(syntatic)错误。因为语法错误可以在编译时发现,存在语法错误的程序是无法运行的。而这些异常问题,是在程序运行中出现的,编译时并没有发现。

这些情况也不是逻辑(logical)错误。因为逻辑错误不影响运行,只是运行得不到正确结果。可以通过测试来发现它们。

这些情况大部分因为计算机系统提供的环境使计算机程序无法正常运行而引起。所以有人也将之称为运行时错误。称它们为异常,是为了强调发生的事件未必是一个错误,也可能是一个特殊事件。

10.1.2 程序异常的一般应对

异常的主要特征是发生的无法避免性:有些可以预料但不可避免,有些甚至不可预料。但是,多数异常在什么情况下发生,在程序编写时是可以预料的。问题的关键是如何在程序中处理这些可以预料到的问题,以保证在一定的环境条件下,若程序出现异常,能分类按照预案采取适当的处理,使程序不致错误蔓延或出现灾难性后果。也就是说,在编写程序的时候,不仅要保证程序在逻辑上的正确性,还必须保证程序具有异常处理的能力。

下面介绍几种在C程序中常见的异常应对手段。

(1) 人为强制性地终止程序的执行。前面已经介绍过这样的用法,在估计到程序将出现异常的地方,让程序立即退出执行。例如当程序运行过程中,使用一个变量作为除数,而该变量又可能出现零的情况时,就使用exit()函数退出执行。这是C语言中提供的一种常规的运行中错误处理机制。这种方法虽然可以使程序能在异常时主动停止运行,并且能给出错误的特点,做到了程序在正常情况下可以运行,在不正常情况下也可以运行。但是这样的异常处理是在异常发生时就地进行的，当有多种异常发生时，会使代码臃肿，无法做到一个异常处理为多地发生的同样一场所共享，处理缺乏灵活性。

(2) 返回信息到上层。返回一个与异常有关的值，例如函数返回一个数据是否可能导致异常值等，让上层进行判断，做出决定。为此，C 语言除提供 exit()外，还提供了函数 abort()。abort()函数的原型位于头文件 cstdlib. h 中。其典型的功能是提示用户操作干预，向标准错误流(cerr)发送消息 abnormal program termination(程序异常停止)，然后终止程序，并向操作系统返回处理失败的信息。

【代码 10-1】 进行数据文件操作，但文件可能会无法打开。

```
#include <cstdlib>
#include <iostream>
#include <fstream>

int main (void) {
    std::ifstream ifs ("data.txt");
    if (!ifs) {
        std::cout<<"错误：文件打开失败!"<<std::endl;
        abort ();
    }
    return 0;
}
```

运行中出现一个输出，然后弹出如图 10.1 所示的对话框，要用户选择干预方式。

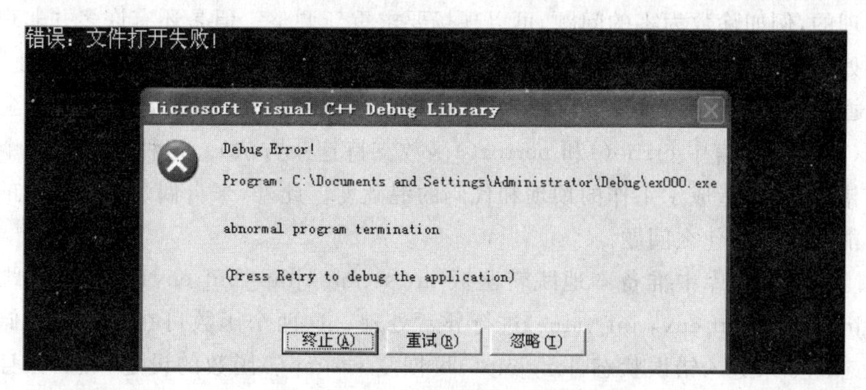

图 10.1 代码 10-1 运行时系统弹出的对话框

下面是用户单击“终止”按钮后的执行结果。

```
错误：文件打开失败!
```

下面是用户单击“忽略”按钮后的执行结果。

```
错误：文件打开失败!
```

用户若单击“重试”按钮，则弹出一个新的对话框，如图 10.2 所示，让用户确认是否调试。单击“确定”按钮，退出程序执行；单击“取消”按钮，进入调试器。在调试器中，用户可以从底层进行程序的修改。

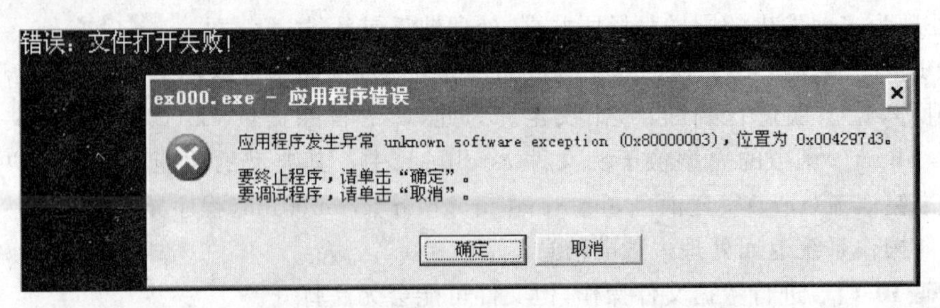

图 10.2　代码 10-1 运行时用户单击“重试”按钮后的对话框

这种方法可以提供一定程度的灵活性，但要求程序使用者进行判断、确认，往往是给予程序操作者出了一个难题，因为他们常常不清楚该怎么办。

另外，在 C 语言中，有一个全局变量 errno 专门存储错误代码。为了确认一个库函数是否调用成功，可以通过验证 errno 实现。但是，如果一个程序中有大量库函数调用，都要进行这个全局标记或函数返回值的辨认，也是程序设计中的一件麻烦事。

(3) 用专门的代码进行错误处理。用专门的代码进行错误处理，对于程序异常采取补救措施。例如，当出现除数为 0 时，不再继续运行程序，而是用一段代码要求操作者重新输入一个不为 0 的数据。

这种方法可以由程序给出异常对策，但是它把异常处理和正常的程序代码设计搅在了一起，给程序设计过程形成负担，也不利于程序的维护。不过，程序中存在的错误有些是可以现场处理的，例如除数为零的问题，可以现场要求重新调整。但是还有许多并非现场完全可以立即处理，例如要向远地传输一个数据，但网络不通，也只能一停了事。

(4) 通过函数的返回值获得出错信息。如果函数返回值不能用，则可设置一全局错误判断标志(标准 C 语言中 errno()和 perror()函数支持这一方法)。这种方法对每个函数调用都进行错误检查，造成了工作的烦琐和代码的混乱度。此外，来自偶然出现异常的函数的返回值可能很难反映什么问题。

(5) 使用 C 标准库中准备本地跳转函数 int setjmp(jmp_buf env)和非本地跳转函数 void longjmp(jmp_buf env, int value)进行异常处理。这两个函数可在程序中存储一典型的正常状态。如果进入错误状态，longjmp()可恢复 setjmp()函数的设定状态，并且状态被恢复时的存储地点与错误的发生地点紧密联系。

【代码 10-2】　使用 set jmp()和 longjmp()进行异常处理的代码。

```
#include <cstdlib>
#include <iostream>
#include <setjmp.h>
jmp_buf kkk;
void o (void) {
    std::cout<<"oooo"<<std::endl;
    longjmp (kkk,100);
}
```

```
int main (void) {
    cout std::<<"main"<<std::endl;
    if (setjmp (kkk)==0) {
        cout std::<<"setjmp ()"<<std::endl;
        o ();
    }else {
        std::cout<<"else"<<std::endl;
    }
    //其他代码
    return 0;
}
```

10.1.3 C++ 异常处理机制

为了便于理解 C++ 的异常处理机制，先看一个社会问题：社会上每天都会有一些突然事件发生，例如突发急病、盗窃、群体事件等。为了处理这些事件，设立了不同的部门，如急救中心、公安、信访等。但是，不可能每个部门都派出人员查看，于是成立了一个突发事件处理中心(110)，并重点监控突发事件高发地段，如车站、码头等。那些从来不会发生突发事件的区域则不在监控范围内。这样，若监控区内发生了突发事件，只须向应急处理中心报告事件的类型，应急处理中心就会通知相应部门进行处理。图 10.3 为用 C++ 异常处理机制来描述这一社会机制的示意图。

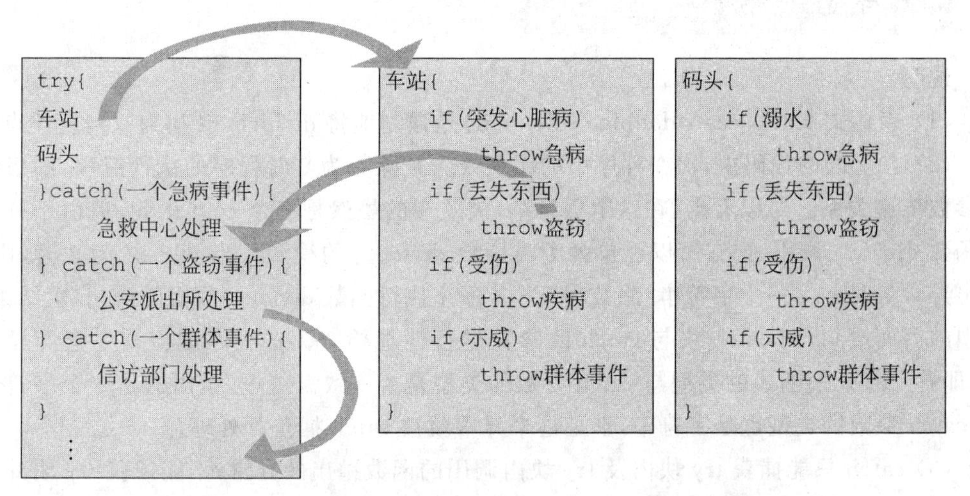

图 10.3 用 C++ 异常处理机制来描述这一社会机制的示意图

由此可见，C++ 的异常处理机制由以下 3 种成分组成：

(1) try 部分：圈定一个监控段(可能是一条语句，也可能是一个语句块)。

(2) throw 部分：抛出异常对象。

(3) catch 块：根据异常类型进行异常处理。

【代码 10-3】 一个带有除数为零处理的 C++ 程序。

```
#include<iostream>
double divide (int divident, int divisor) {
    if (divisor == 0)
        throw "除数为0";                                    //抛出异常传递string类型信息
    return static_cast<double> (divident) / divisor;
}

int main (void) {
    std::cout << "请输入两个整数（空格分隔）:";
    int dvdt,dvsr;
    while (! (std::cin >> dvdt >> dvsr).eof ()) {          //"Ctrl + Z"结束循环
        try   {
            std::cout << "商为：" << divide (dvdt,dvsr) << ".\n";
        }catch (char* error) {                              //捕获字符串类型异常
            std::cerr << error << '\n';
        }
        std::cout << "请再输入两个整数（空格分隔）:";
    }
    return 0;
}
```

程序运行结果：

```
请输入两个整数（空格分隔）:19 7 ↵
商为：2.71429.
请再输入两个整数（空格分隔）:19 0 ↵
除数为0
请再输入两个整数（空格分隔）:^Z ↵
^Z
```

说明：

（1）表达式 static_cast<double>(divident)是强制地将 divident 转换为双精度浮点型。

（2）在上面的代码中，加在程序中的粗实线为被除数为 0 时程序的执行流程，细虚线指出参数传递关系。可以看出，在这个程序中，被监视的虽然是一个 cout 语句，但由于其包含了函数 divide()调用语句，所以也包含了对函数 divide()的检测。当 divisor 为 0 时，throw 抛出异常信息——一个字符串“除数为 0”，并停止执行函数 divide()后面的语句，也结束 try 块中的后面语句，到 catch 块与 catch 的参数进行匹配检查。这种匹配检查完全看异常类型，即看 throw 表达式的类型与 catch 参数的类型是否一致。这里，抛出的是一个字符串类型，catch 参数的类型也是字符串，于是这个异常就被 catch 捕获并处理。

（3）catch 只能捕获 try 块内及 try 块内调用的函数抛出的异常，不能捕获 try 块外抛出的异常。如果在 try 块执行期间没有捕获到异常，则会跳过所有 catch 块，接着执行后面的语句。

（4）throw 表达式抛出一个异常对象。其类型用于寻找匹配的 catch，其值可以被 catch 中的语句使用，例如本例中抛出的字符串就被 catch 输出语句使用。所以异常值很像函数的参数。

（5）一个 catch 块执行后，其后 catch 块就都会被跳过，接着执行后面的语句。

10.2 C++ 异常类型

使用 C++ 异常处理机制，除了 try、throw 和 catch 外，还需要定义相应的异常类型，并且异常类型一般应采用类进行定义。

10.2.1 简单异常类型

在代码 10-3 中，使用了字符串作为异常类型。实际上，能作为异常类型的不仅仅是字符串类。因为，异常类型只起一个口令或通行证的作用。只要不引起二义性，什么类型都可以作为异常类型。

1. 用整型作异常类型

【代码 10-4】 用整型数据做异常类型。

```
#include <iostream>

double divide (int divident, int divisor) {
    if (divisor == 0)
        throw 0;                                    //抛出异常传递int类型值
    return static_cast<double> (divident) / divisor;
}

int main (void) {
    std::cout << "请输入两个整数（空格分隔）:";
    int dvdt,dvsr;
    while (! (std::cin >> dvdt >> dvsr).eof ()) {    //"Ctrl + Z"结束循环
        try  {
            std::cout << "商为: " << divide (dvdt,dvsr) << ".\n";
        }catch (int) {                              //捕获int类型异常
            std::cerr << "除数为0" << '\n';
        }
        std::cout << "请再输入两个整数（空格分隔）:";
    }
    return 0;
}
```

程序运行结果与代码 10-3 相同。

```
请输入两个整数（空格分隔）:19 7↵
商为: 2.71429.
请再输入两个整数（空格分隔）:19 0↵
除数为0
请再输入两个整数（空格分隔）:^Z↵
^Z↵
```

2. 用 enum 实例作为异常对象

前面介绍过使用枚举定义了一种类型，这种类型的取值范围限定在一组整常数内，并且给整常数都有一个名字，它的每个变量只能在这有限个值中取一个。或者说，枚举定义了一种取值为有限个名字的类型。例如，为了捕获数组出界，需要定义 3 种状态：OK(正常)，OverFlow(上出界)和 UnderFlow(下出界)。用枚举类型可以定义为：

```
enum ExceptStates {OK,OverFlow,UnderFlow};
```

在异常处理时，只使用这 3 个名字，并不关心它们的值。

【代码 10-5】 使用枚举类型处理数组越界异常。

```
#include <iostream>
using namespace std;
const int Size=5;                                   //定义一个全局常量

enum ExceptStates {OK,OverFlow,UnderFlow};          //定义表示数组越界状态的枚举

int showVectorElement ( int A[ ],int i) {
    enum ExceptStates state=OK;                     //定义 enum 实例并初始化
    if (i>=Size){
        state=OverFlow;                             //上出界的状态
        throw state;                                //抛出异常
    }
        if ( i<0){
        state=UnderFlow;                            //下出界状态
        throw state;                                //抛出异常
    }
    return A[i];
}

int main () {
    int V[Size]={1,2,3,4,5};
    int i,sum=0;
    do {
        try {
            cout<<"请输入一个下标：";
            cin>>i;
            cout<<"该数组元素的值为："<<showVectorElement (V,i)<<endl;
        }
        catch (ExceptStates except){
            if (except==OverFlow)                   //判断异常变量值
                cerr<<"出现异常：OverFlow. \n";
            if (except==UnderFlow)                  //判断异常变量值
                cerr<<"出现异常：UnderFlow. \n";
        }
    }while(sum ++<3);
    return 0;
}
```

程序执行结果：

```
请输入一个下标：3 ↵
该数组元素的值为：4
请输入一个下标：5 ↵
出现异常：OverFlow.
请输入一个下标：-1 ↵
出现异常：UnderFlow.
请输入一个下标：0 ↵
该数组元素的值为：1
```

说明：

(1) 本例中的变量 size 不在任何函数内，而是在所有函数之外。这样的变量称为外部变量。外部变量在其定义处开始到其所在程序文件结束的代码范围内有效，而定义在函数内部的变量只在其定义处开始到其所在代码块结束的代码范围内有效。所以外部变量也称全局变量，而内部变量也称局部变量。在 size 的定义之前，增加关键字 const，表明这个变量不能被修改。

(2) 从这个例子可以看出，异常变量的值可以被传送到捕获的 catch 块中使用。

10.2.2 用类作为异常类

在异常处理时，人们还常常定义异常类作为 throw-catch 之间的匹配。这样不仅可以无限地增加异常类型，而且对象可以携带语义信息，提高程序的可读性。

1. 定义异常类

【代码 10-6】 一个带有除数为零处理的 C++ 程序。

```
#include <iostream>
#include <string>                                          //嵌入字符串类声明

class DivideByZeroException{                               //定义异常类
    std::string message;                                   //异常信息
public:
    DivideByZeroException (): message ("除数为零!") {};    //构造函数
    Std::string what () {return message;}
};

double divide (int num1,int num2){
    if (num2==0)
        throw DivideByZeroException ();                    //抛出异常
    return (double)num1 / num2;
}

int main(){
    int num1,num2;
    double result;
    std::cout<<"请输入两个整数,用空格分隔:";
    while(std::cin>>num1>>num2){
        try{                                               //圈定监控区
            result=divide (num1,num2);
```

```
        } catch (DivideByZeroException ex){          //匹配异常类型
            std::cout<<"异常: "<<ex.what()<<"\n";
            break;
        }
        std::cout<<"结果为: "<<result<<"\n";
        std::cout<<"请输入两个整数,用空格分隔: ";
    }
    return 0;
}
```

程序运行结果：

```
请输入两个整数, 用空格分隔: 9 3↵
结果为: 3
请输入两个整数, 用空格分隔: 3 2↵
结果为: 1.5
请输入两个整数, 用空格分隔: 3 0↵
异常, 除数为零!
```

2. 用空类作为异常类

在异常处理过程中，常会借助异常类进行异常抛出与捕获之间的匹配。在这个过程中，throw 抛出的是异常类的实例，不是类型本身。为了简化程序代码，人们还常常采用空类作为 throw-catch 匹配类型使用，这时 throw 抛出的是无名对象。当由 throw 抛出一个异常对象时，会生成一个抛出对象的副本。这个对象在流程交给对应的 catch 处理块时被析构。

【代码 10-7】 采用空类作为 throw-catch 匹配类型。

```
#include <iostream>
#include <cmath>
#include <limits>

class DivideByZero {};                              //定义一个空类,除 0 错误
class Negative {};                                  //定义一个空类,负数开方
class Overflow {};                                  //定义一个空类,值溢出

double divide (double divident,double divisor) {
    if (divisor==0)
        throw DivideByZero ();                      //生成并抛出 DivideByZero 类无名对象
    return divident / divisor;
}

double sqroot (double radicand) {
    if (radicand<0)
        throw Negative ();                          //生成并抛出 Negative 类无名对象
    return sqrt (radicand);
}

char assign (int n) {
    if (n>=CHAR_MAX)
        throw Overflow ();                          //生成并抛出 Overflow 类无名对象
```

```
    return static_cast<char>(n);
}

int main(void){
    double dnt=0.0,dsr=0.0,rdc=0.0;
    int n;

    try {
        std::cout<<"输入被除数和除数：";
        std::cin>>dnt>>dsr;
        std::cout<<"计算结果："<<divide(dnt,dsr)<<"\n";
        std::cout<<"输入被开方数：";
        std::cin>>rdc;
        std::cout<<"计算结果："<<sqroot(rdc)<<"\n";

        std::cout<<"输入要转换成字符的整数：";
        std::cin>>n;
        std::cout<<"转换结果："<<assign(n)<<"\n";
    }catch(DivideByZero){
        std::cout<<"除数为0!\n";
    }catch(Negative){
        std::cout<<"被开方数是负数!\n";
    }catch(Overflow){
        std::cout<<"被转换数太大!\n";
    }
    std::cout<<"程序结束。\n";
    return 0;
}
```

下面是3次测试的结果。

```
输入被除数和除数：12.3 0↵
除数为0!
程序结束。
```

```
输入被除数和除数：12.3 5.6↵
计算结果：2.19643
输入被开方数：-12.3↵
被开方数是负数!
程序结束。
```

```
输入被除数和除数：12.3 5.6↵
计算结果：2.19643
输入被开方数：12.3↵
计算结果：3.50714
输入要转换成字符的整数：999↵
被转换数太大!
程序结束。
```

10.2.3 C++标准异常类

为了方便用户，减少用户编程的工作量，C++标准库中提供了标准异常类库。这个异常类库的结构如图10.4所示，其基类exception（定义在头文件<exception>中），提供了虚函数what()，用于输出各派生类需要的提示信息。

exception的两个子类是logic_error类——用于报告程序中的逻辑错误；runtime_

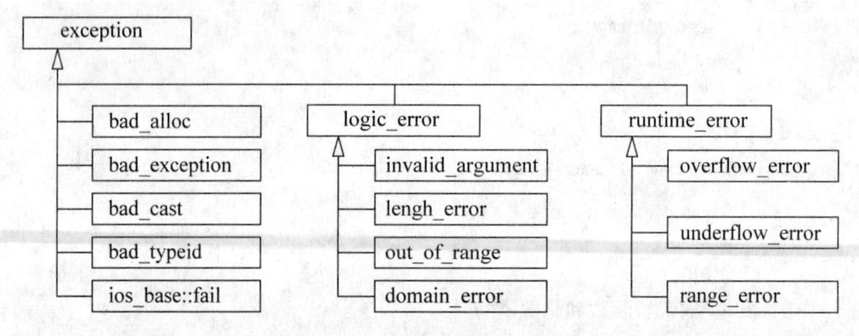

图 10.4　C++ 的标准异常类库

error——用于报告程序运行中的错误。这两个子类又分别派生出一些标准异常类，它们都定义在头文件<stdexcept>中。下面给出部分标准异常类的说明。

(1) domain_error：参数的结果值不存在错误。

(2) invalid_argument：向函数传入无效参数。

(3) length_error：超过所操作对象允许的最大长度。

(4) out_of_range：数组或字符串的下标越界。

(5) overflow_error：运算中向上溢出。

(6) underflow_error：运算中向下溢出。

(7) range_error：对象取值范围超过了合法值域范围。

除此之外，exception 还直接派生了 5 个类。关于它们的用法，请参考其他手册。

使用标准异常类，比用户自定义异常类要方便、快捷，也不会在面临异常时发生资源泄漏等情况。但是，标准异常类提供的服务较少。如果标准异常类不能满足要求，用户还可以从它们派生出自己的异常类。

【代码 10-8】 使用异常类的实例。

```
#include <iostream>
#include <stdexcept>                                          //含有标准异常类的定义
#include <string>

class DivideByZero : public std::runtime_error {             //派生异常类 DivideByZero
public:
    DivideByZero (const std::string& s="") :runtime_error (s) {}
                                                              //使用一个 string 类型参数
};

double divide (double divident,double divisor) {
    if (divisor==0)
        throw DivideByZero ("除数为 0!");                      //抛出 DivideByZero 类无名对象
    return divident / divisor;
}

int main (void) {
    double x,y;
    std::cout<<"请输入两个操作数:";
```

```
    while (std::cin>>x>>y) {
        try{
            std::cout<<"计算结果: "<<divide (x,y)<<std::endl;
            return 0;
        }catch (DivideByZero& d) {
            std::cout<<d.what ()<<std::endl;
            std::cout<<"请重新输入两个操作数:";
            continue;
        }
    }
    std::cout<<"程序结束!\n";
    return 0;
}
```

程序测试结果如下。

```
请输入两个操作数: 12.3 0↵
除数为0!
请重新输入两个操作数: 12.3 5.6↵
计算结果: 2.19643
```

10.3 常用异常处理技术

10.3.1 捕获任何异常

在一般情况下，catch处理块后面的圆括号内是类型说明符或类型说明符+对象名，以捕获对应的throw语句抛出的异常信息。但是，如果catch处理块后面的圆括号内是省略号，即采用catch (…)形式时，表明其可以捕获任何类型的异常。

【代码10-9】 代码10-7的修改程序。

```
#include <iostream>
#include <cmath>
#include <limits>

class DivideByZero {};                                  //定义一个空类
class Negative {};                                      //定义一个空类
class Overflow {};                                      //定义一个空类

double divide (double divident,double divisor) {
    if (divisor==0)
        throw DivideByZero ();                          //抛出 DivideByZero 类无名对象
    return divident / divisor;
}

double sqroot (double radicand) {
    if (radicand<0)
        throw Negative ();                              //抛出 Negative 类无名对象
    return sqrt (radicand);
}
```

```
char assign (int n) {
    if (n>=CHAR_MAX)
        throw Overflow ();                               //生成 Overflow 类无名对象
    return static_cast<char> (n);
}

int main (void) {
    double dnt=0.0,dsr=0.0,rdc=0.0;
    int n;

    try {
        std::cout<<"输入被除数和除数: ";
        std::cin>>dnt>>dsr;
        std::cout<<"计算结果: "<<divide (dnt,dsr)<<"\n";

        std::cout<<"输入被开方数: ";
        std::cin>>rdc;
        std::cout<<"计算结果: "<<sqroot (rdc)<<"\n";

        std::cout<<"输入要转换成字符的整数: ";
        std::cin>>n;
        std::cout<<"转换结果: "<<assign (n)<<"\n";
    }catch (…) {                                         //捕获任何异常
        std::cout<<"出现数学异常!\n";
    }
    std::cout<<"程序结束。\n";
    return 0;
}
```

一次测试结果如下：

```
输入被除数和除数: 12.3 5.6 ↵
计算结果: 2.19643
输入被开方数: -12.3 ↵
出现数学异常!
程序结束。
```

catch(…)块用于捕获前面没有罗列出的异常。当有一系列 catch 处理块时,它一定要放在末尾,否则其他 catch 处理块都会无用。

10.3.2 重新抛出异常

在异常处理中,有时一个异常需要多个处理程序进行处理。例如一个异常处理程序处理异常的一个方面,另一个异常处理程序处理异常的另一个方面。实现的方法是经过一个 catch 块中的一次处理后,使用一个不带参数的 throw 重新抛出。重新抛出后,不会被原来的 catch 捕获,而由上层的 try-catch 捕获处理。

【例 10.1】 一元二次方程求解。一般说来,一元二次方程式 $ax^2+bx+c=0$ 具有两个实根：

$$r_{1,2}=\frac{-b\pm\sqrt{b^2-4ac}}{2a}$$

在程序中，这两个根可以用函数 getRoots ()求解。但在下面的情况下就会出现异常：

- $a=0$ 时，方程不是一元二次方程。
- $b^2-4ac<0$ 时，方程没有实根。

面对这种情况，如果不进行处理，程序就会得出不正确的结果或莫名其妙地结束。为此，程序中需要有异常处理的机制。

【代码 10-10】 有异常处理的一元二次方程求解程序。

```
#include <iostream>
#include <cmath>

class FirstCoeffZero {};
class NoRealRoots {};

class QEWOU {
    double aCoeff,bCoeff,cCoeff;
public:
    double initCoeff (double a,double b,double c);
    void getRoots (void);
};

double QEWOU :: initCoeff (double a,double b,double c) {
    double temp=b * b-4 * a * c;
    if (a==0)
        throw FirstCoeffZero ();
    if (temp<0)
        throw NoRealRoots ();
    aCoeff=a,bCoeff=b,cCoeff=c;
    return temp;
}

void QEWOU :: getRoots (void) {
    double a,b,c;
    std::cout<<"请输入一元二次方程的三个系数: ";
    std::cin>>a>>b>>c;
    double temp;
    try {
        temp=sqrt (initCoeff (a,b,c));
    }
    catch (FirstCoeffZero) {
        throw;                                  //重新抛出异常
    }
    std::cout <<"方程的根为: "<<"r1="<< (-bCoeff -temp)/ (2 * aCoeff)
            <<",r2="<< (-bCoeff +temp)/ (2 * aCoeff)<<std::endl;
}

int main (void) {
    QEWOU qe;
```

```
    try {
        qe.getRoots ();
    }
    catch (FirstCoeffZero) {
        std::cout<<"方程退化!\n";
    }
    catch (NoRealRoots) {
        std::cout<<"方程无实根!\n";
    }
    std :: cout<<"程序结束。\n";
    return 0;
}
```

程序 3 次测试的运行结果如下。

```
请输入一元二次方程的三个系数：2 4 1↵
方程的根为：r1 = -1.70711, r2 = -0.292893
程序结束。
```

```
请输入一元二次方程的三个系数：2 0 1↵
方程无实根!
程序结束。
```

```
请输入一元二次方程的三个系数：0 2 3↵
方程退化!
程序结束。
```

说明：程序中的箭头表明了当二次项的系数为 0 时，程序执行的流程。可以看出，重新抛出的异常将会提交上层处理。在有些情况下则是交给外层处理，形成如下的结构：

```
try {
    try {
        // …
    }
    catch (T1)  {
        // …
        throw;
    }       |  交外层处理
}           |
catch (T2) ↓{
    // …
}
```

(1) 在多层调用的程序中，如果一个 throw 找不到匹配的 catch，就会追根刨底地返回更上层函数 try 语句中寻找捕获者。直到找到匹配的 catch 或所抛出的异常对象一直到了 main()都还没有找到捕获者，则会被系统函数 terminate()捕获，并在发出如下信息后立即自动结束程序。

```
Some exceptions happened.
```

(2) 若一旦有某个 catch 完成捕获，则其后其他所有的 catch 就都无效。因此，在捕获 catch 块中的语句后，便直接跳到所有 catch 块之后执行。因此，catch 块的编排顺序决定哪个 catch 优先获得捕获。通常 catch 块按照类型的范围从窄到宽排列较好。

(3) catch 参数是对象时，最好使用对象的引用。这样不会因为成为基类而造成对象切片的情况。

10.3.3 抛出多个异常

常在一个 try 结构中会监视多个异常的出现。这样，就会形成多个异常抛掷及其对应的多个异常捕获。就像前面比喻的对于发热人群的监控一样，对于发热人群的检测，会找到多种不同病因，也就有了相应的多种诊治方案。现在的问题是，抛掷与捕获之间如何匹配呢？原则只有一个，就是数据的类型匹配(type match)：每一个 catch 处理块都按照一个不同的类型捕获由 throw 抛掷的异常，进行相应的处理。好像将发热患者送往不同部门治疗的依据是检测得到的分类标记一样。

【代码 10-11】 Student 对象初始化过程中的异常处理。

```
#include <iostream>
#include <string>

class Student {
private:
    std::string  studName;
    int          studAge;
    char         studSex;
    double       studScore;
public:
    void   initStudName (void);
    void   initStudAge (void);
    void   initStudSex (void);
    void   initStudScore (void);
};

void Student::initStudName (void) {
    std::cout<<"请输入学生姓名：";
    std::cin>>studName;
    if (studName <="9")                        //姓名首字符为数字
        throw studName;                        //抛出 string 类型异常
}

void Student::initStudAge (void) {
    std::cout<<"请输入学生年龄：";
    std::cin>>studAge;
    if (studAge<15)                            //大学生年龄不能太小
        throw studAge;                         //抛出 int 类型异常
}
```

```
void Student::initStudSex (void) {
    std::cout<<"请输入学生性别：";
    std::cin>>studSex;
    if (! (studSex=='F'||studSex=='f'||studSex=='M'||studSex=='m'))   //性别不能有第3种
        throw studSex;                                                 //抛出char类型异常
}

void Student::initStudScore (void) {
    std::cout<<"请输入学生成绩：";
    std::cin>>studScore;
    if (studScore<0)                                                   //成绩不能为负
        throw studScore;                                               //抛出double类型异常
}

int main (void) {
    Student s;
    try {
        s.initStudName ();
        s.initStudAge ();
        s.initStudSex ();
        s.initStudScore ();
    }catch (std::string nm) {                                          //捕获string类型异常
        std::cout<<nm<<",不是正规的名字!\n";
    }catch (int ag)    {                                               //捕获int类型异常
        std::cout<<ag<<"?请核实年龄!\n";
    }catch (char sx) {                                                 //捕获char类型异常
        std::cout<<sx<<"不是性别代码!\n";
    }catch (double sc) {                                               //捕获double类型异常
        std::cout<<sc<<"?成绩不能为负!\n";
    }

    std::cout<<"程序结束!\n";
    return 0;
}
```

从这个程序中可以看出，throw-catch之间的匹配完全依据数据的类型。同时还可以看出，“异常”不仅仅是程序本身的错误，也包括程序运行过程中操作者的不当。

程序测试结果如下。

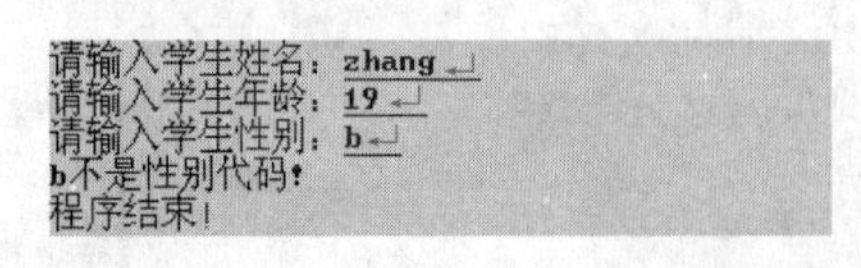

```
请输入学生姓名：zhang↵
请输入学生年龄：19↵
请输入学生性别：b↵
b不是性别代码!
程序结束!
```

说明：

(1) 当有一个throw语句被执行时，就结束try模块的执行，跳到与执行的throw参数匹配的catch处理块。

(2) catch处理块参数是捕获匹配的throw抛出的值，并可以在catch处理块中引用捕获的值。

(3) 执行完 catch 后,程序流程将按照下面一种情况跳转。

- 返回异常抛出点继续处理。
- 按照 catch 中设置转移控制跳转。
- 终止程序。

注意:

(1) catch 块一般按照类型的范围从窄到宽排列。显然 catch-all 要放在最下面。

(2) catch 参数是对象时,最好使用对象的引用。这样不会因为成为基类而造成对象切片的情况。

习 题 10

概念辨析

1. 选择。

(1) 异常发生在________。

A. 程序设计中　　B. 程序运行中　　C. 程序输入时　　D. 操作系统故障时

(2) 下列现象中,可以抛出异常的有________。

A. 数组下标越界　　B. 系统电源故障

C. 用户强行终止程序运行　　D. 用户输入的字符串中把"a"当作了"b"

(3) 异常抛出路线是________。

A. 从 catch 块到 try 块　　B. 从错误点到 catch 块

C. 从抛出异常的语句到 try 块　　D. 从抛出异常的语句到 catch 块

(4) 抛出异常时,要传递的附加信息将由________。

A. 关键字 throw 保存　　B. catch 块保存

C. 导致错误的函数保存　　D. 产生异常的类对象保存

(5) C++ 异常处理机制的 3 个主要部分是________。

A. throw 表达式、catch 模块和 try 语句　　B. throw 表达式、try 语句和一组异常类

C. 抛出异常、检测异常和捕获异常　　D. 抛出异常、检测异常、捕获并处理异常

(6) C++ 异常处理的 3 个步骤是________。

A. 执行 throw 表达式、catch 模块和 try 语句　　B. 执行 throw 表达式、try 语句和一组异常类

C. 抛出异常、检测异常和捕获异常　　D. 抛出异常、检测异常、捕获并处理异常

2. 判断。

(1) 可能导致异常的语句必须放在 catch 块中。　　(　　)

(2) 抛出异常的语句没有必要放在 try 块中。　　(　　)

(3) 异常发生后,程序可以继续运行。　　(　　)

(4) 抛出异常、检测异常、捕获并处理异常是异常处理中缺一不可的 3 个步骤。　　(　　)

(5) 如果 try 块中没有抛出异常,则 try 块执行完后忽略该 try 块的异常处理器 catch 块,程序在最后一个 catch 块后恢复执行。　　(　　)

(6) try 块抛出异常后,从对应的 try 块开始到异常被抛出之间所构造的所有自动对象将被析构。　　(　　)

(7) 如果在 try 块以外抛出异常,程序将被终止。　　(　　)

(8) 抛出异常和异常处理必须在同一个函数中。 (　　)

代码分析

1. 下面哪个 throw 表达式是错误的？说明原因。

(1)

```
class ExceptionType{};
throw ExceptionType();
```

(2)

```
Int excpObj;
throw excpObj;
```

(3)

```
enum  mathErr { overflow, underflow,
zerodivide};
throw zerodivide();
```

(4)

```
int * pi=&excpObj;
throw pi;
```

2. 运行下面的程序,指出程序的各种可能的执行流程。

(1)

```
#include <iostream>
using std::cout;
using std::endl;

void trigger (int code) {
    try {
        if (code=0) throw code;
        if (code=1) throw 'c';
        if (code=2) throw 2.71;
    }catch (int i) {
        cout<<"Catch integer"<<i<<endl;
    }catch (…) {
        cout<<"Catch default …"<<i<<endl;
    }
    return;
}
int main (void) {
    trigger (0);
    trigger (1);
    trigger (2);
    return (0);
}
```

(2)

```
#include <iostream.h>
using namespace std;
void testfun (int test) {
    try {
        if (test) throw test;
```

```
        else throw "it is a zero";
    }catch (int i) {
        cout<<"Exception occurred: "<<i<<endl;
    }catch (const char * s) {
        cout<<"Excepiont occurred: "<<s<<endl;
    }
}
int main (void) {
    testfun (10);
    testfun (100);
    testfun (0);
    return 0;
}
```

(3)

```
#include <iostream.h>
using namespace std;
void fun (int i) {
    if (i==0) throw i;
    if (i==1) throw 'a';
    if (i==2) throw "china";
}
void main (void) {
    try {
        fun (1);
    } catch (int i) {
        cout<<"Caught an integer."<<endl;
    } catch (char c) {
        cout<<"Caught a character."<<endl;
    }catch (char* s) {
        cout<<"Caught a string."<<endl;
    }
}
```

(4)

```
#include <iostream>
#include<exception>
using namespace std;
void fun (void) throw (exception) {
    try {
        throw exception ();
    }
    catch (exception e) {
        cout<<"exception handle in fun "<<endl;
        throw;
    }
}
```

```
void main (void) {
    try {
        fun ();
        cout<<"in main"<<endl;
    }catch (exception e) {
        cout<<"exception handle in main"<<endl;
    }
    cout<<"finish"<<endl;
}
```

3. 说明下面的函数各可以抛出哪些异常。

(1)

```
void operate()throw
(logic_error);
```

(2)

```
int op(int) throw
(underflow_error,over_error);
```

(3)

```
char manip(string)throw();
```

(4)

```
void process();
```

开发实践

1. 请设计一个程序循环地输入一组数据到数组,该输入过程靠一个特殊的操作(如按 Ctrl+Z 键)结束,并要求有数组越界的信息提示。

2. 设计一个程序,用于显示输入操作中类型不匹配所造成的问题(例如,将一个字符输入给了一个 int 变量)。再设计一个输入器程序,能够在产生输入错误时给出提示信息。

3. 编写程序,打开用户指定的文件,读出其中的各行内容并显示在屏幕上。要求进行如下异常处理:当文件不存在而打不开时,认为是一种错误。要求程序抛掷、捕获"char *"类型的异常并进行处理,输出相关的提示警告信息后不再进行相关文件的后继处理,通过 exit 退出程序而结束。若打开文件成功,则将文件中各行内容读出并显示在屏幕上。

探索验证

1. 测试使用异常类作为异常匹配过程中,临时对象的生成与析构的时刻。

2. 编写一个程序完成由于内存不足引起的动态分配存储空间失败的异常处理。

3. 请写出 char *p 与"零值"比较的 if 语句。

第 11 单元　动态内存分配与链表

11.1　C++ 动态存储分配方法

11.1.1　存储空间的编译器分配和程序员分配

一个程序要在计算机中运行，程序中的实体就需要在内存占用一定的存储空间。从存储分配方法看，有编译器分配和程序员分配两种。这两种存储分配有如下一些区别。

(1) 存储空间不同。如前所述，程序员动态分配是在堆区进行的，而编译器静态分配是在栈区(对局部变量)或静态区(对全局或静态变量)进行的。如图 9.1 所示，栈区与堆区并没有严格的界限。

(2) 分配进行的时间不同。编译器分配发生在程序编译和链接的时候，即经过编译和链接之后，虽然程序还没有开始装入和执行，但程序中需要分配内存空间的实体地址就已经确定了，而动态分配发生在程序执行过程中。

(3) 生命期不同。编译器分配包括静态分配和自动分配，它们的作用域都受程序结构的影响，其生命周期受作用域的影响。例如局部变量出了作用域后，便会从栈区中被清除。动态分配的存储空间仅受程序员控制，程序员在任何时候都可以向堆区申请自己需要大小的内存空间，一旦事情成功就可以一直使用直到被程序员显式地释放，并且程序员可以按任何顺序进行释放。堆可以提供比栈灵活的内存管理，所以堆区也被称为自由存储空间或空闲空间。

(4) 分配进行的方式不同。编译器分配使用名字和类型分配，只要给定了一个名字及其类型，编译器就会为这个名字按照类型自动分配相应的存储空间，并给其存储区中的一个地址。堆区中有大量顺序编号的存储单元可以被程序员自由使用，但是程序员不可以用名字请求存储分配，而是要使用地址(指针)请求某种类型的存储空间。C++ 中指针的一个重要用途就是管理和操纵动态分配的内存。

(5) 分配的执行者不同。编译器分配由编译器按照一定规则自行分配，程序员分配由程序员使用特殊的操作符进行分配：请求存储空间使用操作符 new 进行，它能在程序运行过程中，为任何类型的数据在堆区分配连续的、未命名的动态内存；回收所分配的空间使用操作符 delete 进行。注意：new 与 delete 要保持平衡，即一个用 new 创建的动态存储，要用一个 delete 回收——平衡，否则可能会出现内存泄漏 (memory leak)问题，即一块动态分配的内存，无法将它返还给程序供以后重新使用，并且动态分配的存储空间应当及时回收，因为堆存储区的资源是有限的。

11.1.2　用 new 为单个数据动态分配内存

new 是一个一元操作符，操作一个用户指定的类型 T，形成表达式 new T。这个表达式相当于函数 operator new (T),执行成功后,将获得数据类型 T 所需要的存储空间,并返回一个指向该存储空间的指针。

1. 为特定类型的单个数据分配动态存储空间

new 最简单的用法是为特定类型的单个变量进行动态分配,例如:

```
int * ptrInt=new int;                    //分配 1 个 int 空间,地址赋给 ptrInt
double * ptrDouble=new double;           //分配 1 个 double 空间,地址赋给 ptrDouble
```

2. 为特定类型的单个数据分配动态存储空间并初始化

例如:

```
int* ptrInt=new int (55);                //分配 1 个 int 空间并初始化为 55,地址赋给 ptrInt
double * ptrDouble=new double (3.1416);  //分配 1 个 double 空间并初始化为 3.1416,
                                         //地址赋给 ptrDouble
```

3. 单个数据分配存储空间并初始化为全局作用域中的默认值

例如:

```
int * ptrInt=new int ();                 //将 ptrInt 初始化为 0
double * ptrDouble=new double ();        //将 ptrDouble 初始化为 0
bool * ptrBool=new bool ();              //将 ptrBool 初始化为 false (相当于 0)
```

因为所有的全局基本类型在默认情况下的初始值都为 0。特别要注意的是 bool 类型的全局默认初始值为 false(实际也是 0)。

11.1.3 用 delete 回收单个数据的动态存储空间

当动态分配的存储空间不再使用时,应及时用操作符 delete 释放回收,否则就会造成内存空间的浪费。也许有人认为,程序结束时所有内存都会被自动回收,这当然是真的。不过要等程序结束再回收一些本来可以再利用的存储空间,就是亡羊补牢。在极端情况下当所有可用的内存都用光了时,再用 new 为新的数据分配存储空间就会造成系统崩溃。例如,在一个函数中使用 new,指向所分配的堆空间的指针是一个函数中的局部变量。这样,当函数返回时,指针被销毁,所指向的内存空间即被丢弃,这片内存空间将无法利用。

delete 也是一个一元操作符,它作用于指向一个动态存储空间的指针,使所指向的地址不再有效,即将释放这个指针所指向的动态存储空间。例如:

```
delete ptrInt;                           //释放 ptrInt 所指向的动态存储空间
delete ptrDouble;                        //释放 ptrDouble 所指向的动态存储空间
```

注意:

(1) 释放一个指针指向的动态存储空间时,不需要考虑该空间是否已被初始化过。

(2) 对一个指针使用 delete 后,并不将这个指针删除,它还指向先前的地址,只是该地址不再有效，原所指向的这片内存空间不能再被使用。例如，有个基类 Base 和派生类 Derived，则可以有以下操作。

```
Base *ptr;                          //声明一个指向基类的指针
//…
ptr=new Base;                       //为 ptr 分配一个 Base 类型存储空间
delete ptr;                         //释放 ptr 所指向的动态存储空间
ptr=new Derived;                    //为 ptr 重新分配一个 Derived 类型存储空间
delete ptr;                         //释放 ptr 所指向的动态存储空间
```

这说明，每次执行 delete 操作后，ptr 仍然存在。

(3) 对于指向类对象的指针实施 delete 操作时，会同时调用该类的析构函数。

(4) 当一个动态分配的空间不再需要时，一定要及时将之释放，否则这些空间就无法被再利用。特别是当指向该空间的指针被重新赋值，就使该空间将无法释放成为内存垃圾(garbage)。内存垃圾达到一定程度，将会导致系统崩溃。

(5) 使用对象指针时，尽量避免多个指针指向同一对象。例如：

```
int *pi1;
int *pi2;
//…
pi1=new int;
pi2=pi1;
//…
```

这样，当 pi1 需要用 delete 释放时，必须记得同时也释放 pi2，否则 pi2 将"悬空"，对其操作将会导致内存混乱。

(6) 当已经对一个指针使用过 delete，使其指向的内存释放后，再次使用 delete，就会使运行的程序崩溃。克服的方法是将这个指针赋予 0 值。这样，即使对其再次实施 delete，也可以保证程序是安全的。

【代码 11-1】 用 delete 释放对象指针的例子。

```
#include <iostream>
using namespace std;

int main (void) {
    int *pInt;
    pInt=new int (555);
    cout<<"1. 指针内容: "<<pInt<<"存储内容: "<<*pInt<<endl;
    delete pInt;
    cout<<"2. 指针内容: "<<pInt<<"存储内容: "<<*pInt<<endl;
    pInt=NULL;                              //将指针赋予 NULL 值
    cout<<"3. 指针内容: "<<pInt<<endl;
    //cout<<"存储内容: "<<*pInt<<endl;
    delete pInt;
    cout<<"4. 指针内容: "<<pInt<<endl;
    return 0;
}
```

运行结果：

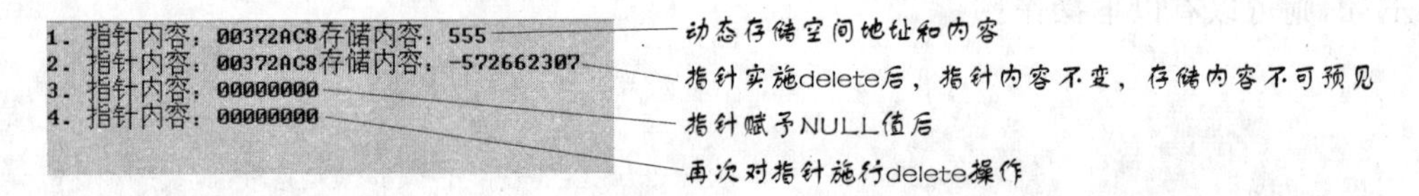

讨论：

(1) 请读者测试指针经过一次 delete 操作后，不赋予 0 再实施一次 delete 时，程序运行将会出现什么情况？

(2) 在上述程序中，有一条被注释掉的语句，用于经过一次 delete 操作并赋予 0 后，还想输出指针指向空间的内容。请读者考虑，如果不注释这条语句将出现什么问题？

11.1.4 数组的动态存储分配

1. 一维数组的动态存储分配

使用 new 为数组分配动态存储空间，需要指出数组的两个要素：基类型和数组大小(元素个数)，并返回指向数组第一个元素的指针。例如：

```
int* pia=new int[5];                    //分配一个含有 5 个整数元素的数组
```

注意：

(1) 用 new 为动态数组分配动态空间时，不能对每个元素初始化。

(2) 释放动态数组所占用的存储空间，要使用 delete[]。例如要释放上述语句创建的存储空间，应当使用下面的语句：

```
delete []pia;                           //分释放 pia 指向的数组空间
```

2. 多维数组的动态存储分配

用 new 创建动态多维数组的格式为

```
new 类型名[表达式 1][表达式 2]… [表达式 n];
```

其中，n 大于等于 1。除表达式 1 可以是任意整型表达式之外，其他表达式必须是常量表达式，它们分别表示各维的大小。数组元素的个数为各维表达式的乘积。例如：

```
int (*pt)[10];
pt=new int[10][10];
```

这里 new 操作产生 10×10 的动态二维整型数组，并返回一个指向该二维数组的指针。

注意，多维数组所占用的动态存储空间，也要使用 delete[]回收。这里，[]是广义的数组概念。

11.1.5 对象的动态存储分配

操作符 new 作用于类类型,将在堆区生成一个该类的对象。同时调用构造函数：如果不进行初始化,将调用无参构造函数;如果要进行初始化,将调用有参构造函数。

【代码 11-2】 用 new 为对象分配动态存储空间。

```
#include <iostream>
#include <string>
using namespace std;


class Time {
public:
    Time (void) {
        cout<<"调用 Time 的无参构造函数。\n";
    }
    Time (int h,int m,int s,string n):hour (h),min (m),sec (s),name (n) {
        cout<<name<<"调用 Time 的有参构造函数。\n";
    }
    ~Time (void) {
        cout<<name<<"调用 Time 的析构函数。\n";
    }
private:
    int hour;
    int min;
    int sec;
    string name;
};

int main (void) {
    Time *t1;
    Time *t2;
    t1=new Time;                               //将调用无参构造函数
    t2=new Time (0,0,0,"t2");                  //将调用有参构造函数
    delete t1,t1=NULL;                         //将调用析构函数
    delete t2;t2=NULL;                         //将调用析构函数
    system ("PAUSE");
    return EXIT_SUCCESS;
}
```

执行结果：

```
调用Time的无参构造函数。
t2调用Time的有参构造函数。
调用Time的析构函数。
t2调用Time的析构函数。
请按任意键继续. . .
```

11.1.6 数据成员的动态存储分配

一个类的数据成员可以是指向堆区的指针。这个指针所指向的内存空间的分配可以在

构造函数中进行，也可以用其他方法进行。析构函数的操作应当与之对应。

【代码 11-3】 用 new 为类的数据成员进行动态分配。

```
#include <iostream>
#include <string>
using namespace std;

class Time {
public:
    Time (void);
    Time (int,int,int,string);
    ~Time (void);
    void disp (void);
private:
    int *    ptrHour;                          //准备开辟动态存储空间的指针
    int *    ptrMin;                           //准备开辟动态存储空间的指针
    int *    ptrSec;                           //准备开辟动态存储空间的指针
    string * ptrName;                          //准备开辟动态存储空间的指针
};

Time::Time (void) {                            //无参构造函数
    ptrHour=NULL;
    ptrMin=NULL;
    ptrSec=NULL;
    ptrName=NULL;
    cout<<"调用 Time 的无参构造函数。\n";
}

Time::Time (int h,int m,int s,string n) {
    ptrHour=new int (h);
    ptrMin=new int (m);
    ptrSec=new int (s);
    ptrName=new string (n);
    cout<< * ptrName<<"调用 Time 的有参构造函数。\n";
}

Time::~Time (void) {                           //能释放成员存储空间的析构函数
    delete ptrHour;
    delete ptrMin;
    delete ptrSec;
    delete ptrName;
    cout<<"调用 Time 的析构函数。\n";
}

void Time::disp (void) {
    cout<< * ptrHour<<endl<< * ptrMin<<endl<< * ptrSec<<endl<< * ptrName<<endl;
}

int main (void) {
```

```
    Time * pt1=new Time;
    delete pt1;

    Time * pt2=new Time (0,0,0,"t2");
    pt2 ->disp ();
    delete pt2;                                          //调用析构函数
    system ("PAUSE");
    return EXIT_SUCCESS;
}
```

执行结果：

```
调用Time的无参构造函数。
调用Time的析构函数。
t2调用Time的有参构造函数。
0
0
0
t2
调用Time的析构函数。
请按任意键继续. . .
```

说明：

（1）当在构造函数中用 new 初始化指针成员时，在析构函数中应使用相应的 delete。

（2）当一个类有多个构造函数时，必须以相同的方式使用 new，因为它们共同对应一个析构函数，如本例。所以在无参构造函数中，要对成员指针赋予 0 值，就是为了与有参构造函数一致，否则析构函数回收由默认构造函数创建的对象时，就会出现与重复删除同样的错误。此外，还要特别注意的是在是否带方括号上要保持一致。

（3）在析构函数中，回收一个自由空间后，不需要将指针赋予 0 值。因为析构函数执行后，对象就被撤销，这些由构造函数创建的指针亦不复存在。不过要将指针赋予 0 值也没什么坏处，只是有些画蛇添足。

11.1.7 对象的浅复制与深复制

一般说来，默认的复制构造函数可以对对象中的数据成员实现一一对应的复制。但是，如果对象中有指针类型的成员时，默认构造函数对指针成员的复制仅仅是指针值的复制，并没有对指针所指向的实体进行复制，如图 11.1(b)所示，仅仅是两个指针指向了同一个地址，表面上似乎完成了复制，但实际上没有完全形成被复制对象的副本。相对而言，连指针

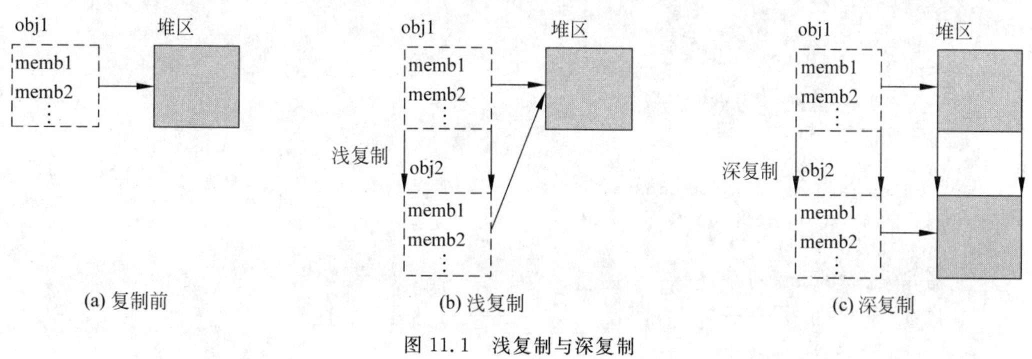

图 11.1　浅复制与深复制

指向的实体一起复制称为深复制，如图 11.1(c)所示，这时复制的才是实实在在存在的对象，是占有了系统资源的对象。

在浅复制情况下，当程序员用 delete 删除了 obj1 后，obj2 就已经“悬空”，再对 obj2 执行 delete 操作就会出错。

11.2 C++ 动态存储分配中的异常处理

堆的存储空间是有限的，也有用尽的可能。在堆区已经用尽的情况下，继续请求动态分配，就会导致 new 操作失败，产生 std::bad_alloc 异常。std::bad_alloc 异常定义在头文件＜new＞中。因此如果动态分配失败，程序应当进行异常处理，否则程序将会被终止。下面介绍动态分配中对于异常的两种处理方法。

11.2.1 捕获 std::bad_alloc 异常

【代码 11-4】 用捕获 std::bad_alloc 异常完善代码 11-3 程序的部分代码。

```
#include <iostream>
#include <string>
#include <new>
using namespace std;

//…其他代码
Time::Time (int h,int m,int s,string n) {
    try {
        ptrHour=new int (h);
        ptrMin=new int (m);
        ptrSec=new int (s);
        ptrName=new string (n);
    }catch (bad_alloc const&) {
        cerr<<"存储溢出。\n";
    }
    cout<< * ptrName<<"调用 Time 的有参构造函数。\n";
}

//…其他代码
int main (void) {
    Time * pt;
    try {
        pt=new Time (0,0,0,"t");
        pt ->disp ();
        delete pt;
    }catch (std::bad_alloc const&) {                //捕获 std::bad_alloc 异常
        cerr<<"存储溢出。\n";
    }
    system ("PAUSE");
    return EXIT_SUCCESS;
}
```

11.2.2 避免使用 std::bad_alloc

【代码 11-5】 避免使用 std::bad_alloc,只简单地捕获 operator new()异常完善代码 11-2 程序的部分代码。

```
#include <iostream>
#include <string>
//#include <new>                                    //不再需要

//…其他代码
Time::Time (int h,int m,int s,string n) {
    try {
        ptrHour=new int (h);
        ptrMin=new int (m);
        ptrSec=new int (s);
        ptrName=new string (n);
    }catch (...) {                                  //捕获任何还没有被处理的异常
        cerr<<"存储溢出。\n";
    }
    cout<< * ptrName<<"调用 Time 的有参构造函数。\n";
}

…//其他代码
int main (void) {
    Time *pt;
    try {
        pt=new Time (0,0,0,"t");
        pt ->disp ();
        delete pt;
    }catch (...) {                                  //捕获任何还没有被处理的异常
        std::cerr<<"存储溢出。\n";
    }
    system ("PAUSE");
    return EXIT_SUCCESS;
}
```

11.3 链　　表

11.3.1 链表及其特点

1. 链表的结构

链表是一种数据结构,其核心元素是一系列的节点。每个节点至少由两部分组成:数据域和指针。数据域是节点中存储的数据,指针用于指出这个节点与其他节点之间的邻接关系。最简单的链表称为单向链表。在单向链表中,每个节点用一个指针指出哪个节点是其直接后继节点。图 11.2 为一个单向链表的示意图。

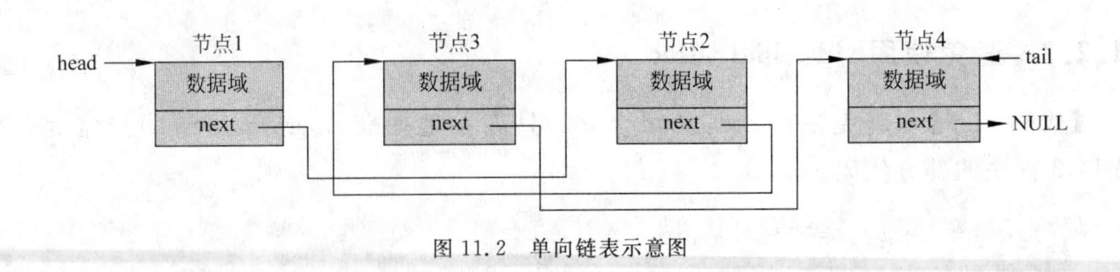

图 11.2 单向链表示意图

从这张图中可以看出如下几点。

(1) 每个节点除了数据域,还有一个 next 指针,用于指出一个节点的下一个节点是哪个节点。

(2) 节点 4 是最后的节点,再没有后继节点,将其 next 值赋予空——NULL(C++ 中习惯于用 0 值表示)。

(3) 为了说明链表是从哪个节点开始的,要使用一个头指针(head/start)指出链首。或者说,链表由头指针唯一确定。有时,还需要有一个尾(tail/end)节点指针。

所以,一个基本的单向链表是由一系列带有 next 指针的节点和一个头指针(head/start)组成。

2. 链表的操作

在链表上可以执行的操作有如下一些。

(1) 遍历。设置一个当前指针,让其从链表的头开始顺着链表,从一个节点到下一个节点,直到链表尾,把每个节点的数据域访问一遍并显示出来。

(2) 修改。修改某个节点的数据域内容。

(3) 排序。按照节点的数据域的某个特征,对于链表中节点的顺序进行排列。

(4) 删除。从链表中删除一个节点。图 11.3 为从链表中删除一个节点的示意图。若要在单链表中删除节点 3,只要将节点 2 的 next 指针从指向节点 3 改为指向节点 4 就可以了。这样按照链接的顺序,从节点 1 到节点 2 后就到了节点 4。节点 3 就不在链表之中了。

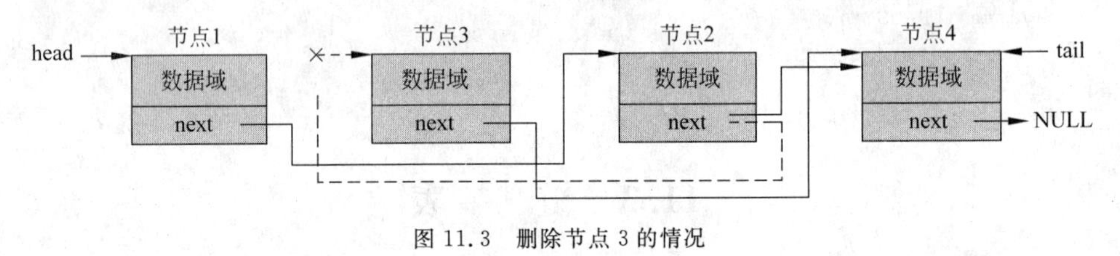

图 11.3 删除节点 3 的情况

(5) 插入。在链表中加入一个新的节点,或者创建一个新的链表。如图 11.4 所示,若要在上述已经删除了节点 3 后的单链表中,在节点 2 和节点 4 之间插入节点 5,只需要将节点 2 原来链接到节点 4 的 next 指针改为指向节点 5,并且把节点 5 的 next 指针指向节点 4 即可。

3. 链表的特点

与数组相比,链表具有如下特点。

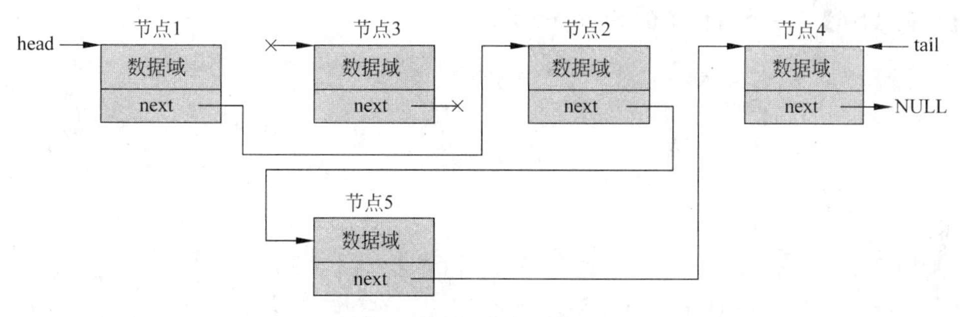

图 11.4　插入节点 5 的情况

(1) 一个链表中的各节点,不一定要占有一个连续的存储空间,即各个节点可以分布在内存的不同地方,只要用指针将它们链接在一起就可以组成一个链表。例如,动态分配所使用的堆区就是一种链表结构,并非内存一个连续的空间。

(2) 要在链表中删除或插入一个节点、对于链表中的节点按照某个数据进行排序等,不需要像数组那样移动数据,只需要改变指针的指向就可以。

4. 双向链表

如图 11.5 所示,双向链表的特点是每个节点不仅有一个后向(next)指针指向下一个节点,还有一个前向(prev)指针指向前一个节点。所以每个节点由 3 部分组成：数据域、后向(next)指针和前向(prev)指针。此外,一个链表要有一个头指针(head/start)和一个尾指针(tail/end)。

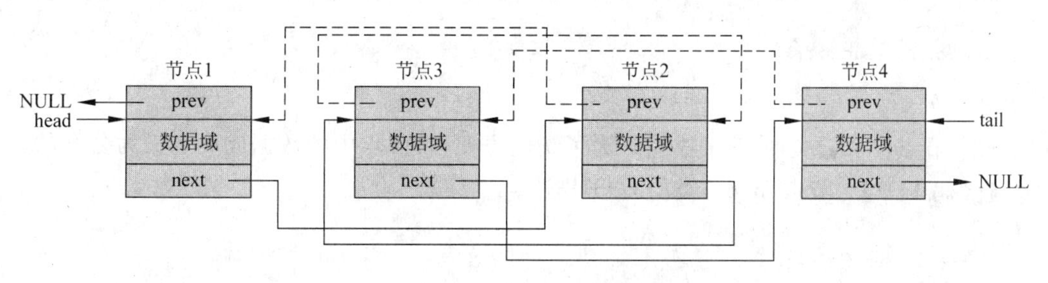

图 11.5　双向链表示意图

单向链表的遍历(traversal,即按照某种规则,依次对结构中每个节点均做一次且仅做一次访问。访问节点所做的操作依赖于具体的应用问题)只能一个方向——正向进行,而在双向链表中既可以正向遍历,又可以反向遍历。

11.3.2　单向链表类设计

1. 链表节点类设计

一个单向链表节点由一个数据域和一个 next 指针组成。

(1) 链表数据域。链表数据域可以是一个基本类型的数据,也可以是一个类或结构体。

【代码 11-6】 一个简化了的 Student 类声明。

```
#include <iostream>
#include <string>
using namespace std;

class Student {
private:
    string studName;                                //学生姓名
    long int studMobile;                            //学生手机号
public:
    Student (string sName);
    void dispStud (void);                           //显示学生信息
    void modify (void);                             //修改学生手机号码
};

Student::Student (string sn):studName (sn) {
    cout<<"\n 输入"<<studName<<"的手机号码:";
    cin>>studMobile;
}

void Student::dispStud (void) {
    cout<<studName<<","<<studMobile<<endl;
}

void Student::modify (void) {
    cout<<"\n 输入新的手机号码:";
    cin>>studMobile;
}
```

(2) 节点(node)类的 C++ 描述。为了访问方便,将节点中的数据成员定义为公开的。

【代码 11-7】 节点(node)类的 C++ 描述。

```
class StudNode {
public:
    int         studID;                             //学号,作为节点标识
    Student     studInfo;                           //学生信息
    StudNode    * next;                             //链接指针
    StudNode (string sn,int sId,StudNode * next=NULL)
        :studInfo (sn),studID (sId),next (next)
        {}
};
```

说明：数据成员 studID 本来可以作为 Student 类的数据成员。这里将其作为 Node 类的成员,是用来作为节点的标识。

2. 链表类设计

单向链表成员分析。一个简单的单向链表应当由节点和头(head)指针组成。虽然尾

(tail)指针也需要,但是由于一个 next 指针指向 NULL 的节点就是末节点,所以尾指针可以省略。此外,一个单向链表至少要有下面一些成员函数。

- insertNode()——插入节点;
- deleteNode()——删除节点;
- modifyNode()——修改节点数据;
- queryNode()——查询节点;
- traverseList()——链表遍历,即依次显示每个节点内容。

【代码 11-8】 单向链表类 StudList 定义。

```
class StudList {
private:
    StudNode * head;
public:
    StudList (void) {StudNode * hd=NULL;}
    void        insertNode (void);
    void        deleteNode (void);
    void        modifyNode (void);
    void        queryNode (void);
    void        traverseList (void);
};
```

11.3.3 单链表的操作与成员函数设计

1. 单链表遍历、查询与节点修改

这是 3 个操作相似的成员函数。

(1) 单链表遍历。

单链表遍历的基本算法如下。

① 设置一个当前指针 current=head。

② 显示 current 所指向节点的内容。

③ 执行 current=current->next,让 current 指向下一个节点。

④ 重复②、③,直到 current==NULL。

⑤ 判断。current==head,则表明上述操作没有执行,即是一个空链表。

【代码 11-9】 单链表遍历算法的 C++ 描述。

```
void Stud List::traverseList (void) {
    StudNode * current=head;
    int nodeNum=1;                                    //用于节点计数
    while (current !=NULL)      {
        cout<<"节点"<<nodeNum ++<<":";
        cout<<current ->studID<<",";
        current ->studInfo.dispStud ();
        current=current ->next;
    }
```

```
    if (current==head)
        cout<<"链表不存在!\n";
    else
        cout<<"链表遍历结束。\n";
}
```

(2) 查询操作。查询操作与遍历操作基本相似，区别仅在于，查询是在遍历过程中找符合某个条件的节点，并在如下两种情况下终止查询。

- 找到符合条件的节点，并显示其有关信息。
- 遍历结束，仍然没有找到符合条件的节点。

【代码 11-10】 queryNode()函数的代码。这个函数中以学号作为检索关键字。为了给读者多一点启发，下面的代码采用另外一种控制结构。

```
void StudList::queryNode (void) {
    int sKey;
    cout<<"请输入一个学号：";
    cin>>sKey;
    for (StudNode * current=head;current !=NULL;current=current ->next) {
        if (current ->studID==sKey) {
            cout<<"学号为"<<sKey<<"的学生为：";
            current ->studInfo.dispStud ();

            cout<<"继续查询(y/n)?";
            char answer;
            cin>>answer;
            if (answer=='Y'||answer=='y') {
                cout<<"请输入一个学号：";
                cin>>sKey;
                continue;
            } else {
                cout<<"查询结束。\n";
                return;
            }
        }
    }
    if (current==NULL)
        cout<<"查询结束,没有查询到!\n";
}
```

(3) 修改节点数据。下面根据学号修改手机号码。

【代码 11-11】 根据学号修改手机号码。

```
void StudList::modifyNode (void) {
    int sKey;
    cout<<"请输入一个学号：";
    cin>>sKey;
    for (StudNode * current=head;current !=NULL;current=current ->next)
```

```
        if (current ->studID==sKey)
            (current ->studInfo).modify ();
    if (current==NULL)
        cout<<"查询结束,没有查询到有关节点!\n";
}
```

2. 插入节点

在链表的多个成员函数中,插入节点成员函数是比较复杂的。在一个链表中插入一个节点,主要要解决两个问题。

(1) 确定一个插入位置,即将一个新的节点插入到哪个节点之前。确定插入位置有许多原则,例如:

- 指定一个节点(用节点标识数据表示,例如学号),新节点插在该节点之前。
- 对于尚未排序的链表,要从头逐一比较来找到新节点的插入位置。对于已经排序的链表,可以对关键字进行折半等查找。

(2) 实施插入操作:将指向插入位置节点的链表指针指向新节点,再将新节点的 next 指针指向插入位置节点。为了修改指针的链接对象,需要使用当前指针记录当前位置。此外,修改链接情况,按照当前位置不同可以分为 4 种情形。

- 若插入前链表空,则将新节点作为首节点,即将新节点的 next 指针设置为 NULL,将 head 指针指向新节点。
- 若新节点关键字小于原来表中的首节点,则将新节点的 next 指针设置为 head 指针原来指向的节点,将 head 指针指向新节点。
- 若新节点位于链表中间,则要设置一个当前指针(即指向插入位置节点的指针)和一个前节点指针(即指向插入位置节点的前一个节点的指针);找到插入位置后,要将新节点的 next 指针设置为当前指针,再将前节点的 next 指针指向新节点。
- 若新节点位于表尾(即在当前链表中找不到一个节点,其关键字比新节点大),则要将新节点的 next 指针置为 NULL,并将前节点的 next 指针指向新节点。

此外,对于插入的新节点,一般要为其动态分配存储空间。

【代码 11-12】 实现插入节点算法的 C++ 代码。

```
void StudList::insertNode (void) {
    int studNb;
    string studNm;
    cout<<"输入学生学号:";
    cin>>studNb;
    cout<<"输入学生姓名:";
    cin>>studNm;

    //在空表中插入一个节点
    if (head==NULL) {
        head=new StudNode (studNm,studNb,NULL);
        cout<<"在空表中插入了一个节点。\n";
```

```
        return;
    }

    //在表头插入一个节点
    if (studNb <=head ->studID) {
        head=new StudNode (studNm,studNb,head);
        cout<<"在表头插入了一个节点。\n";
        return;
    }

    //在表中间插入一个节点
    StudNode * previous=head;
    StudNode * current=previous ->next;
    while (current !=NULL) {
        if (studNb>previous ->studID && studNb <=current ->studID) {
            StudNode * newN=new StudNode (studNm,studNb,current);
            previous ->next=newN;
            cout<<"在表中插入了一个节点。\n";
            return;
        }
        previous=current;                          //后移
        current=previous ->next;                   //后移
    }

    //在表尾插入一个节点
    previous ->next=new StudNode (studNm,studNb,NULL);
    cout<<"在表尾插入了一个节点。\n";
}
```

3. 删除节点

要在链表中删除节点,主要有两项工作:一是将该节点从链表中卸下;二是释放其所占的存储空间。释放节点所占用的堆空间比较简单,而从链表中卸下一个节点需要考虑下列4种情况。

(1) 空表,不做任何改变,只需输出相应信息。

(2) 要删除的节点是表首节点,即 head 指向的节点,则要把 head 指向被卸除节点的下一个节点。

(3) 若要删除的节点存在于链表中,但不是第一个节点,则应使被卸除节点的上一个节点的 next 指针域指向被卸除节点的下一个节点。

(4) 要删除的节点在链表中不存在,则不做任何改变,只需输出相应信息。

【代码 11-13】 实现删除节点算法的 C++ 代码。

上述算法可以用下面的 C++ 代码描述。

```
void StudList::deleteNode (void) {
    //空表
```

```
    if (head==NULL) {
        cout<<"空表,被删除节点不存在。\n";
        return;
    }

    int sKey;
    cout<<"请输入一个学号: ";
    cin>>sKey;

    //删除表头节点
    if (head ->studID==sKey) {
        StudNode * current=head;
        head=current ->next;
        delete current;
        cout<<"该节点在表头,已经被删除。\n";
        return;
    }

    //在链表中间部分查找并删除节点
    StudNode * previous=head;
    StudNode * current=previous ->next;
    if (!current) {
        cout<<"链表遍历结束,没有找到该节点!\n";
        return;
    }

    while (current ->next !=NULL)     {
        if (current ->studID==sKey) {
            previous ->next=current ->next;
            delete current;
            cout<<"该节点在表中部,已经被删除。\n";
            return;
        }
        previous=current;
        current=current ->next;
    }
    cout<<"链表遍历结束,没有找到该节点!\n";
}
```

11.3.4 链表的测试

1. 单链表的客户端操作与测试环境

一个链表的操作和测试涉及多个函数。为了方便操作者,可以设计一个集成操作环境,只需要输入一个字符或数字就可以选择一种操作,使操作或测试者可以更有序地进行操作或测试。下面的主函数可以构造一个简单的操作环境。

【代码 11-14】 链表的客户端操作代码。

```
#include <iostream>
using namespace std;

int main (void) {
//显示菜单
    char choose;
    StudList sList;
    do {
        cout <<"############################################################\n"
             <<"###################学生链表操作 ###################\n"
             <<"############################################################ \n";
        cout <<"#     1. 插入 (I/i)            2. 删除 (D/d)     #\n"
             <<"#     3. 遍历 (T/t)            7. 修改 (M/m)     #\n"
             <<"#     5. 查询 (Q/q)            6. 退出 (X/x)     #\n";
        cout <<"############################################################\n"
             <<"请输入一个字母,选择需要的操作\n"
             <<"============================================================\n";

        //根据用户选择转向对应的模块
        cin>>choose;
        switch (choose) {
            case 'I':case 'i':sList.insertNode ();break;
            case 'D':case 'd':sList.deleteNode ();break;
            case 'M':case 'm':sList.modifyNode ();break;
            case 'Q':case 'q':sList.queryNode ();break;
            case 'T':case 't':sList.traverseList ();break;
            case 'X':case 'x':cout<<"操作结束。\n";break;
            default:cout<<"输入错误,请重新选择!\n";
        }
    }while (choose !='X' && choose !='x');
    return 0;
}
```

2. 链表测试用例设计原则

测试用例的好坏主要看其对于程序的语句、条件、判定、路径、功能的覆盖能力。对于链表的测试,重点放在如下几个方面。

(1) 链表插入操作的测试。

- 在空链表中插入。
- 在表头插入。
- 在表中插入。
- 在表尾插入。

(2) 链表删除操作的测试。

- 在空表中删除。
- 在表头删除。

- 在表尾删除。
- 在表中删除。
- 删除表中不存在的节点。

(3) 链表遍历操作的测试。
- 遍历空表。
- 遍历实表。

(4) 链表查询操作的测试。
- 在空表中查询。
- 查询节点位于表头。
- 查询节点位于表中。
- 查询节点位于表尾。
- 查询节点不存在。

(5) 链表节点修改操作的测试：修改任何一个节点。

3. 链表测试过程设计

为了提高测试效率，根据上述测试用例设计原则设计出如下测试过程。

(1) 针对空链表的测试
- 在空表中查询。
- 在空表中删除。
- 遍历空表。
- 在空链表中插入。

(2) 链表插入操作的测试。
- 在表头插入。
- 在表中插入。
- 在表尾插入。

(3) 遍历实表。

(4) 链表查询操作的测试。
- 查询节点位于表中。
- 查询节点位于表尾。
- 查询节点不存在。

(5) 链表节点修改操作的测试：修改任何一个节点。

(6) 链表删除操作的测试。
- 在表头删除。
- 在表尾删除。
- 在表中删除。
- 删除表中不存在的节点。

具体的测试用例这里就不给出了，请读者自己完成。

习　题　11

概念辨析

1. 选择。

(1) 操作符 new ________。

A. 仅为一个指针指向的对象分配存储空间　B. 为一个指针指向的对象分配存储空间并初始化
C. 为一个指针变量分配需要的存储空间　D. 为一个指针变量分配需要的存储空间并初始化
E. 用于动态创建对象和对象数组　F. 创建的对象或对象数组要用操作符 delete 删除
G. 用于创建对象时，要调用构造函数　H. 用于创建对象数组时，必须指定初始值

(2) 操作符 delete ________。

A. 仅可用于用 new 返回的指针
B. 也可以用于空指针
C. 可以对一个指针使用多次
D. 与指针名之间有一对方括号，表示删除数组时并与维数无关

2. 判断。

(1) new 操作符在创建对象数组时必须定义初始值。(　)
(2) delete 操作符只可以在内存值已经清零后使用。(　)
(3) 程序执行过程中，不及时释放动态分配的内存，有造成内存泄露的危险。(　)
(4) 当指针用作数据成员时，默认的复制构造函数不能以正确方式复制对象。(　)
(5) 使用 new 操作符，可以动态分配全局堆中的内存资源。(　)
(6) 若 p 的类型已由 A * 强制转换为 void *，则执行语句 delete p;时，A 的析构函数不会被调用。(　)
(7) 实现全局函数时，new 和 delete 通常成对地出现在由一对匹配的花括号限定的语句块中。(　)
(8) 执行语句 A * p=new A[100];时，类 A 的构造函数只会被调用 1 次。(　)
(9) delete 必须用于 new 返回的指针。(　)
(10) 用 delete 删除对象时要调用析构函数。(　)

代码分析

1. 找出下面各程序段中的错误并说明原因。

(1)

```
delete array;
```

(2)

```
new[8];
```

(3)

```
new int[8];
```

(4)

```
delete [8]array;
```

(5)

```
new[1]=5;
```

(6)

```
const A * c=new A (); A * e=c;
```

(7)

```
A * const c=new A(); A * b=c;
```

2. 指出下面程序的运行结果。

```
#include <iostream>
void fc (void) {
    try {
        throw "sos";
    }catch (int) {
        std::cout<<"sos int"<<std::endl;
    }try {
        throw 1;
    }catch (const char * p) {
        std::cout<<"sos string"
        <<std::endl;
    }
}

void fb (void) {
    int * q=new int[100];
    try {
        fc ();
    }catch (…) {
        delete []q;
        throw;
    }
}
```

```
void fa (void) {
    int * p=new int[100];
    try {
        fb ();
    }catch (…) {
        delete []p;
        throw;
    }
}

void main (void) {
    try {
        fa ();
    }catch (…) {
        std::cout<<
        "an error occurred
        while running"<<std::endl;
    }
}
```

3. 下面是为 String 类声明的 3 个构造函数，指出其中的错误。改正其中的错误后，为之设计相应的析构函数。

```
String::String (void) {
    len=std::strlen (str);
}

String::String (const char* s) {
    len=std::strlen (s);
    str=new char;
    std::strcpy (str,s);
```

```
}

String::String (const String& st) {
    len=st.len;
    str=new char[len +1];
    std::strcpy (str,st.str);
}
```

探索验证

类 MyClass 的定义如下。

```
class MyClass
{
public:
    MyClass(){}
    MyClass(int i){value=new int(i);}
    int* value;
};
```

则对 value 赋值的正确语句是________。

A. MyClass my; my. value=88;

B. MyClass my; * my. value=88;

C. MyClass my; my. * value=88;

D. MyClass my(88);

请设计一个测试主函数。

开发实践

1. 定义一个动态数组类。该动态数组类能够根据运行时指定的长度构造数组,并能进行数组复制。

2. 定义一个类,用于统计一个班学生的某门课的成绩。班级人数不定。

3. 对一个几位数的任意整数,求出其降序数。例如,整数是 82319,则其降序数是 98321。算法提示:首先确定整数的位数,创建一个可以存放该数每位的一维数组。将整数的各位数分解到一维整型数组 a 中,再将 a 数组中的元素按降序排序,最后将 a 数组元素值转换为一个整数输出。试建立一个类 NUM,用于完成该功能。具体要求如下:

(1) 私密数据成员:

- int n、m:分别存放几位数的原整数和结果整数。
- int * a:动态申请数列数组的空间,该指针指向它,该数组存放整数各位原值及其元素的降序排列值。

(2) 公开成员函数:

- NUM (int x=0):构造函数,用参数 x 初始化数据成员 n,置 m 为 0。
- void decrease (void):将 n 的各位数值分解到 a 数组中,并将 a 数组排成降序后,转换为整数 m。
- void show (fstream &):输出原数 n、数组 a 及其降序数 m。
- ~NUM (void):析构函数,释放动态申请的数据空间。

4. 设计一个链表类,除包括常规操作外,还包括链表节点排序。设计后,设计测试用例和测试过程,并进行实际测试。

5. 用链表实现一个栈。

6. 栈的特点是 FILO(先进后出)。队列是 FIFO(先进先出)结构,或者称为先到先服务。为了实现队列,至少需要两个指针:头指针和尾指针。尾指针用于标明当前插入位置,头指针用于标识当前弹出元素的位置。请分别用数组和链表实现一个简单的队列,并设计测试用例和测试过程。

第3篇　C++探幽

一种程序设计语言就是一部机器。通过前面两篇的学习，了解了这部机器的主要功能，训练了使用这部机器的逻辑思维和方法。而这部机器还有一些细节以及锦上添花的部分，对于想把自己的程序设计得更精致、更地道的人来说也是很必要的。本篇进一步介绍这些细节和锦上添花的内容。

第12单元　C++ I/O流

输入输出操作是程序的重要功能。C++ 作为面向对象的程序设计语言，把许多机制都抽象成为类。同样，为了能方便而统一地处理各种类型数据的输入输出，C++ 把各种输入输出抽象为字节在程序与 I/O 设备之间的流动，并用类进行描述，统称为流类。在程序中要进行输入输出，就要创建相应的对象。cout 和 cin 就是系统预定义的两个对象。

本章介绍 C++ 的流类机制。

12.1　C++ 流与流类

12.1.1　流与缓冲区

1. 流的概念

计算机程序工作时，程序(实际上是系统为程序分配的内存空间)要与外部交换数据。这个过程称为程序的输入输出。以程序为基点，从其他设备向程序工作区(内存)传递数据称为输入，从程序的工作区向外部设备传递数据称为输出。程序的输入输出可以有多种，但最重要，也是最基本的是如下两种。

- 程序→显示器屏幕：输出。
- 键盘→程序：输入。

C++ 把这些输入输出抽象为在数据生产者与数据消费者之间流动的"一串 byte"——称之为流(stream)。这些 byte 可以构成字符数据或数值数据的二进制表示，也可以构成图形、图像、数字音频、数字视频或其他形式的信息。作为面向对象的程序设计语言，C++ 的输入输出都是对于流的封装，并且通过流对象承担有关输入输出的职责。前面已经使用的 cin 和 cout 就是两个标准的流对象。

对象都是由类创建的。流对象是由流类创建的。例如，cout 是输出流类 ostream 的一个对象，cin 是输入流类 istream 的一个对象。输出流类 ostream 和输入流类 istream 都是由 C++ 语言预先定义的。

2. 缓冲区

缓冲区(buffer)是计算机内存空间的一部分，用于暂存输入或输出的数据，以使低速的输入输出设备能与高速的 CPU 能够协调工作，使计算机系统能高效工作。例如，当用 cout 和插入操作符"<<"向显示器输出数据时，先将这些数据送到程序中的输出缓冲区保存，直到缓冲区满了或遇到 endl，就将缓冲区中的全部数据送到显示器显示出来，并刷新缓冲区(flushing the buffer)以供下一批输出数据使用。这样就协调了高速的 CPU 与低速的显示设备之间工作关系。在输入时，从键盘输入的数据先放在键盘缓冲区中，当按回车键时，键

盘缓冲区中的数据输入到程序中的输入缓冲区,形成 cin 流,然后用提取操作符“>>”从输入缓冲区中提取数据送给程序中的有关变量。这就给了用户发现按错了键还可以纠正的一个机会。缓冲是现代计算机输入输出系统中的重要技术,采用缓冲技术,高速的 CPU 不需要一直陪同低的输入输出设备,可以利用低速的输入输出设备与缓冲区通信的时间段完成一些别的工作,使 CPU 与输入输出设备并行工作,提高了计算机的工作效率。

缓冲属于输入输出的底层操作。为了支持各种输入输出操作,C++ 要为每个数据流开辟一个缓冲区类,存放流中的数据,支持流的实现。具体做法是定义一个缓冲区类 streambuf,并在每个流对象中封装有一个指向 streambuf 的指针,形成 IO 流与内存缓冲区相对应的关系。可以说,缓冲区中的数据就是流。程序员也可以通过调用 rdbuf()成员函数获得 streambuf 指针,使用该指针可以跳过上层的格式化输入输出操作,直接对底层缓冲区进行数据读写。

应当注意,并非所有的流对象都封装了 streambuf 指针。例如标准流对象 cerr 和 clog 就不是缓冲型流对象。目的是一旦产生错误,可以立即输出相应的错误提示信息到屏幕上。

12.1.2 C++ 流类库

1. C++ 流类库的结构

C++ 的输入与输出涉及以下 3 方面。

(1) 对系统指定的标准设备的输入和输出,简称标准 I/O(指设备)。

(2) 以外存磁盘(或光盘)文件为对象进行输入和输出,简称文件 I/O(指文件)。

(3) 对内存中指定的空间进行输入和输出,简称串 I/O(指内存)。

为了创建流对象,就要定义相应的流类。针对上述 3 个方面的输入输出,C++ 定义了如下 5 种基本流类。

(1) 输入流类 istream:提供各种输入方式和提取操作——程序从缓冲区取字符。

(2) 输出流类 ostream:提供各种输出方式和插入操作——程序向缓冲区写字符。

(3) 文件流基类 fstreambase:控制文件流的输入输出。

(4) C 字符串流基类 strstreambase:控制 C 字符串流的输入输出。

(5) C++ 字符串流基类 stringstreambase:控制 C++ 字符串流的输入输出。

在这 5 种基本流类的基础上,形成了 C++ 的完整的流类体系——称之为流类库。这个流类库中有两大平行的流类层次,一个用来支持用户进行输入输出操作——iostream 类派生体系,另一个用来管理缓冲区为物理设备提供接口——streambuf 类派生体系。图 12.1 为 C++ 流类库的基本结构。

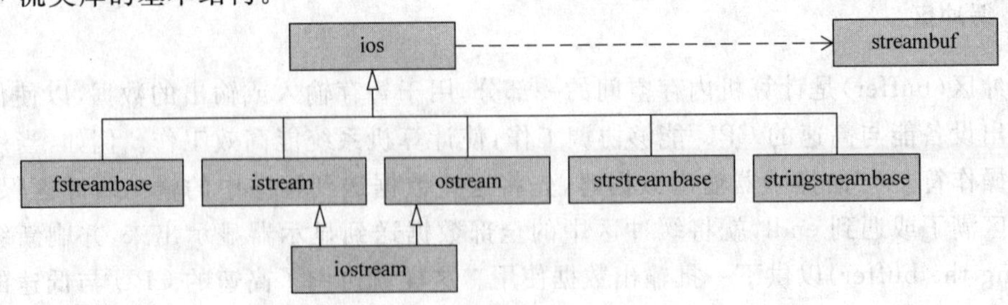

图 12.1 C++ ios 流类库的基本结构

2. iostream 类派生体系

Szhishi tream 类派生体系中的派生关系如表 12.1 所示。

表 12.1　ios 流类库中的重要流类及其对应的头文件

	基　类	直接派生类		间接派生类	头 文 件
基类	ios	istream	ostream	iostream	iostream
派生类	fstreambase	ifstream	ofstream	fstream	fstream
	strstreambase	istrstream	ostrstream	strstream	strstream
	stringstreambase	istringstream	ostringstream	stringstream	strstream

ios 是抽象基类,是面向用户 IO 操作流类库的根基类。它直接派生 5 个类:输入流类 istream、输出流类 ostream、文件流基类 fstreambase、C 字符串流基类 strstreambase 和 C++ 字符串流基类 stringstreambase。

istream 和 ostream,两个类名中第 1 个字母 i 和 o 分别代表输入(input)和输出(output)。istream 类支持输入操作,ostream 类支持输出操作,iostream 类支持输入输出操作。iostream 类由 istream 类和 ostream 类二重派生,是 ios 的间接派生类。

ifstream 支持对文件的输入操作,由类 fstreambase 和 istream 二重派生。ofstream 支持对文件的输出操作,由类 fstreambase 和 ostream 二重派生。类 fstream 支持对文件的输入输出操作,由类 ifstream、ofstream 和 iostream 三重派生。表 12.1 中的其他派生类有类似的关系。

3. streambuf 类派生体系

面向设备流类库的根基类是 streambuf。为了支持不同的缓冲型流对象,streambuf 类也派生出多个类。ios 类与 streambuf 类的联系是 ios 定义了一个指向 streambuf 类的指针。

图 12.2 为 streambuf 类的派生体系结构。

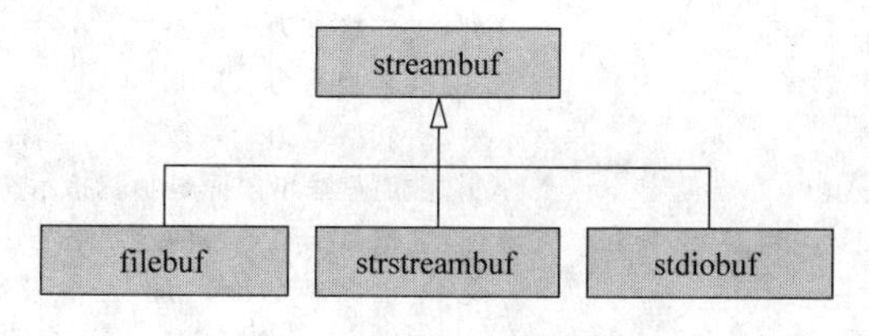

图 12.2　streambuf 类的派生层次

streambuf 类为其所有派生类对象设置了一个固定的内存缓冲区。该缓冲区被动态地划分为两部分:

- 输入缓冲区,用一个指针指示当前提取字节位置。
- 输出缓冲区,用一个指针指示当前插入字节位置。

filebuf 类用于为文件读写开辟缓冲区,并指示文件缓冲区的读写位置。

strstreambuf 类提供了在内存中进行插入/提取的缓冲区管理。

stdiobuf 类用作 C++ 的流类与 C 语言的标准输入输出混合使用时的缓冲区管理。

4. 与 ios 类库有关的头文件

ios 类库中不同的类的声明被放在不同的头文件中,用户在自己的程序中用 ＃include 命令包含了有关的头文件就相当于在本程序中声明了所需要用到的类。可以换一种说法：头文件是程序与类库的接口,iostream 类库的接口分别由不同的头文件来实现。常用的有如下几个。

- iostream：包含了对(标准)输入输出流进行操作所需的基本信息。
- fstream：用于用户管理的文件的 I/O 操作。
- stdiostream：用于混合使用 C 和 C++ 的 I/O 机制时,例如想将 C 程序转变为 C++ 程序。
- iomanip：在使用格式化 I/O 时应包含此头文件。

12.1.3 ios 类声明

ios 类是 C++ 流类库的一个根基类,它封装了用户进行输入输出时所需要的基本操作和属性。下面首先来看一看在 ios.h 中有关 ios 类声明的部分内容,为后面的进一步学习奠定基础。

【代码 12-1】 ios.h 中有关 ios 类声明的部分内容。

```
class _CRTIMP ios {
public:
    …
    //公开的无名枚举成员,用于定义流的状态
    enum{
        skipws=0x0001,              //i,跳过输入流中的空白
        left=0x0002,                //o,输出数据在输出域中左对齐
        right=0x0004,               //o,输出数据在输出域中右对齐
        internal=0x0008,            //o,在符号位或基指示符之后填充字符
        dec=0x0010,                 //i/o,转换基为十进制
        oct=0x0020,                 //i/o,转换基为八进制
        hex=0x0040,                 //i/o,转换基为十六进制
        showbase=0x0080,            //o,数值型输出前面显示基指示符
        showpoint=0x0100,           //o,强迫显示浮点数的后缀 0 与小数点
        uppercase=0x0200,           //o,十六进制数字符中的 A-F 及 X 一律大写
        showpos=0x0400,             //o,正数前添加"+"号
        scientific=0x0800,          //o,用科学计数法表示浮点数
        fixed=0x1000,               //o,使用定点形式表示浮点数
        unitbuf=0x2000,             //o,插入操作后立即刷新缓冲区
        stdio=0x4000,               //o,插入操作后清空每个流,导致写入相连设备
    };
        …
        //格式属性
    static const long basefield;        //dec | oct | hex
```

```
    static const long adjustfield;          //left | right | internal
    static const long floatfield;           //scientific | fixed
        …
        //公开的成员函数,用来设置状态字
    inline long flags () const;
    inline long flags (long _l);
    inline long setf (long _f,long _m);
    inline long setf (long _l);
    inline long unsetf (long _l);
    inline int width () const;
    inline int width (int _i);
    inline char fill () const;
    inline char fill (char _c);
    inline int precision (int _i);
    inline int precision () const;
protected:                                  //保护的数据成员
    long x_flags;                           //输入输出状态字
    int x_precision;                        //输入输出精度
    char x_fill;                            //填充字符
    int x_width;                            //输出数据的域宽
      …
};
```

这并非 ios 定义的全部,还有一些定义内容将在后面做一些补充。

12.2 标准流对象与标准 I/O 流操作

12.2.1 C++ 标准流对象

在 C++ 中,进行输入输出的第一步是生成一个流类对象。为了便利用户,C++ 在 iostream.h 中预定义了 4 个标准流对象:cin、cout、cerr 和 clog。

(1) cin 是 istream_withassign 类的对象,称为标准输入流,默认键盘为数据源,也可以重定向为其他设备。

(2) cout 是 ostream_withassign 类的对象,称为标准输出流,默认显示器为数据池,也可以重定向为其他设备。

(3) cerr 和 clog 都是 ostream_withassign 类的对象,称为标准错误输出流,固定关联到显示器。由此看来,它们与 cout 用法相似,不同之处在于 cout 用于正常情况下的输出,而 cerr 和 clog 用于错误信息输出。其中,cerr 没有缓冲,发给它的出错信息都会被立即显示出来;clog 有缓冲,出错信息保存在缓冲区,等到缓冲区刷新时输出。

当程序包含头文件 iostream 的程序被执行时,这 4 个标准流对象(预定义流对象)的构造函数都要被自动调用一次,使这 4 个预定义流对象可以直接使用。

12.2.2 标准输入输出流操作

标准 I/O 流操作是对于标准 I/O 流对象的操作。表 12.2 为在 istream 类和 ostream 类中提供的标准输入输出流操作。

表 12.2 istream 类和 ostream 提供的标准输入输出操作

输入流操作	输出操作
>>提取字符、整型、浮点类型、字符串	<<插入操作符:输出字符、整型、浮点类型、字符串
get()从流中提取单个或指定个数字符	put()输出单个字符
getline()从流中提取字符串	
read()从流中提取字符串或指定个数字符	write()输出指定个数字符

这些操作符和函数中,应用最广泛的是"<<"和">>",比较复杂的是 get()和 getline(),前面都已经作了介绍。

12.3 流的格式化

流的格式化性能主要由 ios 类提供,并由其派生类继承。ios 提供的流格式化性能可以分为两类。

(1) 由 ios 类的格式化成员函数设置。

(2) 由 ios 类提供的格式化操作符设置。

12.3.1 ios 类的格式化成员函数和格式化标志

在 ios 类中定义了表 12.3 所示的一组成员函数用于流的格式化设置。

表 12.3 ios 中用于格式化的成员函数

函数名	意 义	函数名	意 义
fill (ch);	用 ch 字符填充	setf (flags);	用指定的格式化标志进行格式化设置
precision (p);	设置精度(浮点数中小数位数)	setf (flags,field);	先清除字段,然后设置格式化标志
width (w);	设置当前字段宽度(以字符计)	unsetf (flags);	清除指定的格式化标志

说明:表中的 flags 必须使用 ios 类中用枚举定义的一组常量。这些常量称为类 ios 的格式化标志。

流的格式化是针对具体流对象进行的。例如:

```
std::cout.setf (std::ios::right);
//…
std::cout.unsetf (std::ios::right);
```

这里,cout 所调用的函数 setf()是 ostream_withassign 类的成员函数(尽管是从 ios 继承而来)。而参数 right 是在 ios 类中定义的,所以其前要加上"ios::"。

成员函数 fill()、precision()和 width()没有参数时,可以用来返回所填充的字符、所设置的精度和宽度,以满足一些特殊需要。

12.3.2 格式化操作符

格式化操作符(manipulator,也称操作算子)是 ios 提供的特殊函数,也是可以直接插入到流表达式中的格式化指令。前面用过的 endl、ws 都是 ios 提供的格式化操作符。表 12.4 为 ios 预定义的常用操作符。它们分为有参和无参两种。有参操作符定义在头文件 iomanip 中,flags 和 base 的值要选用相应的格式化标志;无参操作符定义在头文件 iostream 中。

表 12.4 ios 常用操作符

头文件	类型	操纵算子	功能
iostream	无参操作符	boolalpha	O:以 true 或 false 显示 bool 变量值
		dec	I/O:格式为十进制数据
		endl	O:插入一个换行符并刷新此流
		ends	O:插入一个'\0'
		flush	O:强制刷新一个流
		hex	I/O:格式为十六进制数据
		internal	O:符号位左对齐,数字右对齐
		oct	I/O:格式为八进制数据
		scientific	O:以科学记数法显示浮点数
		ws	I:跳过开头的空白符
		noskipws	I:读入输入流中的空格
iomanip	有参操作符	resetiosflags (long flags)	I/O:关闭 flages 声明的格式化标志
		setbase (int base)	O:设置数据的基指示符 base 为 dec/oct/hex
		setfill (int ch)	I/O:设置填充符为 ch
		setiosflags (long flags)	I/O:设置 flages 声明的格式化标志
		setprecision (int p)	I/O:设置数据显示小数点后 p 位
		setw (int w)	I/O:设置域宽为 w

【代码 12-2】 流的格式化实例。

```
#include <iostream>
#include <iomanip>
int main (void){
    int n=0xac;
    std::cout <<std::showbase                              //设置显示基数
            <<std::oct<<n<<"\t"                            //八进制方式
            <<std::hex<<n<<"\t"                            //十六进制方式
            <<std::setiosflags (std::ios::basefield)       //基数域
            <<n<<std::endl;
    return 0;
}
```

执行结果：

```
0254    0xac    172
```

12.4 文　件　流

12.4.1 文件流的概念及其分类

1. 文件流的概念

文件与数组等都是用一个名字命名的数据集合。但数组是内存数据类型并且存储的是同类型数据；文件则是存储在外部介质中的数据类型，并且存储的数据不限于是同类型的。此外，文件与数组的操作方式也不相同。

2. 文件流分类

(1) 文本文件与二进制文件。毫无疑问，文件在物理上都是按照 0、1 码序列——二进制存储的。但是，按照编码方式，C++ 文件可以分为文本文件和二进制文件两种。文本文件是基于字符编码的文件，常见的字符编码规则有 ASCII 编码、UNICODE 编码等。二进制文件是基于值编码的文件。例如 5678，在文本文件中，被当作 4 个字符，用 ASCII 码编码存储为 4 个字节：00110101 00110110 00110111 00111000；而在二进制文件中被当作一个 short int 类型的整数存储为 2 个字节：00010110 00101110，若被当作一个 int 类型整数则被存储为 4 个字节。显然，文本文件基本采用定长编码（也有非定长的编码如 UTF-8），如 ASCII 码是 8b 编码，UNICODE 是 16b 编码；而二进制文件采用变长编码。

注意，在 Windows 平台上，进行文本文件写操作时，对所遇到的"\n"（0AH，换行符），系统会将其换成"\r\n"（0D0AH，回车换行），然后再写入文件。当进行文本读时，对所遇到的"\r\n"，系统要将其反变换为"\n"，然后送到读缓冲区。二进制文件读写，以及在 UNIX 平台上进行文本读写，不需要这种变换。

(2) 缓冲文件和无缓冲文件。按照文件流操作的过程中是否经过缓冲区，文件流分为缓冲文件流和无缓冲文件流。本书仅介绍缓冲文件流。

12.4.2 文件操作过程

文件操作通常包含 4 个过程：

- 确定文件的类型并创建文件流对象。
- 打开文件——建立文件与文件流对象的关联。
- 文件的读/写操作——从文件中读取有关数据或把有关数据写入到文件。
- 关闭文件——切断文件与文件流对象之间的关联。

1. 创建文件流对象

对应于 istream、ostream 和 iostream，文件流也有 3 个类：ifstream、ofstream 和

fstream。它们以内存和磁盘文件之间流的方向来区别。

- ifstream 类用于从文件流中提取数据。
- ofstream 类用于向文件流中插入数据。
- fstream 类则既可用于从文件流中提取数据,又可用于向文件流中插入数据。

这 3 个类都定义在头文件 fstream 中。在头文件 fstream 中,还定义有类 fstreambase 和类 streambuf。前者提供了文件处理所需的全部成员函数,后者提供了对文件缓冲区的管理能力。

要创建文件流,必须先包含头文件 fstream,然后声明所创建的文件流是上述哪个类的实例对象,例如:

```
#include <fstream>
//…
std::ifstream myInputFile;        //创建输入文件流对象
std::ofstream myOutputFile;       //创建输出文件流对象
std::fstream myI_OutputFile;      //创建 I/O 文件流对象
```

2. 文件打开

流是 C++ 程序建立的一种输入输出机制,而文件是一种数据载体,要让流作用于文件,必须建立流与文件之间的连接。建立这种连接的过程称为文件的打开。

为了建立流与文件的连接,需要在两个方面确定:在流一方要指定是哪种流,是输出文件流、输入文件流,还是 I/O 文件流;在文件一方要指定一些参数。这些参数主要有以下几类。

(1) 文件名。磁盘设备与控制台设备不同的是,一个设备中可以存储多个文件。这些文件用文件名与路径标识。文件名必须符合所使用操作系统的规定。为了便于在磁盘上找到所需的文件,每个文件名都有一个对应的路径。

(2) 文件指针。文件指针指示了文件操作的位置。如进行读操作时,读出的将是文件指针所指向的数据;要进行文件数据的追加时,应当将文件指针指向文件尾等。

(3) 文件的存储模式。文本文件还是二进制文件。

在 C++ 中,将文件流的特征和打开文件时需要指定的文件参数,抽象为文件打开模式,文件的打开模式在类 ios 中用枚举定义。

【代码 12-3】 类 ios 中用枚举定义的 open_mode。

```
enum open_mode {
    in=0x01,                //i,只读,只从文件流中提取数据,隐含
    out=0x02,               //o,只写,只向文件流中插入数据,隐含
    ate=0x04,               //i/o,打开时文件指针定位到文件尾(at end)
    app=0x08,               //o,追加添加模式(append)——只能写到文件尾
    trunc=0x10,             //o,清空已有内容
    nocreate=0x20,          //若文件不存在,则打开失败(除非设置 ios::ate 或 ios::app)
    noreplace=0x40,         //若文件已存在,则打开操作失败
    binary=0x80             //i/o,以二进制方式打开文件,默认时为文本方式
};
```

C++允许程序用以下一种方法打开文件。

(1) 用open()成员函数打开文件。open()函数的原型为：

```
void open (const 文件名字符串, int 文件打开模式, int 文件的保护方式);
```

其中,参数文件名包含文件路径,参数文件保护方式一般默认。

【代码 12-4】 将一个整数文件中的数据乘10以后写到另一个文件中。

```
#include <fstream>
void main (void) {
    char filename[8];

    ifstream input;                    //创建输入流
    ofstream output;                   //创建输出流

    std::cout<<"Enter the input filename:";
    std::cin>>filename;
    input.open (filename);             //打开方式隐含为 in

    std::cout<<"Enter the output filename:";
    std::cin>>filename;
    output.open (filename);            //打开方式隐含为 out

    int number;
    while (input>>number)              //读输入文件
        output<<10 * number;           //写输出文件
}
```

如果要打开一个可读/写的二进制文件,应将第二个参数设置为

```
ios::in | ios::out | ios::binary
```

(2) 用构造函数打开文件,即创建与文件相联系的文件流。

在ifstream类,ofstream类和fstream类中各有一个构造函数:

ifstream::ifstream (char *,int=ios::in,int=filebuf::openprot);

ofstream::ofstream (char *,int=ios::out,int=filebuf::openprot);

fstream::fstream (char *,int,int=filebuf::openprot);

3. 文件读/写

一个文件被打开后,就与对应的流关联起来了。这时文件的读操作就是从流中提取一个元素,文件的写操作就是向流中插入一个元素。由于ifstream、ofstream和fstream分别派生自istream、ostream和iostream,因此istream、ostream和iostream的大部分公开成员函数都能够作为ifstream、ofstream和fstream成员函数被使用。所以,只要建立了与文件相连接的流,向文本文件的读/写就会像控制台I/O一样方便。

【代码 12-5】 一个记/查工资账程序。

```
//工资记账程序
#include <iostream>
#include <fstream>
int main (void){
    std::ofstream out ("SALRBOOK");                //创建输出流并打开账文件
    if (!out){
        std::cerr<<"Can't open SALARYBOOK file.\n";
        return 1;
    }
    out<<"Zhang "<<556.55                          //写文件
    out<<"Wang "<<444.44
    out<<"Li "<<333.33 <<endl;
    out.close ();
    return 0;
}
```

【代码 12-6】 查账程序。

```
//查工资账程序
#include <iostream.h>
#include <fstream.h>
int main (void){
    std::ifstream in ("SALRBOOK");                 //创建输入流并打开账文件
    if (!in){
        std::cerr<<"Can't open SALARYBOOK file.\n";
        return 1;
    }

    char name[20];
    float salary;
    std::cout.precision (2);
    in>>name>>salary;                              //读文件
    std::cout<<name<<","<<salary<<"\n";            // 输出
    in>>name>>salary;
    std::cout<<name<<","<<salary<<"\n";
    in>>name>>salary;
    std::cout<<name<<"," <<salary<<"\n";
    in.close ();
    return 0;
}
```

C++ 的 I/O 流是基于字符的,其默认的存储模式是文本方式。二进制文件与文本文件对数据的解释及存储形式不同,要向二进制文件中写数据,应将每个字节的内容当作一个字符来写。对于单字符,可以用 put()写;对于转义字符或数值数据,则应把它们当作字节数组用 write()来写。

读二进制文件是写二进制文件的逆过程。单字节读,可使用 get()函数;多字节读,应使用 read()函数。

4. 文件关闭

当与文件相连接的流对象生命期结束时,它们的析构函数将关闭与这些流对象相连接的文件。另外,也可以使用 close()函数显式地关闭文件。close()函数的原型为:void fstreambase::close()。

12.5 流的错误状态及其处理

12.5.1 流的出错状态

为了在流操作过程中指示流是否发生了错误以及出现错误的类型,C++ 在 ios 类中定义了一个枚举类型 io_state,用其描述出每个元素错误状态字的一个出错状态位。

```
enum io_state{
    goodbit=0x00,                //状态正常,没有发生 I/O 错误
    eofbit=0x01,                 //到达流结束符位置
    failbit=0x02,                //I/O 操作失败(用户错误,过早的 EOF 等)
    badbit=0x04,                 //非法操作
    hardfail=0x80,               //不可修复的错误
};
```

一个流处在一个出错状态时,所有对该流的 I/O 请求都将被忽略,直到错误情况被纠正并把出错状态位清除为止。

12.5.2 测试与设置出错状态位的 ios 类成员函数

一旦错误发生,输入符与输出符都不能改变流的状态。因此应在程序的适当点上测试流的状态,并在排除相应的错误后,清除出错状态位。表 12.5 为 ios 类中可用以测试或设置出错状态位的成员函数。

表 12.5 测试与设置出错位的主要成员函数

成员函数	功 能	成员函数	功 能
int rdstate();	返回当前出错状态字	int bad();	若 badbit 被置位,则返回非 0
int good();	若出错状态字没有置位,则返回非 0	int eof();	若 istream 的 eofbit 被置位,则返回非 0
int fail();	若 failbit 被置位,则返回非 0		

可以用这些函数测试当前流的出错状态,例如

```
if (cin.good())
   std::cin>>data;
```

习　题　12

概念辨析

选择。

(1) 以下不能作为输出流对象的是________。

A. 文件　　B. 内存　　C. 键盘　　D. 显示器

(2) 用于向外部文件进行写入输出的对象是________。

A. cout　　B. ostream　　C. istream　　D. fstream

(3) C++流库中主要定义了3种流，它们是________。

A. iostream、istream和ostream　　B. iostream、fstream和stirngstream

C. cout、cin和cerr　　D. cout、cin和clog

(4) C++系统启动时，会自动建立4个标准的流对象________。

A. iostream、fstream、ostream和stirngstream　　B. istream、ostream、ifstream和ofstream

C. <<、>>、cout和cin　　D. cout、cin、cerr和clog

(5) 对于char c1,c2,c3;，然后使用语句cin>>c1>>c2>>c3;输入，则________。

A. 输入的字符之间必须加空格

B. 在键盘上只输入3个空格，程序将会继续等待

C. 只输入2个字符A和B，然后按Enter键，则在c1、c2和c3中分别保存的是A、B和空格

D. 只输入一个回车，则c1、c2和c3中保存的是3个随机值

(6) 以下不能够读入空格字符的语句是________。

A. char line;line=ciget();　　B. char line; cin.get (line);

C. char line;cin>>line;　　D. char line[2];cin.getline (line,2);

(7) 下面的格式化命令解释中，错误的是________。

A. ios::fill (void)读当前填充字符(默认值为空格)

B. ios::skipws 跳过输入中的空白字符

C. ios::showpos 标明浮点数的小数点和后面的零

D. ios::precision (void) 读当前浮点数精度(默认值为6)

(8) 当使用ifstream定义流对象并打开一个磁盘文件时，文件的隐含打开方式为________。

A. ios::in　　B. ios::out　　C. ios::in|ios::out　　D. ios::binary

开发实践

1. 建立用户自定义二维点类Point，重载插入和提取操作符。其中：

(1) 用户输入的数据以(x, y)形式表示。

(2) 提取操作符能判断输入的数据是否合法：如果是非法数据，则置位ios::failbit以指示输入不正确；输入正确时则显示Point类的对象(点)的坐标信息。

(3) 发生错误后，插入操作符函数能显示错误提示信息。

2. 完成下列操作：

(1) 建立两个文件，分别存储两个学习小组的学生信息(包括学号、姓名、年龄、三门功课的成绩)。每个文件都可以使用简单菜单进行检索、输入、格式化输出、排序、打开、关闭操作。

(2) 把两个有序文件合并为一个文件。

第13单元　C++ 函数细节

函数用于封装某个过程,组成该过程的语句用于实现某些有意义的工作——一个输入过程、一个输出过程、一个计算过程或一个其他过程。函数一经定义,就可以在程序代码中通过引入函数名和所需参数的形式,调用该函数,即可重复地实现函数定义的过程。在C++ 程序中,函数可作为类成员描述类/对象的行为,也可以独立地描述对象间的活动以及对象之间相互作用的过程。为了提高程序的可靠性,降低程序设计的难度,需要合理地组织这些过程,也尽量能在程序中使用已经成熟的代码。通过前面的学习,已经基本掌握了C++ 函数的基本使用方法,本单元进一步介绍 C++ 函数使用背后的一些知识。

13.1　函数的参数

函数调用有两个作用:一是参数传递,即由调用者将向函数传递一些有关信息,供函数执行时使用,这些信息称为参数;二是流程转移,即调用者要将流程转交给函数,并在函数执行结束后再将流程交回调用者。流程转移比较简单。要掌握好函数的用法,参数传递是一个关键。

参数传递是函数调用者的实际参数与函数的虚拟参数相结合的过程。虚拟参数是函数定义时设定的接收调用者消息的角色,实际参数是函数调用时要向函数传递的消息内容。虚实结合就完成了消息传递。

函数参数传递的内容决定于参数的类型。下面介绍几种参数的传递特点。

13.1.1　值传递:变量/对象参数

1. 值传递及其过程

值传递调用是 C++ 函数虚实结合的最基本方法。这种虚实结合的过程如图 13.1 所示。

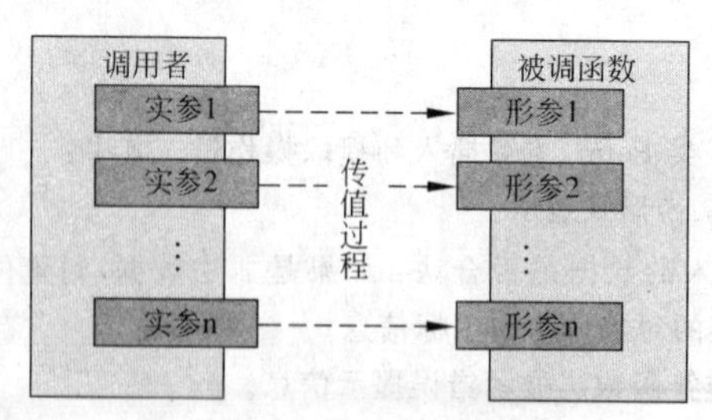

图 13.1　值传递调用示意图

值传递调用的要点如下。

(1) 调用开始,系统为形参开辟一个临时存储区,形参与实参各占一个独立的存储空间，并用实际参数的值初始化对应的形式参数，这时形参就得到了实参的值。这种虚实结合方式称为“值结合”。

(2) 传值过程是单向的。程序流程已经转移到了函数中，将开始执行函数规定的操作。

(3) 在函数执行过程中，除非通过返回渠道，否则函数对于形式参数的操作不会对实际参数产生任何影响。

(4) 函数返回时，临时存储区也被撤销。

2. 对象参数的值传递

【代码 13-1】 采用参数值传递的实例：求平面上一个点在 x 和 y 方向移动一个单位后的位置。

```
#include <iostream>
using namespace std;

class Point {
    int x,y;
public:
    Point (int x,int y);
    void increment (Point p);
    void print (Point p);
};

int main (void) {
    Point p1(3,5);
    cout<<"before increment:";
    p1.print(p1);
    p1.increment(p1);
    cout<<"after increment:";
    p1.print(p1);
    return 0;
}

Point :: Point(int x,int y){
    this->x=x;
    this->y=y;
}
void Point :: increment (Point p) {                    //成员函数定义
    p.x ++;
    p.y ++;
}

void Point :: print (Point p) {                        //成员函数定义
    cout<<"x="<<p.x<<",y="<<p.y<<endl;
}
```

程序执行结果：

```
before increment:x = 3, y = 5
after increment:x = 3, y = 5
```

讨论：函数 increment()企图将一个点的两个坐标值都增量，但结构却未能如意。这是因为在函数 increment()中进行的增量操作仅仅是在函数调用时才创建的两个临时变量 x 和 y 上进行的。尽管两个变量与类 Point 的数据成员同名，但却不是同一对变量。它们在函数 increment()执行时，各自占有各自的存储空间，互不牵涉。也就是说，函数 increment()不能对两个数据成员增量，并且函数 increment()没有返回值，所以不可能改变对象 p1 的两个成员变量的值。

13.1.2 名字传递：引用参数

1. 引用参数的基本形式

当形参的类型关键字与形参名之间插入一个引用操作符 & 后，该参数就是一个引用参数。引用作为参数的调用称为引用传递调用，其原理如图 13.2 所示。

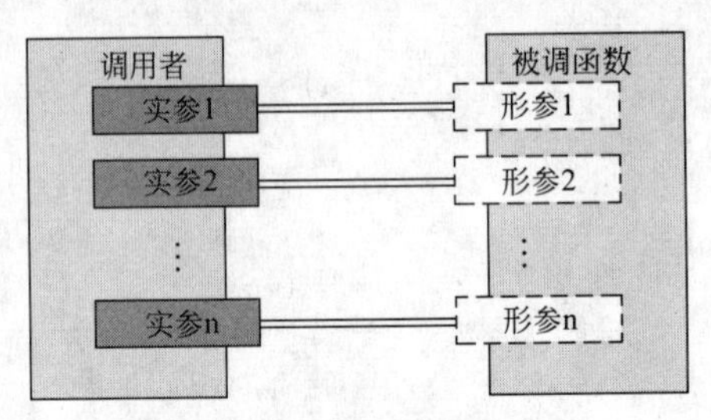

图 13.2 引用传递调用示意图

引用传递调用的过程为：调用开始，系统不为形参开辟一个临时存储区，也不进行值的传递，而是将形参作为实参的别名，可以称为"传名"。这样，当流程转移到了函数中后，函数对于形参的操作实际上是对于实参的操作。

【代码 13-2】 采用引用传递调用的 increment()函数。

```
#include <iostream>
using namespace std;

class Point {
    int x,y;
public:
    Point (int x,int y);
    void increment (Point &p);
    void print (Point p);
};

int main (void) {
    //其他代码
    p1.increment(p1);
    //其他代码
}
```

```
//其他代码
void Point :: increment (Point &p) {                               //成员函数定义
    p.x ++;
    p.y ++;
}
//其他代码
```

程序执行结果：

```
before increment:x = 3, y = 5
after increment:x = 4, y = 6
```

讨论：由于引用传递调用无须建立临时变量，所以当要向函数传输大型数据(如对象)时，可以提高程序的效率。

2. 引用参数的副作用

由于使用引用参数在函数执行中会对调用函数中变量的值进行操作，因而会导致一些意想不到的问题。

【代码 13-3】 一个企图打印 5×6 个星号的程序。

```
#include <iostream>
void print (int& i);
int main (void) {
    for (int i=1;i <=6;i ++)
        print (i);
    return 0;
}

void print (int& i) {
    for (i=1;i <=5;i ++)
        std::cout<<"*";
    std::cout<<std::endl;
}
```

运行结果只打印出一排 5 个星号：

```
*****
```

讨论：得出这个结果是什么原因呢？原因就在于函数 print()中可以修改 main()中的变量 i：当 main()中的 i 为 1 时，先调用了 print()，而在 print()打印 5 个“*”后，i 为 5，再执行 i++，i 为 6；经判断，退出循环，执行一个换行。返回主函数后，先执行一个 i++，i 为 7，退出循环，主函数结束。这说明，引用作为参数可能会破坏函数的封装性。

3. 引用参数要求实际参数是左值与 const 引用参数

应当注意，引用参数传递的是变量的别名，即实际参数必须是左值(如变量)。因为只有初始化了左值才能建立引用。例如在下面的代码中，函数 fun 的调用语句是不合理的，因为表达式 y+2 不是变量，无法有别名。

【代码 13-4】 非左值的实际参数引起错误。

```
#include <iostream>
using namespace std;
int fun(int &x){
    return x;
}

int main(){
    int y=2,z;
    cout<<(z=fun(y +2))<<endl;
    return 0;
}
```

编译这个程序,将会出现如下错误。

```
error C2664: 'fun' : cannot convert parameter 1 from 'int' to 'int &'
    A reference that is not to 'const' cannot be bound to a non-lvalue
```

但是,若函数参数是 const 引用参数时,程序就可以通过编译了。

【代码 13-5】 将代码 13-4 改为 const 引用参数后的程序。

```
#include <iostream>
using namespace std;
int fun(const int &x){                    //函数参数改为 const
    return x;
}

int main(){
    int y=2,z;
    cout<<(z=fun(y +2))<<endl;
    return 0;
}
```

这个程序可以通过编译,执行结果如下。

```
4
```

这是为什么呢?因为,当函数参数为 const 引用时,在下面两种情况下,编译器将会生成正确的匿名临时变量,将实际参数值传给该匿名变量,再让形式参数引用该变量:

(1) 实参类型正确,但不是左值,如代码 13-5 中的情形。

(2) 实参类型不正确,但可以转换为正确的类型。

【代码 13-6】 可以转换为正确类型的不正确实际参数。

```
#include <iostream>
using namespace std;
int fun(const int &x){
    return x;
}
```

```
int main(){
    char c='a';
    int z;
    cout<<(z=fun(c))<<endl;
    return 0;
}
```

这个程序也可以通过编译,执行结果如下。

```
97
```

13.1.3 地址传递:地址/指针参数

地址参数包括指针参数、数组名参数等。

1. 指针参数的传地址调用

【代码 13-7】 使用指针参数的 increment()函数。

```
#include <iostream>
using namespace std;

class Point {
    int x,y;
public:
    Point (int x,int y);
    void increment (Point *p);
    void print (Point p);
};

int main (void) {
    Point p1(3,5), *pp1=&p1;
    cout<<"before increment:";
    p1.print(p1);
    p1.increment(pp1);
    cout<<"after increment:";
    p1.print(p1);
    return 0;
}

//其他代码
void Point :: increment (Point *p) {                         //成员函数定义
    p->x ++;
    p->y ++;
}
//其他代码
```

程序执行结果(请与代码 13-2 的执行结果比较):

```
before increment:x = 3, y = 5
after increment:x = 4, y = 6
```

讨论：在这个例子中，函数使用了指针参数，并且在主函数中采用了指针实参进行函数调用，传送的内容是地址参数，所以函数 increment()的操作实际上是在主函数中的变量 p 上。这种地址传递也可以使用地址直接进行。

【代码 13-8】 直接使用地址作为实际参数的 increment()函数调用。

```
//其他代码
int main (void) {
    Point p1(3,5);
    //其他代码
    p1.increment(&p1);
    //其他代码
}
//其他代码
```

2. 一维数组作参数

在第 8.2.1 节中，已经使用了一个用一维数组作参数的例子。下面再举一例。

【代码 13-9】 求一组数据的平均值。

```
#include <iostream>
double getAverage (double a[],int n);                          //原型声明

int main (void) {
    double a[3]={1.23,2.34,3.45};
    std::cout<<"平均值为: "<<getAverage (a,3)<<std::endl;      //数组名作参数
    return 0;
}

double getAverage (double x[],int m) {                         //函数定义
    double sum=0;
    for (int i=0;i<m;i ++)
        sum=sum +x [i];
    return sum / m;
}
```

执行结果：

```
平均值为: 2.34
```

说明：

(1) 数组作参数时，在调用语句中，只用一个数组名即可，因为这个名字已经被定义为某种类型的数组；在函数原型和定义中，除了一个名字，还需要定义基类型，并用数组操作符表明这个名字是一个数组。

(2) 如果需要，例如需要穷举全部元素时，还应传递数组的大小。

(3) 由于数组名实际是一种常指针，所以用指针参数可以代替数组参数。

【代码 13-10】 用指针作参数改写代码 13-6。

```
#include <iostream>
double getAverage (double * ,int);                        //原型声明

int main (void) {
    double a[3]={1.23,2.34,3.45};
    std::cout<<"平均值为: "<<getAverage (a,3)<<std::endl;   //数组名作参数
    return 0;
}

double getAverage (double * p,int m) {                    //函数定义
    double sum=0;
    for (int i=0;i<m;i ++)
        sum=sum + * (p +i);
    return sum/m;
}
```

执行结果与代码 13-9 相同。

3. 二维数组作参数

二维数组是基于一维数组的,一维数组的类型是某种一维数组。这种类型不仅要由其基类型决定,还要由大小(元素个数)决定。一维数组作为基类型时,这个一维数组的类型相同而大小不同时,是不同的类型。例如声明语句:

```
int a[2][3];
int b[2][5];
```

所定义的 a 和 b 都看作一维数组时,它们的基类型是不相同的。

所以,二维数组作参数,第 2 维的大小不可省略,并且实参与虚参必须一致。

【代码 13-11】 二维数组作参数时,不省略第 2 维大小的一种办法。

```
#include <iostream>
const int Col=3;                                          //全局常量
double getAverage (double [][Col],int);                   //原型声明

int main (void) {
    double a[2][Col]={{1.23,2.34,3.45},
                      {4.56,5.67,6.78}};
    std::cout<<"平均值为: "<<getAverage (a,3)<<std::endl;   //数组名作参数
    return 0;
}

double getAverage (double x[][Col],int m) {               //函数定义
    double sum=0;
    for (int i=0;i<m;i ++)
        for (int j=0;j<Col;j ++)
            sum=sum +x[i][j];
```

```
    return sum/m;
}
```

程序运行结果：

```
平均值为：8.01
```

说明：在 C/C++ 中，一个函数中定义的变量，其作用范围为从这个定义语句开始到这个函数结束(后花括号)。而定义在所有函数外部的变量，其作用范围则为从这个定义语句开始到这个程序代码结束处。简单地被称作全局有效。其前再修饰以 const，则成为全局常量。在本代码中，语句

```
const int Col=3;                //全局常量
```

定义了一个全局常量来表示数组的列的大小，相当于一个常数 3。而用符号的好处是程序可读性好，一看就知道这个数据的意义。如果在本代码中把 Col 都换成 3，则看程序时，还要考虑一下这个 3 的含意。

13.1.4 函数调用时的参数匹配规则

函数调用时的参数匹配规则如下。

(1) 调用函数时，函数名称必须与具有该功能的自定义函数名称完全一致。

(2) 实参的个数必须与所调用函数的形参个数相等。

(3) 实参在类型上按顺序与形参赋值兼容，个数与形参必须一致。如果类型不匹配，C 编译程序将按赋值兼容的规则进行转换。如果实参和形参的类型不赋值兼容，通常并不给出出错信息，且程序仍然继续执行，只是得不到正确的结果。

【代码 13-12】 关于参数匹配规则的一个实例。

```
#include<iostream>
int main (void) {
    int a=1,b,f(int,int);
    b=f (a,++a);
    std::cout<<b<<std::endl;
    return 0;
}

int f (int x,int y) {
    int z;
    if (x>y)
        z=1;
    else
        if (x==y)
            z=0;
        else z=-1;
    return z;
}
```

运行结果：

```
0
```

由于按自右至左顺序求实参的值，函数调用相当于 f(2,2)，因而程序运行结果为“0”。如果按从左到右的顺序求实参的值，函数调用相当于 f(1,2)，这时程序运行结果为“-1”。为明确起见，若希望按自右至左顺序求实参的值，可把 b=f(a,++a);用以下形式代替：

```
a ++;b=f (a,a);
```

若希望按自左至右顺序求实参的值，可把 b=f(a,++a);用以下形式代替：

```
b=f (a,a+1);a ++;
```

思考：在以上调用中，如果改为 b=f(++a,a);或 b=f(a++,a);或 b=f(a,a++);其结果将分别是多少？

13.1.5 关于函数实参的计算顺序

【代码 13-13】 一个用于分析函数实参计算顺序的实例。

```
#include <iostream>
void func (int i1,int i2,int i3) {
    std::cout<<i1<<","<<i2<<","<<i3<<std::endl;
}
int main (void) {
    int i=10;
    func (++i,++i,++i);
    return 0;
}
```

运行这个程序，结果是什么呢？可能有相当多的读者认为是：11,12,13。但遗憾的是，结果是：13,12,11。也就是说，运算的顺序不是从左到右，而是从右到左。

为什么呢？其实这是一个与编译器有关的问题。即当函数的参数不是简单的变量或者常量，而是需要进行计算的表达式、函数的时候，是按照从左到右还是从右到左的顺序计算函数的参数，与编译器的实现有关，而不是与语法规定有关。因为，C++ 标准并没有规定函数参数计算顺序。这个问题是初学者需要注意的一个问题。

13.1.6 形参带有默认值的函数

本书在代码 4-1 中给出了一个参数带有默认值构造函数的例子。这种在定义函数时给出了形参默认值的函数，在调用时，若给出了实参值，则使用实参值初始化形参；若没有给出实参值，函数将使用默认值初始化形参。下面再用一个例子说明。

【代码 13-14】 在第 2 单元中介绍了 Student 类，其成员函数 setStud()可以做如下修改：

```
#include <string>
void Student::setStud (string nm="zhang",int ag=18,char sx='m',double sc=0.0) {
```

```
    studName=nm;                    //将参数 nm 赋值给数据成员 studName
    studAge=ag;                     //将参数 ag 赋值给数据成员 studAge
    studSex=sx;                     //将参数 sx 赋值给数据成员 studSex
    studScore=sc;                   //将参数 sc 赋值给数据成员 studScore
    return;                         //函数返回
}
```

这样,这个函数在被调用时,就可以在调用语句中将后面在一些参数或全部参数省略。例如主函数可以定义为

```
int main (void) {
    Student zh1,zh2,zh3;
    Zh1.setStud ();
    Zh1.dispStud ();

    zh2.setStud ("zhang2");
    zh2.dispStud ();

    zh3.setStud ("zhang3",19,'f',99.9);
    zh3.dispStud ();

    return 0;
}
```

输出为:

```
zhang,18,m,0.0
zhang2,18,m,0.0
zhang3,19,f,99.9
```

说明:

(1) 在相同的作用域内,默认形参的说明应保持唯一。

(2) 在函数调用时,实参按照从左向右的顺序初始化形参,因此默认形参的声明只能按照从右向左的顺序进行,即在有默认值的形参右面不能出现无默认值的形参。例如,这个函数可以写为

```
#include <string>
void Student::setStud (string nm,int ag,char sx='m',double sc=0.0) {
    studName=nm;                    //将参数 nm 赋值给数据成员 studName
    studAge=ag;                     //将参数 ag 赋值给数据成员 studAge
    studSex=sx;                     //将参数 sx 赋值给数据成员 studSex
    studScore=sc;                   //将参数 sc 赋值给数据成员 studScore
    return;                         //函数返回
}
```

这样,在调用时,实际参数 nm 和 ag 就不可以省略了。

(3) 形参默认值用常数表达式表示。这个常数表达式可以是一个函数。例如若规定

studScore 取一位学生 3 门课程中最低一门的成绩，则上述成员函数可以定义为

```
#include <string>
Double minScore (double,double,double);
void Student::setStud (string nm,int ag,char sx='m',double sc=minScore (70,90,80) {
    studName=nm;                                  //将参数 nm 赋值给数据成员 studName
    studAge=ag;                                   //将参数 ag 赋值给数据成员 studAge
    studSex=sx;                                   //将参数 sx 赋值给数据成员 studSex
    studScore=sc;                                 //将参数 sc 赋值给数据成员 studScore
    return;                                       //函数返回
}
```

这样，参数成绩的默认值就可以通过函数调用计算给定。

13.1.7 参数数目可变的函数

上面的函数 minScore()用来计算一位学生 3 门课程中的最低成绩。但是，一位学生不一定只修 3 门课程。具体多少门，函数设计时还无法确定。这样的函数如何设计呢？C++ 提供的参数数目可变函数可以解决这一问题。设计这样的函数需要使用头文件 cstdsrg 中声明的下列机制：

(1) 函数 va_start()、va_sarg()和 va_end()。

(2) 类型 va_list，用于根据具体参数，向上述 3 个函数提供类型参数类型。

为了说明它们的用法，先看下面的例子。

【代码 13-15】 预先不知课程门数的 minScore()函数。

```
#include <cstdarg>
double minScore (int num,double score1…) {      //num 为参数数量，3 个点表示还有参数
    va_list ap;                                  //定义下面程序段的类型变量
    double minScr=score1;                        //存放最低成绩
    va_start (ap,score1);                        //用 score 的实参初始化 ap，准备读下一个实参
    for (int i=1;i<num;++i) {                    //num 为参数数量
        double temp=va_arg (ap,double);          //读取一个实参，为读取下一个实参做好准备
        if (temp<minScr)
            minScr=temp;                         //将更低分存入 minScr
    }                                            //迭代结束
    va_end (ap);                                 //清除 ap 代表的类型，为函数返回做好准备
    return minScr;
}
```

设计下面的测试函数，调用上面的函数 minScore()。

```
#include <iostream>
using namespase std;
int main () {
    double s1=66.6,s2=89.8,s3=99.9,s4=77.7;
    cout<<"minScore (2,s3,s2) is:"<<minScore (2,s3,s2)<<endl;
    cout<<"minScore (4,s3,s2,s4,s1) is:"<<minScore (4,s3,s2,s4,s1)<<endl;
```

```
    return 0;
}
```

测试结果：

```
minScore (2,s3,s2) is:88.8
minScore (4,s3,s2,s4,s1) is:66.6
```

13.2 函数返回

13.2.1 函数返回的基本特点

函数返回是函数与调用者之间的另一接口。C++ 函数的返回具有如下特点。

(1) C++ 函数最多只能返回一个值。

(2) C++ 函数必须在声明和定义的函数名前用数据类型指定函数返回的类型。没有返回值时，用 void 指定。

(3) 函数有返回值时，首先把要返回的值复制到一个临时位置，然后再交调用表达式接收这个值。例如：

```
double d=sqrt(36.0);
```

执行时，会将函数 sqrt()计算的 6.0 保存在一个临时位置，然后再赋值给变量 d。

(4) main()函数的调用者是操作系统。int main()表明 main()函数返回一个整数值给操作系统，通常用 return 0 向操作系统表明程序正常结束。

13.2.2 返回指针值的函数

从语法上来说，函数可以返回指针值。返回指针值的函数简称为指针函数(pointer function)。但是，由于变量作用域等问题，在使用指针值作为返回值时，一定要特别谨慎。

【代码 13-16】 一个返回指针的函数。

```
#include <iostream>
char* getz (void);                          //返回指针的函数声明

int main (void) {
    char *p;
    p=getz ();
    std::cout<<p<<std::endl;
    return 0;
}

char* getz (void) {                         //返回指针的函数定义
    char s[10];
    char* ps;
    ps=s;
    for (int i=0;i<10;i++)
```

```
        s[i]=i +'0';
    return ps;                                    //ps是一个字符指针
}
```

程序运行结果：

```
C ‡
```

讨论：这个程序运行出现了意想不到的结果。什么原因呢？因为指针做函数参数，传送的是调用者建立的实体地址，可以实现函数在调用者所建立的实体上的操作。与此相仿，返回指针的函数，可以把函数中建立的实体的地址传送给调用者，使调用者可以使用这个地址中的值。然而，函数在返回时，所有的局部实体都将被撤销。因此，即使调用者接收了一个指针，但这个指针已经悬空，所以输出的结果是意想不到的。有效的解决方法是将要返回地址的实体声明为静态的，即在函数 getz()中用下面的声明来定义数组。

```
static char s[10]={0};                  //这里声明为静态，否则其内存会被释放
```

这样，程序的执行结果就变为

```
0123456789
```

通过这个例子可以说明，不要将指向函数内部局部实体的指针值作为函数返回。

13.2.3 返回引用的函数

1. 函数返回引用的特点

函数返回引用，实际上是返回被引用变量的别名。与直接返回一个表达式的值相比，它不再需要把值保存到一个临时位置，可以直接被调用表达式使用，所以效率比较高，并且在传输(返回)大的数据(如结构体等)时非常有利。

此外，返回引用，函数调用表达式可以作为左值。

【代码 13-17】 函数调用表达式作为左值的实例。

```
#include <iostream>
int& getInt ( int& i) {                             //使用实参的引用作为参数
    return i;                                       //返回实参的引用
}

int main (void) {
    int i=888;
    std::cout<<++getInt (i)<<std::endl;        //函数调用表达式作为左值
    return 0;
}
```

执行结果：

```
889
```

2. 函数返回引用的限制

函数返回引用,首先要求返回的是一个左值,而不能是一个右值。

【代码 13-18】 函数返回引用,要求一个左值。

```
#include <iostream>
using namespace std;

int& fun(int x){
    return x +1;                    //函数返回的不是左值
}

int main(){
    int a=1,b=fun(a);
    cout<<b<<endl;
    return 0;
}
```

编译这个程序,将会出现如下错误。

```
cannot convert from 'int' to 'int &'
A reference that is not to 'const' cannot be bound to a non-lvalue
```

为此经常要在函数中定义一个临时变量。但是,在局部定义的变量只能使用于这个局部,当函数返回时,该变量已经不复存在。

【代码 13-19】 函数不能返回函数体中定义的局部变量的引用。

```
#include <iostream>
using namespace std;

int& fun(int x){
    int y=x +1;
    return y;
}

int main(){
    int a=1,b=fun(a);
    cout<<b<<endl;
    return 0;
}
```

这时,编译将会出现如下无法链接的错误。

```
warning C4172: returning address of local variable or temporary
Linking...
```

对象作为特殊变量,也有上述特征。由于这些特征,函数不能返回在函数体中定义的变量的引用。因为引用是变量的别名,函数可以通过引用让调用函数操作被调用函数中的变量。但是函数中的变量随着函数的返回就被撤销了。“皮之不存,毛将焉附”。变量的实体不存在了,从函数传递来的别名也就无法使用了。尽管有的编译器可以在函数返回时自动生成一个临时对象,但并不能完全消除风险。所以,最好的办法是不用函数中定义变量的引用返回值。

3. 安全的函数返回引用

那么什么情况下返回引用是安全的呢？有两种情况。

(1) 使用函数外部定义的变量的引用,因为函数外部定义的引用不会因为函数返回而撤销。当然这不是一种好的选择,因为这样破坏了函数的内聚性。

(2) 使用调用函数中定义变量的引用,当然这个引用是通过参数传递到函数中的。

【代码 13-20】 一个返回引用的例子。

```
#include <iostream>
#include <string>
using namespace std;

class Student {
public:
    string  studName;
    int     studAge;
    char    studSex;
    double  studScore;

    Student (string nm,int ag,char sx,double sc)
            :studName (nm),studAge (ag),studSex (sx),studScore (sc) {}
    Student& getStudent (Student& s) {return s;}          //定义
};

void dispStud (const Student& s);

int main (void) {
    Student s1 ("ZhangZhanhua",18,'m',88.99);
    Student& s2=s1.getStudent (s1);                          //调用
    dispStud (s2);
    return 0;
}

void dispStud (const Student & s) {
    cout <<s.studName<<","<<s.studAge<<","
        <<s.studSex<<","<<s.studScore<<endl;
}
```

程序执行结果与代码 2-4 中的结果相同：

```
ZhangZhanhua,18,m,88.99
```

显然,函数返回对象,突破了函数只能返回一个值的限制,因为可以把几个数据组织成一个对象或结构体。所以当要返回大数据时,使用引用可以提高程序的效率。

(3) 用 new 分配新的存储空间(见代码 13-23)。

13.3 函数名重载

函数名重载就是在同一个作用域内以相同的名字定义多个函数。在前面定义构造函数时已经使用过函数名重载,即一个类可以定义几个不同的构造函数。重载函数名是 C++ 多态性的一种表现,意味着可以用一个名字定义几个算法相近或相同而参数个数或类型不同的函数,从而减轻程序员记忆的负担。从另一方面讲,重载函数名要求编译器将一个调用表达式与函数定义连接时,不再单纯依赖函数名,还要依赖参数的个数和类型。

13.3.1 函数名重载的基本方式

1. 参数个数不同的函数名重载

下面是一组函数名重载的例子。

```
int getMax (int n1,int n2);
int getMax (int n1,int n2,int n3);
int getMax (int n1,int n2,int n3,int n4);
int getMax (int n1,int n2,int n3,int n4,int n5);
```

这些函数的功能都是从几个整数中求最大数,但是一个是从两个整数中求最大数,一个是从 3 个整数中求最大数,一个是从 4 个整数中求最大数,一个是从 5 个整数中求最大数。还可以继续从 6 个、7 个……C++ 允许这样定义,并且编译器不仅使用函数名,还可以按照实际参数的个数去连接相应的函数定义。

2. 参数类型不同的函数名重载

下面是一组函数名重载的例子。

```
double getMax (double n1,double n2,double n1);
char getMax (char c1,char c2,char c3);
int getMax (int i1,int i2,int i3);
```

这组函数都是从 3 个数据中得到其中最大的一个,但是它们的参数类型不同。同样,编译器不仅按照函数名而且要按照实际参数类型来连接函数定义。

13.3.2 编译器对于函数名重载的匹配规则

函数名重载是 C++ 提供的一种方便程序员对于功能相同或相近的函数定义的机制。这时,程序员就可以不为设计不同的函数名而费脑筋。在处理调用时,编译器通常会按照如下规则进行匹配判断。

(1) 精确匹配规则:实际参数的数量、顺序、类型与某一重载定义完全吻合。如前面介绍的几种定义。

(2) 类型自动转换后匹配。当精确匹配不成功,即实际参数与形式参数不符合时,C++会在某些类型之间进行自动转换,将实际参数的数据类型向形式参数的类型转换。

按照上述规则,发现了两个以上函数匹配,将会出现错误。例如下面的两个定义:

```
int f (int, double);
int f (double,int);
```

完全符合重载定义的规则。但是在处理调用 f (22,33)时,上述定义无法选择匹配。如果增加以下定义:

```
int f (int,int);
```

问题就解决了。

13.3.3 函数名重载的误区

使用函数名重载,一定要记住编译系统是靠函数参数的个数、顺序、类型的不同来区分同名函数的。下面的两种形式是函数名重载的两个误区。

(1) 不能靠返回类型区分函数。

下面两个函数,参数相同,但返回类型不同,编译器无法把它们看作是两个重载函数。

```
int f (int,int);
void f (int,int);
```

(2) 不能靠参数传递方式区分函数。

下面两个函数,参数相同,但传递方式不同,编译器无法把它们看作为重载函数。

```
int f (int,int);
int f (int &,int &);
```

(3) 构造函数可以重载,但析构函数不可重载,即一个类中有且仅有一个析构函数。

13.3.4 函数名重载中的二义性

函数名重载的二义性(ambiguity)是指函数名重载符合规则,但在调用时编译器却无法选择正确的匹配,不能将调用表达式绑定到合适的函数定义上。例如:

(1) 因隐式转换造成的二义性。例如,对于

```
float abs (float);
double abs (double);
```

当使用表达式 abs (5)调用时,编译器就无法确定调用的函数。

(2) 使用默认参数引起的二义性,例如,对于

```
float func (float f1, float f2=3.1416);
float func (float f);
```

当使用表达式 founc(1.2)调用时,编译器也无法确定调用的函数。

13.3.5 函数名重载与在派生类中重定义基类成员函数

在类层次中,派生类继承了基类的成员函数(或数据成员)。但是,如果在派生类中往往有不同于基类中的功能补充。例如,在一个人事管理系统中,在每一层都需要有一个显示人员数据的函数,为了便于记忆,可以使用相同的名字。然而,每一层显示的内容不相同,可能在父类只要显示:职工号、姓名、岗位,而在子类下一层还需要增加职位……,为此需要在子类中对这个显示函数重新定义。即

```
class emploee {
    //…
public:
    void display (void);                    //基类成员函数
    //…
};
class manager:public employee {
    //…
public:
    void display (void);                    //重定义的函数
};
```

注意区别函数名重载与成员函数重定义。函数名重载的要点是要让编译器能通过参数区分重载的函数——不同的参数个数或类型;而成员函数重定义的要点是函数在不同的类层次中有完全相同的原型(函数的名字、参数个数、相应参数的类型及返回类型都与基类相同),只是在派生类中不可继承,而是重写代码。但是,重定义还要解决如何继续使用基类中被屏蔽了的成员的问题。

一旦在派生类中重定义了一个基类中的成员函数,在派生类中如果还想访问基类中的函数版本,也并非不可能,只是需要使用作用域操作符指定其作用域。例如:

```
employee emp;
manager mang;
emp.display ();                    //调用基类的 display ()
mang.display ();                   //调用派生类的 display ()
mang.employee::display ();         //调用基类的 display ()
```

这说明,一旦在派生类中重定义了基类的一个成员函数,则在派生类中这个基类的成员函数就被屏蔽——不可见,只有使用作用域操作符才能使其可见。

13.4 操作符重载

C++ 的大量操作符是针对预定义类型的。这些操作符不能直接用于对象的操作,这带来许多不便。不过,与函数名重载一样,C++ 允许操作符重载,使已有的操作符可以用于各种对象:如两个复数 x 和 y 相加表示为 x+y,两个字符串 s1 与 s2 相加表示为 s1+s2;用一

个对象 a 给另一个同类对象 b 赋值，表示为 b=a 等。这样的表达式更自然，更符合习惯。

13.4.1 操作符重载及其规则

1. 操作符函数与关键字 operator

C++ 把操作符解释为操作符函数。这些操作符函数的名字非常特别，就是一个关键字加上一个操作符，例如“operator +”。

2. 操作符重载规则

操作符重载可以给程序设计带来方便，提高程序的简洁性和可读性。但是，操作符重载不能违背一些基本原则，否则适得其反成为陷阱。下面介绍几个基本原则。

(1) 不可生造操作符。操作符重载只针对 C++ 定义的操作符进行，不可以生造非 C++ 的操作符，例如给 ＃＃、＃ 等以运算机能。

(2) 不可改变操作符的语义习惯，只可以赋予其与预定义相近的语义，尽量使重载的操作符语义自然、可理解性好，不造成语义上的混乱。例如，不可赋予+以减的功能，赋予“<<”以加的功能等，这样会引起混乱。特别是逗号操作符(,)、赋值操作符(=)和地址/引用操作符(&)要与预定义的语义必须一致。

(3) 不可改变操作符的语法习惯，勿使其与预定义语法差异太大，避免造成理解上的困难：

- 要保持预定义的优先级别和结合性，例如不可把+的优先级定义为高于 * 。
- 操作数个数不可改变。例如不能用++对两个操作数进行操作、用+对 3 个操作数进行操作。
- 注意各操作符之间的联系。如[] 、*、&、-> 等与指针有关的操作符之间有一种等价关系。因此，重载也应维持这种等价关系。

(4) 重载操作符不可使用默认参数。

(5) 有 5 种操作符不可以重载。这 5 种操作符是：成员操作符(.)、指针指向/间接引用(*)、作用域指定(::)、条件操作符(?:)和类型长度计算操作符(sizeof)。除此之外，其他 C++ 中定义的操作符都可以重载。

(6) 最好不对逻辑“与”(&&)、逻辑“或”(‖)和顺序操作符(,)进行重载。因为 &&和 ‖ 用来对布尔类型进行操作，同时按照逻辑运算规则：对于 &&，操作数中有一个“假”时，表达式的值就是“假”，另一个操作数不需要再判断；对于 ‖，操作数中有一个“真”时，表达式的值就是“真”，另一个操作数不需要再判断，这称为短路判断。若对于这两个操作符进行重载，要么会改变操作对象的类型，要么需要完全判断。这些都不符合编程者的习惯，降低程序的可读性，会导致错误。

逗号操作符是要求操作按照从左到右的顺序进行，但重载后不一定能保证这样的顺序。

(7) 操作符重载只可用于操作对象为用户自定义类型的情况，不可用于操作对象是系统预定义类型的情况。

(8) 对象的操作符重载可以采用成员函数的形式,也可以采用 13.4.3 节介绍的友元函数的形式。一般说来,可以根据表 13.1 的策略确定采用哪种方法。

表 13.1 操作符重载的基本策略

操作符类型	可能形式	建 议
圆点(.)、作用域(::)、.* 和 ?:	不能重载	不能重载
所有一元操作符	不带参数的成员函数,带 1 个参数的非成员函数	成员函数
=、()、{}、->	必须为成员函数	必须为成员函数
复合赋值操作符		成员函数
其他二元操作符	1 参数的成员函数,2 参数的非成员函数	非成员函数

13.4.2 成员函数形式的操作符重载

有一些操作符重载可以用类的成员函数的形式实现。

1. 二元操作符重载的一般方法

【代码 13-21】 复数加运算。

一个复数的加法是实部加实部、虚部加虚部,而系统定义的加号"+"并不支持复数加。为了进行复数加,可以有两种方法:一是单独定义一个复数加成员函数;另一个办法是重载操作符"+"。下面的例子说明两个方法是等价的,而重载操作符"+"使用起来更贴近数学习惯。

```
//类界面定义
class Complex {
public:
    Complex (double r=0,double i=0);                    //构造函数
    Complex (const Complex& other);                     //复制构造函数

    Complex add (const Complex& other)const;            //加运算函数
    Complex operator + (const Complex& other)const;     //"+"重载
    void output (void);
private:
    double real,image;
};

//类的实现
#include <iostream>

Complex::Complex (double r,double i) {
    real=r;
    image=i;
    return;
}
```

```
Complex::Complex (const Complex& other) {
    real=other.real;
    image=other.image;
    return;
}

Complex Complex::add (const Complex& other)const {
    float r=real +other.real;
    float i=image +other.image;
    return Complex (r,i);                          //返回一个临时对象,这时将调用构造函数
}

Complex Complex::operator + (const Complex& other) const {
    float r=real +other.real;
    float i=image +other.image;
    return Complex (r,i);                          //返回一个临时对象,这时将调用构造函数
}

void Complex::output (void) {
    std::cout<<real;
    if (image>0 )
        std::cout<<"+"<<image<<"i";
    else if (image<0 )
        std::cout<<image<<"i";
    std::cout<<"\n";
    return;
}
```

这个类的测试,可以考虑如下 3 种情形:

(1) 两个复数相加后,虚部为正。

(2) 两个复数相加后,虚部为负。

(3) 两个复数相加后,虚部为零。

下面是按照第(2)种情形设计的测试主函数。

```
int main (void) {
    Complex c1 (1,2),c2 (2,-3),c3,c4;
    c3=c1 +c2;                                     //使用重载的"+"
    c3.output ();
    c4=c1.add (c2);                                //使用成员函数 add ()
    c4.output ();
    return 0;
}
```

测试结果如下。

```
3-1i
3-1i
```

从运行结果可以看出:成员函数 add()和重载"+"的成员函数执行结果一致。

讨论：

(1) 从操作符“+”的重载函数可以看出，当重载一个二元操作符的函数是类成员时，只有一个参数，而不是两个。这个参数是右操作数。左操作数是调用这个操作符重载函数的那个类对象。即表达式 c1+c2 相当于 c1.operator+(c2)。

(2) 分析下面的一小段程序，说明执行“+”后，为什么一定要返回 Complex 类型。

```
Complex c1(1,2),c2(2,-3),c3(3,4),c4;
C4=c1+c2+c3;
```

由于“+”的优先级高于“=”，并且“+”具有从左到右的结合性，所以首先执行操作 c1+c2。显然，计算结果如果不是返回 Complex 类型，就无法继续相加。

2. 下标操作符重载

下标操作符[]可以用来指定要进行读写的数组元素。从语法上看，下标操作符是一种二元操作符，一个操作数是索引——下标；另一个操作数是一个左值。例如，对于定义

```
T a[3];
```

若有表达式 a[2]，则会被解释为一个函数调用表达式 a.operator[] (2)，其原型为

```
T& operator[] (int);
```

下标操作符重载的一种用途是提供用于防止下标超界的安全措施，此外还可以改变索引的类型，如按照字母索引。注意，下标操作符只能够采用类成员形式进行重载。

【代码 13-22】 基于字母序的索引表。为英文词典建立一个索引表，能查到以某个字母开头的单词起始于哪一页。

```
#include <iostream>
#include <string>
#include <cstdlib>
Using namespace std;

//类界面
class AlphIndex {
public:
    AlphIndex (void);                           //构造函数
    int operator[] (char);                      //下标操作符重载
private:
    struct Item {
        char index;
        int page;
    };
    enum {Max=26};
    Item table[Max];
};
```

```
//类实现
AlphIndex::AlphIndex (void) {
    for (int i=0;i<Max;i ++) {
        table[i].index='a' +i;
        std::cout<<"请输入"<<table[i].index<<"的页码: ";
        std::cin>>table[i].page;
    }
}

int AlphIndex::operator[] (char idx) {
    if ( (idx<'a')||(idx>'z')) {
        std::cout<<"索引越界!\n";
        exit (1);
    }
    for (int i=0;i<Max;i ++)
        if (idx==table[i].index)
            return table[i].page;
    return -1;
}

//测试主函数
int main (void) {
    AlphIndex a;
    char ch;
    cout<<"请输入要查询的字母: \n";
    cin>>ch;
    if (a[ch]==-1)
        cout<<"找不到这个字母的起始页!\n";
    else
        cout<<"字母"<<ch<<"开头的单词从"<<a[ch]<<"页开始。\n";
    return 0;
}
```

运行结果:

```
请输入a的页码: 1
请输入b的页码: 2
请输入c的页码: 3
请输入d的页码: 4
请输入e的页码: 5
请输入f的页码: 6
请输入g的页码: 7
请输入h的页码: 8
请输入i的页码: 9
请输入j的页码: 10
请输入k的页码: 11
请输入l的页码: 12
请输入m的页码: 13
请输入n的页码: 14
请输入o的页码: 15
请输入p的页码: 16
请输入q的页码: 17
请输入r的页码: 18
请输入s的页码: 19
请输入t的页码: 20
请输入u的页码: 21
请输入v的页码: 22
请输入w的页码: 23
请输入x的页码: 24
请输入y的页码: 25
请输入z的页码: 26
请输入要查询的字母:
k
字母k开头的单词从11页开始。
```

注意：操作符重载应在操作符预定义的语义和语法基础上进行。例如在本例中，将下标重载为以字符作变量，就是在原来以整数作为变量的基础上进行的。

3. 用于深度复制字符串的赋值操作符重载

【代码 13-23】 用于深度复制字符串的赋值操作符重载。

```
#include <iostream>
#include <string>
using std::istream;
using std::ostream;

class String{
private:
    char * str;                          //指向字符串的指针
    int len;                             //字符串长度
    //…
public:
    String & oprator= (const String & st);
    //…
};

//…
String & String::oprator= (const String & st){
    if (this==&st)                       //对象已经分派给本身
        return * this;                   //返回了事
    delete [] str;                       //释放成员指针之前指向的内存
    len=st.len;
    str=new char [len +1];               //为新的字符串开辟空间
    std::strcpy(str,st.str);             //复制字符串数据
    return * this;                       //返回一个指向调用对象的引用
}
```

13.4.3 友元函数形式的操作符重载

1. 问题的提出

在代码 13-20 中，使用成员函数实现了“+”的重载，使得复数相加的表达更符合数学习惯。然而却使用了一个成员函数 output()来进行复数的输出。可以想象，如果像“+”一样对将插入操作符“<<”进行重载，使得复数的输出能像基本类型一样可以使用 cout 就方便了许多。

但是，令人遗憾的是，插入操作符<<就无法用成员函数实现其重载。原因何在？

如前所述，当一个二元操作符的重载函数是类成员时，左操作数是那个类的对象，即这个函数由这个类对象调用。插入操作符“<<”也是一个二元操作符，其左操作数却是 ostream 类的对象 cout。如果使用成员函数方式，就要对系统定义的 ostream 进行修改，显然这是不允许的。

像“<<”这类操作符重载函数，既不能作为类成员函数，又还要能够直接访问类对象的数据成员。这个难题可以由友元(friend)函数来解决。

2. 友元函数

友元函数不是类成员函数，是一种外部函数——定义在任何类或任何函数之外的函数，但是它们却可以像类的成员函数那样直接访问类的私密成员。或者说，友元函数是一个类的“准”成员，它可以像成员函数一样访问类的私密成员，又不需要类对象调用，并且定义在类作用域之外，就好像它不是一个家庭的成员，却被这个家庭当作自家人的好友一样，是一种特别授权关系。

友元函数在类界面定义中用关键字 friend 进行声明，至于访问属性是 public 还是 private，没有关系。不过通常作为 public 成员，因为它毕竟具有公共属性。

【代码 13-24】 声明友元函数的实例。

```
class A {
public:
    //…
    friend void fun (void);                               //A类的友元函数
    //…
};

void fun (void)                                           //友元函数定义
{…}
```

3. 插入操作符重载函数的返回类型

执行一个插入操作的结果是把右操作数送到显示器，而返回的仍然是 ostream 类的对象 cout。为了说明这个问题，请看下面的一小段程序。在这段程序中，采用了我们已经习惯了的流的插入形式。

```
Complex c1 (1,2),c2 (2,-3),c3 (3,4),c4;
C4=c1 +c2 +c3;
std:cout<<"复数 c1、c2、c3 的和为: "<<c4 <<:endl;
```

这里，只考虑语句

```
std:cout<<"复数 c1 (1,2)和 c2 (2,-3)相加的结果: "<<c3<<std::endl;
```

由于<<是一个二元操作符，并且具有从左到右的结合性，所以先执行表达式：

```
std:cout<<"复数 c1 (1,2)和 c2 (2,-3)相加的结果: "
```

显然，这个表达式返回的是 ostream 类的流对象 cout，这样才能使后面的提取继续执行，接着执行的插入操作应当具有形式：

```
cout<<c3
```

【代码 13-25】 插入操作符重载函数的例子。

```
//类界面定义
class Complex {
public:
    //…
    friend ostream& operator<< (ostream& out,Complex cObj);          //声明友元
    //…
};

//<<重载操作符函数实现
ostream& operator<< (ostream& out,Complex cObj)     {                //非成员函数
    out<<cObj.real;
    if (cObj.image>0 )
        out<<"+"<<cObj.image<<"i";
    else if (cObj.image<0 )
        out<<cObj.image<<"i";
    return out;                                                       //返回输出流对象
}
```

4. 一元操作符重载

增量操作符“++”是一个一元操作符,它有前缀和后缀两种使用形式。这两种形式的语义也不相同:前缀增量操作是先增量、后引用,操作的结果是左值,可以连贯;后缀增量操作是先引用、后增量,即操作的结果是一个临时变量,用于存放增量之前的变量值。这些不同的特性也应当体现在重载的增量操作符中。也就是说,增量操作符的重载函数有两种形式,分别体现它们的语义。

(1) 前缀增量操作符操作过程中,对操作数与返回使用同一个对象,不形成一个临时变量来存放增量之前的变量值。因此要用对象的引用作为参数,并返回该对象的引用。其重载函数原型为

```
X& operator ++ (X& a);
```

这样,表达式++a 等价于表达式 operator ++(a)。

(2) 后缀增量操作符操作过程中,对操作数与返回不能使用同一个对象,需要用一个临时变量来存放增量之前的变量值。为此,用对象的引用作为参数,而返回不为对象的引用。其重载函数原型为

```
X operator ++ (X& a,int);
```

这样,表达式 a++等价于表达式 operator ++(a,1)。

【代码 13-26】 为时间类增加前缀和后缀两个增量操作符。

时间(Time)类的增量操作,以秒(second)为单位进行。要求秒计到 60 时,清零并进 1 分;分计到 60 时,清零并进 1 时;时计到 24 时,清零。

```
#include <iostream>
//时间类界面定义
class Time {
public:
    Time (int h=0,int m=0,int s=0)
    {hour=h,minute=m,second=s;}
    friend Time& operator ++ (Time& t);                          //前缀增量符重载函数
    friend Time operator ++ (Time& t,int);                       //后缀增量符重载函数
    friend std::ostream& operator<< (std::ostream& out,const Time& t);
private:
    int hour,minute,second;                                      //时、分、秒
};

//几个重载操作符的实现
Time& operator ++ (Time& t) {
    if (!(t.second= (t.second +1) % 60))                         //前缀增量操作符重定义
        if (!(t.minute= (t.minute +1) % 60))
            t.hour= (t.hour +1) %  24;
    return t;
}

Time operator ++ (Time& t,int) {                                 //后缀增量操作符重定义
    Time temp (t);                                               //用临时对象保存增量前的值
    if (!(t.second= (t.second +1) %60))                          //判断秒进分
        if (!(t.minute= (t.minute +1) %60))                      //判断分进时
            t.hour= (t.hour +1) %24;                             //进入下一天
    return temp;                                                 //返回保存原值的临时对象
}

std::ostream& operator<< (std::ostream& out,const Time& t) {
    out <<t.hour<<":"<<t.minute<<":"<<t.second;
    return out;
}
```

类的测试主函数如下。

```
int main (void) {
    using std::cout;
    using std::endl;
    Time t1 (23,59,58);
    cout<<t1 ++<<endl;
    cout<< ++t1<<endl;

    Time t2 (23,59,59);
    cout<<t2 ++<<endl;
    cout<< ++t2<<endl;

    return 0;
}
```

测试结果:

```
23:59:58
0:0:0
23:59:59
0:0:1
```

5. 操作符重载的成员函数方式与友元函数方式比较

由上面的讨论可知,为了能使用户定义类型的重载操作符函数访问运算对象的私密成员,只能采用成员函数或友元函数两种形式定义操作符重载。如果要采用非友元函数的其他外部函数定义操作符的重载函数,去访问对象的私密成员就得采用间接方式。对于这种形式这里不做介绍。表 13.2 对操作符重载的成员函数形式和友元函数形式进行了比较。

表 13.2 操作符重载的成员函数方式与友元函数方式比较

表达式		成员函数重载方式	友元函数重载方式
一元操作符	obj @	obj. operator @ (int)	operator @ (obj,int)
	@ obj	obj. operator @ ()	operator @ (obj)
二元操作符	obj1 @ obj2	obj1. operator @ (obj2)	operator @ (obj1,obj2)

从语法上来看,操作符既可以定义为全局函数,也可以定义为成员函数。如果操作符被重载为类的成员函数,那么一元操作符没有参数,二元操作符只有一个右侧参数,因为对象自己成了左侧参数。在代码 13-21 中已经看到了复数加的成员函数定义。

在实践中,到底是采用成员函数形式还是采用友元函数形式,往往很难确定。下面给出 3 点建议供参考:

(1) 由于友元函数形式破坏了类的封装性,许多人不建议使用友元函数形式,因此应尽可能使用成员函数形式。特别是有 4 个操作符必须采用成员函数形式,它们是"="(赋值操作符)、"()"(函数调用操作符)、"[]"(下标操作符)、"->"(间接成员操作符)。

对于基于=的复合赋值操作符,+=、-=、/=、*=、&=、|=、~=、%=、>>=、<<=等,也建议重载为成员函数。

(2) 所有一元操作符,建议重载为成员函数。

(3) 如果有一个操作数类型与操作符重载函数所在类的实例不同,例如前面介绍的插入/提取操作符重载函数,建议采用友元函数形式。

13.4.4 赋值操作符重载

赋值操作是使用最频繁的操作符之一。一般说来,内置(预定义)的赋值操作符是针对基本类型设计的。像初始化构造函数、复制构造函数等一样,当程序员没有为一个类显式地编写赋值操作符重载函数时,遇到该类对象之间的赋值操作,编译器将执行默认的赋值操作,把赋值操作符右面对象的成员值,逐个地赋值给赋值操作符左边对象的成员,仅此而已。如果希望对象赋值操作的过程中还要执行一些其他特殊的操作,则需要自定义赋值操作符的重载函数。

赋值操作符是一种二元操作符,它必须采用成员函数进行重载。但是它的重载有其自身的特点。这些特点受赋值操作符的一般语义和语法习惯限制。

(1) 赋值操作符的作用是把某个对象或表达式的值赋给另一个对象。得以赋值的对象称为左值,因为它们出现在赋值语句的左边。产生值的表达式称为右值,因为它们出现在赋值语句的右边。常数只能作为右值。

(2) 赋值操作符具有从右向左的结合性。

按照上述习惯用法,对于T类对象,赋值操作符的重载函数具有如下原型:

```
T operator=(const T&);
```

说明:

(1) 这里,参数采用一个T类对象的引用,以避免传送数据的过大开销,并非绝对需要;用const修饰表明在赋值操作符重载函数中不能对右值的成员进行修改。

(2) 其返回值类型为T。这样才能保证赋值表达式的值为左值的类型,从而可以从右向左结合,使连续赋值(即具有形式o1=o2=o3)的操作得以实现。

【代码13-27】 为代码13-26定义的一个赋值操作符的重载函数。

```
Time::Time operator=(const Time& time) {
    hour=time.hour;
    minute=time.minute;
    second=time.second;
    return Time (hour,minute,secoed);                //创建一个无名对象并返回该对象
}
```

习 题 13

概念辨析

1. 选择。

(1) 函数参数是________。

A. 函数用于接收调用者传送值的变量　　B. 调用函数发送给函数的值

C. 函数与调用者之间进行交互的接口　　D. 函数用于操作的一些数据

(2) 函数形式参数可以是________。

A. 常量　　B. 变量　　C. 对象　　D. 头文件

(3) 对于声明void test (int a,int b=5,char='*');,下面的函数调用中,不合法的是________。

A. test (5)　　B. test (5,8)　　C. test (6,'#')　　D. test (0,0,'*')

(4) 当使用引用作为参数时,函数将________。

A. 创建一个对象以存储参数的值　　B. 建立实参与形参之间的直接通道

C. 创建一个临时对象接收对象实参　　D. 直接访问调用函数中的对象

(5) 具有默认值的参数________。

A. 是在函数定义时给定具体值　　B. 在函数调用时值不可再改变

C. 在函数调用时值可以再改变　　D. 其值可以由编译器自动提供

(6) 通过引用传递参数时,________。

A. 函数将创建一个临时变量保存实参的值　　B. 调用者将创建一个临时变量保存参数的值

C. 函数无法接收参数的值　　　　D. 函数将直接访问调用函数中的实参

(7) 调用函数时，________。

A. 实参可以是表达式　　　　B. 实参与形参可以共用内存单元

C. 将为形参分配内存单元　　　　D. 实参与形参的类型必须一致

(8) 下列对引用的陈述中不正确的是________。

A. 每一个引用都是其所引用对象的别名，因此必须初始化

B. 形式上针对引用的操作，实际上作用于它所引用的对象

C. 一旦定义了引用，一切针对其所引用对象的操作只能通过该引用间接进行

D. 不需要单独为引用分配存储空间

(9) 重载函数________。

A. 是一组具有相同名字的函数　　　　B. 是一组具有相同原型的函数

C. 使程序设计效率更高　　　　D. 提供一种重定义函数的机会

(10) 重载函数________。

A. 必须具有不同的返回值类型　　　　B. 形参个数必须不同

C. 必须有不同的形参列表　　　　D. 名字可以不同

(11) 下列几组函数中，属重载的一组是________。

A. void fun (int,int); void fun (double,double);

B. int func (int, char);void func (int, char);

C. int funct (int,int); int funct (int,int,int);

D. int functn (int); double functn (double);

(12) 构造函数和析构函数________。

A. 前者可以重载，后者不可重载　　　　B. 前者不可重载，后者也不可重载

C. 前者不可重载，后者可以重载　　　　D. 前者可以重载，后者也可以重载

(13) 下列关于构造函数的描述中，错误的是________。

A. 构造函数可以设置默认参数　　　　B. 构造函数在定义类对象时自动执行

C. 构造函数可以是内联函数　　　　D. 构造函数不可以重载

(14) 对于复制构造函数和赋值操作的关系，正确的是________。

A. 复制构造函数和赋值操作的操作完全一样

B. 进行赋值操作时，会调用类的构造函数

C. 当调用复制构造函数时，类的对象即被建立并被初始化

D. 复制构造函数和赋值操作不能在同一个类中被同时定义

(15) 重载操作符时，操作符预定义的优先级、结合性、语法结构________。

A. 和操作数个数都可以改变　　　　B. 都不能改变，但操作数个数可以改变

C. 都可以改变，但操作数个数不可改变　　　　D. 和操作数个数都不可以改变

(16) 操作符重载________。

A. 能使 C++ 操作符使用于对象　　　　B. 赋予 C++ 操作符新的含义

C. 创造新的操作符　　　　D. 适用于任何 C++ 操作符

(17) 算术赋值操作符重载时，结果________。

A. 必须返回　　　　B. 存入操作符所属对象

C. 存入操作符右方对象中　　　　D. 存入操作符左方对象中

(18) 下列操作符中，不能被重载的是________。

A. ?:　　　　B. []　　　　C. &&　　　　D. ::

(19) 若要对类AB定义加号操作符重载成员函数,实现两个AB类对象的加法,并返回相加结果,则该成员函数的声明语句为________。

A. AB operator+(AB & a, AB & b)　　B. AB operator+(AB & a)
C. operator+(AB a)　　D. AB & operator+()

(20) 在某类的公开部分有声明 string operator ++(void);和 stringoperator ++(int);则说明________。

A. string operator++(void);是后置自增操作符声明
B. string operator++(int);是前置自增操作符声明
C. string operator++(void);是前置自增操作符声
D. 两条语句无区别

(21) 重载赋值操作符时,应声明为________函数。

A. 友元　　B. 虚　　C. 成员　　D. 多态

(22) 在一个类中可以对一个操作符进行________重载。

A. 1种　　B. 2种以下　　C. 3种以下　　D. 多种

(23) 在重载操作符,________操作符必须重载为类成员函数形式。

A. +　　B. -　　C. ++　　D. ->

(24) 友元操作符 obj>obj2 被 C++ 编译器解释为________。

A. operator>(obj1,obj2)　　B. >(obj1,obj2)
C. obj2. operator>(obj1)　　D. obj1. operator>(obj2)

(25) 下列关于 C++ 操作符函数的返回类型的描述中,错误的是________。

A. 可以是类类型　　B. 可以是 int 类型　　C. 可以是 void 类型　　D. 可以是 float 类型

(26) 下列操作符中,不能用友元函数形式重载的是________。

A. +　　B. =　　C. *　　D. <<

(27) 下列 C++ 操作符中,________是不能重载的。

A. ?:　　B. []　　C. new　　D. &&

(28) 下列关于操作符重载的描述中,正确的是________。

A. 操作符重载可以改变操作符的操作数个数　　B. 操作符重载可以改变优先级
C. 操作符重载可以改变结合性　　D. 操作符重载不可以改变语法结构

(29) 下列 C++ 操作符中,________是不能重载的。

A. =　　B. ()　　C. ::　　D. delete

(30) 以下关于 C++ 操作符的描述中,正确的是________。

A. 只有类成员操作符　　B. 只有友元操作符
C. 只有非成员和非友元操作符　　D. 上述三者都有

2. 判断。

(1) 为一个变量定义了引用后,该变量的值就不可再改变。　(　　)
(2) 函数原型就是函数没有调用之前的形式。　(　　)
(3) 函数调用时,引用传递实际上仅仅传递了一个名字。　(　　)
(4) 一个参数全为 int 类型的函数,不可能返回 double 类型的值。　(　　)
(5) C++ 不允许两个函数具有相同的名字。　(　　)
(6) 复制构造函数要以类对象的引用作为参数。　(　　)
(7) 所有的 C++ 操作符都可以被重载。　(　　)
(8) ++操作符可以作为二元操作符重载。　(　　)
(9) 重载操作符时只能重载 C++ 现有的操作符。　(　　)

(10) 重载派生类赋值操作符时，不但要实现派生类中数据成员的赋值，还要承担基类中数据成员的赋值。 (　　)

(11) 只有在类中含有引用数据成员时，才需要重载类的赋值操作。 (　　)

(12) 通过修改类 A 的声明或定义，可以禁止用户在类 A 对象间进行任何赋值操作。 (　　)

(13) 友元关系在类声明时由类授予。 (　　)

(14) 友元函数可以访问授权类的所有成员。 (　　)

(15) 为了保护数据成员，应让其仅可以被友元类访问。 (　　)

(16) 不能定义一个类的成员函数为另一个类的友元函数。 (　　)

(17) 友元类的所有成员函数都是友元函数。 (　　)

(18) 若类 A 是类 B 的友元类，且类 B 是类 C 的友元类，那么类 A 也是类 C 的友元类。 (　　)

代码分析

1. 找出下面各程序段中的错误并说明原因。

(1)

```
void func1 viod;
```

(2)

```
void func2 (viod);
```

(3)

```
void func3 (viod).;
```

(4)

```
void func4 (int,void);
```

(5)

```
void func5 (int,double);
```

(6)

```
void func6 (int,0;double,2.3);
```

(7)

```
void func7 (int i,double d);
```

(8)

```
void func8 (a,b,c,d);
```

2. 有相关声明如下。

```
void fun1 (void);
void fun2 (int n,double x);
void fun3 (double,int ,double,int);
void fun4 (int a,int b,int c,int d);
int main (void) {
    int a,b,c;
    double r,s,t,u;
    ⋮
}
```

根据上述声明找出下面的函数调用语句中的错误。

(1) fun1(a,b);　(2) fun2(a,b);　(3) fun3(r,a,s,b);　(4) fun4(a,b,c,d,e);

(5) fun1();　(6) fun2(r,s);　(7) fun5(r,s,r,s,);　(8) fun6(r,s,t,u);

3. 下列规则说明了合法函数重载。

(1) 函数要求不同的参数列表，而不同的返回值类型或者形参有无默认值不能作为函数重载的依据。

(2) 枚举类型可以区别于整型作为函数重载的依据，而通过 typedef 定义的类型别名则不能区别于其原来的类型因而不能作为函数重载的依据。

(3) 如果某个实际参数不能与形参匹配，则系统会自动进行类型转换以匹配最合适的函数，除非导致二义性编译器将拒绝转换。

假定以下代码用于重载函数 f()。根据以上规则请指出以下各例中哪些是合法的函数重载,哪些不是。如果不是,请指出其错误。

(1)

```
int f (int x,int y) {
    return x * y;
}
```

(2)

```
double f (int x,int y) {
    return x * y;
}
```

(3)

```
int f (int x=1,int y=7) {
        return x+y+x * y;
}
```

4. 找出下面各程序段中的错误并说明原因。

(1)

```
#include <iostream>
float abs (float x)
{return (x>=0 ? x: -x);}
double abs (double x)
{return (x>=0 ? x: -x);}
int main (void) {
    std::cout<<abs (-2.72)<<"\n";
    std::cout<<abs (-2)<<"\n";
    return 0;
}
```

(2)

```
#include <iostream>
int fun (int i) {return i;}
int fun (int i ,int j=5)
{return i * j;}
int main (void) {
    std::cout<<fun (2,3)<<"\n";
    std::cout<<fun (5)<<"\n";
    return 0;
}
```

5. 下面的类声明了一个按照字母查找字典起始页的类。请指出定义中的错误,并指出原因。

```
#include <iostream>
#include <cstdlib>
//类界面
class AlphIndex {
public:
    AlphIndex (void);
    int operator [] (char index);
private:
    const char maxLetter='z';
    int AlphIndexTable[maxLetter];
};
//类实现
AlphIndex::AlphIndex (void) {
    for (char index='a';intex <=maxLetter;index=index +1) {
        std::cout<<"请输入"<<index<<"的页码: ";
        std::cin>>AlphIndexTable[index];
    }
```

```
    return;
}

int AlphIndex::operator [] (char index) {
    if ( (index<'a')||(index>'z')) {
        std::cout<<"索引越界!\n";
        exit (1);
    }
    return AlphIndexTable[index];
}
```

6. 下面的程序定义了一个简单的 SmallInt 类，用来表示－128～127 之间的整数。类唯一的数据成员 val 存放一个－128～127(包含－128 和 127 两个数)之间的整数。类的定义如下。

```
class SmallInt {
public:
    SmallInt (int i=0);

//重载插入和抽取操作符
    friend ostream &operator<< (ostream &os,const SmallInt &si);
    friend istream &operator>> (istream &is,SmallInt &si);

//重载算术操作符
    SmallInt operator+ (const SmallInt &si) {return SmallInt (val+si.val);}
    SmallInt operator- (const SmallInt &si) {return SmallInt (val-si.val);}
    SmallInt operator *  (const SmallInt &si) {return SmallInt (val * si.val);}
    SmallInt operator/ (const SmallInt &si) {return SmallInt (val/si.val);}

//重载比较操作符
    bool operator== (const SmallInt &si) {return (val==si.val);}

private:
    char val;
};

SmallInt::SmallInt (int i) {
    while (i>127)
        i -=256;
    while (i<-128)
        i +=256;
    val=i;
}
ostream &operator<< (ostream& os,const SmallInt& si) {
    os<< (int)si.val;
    return os;
}

istream &operator>> (istream &is,SmallInt &si) {
    int tmp;
```

```
    is>>tmp;
    si=SmallInt (tmp);
    return is;
}
```

请回答下面的问题：

(1) 上面的类声明中，重载的插入操作符和抽取操作符被定义为类的友元函数，能否将这两个操作符定义为类的成员函数？如果能，则写出函数原型；如果不能，则说明理由。

(2) 为类 SmallInt 增加一个重载的操作符"+="，其值必须正规化为在－128～127 之间。函数原型为

```
class SmallInt {
public:
    SmallInt &operator +=(const SmallInt &si);
//其他函数…
private:
    char val;
};
```

探索验证

1. 编写一段程序，用于测试自己所使用的 C++ 编译器中参数表达式的执行顺序。
2. 能否设计出一段函数，向调用者返回多个值？
3. 析构函数与构造函数的执行是否要成对？在代码 13-7 中析构函数执行了几次？

开发实践

1. 设计一个函数，可以对任意多的数据计算平均值。
2. 设计一个函数，可以对任意多的数据求和。
3. 为计算多个数(最多 6 个数)的和设计一个解决方案。其中每个数可能是浮点数，也可能是整数。
4. 设计一个从多个数(最多 6 个数)中选择一个最大数的方案。其中每个数可能是浮点数，也可能是整数。
5. 设计一个日期类 Date，包括年、月、日等私有数据成员。要求实现日期的基本运算，如一日期加上天数、一日期减去天数、两日期相差的天数等。
6. 定义一个时间类，可以直接用操作符+、-、++、--、=、<<进行时间的操作。
7. 已知类 string 的原型为

```
class String {
public:
    String (const char * str=NULL);              //普通构造函数
    String (const String &);                     //复制构造函数
    ~String (void);                              //析构函数
    String & operator=(const String &);          //赋值构造函数
private:
    char * m_data;                               //用于保存字符串
};
```

请编写 String 的上述 4 个函数。

8. 有一个学生类 Student，包括学生姓名、成绩。设计一个友元函数，比较两个学生成绩的高低，并求出最高分和最低分的学生。

9. 设计一个日期类 Date，包括日期的年份、月份和日号。编写一个友元函数，求两个日期之间相差的天数。

10. 编写一个程序，设计一个 Student 类，包括学号、姓名和成绩等私密数据成员，不含任何成员函数，只将 main ()设置为该类的友元函数。

11. 领导、家属与秘书。领导、家属与秘书之间有如下关系。

(1) 领导一般不自己介绍自己，而是由秘书介绍。

(2) 领导的工资收支只有领导本人、秘书和家属可以查，而其中只有领导和家属有公布权，秘书只能查后告诉领导不能告诉别人。

请模拟领导、家属与秘书之间的关系。

12. 成绩统计。某学习小组有 5 人：A、B、C、D、E，A 为组长。设计一个成绩统计程序，统计时的规则如下。

(1) 同学们的个人成绩不公开，除非自己说给别人。

(2) 只有组长可以直接查看其他同学的成绩。

(3) 组长只能公布本组的平均成绩，不能公布每个人的个人成绩。

13. 账目结算。有三家公司之间有业务来往，但是它们之间的账目结算只能通过银行进行。请模拟 3 家公司之间的账目结算。

第 14 单元　类型转换与运行时类型鉴别

C++ 是一种强类型语言,对每一个数据的操作必须按照类型规则进行,否则就会出错。C++ 还是一种静态类型定义语言,即数据的类型是相对固定的,并且在使用一个数据之前必须先声明其类型。但是,为了提高程序设计的灵活性,C++ 还允许数据或对象按照一定的规则进行类型之间的转换,例如隐式转换(implicit conversion)、显式转换(explicit conversion)、转换构造函数等都可以改变数据的类型。特别是基于虚函数的动态绑定可能会使 C++ 中的指针或引用(reference)本身的类型与它实际代表(指向或引用)的类型并不一致,例如在程序中,允许将一个基类指针或引用转换为其实际指向对象的类型,再加上使用厂家类库中的类和抽象算法等,都需要程序员了解一些指针或引用在运行时的形态信息。这就导致了运行时类型鉴别(run-time type identification,RTTI)机制的提出。

RTTI 指程序运行时保存或检测对象类型的操作。C++ 对于 RTTI 的支持,主要包含如下 2 个方面的内容。

(1) 用 dynamic_cast(动态类型转换)实现在程序运行时(而不是编译时)安全地进行指针或引用的类型转换,并在转换的同时能返回转换是否成功的信息。

(2) 用 typeid(类型识别)获得一个表达式的类型信息,或获得一个指针/引用指向的对象的实际类型信息。

需要说明的是,有些编译器的 RTTI 是默认配置的(如 Borland C++),有些则是需要显式打开的(如 Microsoft Visual C++)。对于后者,为了使 dynamic_cast 和 typeid 都有效,必须激活编译器的 RTTI。

14.1　数据类型转换

数据类型转换(cast)就是将某种类型的数据转换为另外的一种类型。C++ 的数据类型转换有两种形式:隐式类型转换和显式类型转换。隐式类型转换也称为自动类型转换,即这种转换在程序代码中是看不出来的,完全由编译器根据具体情况自动进行。

14.1.1　算术类型的隐式转换规则与校验表

1. 算术类型的隐式转换的基本规则

C++ 丰富的数据类型(15 种整型和 3 种浮点类型)给用户带来很大灵活与方便,但使计算机处理变得十分复杂和混乱。为应对这种情形,C++ 在执行数据传送和二元计算时,编译器将自动进行类型转换。C++ 编译器根据不同的情况,会分别应用如下转换规则。

(1) 类型规范化转换。主要是整型提升(integral promotion)规则,即将 bool、char、unsigned char、signedshort 和 short 类型的数据被自动转换成 int 类型。这种类型转换主要用于表达式计算以及函数参数传递时。除了整型提升，传统 C 语言中还有浮点类型提升，即在表达式计算或参数传递时，总是将 float 类型转换为 double 类型。

(2) 目标类型一致规则，即数据传递时，要把被传递数据转换为目的数据类型。这种转换主要用于下列情况。

- 赋值操作：赋值号右边的数据转换为左边变量所属类型。
- 初始化：初始化数据的类型转变为被初始化变量的类型。
- 参数传递：实际参数根据原型进行类型转换。
- 函数返回：先对 return 表达式进行计算，然后再把数据类型转换为函数定义的返回类型。

(3) 向高看齐原则，即在不同数据类型进行二元计算时，编译器会在规范化转换的基础上，将低类型的数据转换为高类型的数据。由于不同系统在处理数据类型的存储空间大小的策略的区别，因此根据具体情况制订了自己的转换规则——校验表。

2. C++ 11 校验表

C++ 编译器按照自己的校验表处理表达式中的数据类型转换。C++ 11 校验表如下。

```
if(一个操作数为 long double 类型)
    另一个操作数转换为 long double 类型;
else if(一个操作数为 double 类型)
    另一个操作数转换为 double 类型;
else if(一个操作数为 float 类型)
    另一个操作数转换为 float 类型;
else if(一个操作数为 float 类型)
    另一个操作数转换为 float 类型;
else     //执行整型提升
{
    if (两个数都是有符号或都是无符号)
        将级别低的转换为级别高的类型;
    if (一个数有符号低级别,另一个是无符号高级别)
        将级别低的有符号操作数转换为无符号操作数所属类型;
    else if (有符号类型可表示无符号类型所有可能取值)
        将无符号操作数转换为有符号操作数所属类型;
    else
        将两个操作数都转换为有符号类型的无符号版本;
}
```

【代码 14-1】 演示算术类型转换规则。

```
#include <iostream>
int fun(double a,int b){                  //参数传递时进行目标一致转换
    return (a +b);                        //先执行向高看齐转换,再按目标一直原则转换为 int 类型
}
int main(){
    float x=2,y('a'),z;                   //初始化时进行目标一致转换
    std::cout<< (z=fun (x,y))             //接收返回数据时进行目标一致转换
```

```
        <<std::endl;
    return 0;
}
```

演示结果：

```
99
```

3. 目标类型一致转换的危险

目标类型一致转换可能会导致所传送数据的类型升级，也可能导致其类型降级(demotion)。所谓“降级”，是指等级较高的类型被转换成等级较低的类型。类型升级通常不会有什么问题，但是类型降级却会带来精度损失问题。例如：

```
char ch=98765;
```

将 98765 降级为 char，但 char 无法表示。遇到这种情况，有的编译系统(如 Visual C++)会发出如下警告信息(有的编译器发出错误信息，有的则根本不报错)：

```
warning C4305: 'initializing' : truncation from 'const int' to 'char'
warning C4309: 'initializing' : truncation of constant value
```

类似的情况还有一些，例如，人们经常将 int 类型的数据(如 67)保存在 char 类型变量中，将 char 数据保存在 int 类型变量中，将 bool 类型的值赋给整型(short、int 或 long)变量，将整型数据赋值给 bool 变量等。过去人们认为这些情况有特殊用途。但是，从可移植性角度和程序的安全性考虑，在一个表达式中混用不同类型都是应当尽量避免的。

14.1.2 显式类型转换

C++ 不能自动转换不兼容的类型。例如下面的语句是非法的，因为赋值号左边是指针类型，而右边是整数。

```
double * p=12506;            //错误
```

尽管内存地址是一个整数，但从数据类型的角度看，地址与整数是不兼容的。在这种情况下，需要将整数转换为地址类型。

在 C++ 中，强制转换有 3 种形式。

1. C 语言方式

C 语言方式的强制类型转换的格式为下面的形式。

(<u>目标数据类型</u>)<u>源数据类型表达式</u>

例如上述表达式的正确写法应当为

```
double * p= (double * )12506;            //正确
```

2. C 函数调用方式

这种方式,让强制类型转换看起来像函数调用。格式如下。

目标数据类型(源数据类型表达式)

例如上述表达式的正确写法还可以是

```
double * p=double * (12506);            //正确
```

3. static_cast 操作符方式

static_cast 操作符方式的格式如下:

static cast <目标数据类型>(源数据类型表达式)

例如:

```
static_cast<double>(5)/3;
```

14.1.3 对象的向上转换和向下转换

在一个类层次中,派生类对象向基类的类型转换称为向上转换,基类对象向派生类的类型转换称为向下转换。根据赋值兼容规则,对象的向上转换是安全的,因为派生类对象也是基类对象,例如研究生类对象也是学生类对象,学生类对象也是人类对象。对象的向上转换有 2 种情形:

(1) 将派生类对象转换为基类类型的引用。

(2) 用派生类对象对基类对象进行初始化或赋值。

注意:尽管把一个派生类对象赋值给一个基类对象变量是合法的,但是结果会造成派生类对象中不是继承自基类的成员被抛弃。这种情况称为对象切片。

由于根据赋值兼容规则,不可以将基类对象赋值给派生类对象,所以基类对象(引用)向派生类的隐式转换不存在,如果需要只能用 static_case 进行强制(显式)转换。但要求这个转换必须是安全的。因为,基类对象可以作为独立对象存在,也可以作为派生类对象的一部分存在。而在一般情况下,基类对象不一定是派生类对象,例如学生类对象不一定是研究生类对象,Person 类对象不一定是学生类对象。

14.1.4 转换构造函数

1. 转换构造函数

类的转换构造函数是能够实现其他类型向本类类型自动隐式转换的构造函数。

【代码 14-2】 定义人民币类 RMB,其成员有元(yuan)、角(jiao)、分(fen),并可以进行人民币的加、减运算。

```
#include <iostream>
class RMB{
    int yuan,jiao,fen;
public:
    //初始化构造函数
    RMB (int y=0,int j=0,int f=0):yuan (y),jiao (j),fen (f){
        std::cout<<"用构造函数初始化。\n";
    }

    //转换构造函数
    RMB (double d){
        std::cout<<"转换构造函数实现 double==>RMB 转换。\n";
        yuan=static_cast <int> (d);
        jiao=static_cast <int> ((d -yuan) * 10);
        fen= ((d -yuan) * 10 -jiao) * 10;
    }

    double toDouble (void) {                          //向 double 类型转换成员函数
        std::cout<<"转换 RMB==>double。\n";
        return yuan +jiao / 10.0 +fen / 100.0;
    }

    void disp (void) {                                //输出成员函数
        std::cout<<yuan<<"元"<<jiao<<"角"<<fen<<"分\n";
    }
};
```

测试主函数：

```
int main (void){
    RMB rmb1 (123,4,5);rmb1.disp ();
    RMB rmb2 (543,2,1);rmb2.disp ();
    RMB rmb3;rmb3.disp ();
    rmb3=rmb1.toDouble () +rmb2.toDouble ();     //转换成 double 再相加,之后转化成 RMB 类型
    rmb3.disp ();
    return 0;
}
```

运行结果：

```
用构造函数初始化。                          —— 执行RMB rmb1 (123,4,5);
123元4角5分
用构造函数初始化。                          —— 执行RMB rmb2 (543,2,1);
543元2角1分
用构造函数初始化。                          —— 执行RMB rmb3 ();
0元0角0分
转换RMB==>double。                         —— 执行rmb1.toDouble () + rmb2.toDouble ()
转换RMB==>double。
转换构造函数实现double==>RMB转换。           —— 执行rmb3=rmb1.toDouble () + rmb2.toDouble ()
666元6角6分
```

说明：

(1) 转换构造函数有两种形式;一个参数和多个参数。本例给出的是一个参数的转换

构造函数，用以实现基本类型向本类类型的转换。多个参数的转换构造函数一般用在其他类类型向本类类型的转换。应当注意，这时函数是隐式调用的，并且不可以有返回值。

(2) 本类类型向其他类型的转换一般用成员函数实现，并且是显式调用的。

(3) 为了保证程序的安全性，现代程序设计不赞成类型的隐式转换。为此，可以有两种方法来克服转换构造函数被隐式调用：

- 改转换构造函数为成员函数。
- 使用关键字 explicit 修饰转换构造函数，使转换构造函数的调用显式化。如代码 8-17 可以改成：

```
class RMB{
//…
    explicit RMB (double d) {                              //增加显式调用说明
        //…
    }
};

int main (void){
    //…
    RMB rmb3 (rmb1.toDouble () +rmb2.toDouble ());         //显式调用
    //…
    return 0;
}
```

2. 初始化构造函数、复制构造函数和转换构造函数之间的区别

在面向对象的程序设计中，用得相当多的函数重载是构造函数重载。构造函数重载有以下几种情况。

(1) 当一个类中没有显式地定义初始化构造函数（即普通构造函数）时，在声明一个对象时，编译器系统将会为之自动生成一个没有参数的默认初始化构造函数。

(2) 程序员可以在定义类时，定义一个或多个有参的初始化构造函数，也可以同时为这个类再定义一个无参初始化构造函数。

(3) 当要用一个已经定义的对象初始化一个新的对象时，系统将会为之自动生成一个复制构造函数(copy constructor)。当然，程序员也可以提供一个显式的、具有特殊意义的复制构造函数。

(4) 当一个类对象进行类型转换时，需要一个转换构造函数(conversion constructor)。

这些形形色色的具有不同意义的构造函数，形成了构造函数重载的多种形式。

表 14.1 列出了初始化构造函数、复制构造函数和转换构造函数之间的区别。

表 14.1 初始化构造函数、复制构造函数和转换构造函数之间的区别

	初始化构造函数	复制构造函数	转换构造函数
形式	类名(参数列表)	类名(const 类名 & 对象名)	类名(const 其他类名 & 对象名)
形参	形参是各数据成员的类型	形参为同类的 const 对象引用	形参为其他类的 const 对象引用

续表

	初始化构造函数	复制构造函数	转换构造函数
实参	分别为各数据成员类型值	同类的对象	其他类的对象
调用时间	创建新对象时	• 用已有对象初始化新对象时 • 向函数传递对象参数时 • 函数返回对象时	在表达式中需要进行对象类型转换时

【代码 14-3】 RMB 类的初始化构造函数、复制构造函数和转换构造函数。

```
#include <iostream>
class RMB {
    int yuan,jiao,fen;

public:
    //初始化构造函数
    RMB (int y=0,int j=0,int f=0):yuan (y),jiao (j),fen (f) {
        std::cout<<"调用初始化构造函数。\n";
    }

    //复制构造函数
    RMB (const RMB& qian) {
        std::cout<<"调用复制构造函数。\n";
        yuan=qian.yuan;
        jiao=qian.jiao;
        fen=qian.fen;
    }

    //转换构造函数
    RMB (double d) {
        std::cout<<"调用转换构造函数实现 double==>RMB 转换。\n";
        yuan=static_cast <int> (d);
        jiao=static_cast <int> ((d -yuan) * 10);
        fen=((d -yuan) * 10 -jiao) * 10;
    }

    //向 double 类型转换成员函数
    Double toDouble (void) {
        std::cout<<"转换 RMB==>double。\n";
        return yuan +jiao / 10.0 +fen / 100.0;
    }

    //输出成员函数
    void disp (void) {
        std::cout<<yuan<<"元"<<jiao<<"角"<<fen<<"分\n";
    }
};
```

测试主函数：

```
int main (void) {
    RMB qian1 (123,4,5);
    qian1.disp ();
    RMB qian2 (qian1);
    qian2.disp ();
    double qian3=543.21;
    RMB qian4 (qian3);
    qian7.disp ();
    return 0;
}
```

运行结果：

```
调用初始化构造函数。
123元4角5分
调用复制构造函数。
123元4角5分
调用转换构造函数实现double==>RMB转换。
543元2角1分
```

注意：

(1) 默认构造函数、复制构造函数、赋值操作符重载函数以及析构函数这 4 种成员函数被称作特殊的成员函数。如果用户程序没有显式地声明这些特殊的成员函数，那么编译器将隐式地声明它们。由于派生类中的成员函数可以覆盖基类中的同名成员函数。所以，这些函数都不能被继承。

(2) 在一个表达式中，初始化操作优先于赋值操作。

14.2 dynamic_cast 操作符

14.2.1 dynamic_cast 及其格式

dynamic_cast 称为动态转型(dynamic casting)操作符，用于在程序运行过程中，把一个类指针转换成同一类层次结构中的其他类的指针，或者把一个类类型的左值转换成同一类层次结构中其他类的引用。与 C++ 支持的其他强制转换不同的是，dynamic_cast 是在运行时刻执行的。如果指针或左值操作数不能被转换成目标类型，则 dynamic_cast 将失败：针对指针类型的 dynamic_cast 失败，dynamic_cast 的结果为 0；针对引用类型的 dynamic_cast 失败，dynamic_cast 将抛出一个异常。其格式如下。

```
dynamic_cast<T>(ptr)
```

其中，T 和 ptr 应当属于同一个类层次结构，并且 T 是一个类的指针(或 void *)或引用，参数 ptr 是一个能得到一个指针或者引用的表达式。如果 T 是指针，ptr 也必须是指针类型；如果 T 是引用，ptr 也必须是引用类型。

14.2.2 上行强制类型转换与下行强制类型转换

在一个类层次结构中，有两种基本的类型转换关系：上行转换和下行转换。上行转换就是沿着继承关系向上，将一个指向派生类的指针或引用，转换为指向基类的指针或引用。下行转换就是沿着继承关系向下，将一个指向基类的指针或引用，强制转换为指向派生类的指针或引用。由于基类是派生类的子集，所以派生类知道基类，而基类不知道派生类。这样，上行转换与下行转换将会出现不同的情况。

【代码 14-4】 一个类层次结构。

```
#include <iostream>

class Base {
public:
    int bi;
    virtual void test (void) {
        std::cout<<"基类。\n";
    }
};

class Derived:public Base {
public:
    int di;
    virtual void test (void) {
        std::cout<<"派生类。\n";
    }
};

void downCast (Base * pB) {
    Derived * pD1=static_cast<Derived * > (pB);
    pD1 ->test ();
    Derived * pD2=dynamic_cast <Derived * > (pB);
    pD2 ->test ();
}

void upCast (Derived * pD) {
    Base * pB1=static_cast <Base * > (pD);
    pB1 ->test ();
    Base * pB2=dynamic_cast <Base * > (pD);
    pB2 ->test ();
}
```

对于上面的代码，分两次进行测试：只运行上行转换函数和只运行下行转换函数。

【代码 14-5】 只运行上行转换函数 upCast()的主函数。

```
int main (void) {
    Base b;
    Base * p1=&b;
    Derived d;
    Derived * p2=&d;
    //downCast (p1);
```

```
    upCast (p2);

    return 0;
}
```

测试结果：

```
派生类。
派生类。
```

说明：在进行上行强制类型转换时，使用 static_cast 与使用 dynamic_cast 的结果相同。

【代码 14-6】 只运行下行转换函数 downCast()的主函数。

```
int main (void) {
    Base b;
    Base * p1=&b;
    Derived d;
    Derived * p2=&d;
    downCast (p1);
    //upCast (p2);
    return 0;
}
```

测试结果：

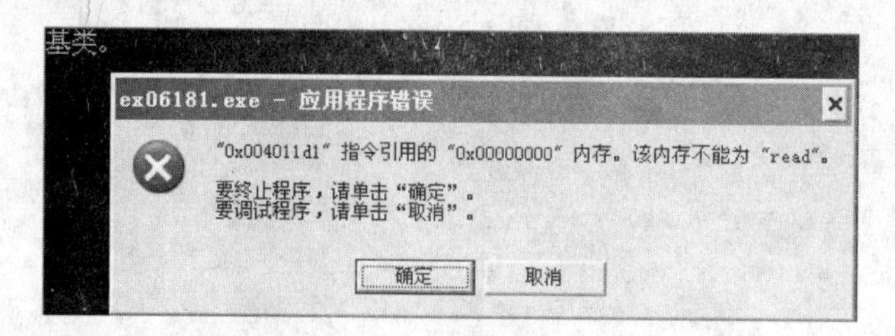

可以发现，程序得到一个结果的同时，出现一个异常。

为了判断异常发生的部位，将 downCast()中的动态强制转换后的应用语句注释，即

```
void downCast (Base * pB) {
    Derived * pD1=static_cast<Derived * > (pB);
    pD1 ->test ();
    Derived * pD2=dynamic_cast <Derived * > (pB);
    //pD2 ->test ();
}
```

重新运行，不再出现异常信息提示。

讨论：用 dynamic_cast 在一个类层次结构中进行下行转换，是在运行时进行的。当然转换有可能失败。对于指针类型，若转换失败，它返回 0。所以在转换后应当对转换是否成功进行检测，即测试目标指针是否为 0。在本例中，由于 pD2 的值为 0，是一个空指针，所以用其调用 test ()显然要出现异常。解决的办法是先判断目标指针是否为 0。

【代码 14-7】 修改后的 downCast()和主函数。

```
void downCast (Base * pB) {
    Derived * pD1=static_cast<Derived * > (pB);
    pD1 ->test ();

    Derived * pD2;
    if ((pD2=dynamic_cast <Derived * > (pB)) !=0) {
        pD2 ->test ();
    }
    else
        throw std::bad_cast ();
}

int main (void) {
    Base b;
    Base * p1=&b;
    Derived d;
    Derived * p2=&d;
    try {
        downCast (p1);
    }catch (std::bad_cast) {
        std::cout<<"dynamic_cast failed"<<std::endl;
        return 1;
    } catch (…) {
        std::cout<<"Exception handling error."<<std::endl;
        return 1;
    }
    //upCast (p2);
    return 0;
}
```

运行结果：

```
基类。
dynamic_cast failed
```

说明：使用 dynamic_cast 进行向下强制类型转换，需要满足以下 3 个条件。

(1) 有继承关系，即只有在指向具有继承关系的类的指针或引用之间，才能进行强制类型转换。利用这一点，也可以用 dynamic_cast 判断两个类是否存在继承关系。

(2) 有虚函数。这是由于运行时类型检查需要运行时类型信息，虚函数表提供运行时形态信息。没有这些信息，不可能返回失败信息，也只能在编译时刻执行，不能在运行时刻执行。static_cast 则没有这个限制。

(3) 打开编译器的 RTTI 开关(如 VC6，选择 Project→Settings→c/c++ Tab →Category[c++ Language]→Enable RTTI)。

注意：dynamic_cast 在运行时需要一些额外开销，但如果使用了很多的 dynamic_cast，就会产生一个影响程序(执行)性能的问题。

14.2.3 交叉强制类型转换

dynamic_cast 还支持交叉转换(cross cast),其应用条件与向下强制转换一样。

【代码 14-8】 dynamic_cast 转换与 static_cast<C * >转换的区别。

```
class A {
public:
    int ib;
    virtual void test (void) {}
};

class B:public A
{};

class C:public A
{};

void test (void) {
    B * pb=new B;
    pb ->ib=89;
    C * pc1=static_cast<C * > (pb);          //错误
    C * pc2=dynamic_cast<C * > (pb);         //pc2 是空指针
    delete pb;
}
```

在函数 test()中,使用 static_cast 进行转换是不被允许的,将在编译时出错;而使用 dynamic_cast 的转换则是允许的,结果是空指针。

14.2.4 类指针到 void * 的强制转换

dynamic_cast 还允许 T 是 void * 。在这种情况下,dynamic_cast<void * >(ptr)的结果如同将 ptr 沿分层结构向下转换到完整对象(无论什么对象)的类型,然后转换到 void * 。

强制类型转换到 void * 时,分层结构必须是多态的(有虚函数)。

14.2.5 dynamic_cast 应用实例

【例 14.1】 某软件公司开发了一个员工管理系统。如图 14.1 所示,这个系统由两部分组成:一部分是外购的通用员工工资管理类库,它由 Employee 类、Manager 类和

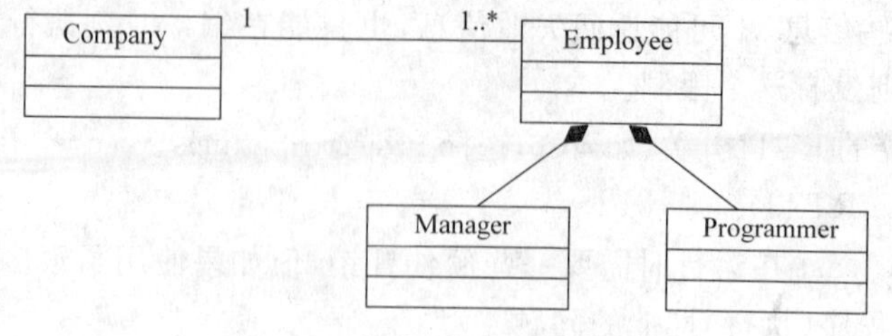

图 14.1 某公司的员工管理系统

Programmer 类组成(公司成员只有程序员和管理人员两类);另一部分是该公司自己开发的 Company 类。

【代码 14-9】 通用员工管理类库开发商为用户提供的类接口代码,这些代码在头文件中。

```
class Employee {
public:
    virtual int salary (void);
};

class Manager : public Employee {
public:
    int salary (void);
};

class Programmer : public Employee {
public:
    int salary (void);
};
```

公司使用 Company 类中的发薪成员函数 payroll(),用动态绑定的方法调用类库中的 salary()成员,形式如下。

```
void Company::payroll (employee& re) {
    re.salary ();
}
```

这个系统运行一段时间后,公司考虑程序员必须采用基薪+奖金的薪酬机制。但是,这个系统没有奖金计算功能。为了实现这个功能,最好的办法是在开发商的类库中再增加一个虚函数 bonus(),但这是不可能的。因为类库中的代码是经过编译的,无法进行编辑再编译。一个可行的办法是修改头文件,把 bonus()的声明增加到 Programmer 中。

【代码 14-10】 修改后的头文件代码如下(bonus()的实现另外定义)。

```
class Employee {
public:
    virtual int salary (void);
};

class Manager : public Employee {
public:
    int salary (void);
};

class Programmer : public Employee {
public:
    int salary (void);
    int bonus (void);
};
```

在这种情况下，就可以使用dynamic_cast。dynamic_cast操作符可用来获得派生类的指针，以便使用派生类的某些细节，即让函数payroll()接收一个Employee类的引用为参数，并用dynamic_cast操作符获得派生类Programmer的引用，再用这个引用调用成员函数bonus()。

【代码14-11】 修改后的payroll()代码。

```
#include <type_info>
void Company::payroll (Employee &re) {
    try {
        Programmer &rm=dynamic_cast<Programmer&>(re);   //用rm调用Programmer::bonus ()
    }catch (std::bad_cast) {
        //使用Employee的成员函数
    }
}
```

这样，如果在运行时刻re实际上为Programmer对象的引用，则dynamic_cast成功，就可以计算Programmer对象的奖金了；否则返回bad_cast。由于bad_cast被定义在C++标准库中，要在程序中使用该引用类型，必须包含头文件<type_info>。

程序可以按照预期，只计算Manager对象的薪金，不会计算Manager对象的奖金，否则将导致dynamic_cast失败。

【代码14-12】 使用指针的payroll()代码。

```
void Company::payroll (employee *pe) {
    //dynamic_cast和测试在同一条件表达式中
    if (Programmer *pm=dynamic_cast<Programmer*>(pe)) {
        //使用pm调用Programmer::bonus ()
    }else {
        //使用Employee的成员函数
    }
}
```

注意：不要在dynamic_cast和测试之间插入代码，以免导致在测试之前使用pm。

14.3 用typeid获得对象的类型信息

typeid操作符可以在程序运行中返回如下信息。

(1) 实际上返回一个表达式的类型信息，类型为type_info类的对象。type_info类类型被定义在头文件<typeinfo>中。

(2) 返回两个类是否相等的信息。

14.3.1 type_info类

为了正确地使用typeid操作符，首先要了解type_info类界面。但是，type_info类的定义是因编译器而异的。

【代码 14-13】 type_info 类声明。

```
class type_info {
private:
    type_info (const type_info&);                        //复制构造函数
    type_info& operator= (const type_info&);             //赋值操作符
public:
    virtual ~type_info (void);                           //析构函数
    int operator== (const type_info&) const;             //相等操作符
    int operator != (const type_info&) const;            //不等操作符
    const char * name (void) const;                      //返回类型名
    bool before (const type_info&);
};
```

注意：type_info 类的复制构造函数和赋值操作符都是私有成员，用户不能在自己的程序中定义 type_info 对象。例如：

```
#include <typeinfo>
type_info t1;                                            //错误：没有默认构造函数
type_info t2 (typeid (unsigned int));                    //错误：复制构造函数是 private 的
```

14.3.2 typeid 操作符的应用

注意，typeid 操作符必须与表达式或类型名一起使用。下面举例说明其中几种用法。

【代码 14-14】 typeid 的几种用法。

```
#include <iostream>
#include <typeinfo>

class Base {
    //无虚函数
};

class Derived : public Base {
    //无虚函数
};

int main (void) {
    using std::cout;
    using std::endl;
    double d=0;
    cout<<" (1) "<<typeid (d).name ()<<endl;
    cout<<" (2) "<<typeid (85).name ()<<endl<<endl;

    Derived dobj;
    Base * pb1=&dobj;
    cout<<" (3) "<<typeid ( * pb1).name ()<<endl<<endl;

    Base* pb=new Base;
    Base& rb= * pb;
```

```
    cout<<" (4)"<<(typeid (pb)==typeid (Base * ))<<endl;
    cout<<" (5)"<<(typeid (pb)==typeid (Derived * ))<<endl;
    cout<<" (6)"<<(typeid (pb)==typeid (Base))<<endl;
    cout<<" (7)"<<(typeid (pb)==typeid (Derived))<<endl<<endl;

    cout<<" (8)"<<(typeid (rb)==typeid (Derived))<<endl;
    cout<<" (9)"<<(typeid (rb)==typeid (Base))<<endl;
    cout<<" (10)"<<(typeid (&rb)==typeid (Base * ))<<endl;
    cout<<" (11)"<<(typeid (&rb)==typeid (Derived * ))<<endl;

    return 0;
}
```

程序运行结果：

```
(1)double
(2)int

(3)class Base

(4)1
(5)0
(6)0
(7)0

(8)0
(9)1
(10)1
(11)0
```

说明：

(1) 由行<1>、<2>可以看出，用系统预定义类型的表达式和常量作为 typeid 的参数时，typeid 会指出参数的类型。

(2) 由行<3>可以看出，用不带虚拟函数的类类型作为 typeid 的参数时，typeid 指出参数的类类型(Base)，而不是所指向对象的类型(Derived)。

(3) 行<4>～行<11>表明，可以使用"=="对 typeid 的结果进行比较，从而可以构成条件表达式，例如：

```
if (typeid (pb)==typeid (Base * ))
if (typeid (pb)==typeid (Derived * ))
if (typeid (pb)==typeid (Base));
if (typeid (pb)==typeid (Derived));
```

14.3.3 关于 typeid 的进一步说明

如前所述，编译器对于 RTTI 的支持程度与其实现相关。一般说来，type_info 成员函数 name()获得运行时类型信息，是所有 C++ 编译器都可以提供的。除此之外，有些编译器还可以提供与类类型有关的其他信息，如类成员函数清单、内存中该类类型对象的布局(即成员和基类子对象之间的映射关系)等。

编译器对 RTTI 支持的扩展与 type_info 类的结构有关，并可以通过 type_info 派生类增加额外信息进行。由于 type_info 类有一个虚拟析构函数，所以能通过 dynamic_cast 操作判断是否有可用的特殊类型的 RTTI 扩展支持。

【代码 14-15】 某编译器使用一个名为 extended_type_info 的 type_info 派生类为 RTTI 提供额外支持，下面的程序段用 dynamic_cast 来发现 typeid 操作返回的 type_info 对象是否为 extended_type_info 类型。

```
#include <typeinfo>              //typeinfo 头文件包含 extended_type_info 的定义
typedef extended_type_info eti;
void func (Base * pb) {
    //从 type_info * 到 extended_type_info * 向下转换
    if (eti * pEti=dynamic_cast<eti * >(&typeid ( * pb))) {
        //dynamic_cast 成功，则通过 pEeti 使用 extended_type_info 信息
    }else {
        //dynamic_cast 失败，则使用标准 type_info 信息
    }
}
```

习 题 14

概念辨析

1. 选择。

(1) 有以下定义：

```
char a;int b; float c;double d;
```

则表达式 a * b+d-c * b 值的类型为________。

A. float　　B. int　　C. char　　D. double

(2) dynamic_cast 是一个________。

A. 类型关键字　　B. 变量名　　C. 操作符　　D. 类名

(3) dynamic_cast 的作用是________。

A. 强制类型转换　　B. 隐性类型转换　　C. 改变指针类型　　D. 改变引用类型

(4) dynamic_cast 应用的条件是________。

A. 类之间有继承关系的　　B. 类中定义有虚函数

C. 打开了编译器的 RTTI 开关　　D. 以上 3 项都要满足

(5) 动态类型转换机制实现的基础是________。

A. 堆存储　　B. 栈存储　　C. 操作符重载　　D. 虚函数表

(6) 在有虚函数的类层次结构中，若 typeid 的表达式是一个指向派生类对象的指针，或是一个引用派生类对象的基类引用，则测试到的类型是________。

A. 派生类　　B. 基类　　C. 给出错误信息　　D. 随机类型

(7) 如果一个类层次结构中没有定义一个虚函数，则尽管使用 typeid 的表达式是一个指向派生类对象的指针，或是一个引用派生类对象的基类引用，最终测试到的类型是________。

A. 派生类　　B. 基类　　C. 给出错误信息　　D. 随机类型

2. 判断。

(1) 上行类型转换时，得到的仅仅是派生类对象中的基类部分。　　(　　)

(2) 下行类型转换时，dynamic_cast 将一个派生类的基类指针转换成一个派生类指针。　　(　　)

(3) 在使用结果指针之前，必须通过测试 dynamic_cast 操作符的结果来检验转换是否成功。　　(　　)

代码分析

1. 指出下列各程序的运行结果。

(1)

```
#include <iostream>
int main (void){
    int intVar=1800000000;
    intVar=intVar * 10 / 10;
    std::cout<<"intVar="<<intVar<<std::endl;
    intVar=1800000000;
    intVar=static_cast <double>(intVar) * 10 / 10;
    std::cout<<"intVar="<<intVar<<std::endl;
    return 0;
}
```

(2)

```
#include <iostream>
int main (void){
    int intVar;
    for (intVar=1;intVar<10;++intVar)
        std::cout<<intVar<<"/2 is:"<<(float)intVar / 2<<std::endl;
    return 0;
}
```

2. 分析下面程序段中的不足。

```
void company::payroll (employee * pe) {
programmer * pm=dynamic_cast<programmer * >(pe);
static int variablePay=0;
variablePay +=pm ->bonus ();
//...
}
```

3. 假如 C public 继承 B,分析下面各代码段中的转换是否会成功,并给出原因。

(1)

```
B * p=new B ();
C * p=dynamic_cast<C * >(p);
```

(2)

```
C * p=(C * )new B ();
C * p=dynamic_cast<C * >(p);
```

探索验证

在进行数据类型转换时,有时会出现精度丢失问题。试分析哪些类型转换会产生精度丢失。

第15单元 模　　板

模板(templates)是程序设计语言中,为了实现更高层次上的多态性,提高程序设计可靠性和效率而引入的一套机制。类型可以生成对象,而模板可以生成类型,是关于类型的进一步抽象,也称为类属(genericity),即类型的参数化。这种机制形成了通用性编程或泛型编程(generic programming),是面向对象程序设计的重要扩充。

C++ 提供有两种模板:函数模板(function templates)和类模板(class templates)。按照类模板,编译器可以生成一些相似的类声明;从函数模板可以产生出多个处理过程相似或相同,仅数据类型(参数以及返回)不同的函数定义。这不仅是更高层次上的多态性,也提高了代码重用(code reuse)性——使用一个软件系统的模块或组件来构建另一个系统的能力,从而提高了程序设计的效率和可靠性。

15.1 算法抽象模板——函数模板

15.1.1 从函数重载到函数模板

函数重载实现了一个名字多种解释。这种静态多态性为程序设计带来很大的方便。但是,在设计具有重载程序的过程中,可以发现这些重载函数实际上是处理方法相同仅数据类型不同而已。例如,两个数据交换的程序,可以具有如下一些原型。

```
void swap (int&,int&);
void swap (double&,double&);
void swap (char&,char&);
void swap (std::string&,std::string&);
void swap (aClass&,aClass&);
```

这些函数还需要在程序中分别进行定义。显然,这是非常烦琐的。人们于是就会想:能否用一组代码写出这些函数,而在程序中根据调用语句再形成相应的函数定义呢? C++实现了这个想法,这就是函数模板。

【代码 15-1】 单个对象(变量)的交换函数模板。

```
template <typename T>                //模板前缀,告诉编译器,T 为模板参数
void swap (T& a,T& b) {              //模板定义
    T temp;
    temp=a;
    a=b;
    b=temp;
}
```

【代码 15-2】 上述模板的测试主函数。

```
#include <iostream>
#include <string>

int main (void) {
    int i1=3,i2=5;
    double d1=1.23,d2=3.21;
    char c1='a',c2='b';
    std::string s1="abcde",s2="12345";

    swap (i1,i2);
    std::cout<<"i1="<<i1<<";i2="<<i2;
    swap (d1,d2);
    std::cout<<"\nd1="<<d1<<";d2="<<d2;
    swap (c1,c2);
    std::cout<<"\nc1="<<c1<<";c2="<<c2;
    swap (s1,s2);
    std::cout<<"\ns1="<<s1<<";s2="<<s2;
    std::cout<<"\n";

    return 0;
}
```

测试结果：

```
i1 = 5;i2 = 3
d1 = 3.21;d2 = 1.23
c1 = b;c2 = a
s1 = 12345;s2 = abcde
```

说明：

(1) 早期的 C++ 版本，没有关键字 typename，而是使用关键字 class。

(2) T 还可以实例化为其他一些类对象。

(3) 函数模板允许有多个类型参数。这时模板前缀应当写成如下格式：

```
template <typename T1,typename T2,…>
```

(4) 这里使用的 T 仅仅是一个类型参数的名字。实际上，C++ 允许类型参数使用任何其他名字。

(5) 函数模板定义不可以单独编译，但可以写在一个头文件中。

函数模板忽略了类型细节，是一种算法抽象模板。

15.1.2 模板函数重载

模板是对相同算法、不同参数类型的抽象。但是，并非所有的类型都可以使用相同的算法，或者说，编译器不可能按照一个模板函数为所有可能的类型生成函数定义。

【代码 15-3】 交换两个数组的内容的算法。不简单地使用代码 15-1 中的算法。

```
template<typename T>
void swap (T a[],T b[],int n) {                //模板定义
    T temp;
    for (int i=0;i<n;i ++) {
        temp=a[i];
        a[i]=b[i];
        b[i]=temp;
    }
}
```

【代码 15-4】 模板函数重载应用程序。

```
#include <iostream>

//函数模板声明
template<typename T>void swap (T&,T&);

template<typename T>void swap (T*,T*,const int);

template<typename T>void disp (T*,const int);

//主函数
int main (void) {
    int i1=3,i2=5;
    double d1=1.23,d2=3.21;
    swap (i1,i2);
    std::cout<<"i1="<<i1<<";i2="<<i2;
    swap (d1,d2);
    std::cout<<"\nd1="<<d1<<";d2="<<d2;

    const int lin=9;
    int a[lin]={1,2,3,4,5,6,7,8,9},b[lin]={11,12,13,14,15,16,17,18,19};

    swap (a,b,lin);
    std::cout<<"\na[]的内容: ";disp (a,lin);
    std::cout<<"b[]的内容: ";disp (b,lin);

    return 0;
}

//模板函数
template<typename T>void swap (T& a,T& b) {
    T temp;
    temp=a;
    a=b;
    b=temp;
}
```

```
template<typename T>void swap (T a[],T b[],const int n) {
    T temp;
    for (int i=0;i<n;i ++) {
        temp=a[i];
        a[i]=b[i];
        b[i]=temp;
    }
}

template<typename T>void disp (T a[],const int n) {
    for (int i=0;i<n;i ++) {
        std::cout<<a[i]<<",";
    }
    std::cout<<"\n";
}
```

程序执行结果：

```
i1 = 5;i2 = 3
d1 = 3.21;d2 = 1.23
a[]的内容：11,12,13,14,15,16,17,18,19,
b[]的内容：1,2,3,4,5,6,7,8,9,
```

说明：

(1) 在这个程序中，模板函数定义放在了函数调用之后，所以要在调用之前使用函数模板原型进行声明。但是许多编译器不支持模板函数声明。这时就应当将模板函数放到调用之前。所以将模板函数定义写在调用之前是一种保险方法。

(2) 函数模板重载后，编译器将根据参数寻找匹配的函数模板定义，并生成相应的具体函数定义。

15.1.3 函数模板的实例化与具体化

函数模板并不是函数，而是一个 C++ 编译器指令，用来告诉编译器生成函数的方案。因此，模板不能单独编译，必须与特定的具体化(specialization)请求或实例化(instantiation)请求一起使用，才可以参加编译。实例化或具体化也都统称具体化，编译器具体生成函数的方法。实例化请求或具体化请求是程序员向编译器发出的采用哪种方式进行具体化的请求。实例化请求和具体化请求又可以进一步分为隐式实例化请求、显式实例化请求、显式具体化请求和部分具体化请求。

1. 隐式实例化请求

只要调用表达式中所含的信息，足以使编译器生成具体函数原型和函数定义，就可以不需要任何实例化请求，称为隐式实例化(implicit instantiation)请求。例如在代码 15-1 中，对于函数调用表达式 swap (i1,i2)，编译器将会自动生成如下函数原型和函数定义。

```
void swap (int&,int&);            //函数原型
```

和

```
void swap (int& a,int& b) {                                    //函数定义
    int temp;
    temp=a;
    a=b;
    b=temp;
}
```

2. 显式实例化请求

有时,编译器无法根据调用表达式推断出该用什么实际类型对函数模板进行具体化。

【代码 15-5】 一个对 U 类型参数进行类型制转换,并输出 T 类型的模板函数。

```
template <typename T,typename U>T convert (U const &arg) {
    return static_cast<T> (arg);
}
```

对于这个函数模板,编译器就显得力不从心了,编译器对如下调用无法推断出该用什么类型具体化参数 T。

```
double d=65.78;
convert (d);
```

有效办法就是采用显式实例化(explicit instantiation)请求,直接指示编译器创建特定的实例。显式实例化的格式是在函数名后面用尖括号<>指示用什么类型替换模板参数。例如本例中的测试主函数可以写成:

```
#include <iostream>

int main (void) {
    double d=65.78;
    std::cout<<convert <int> (d) <<std::endl;               //显式实例化
    std::cout<<convert <char> (d) <<std::endl;              //显式实例化
    return 0;
}
```

执行结果:

```
65
A
```

3. 显式具体化请求

显式具体化(explicit specialization)是在有函数模板定义的编译单元中,使用声明告诉编译器不要使用模板来生成函数定义,而要使用该声明语句给出的函数原型去寻找相应的函数定义。当然,在这个编译单元中存在着具体类型的函数定义。所以,显式具体化请求要

求程序有自己的函数定义,而显式实例化请求则不需要,这是二者的根本区别。进一步说,具体化请求可以修改函数模板定义,而实例化只是具体化了函数参数的类型。

【代码 15-6】 将代码 15-5 改为显式具体化方式。

```
#include <iostream>

template <typename T,typename U>T convert (U const &arg) {
    return static_cast<T>(arg);
}

template <>char convert <char>(double const & arg) {      //显式具体化,注意 const 的使用
    return static_cast <char>(arg);
}

int main (void) {
    double d-65.78;
    std::cout<<convert <char>(d)<<std::endl;
    return 0;
}
```

运行结果:

```
A
```

说明:

(1) 有些编译器不支持使用 template<>前缀。因此,当编译时对这个具体化部分给出出错信息时,可以将该前缀注释掉试试。

(2) 在同一编译单元中,同一类型的显式实例化和显式具体化不能同时出现。

4. 部分具体化请求

部分具体化(partial specialization)请求是部分限制模板的通用性,因此它还是定义出了一个函数模板,只是要利用这个新定义的函数模板生成具体函数。例如:

```
template <typename T,typename U>T convert (U const &arg) {
    return static_cast<T>(arg);
}

template <typename U>convert <char,U>(U& arg) {          //部分具体化
    return static_cast<char>(arg);
}
```

说明:

(1) 部分显式具体化请求时所定义的函数模板中还有一些 typename 类型待定,这些类型将在调用时被隐式具体化。

(2) 调用时,当有多个部分具体化模板可供选择时,编译器将首先选择具体化程度最高的模板。

15.2 数据抽象模板——类模板

类是一种抽象数据结构——它将与某种事物有关的数据以及施加在这些数据上的操作封装在一起。定义的类中不能包含已经初始化的数据成员。数据成员的初始化表明生成一个类的实例——对象。

有一些类之间存在着相似性,它们具有相同的操作——成员函数,而数据成员的类型不相同。例如,堆栈类是一种数据容器类(data container class),它可以存储 int 型数据,也可以存储 double 型数据、string 类数据、学生类数据……。对于这类情形,C++ 采用类模板机制定义通用容器,可以像函数模板一样,用类型作为参数,可以按照具体应用生成不同类型的容器。

15.2.1 类模板的定义

【代码 15-7】 一个类属数组类——一个定义类模板和介绍容器的例子(注意,这个例子仅仅为了演示,并非很完美)。

```
//文件名: ex1507.h
#include <iostream>

//类界面定义
template <typename T,int size>class ArrayT {
private:
    T* element;
public:
    ArrayT (void) {}                              //默认构造函数
    ArrayT (const T& V);                          //构造函数
    ArrayT (const ArrayT& rhs);                   //复制构造函数
    ~ArrayT (void) {delete[] element;}            //析构函数
    T& operator[] (int index);                    //[]重载: 输出元素值
};

//成员函数定义
template <typename T,int size>ArrayT<T,size>::ArrayT (const T& v) {
                                                  //构造函数
    try {
        element=new T[size];
    }catch (std::bad_alloc const&) {
        std::cerr<<"存储溢出。\n";
    }
    for (int i=0;i<size;i ++)
        element[i]=v;                             //元素初始化为 v
}

template <typename T,int size>T& ArrayT<T,size>::operator[] (int index) {  //[]重载: 给出元素值
    if (index <=0 && index>size) {                //发现异常,并抛出
```

```
        std::string es="数组越界!";
        throw std::out_of_range (es);
    }
    return element[index];
}
```

说明:

(1) 将一个容器用模板定义为通用容器时,采用模板定义代替原来的具体定义,并用模板成员函数替代原来的成员函数。与模板函数一样,模板类及其成员函数,也都要用关键字 template 或 class 告诉编译器将要定义一个模板,并用尖括号告诉编译器要使用哪些类型参数。其具体形式如下。

```
template <typename T1,typename T2,…>
```

或

```
template <class T1, class T2,…>
```

在本例中,模板前缀为 template <typename T,int size>,具有一个类型参数 T 和一个已经具体化的参数 int。这样,当生成一个对象,将对于 T 进行具体化。例如:

```
ArrayT <double,10>dObj;
```

将向类型形参传递类型实参 double,并传递一个 int 类型参数 10。

(2) 类模板和成员函数模板不是类和成员函数的定义,它们仅仅是一些 C++ 编译器指令,说明如何生成类和成员函数的定义,因此不能单独编译。通常可以把有关的模板信息放在一个头文件中。当后面的文件要使用这些信息时,应当用文件包含语句包含该头文件,并使用项目(工程)进行组织。

(3) 在类声明之外(非内嵌)定义成员时,必须在使用类名之处使用参数化类名,并带有类模板前缀。

15.2.2 类模板的实例化与具体化

类模板也称类属类或类发生器。在构造对象时,类模板将类型作为参数,告诉编译器类创建一个具体化的类声明,并用这个定义创建对象。与函数模板一样,类模板也可以有隐式实例化、显式实例化、显式具体化和部分具体化等具体化方式,并且允许定义默认具体化。

1. 显式实例化

类模板的显式实例化与函数模板的显式实例化基本相似,需要用 template 打头。例如:

```
template class ArrayT<int,10>;
```

当生成对象时，编译器将按照这个声明生成一个类声明。

注意：显式声明必须位于类模板定义所在的名称空间中。

2. 隐式实例化

类模板的隐式实例化与函数模板的隐式实例化不同。函数模板的隐式实例化是函数调用时，编译器根据实参的类型自动生成具体函数定义，而类模板则需要直接给出类型，有点像显式实例化。例如代码 15-5 中，可以采用如下语句声明一个对象：

```
ArrayT<int,10>iObj;                          //声明一个大小为 10 的 int 类型数组
ArrayT<std::string,10>iObj;                  //声明一个大小为 10 的 string 类型数组
```

注意：编译器在生成对象之前，不会隐式实例化地生成类的具体定义。例如：

```
ArrayT<int,10> * iPA;                        //仅声明一个指针，不生成对象
iPA=new A<int,10>;                           //生成对象时才生成具体类声明
```

3. 显式具体化

显式具体化就是给出类的具体定义，并且用 template<>打头。这种情况用于非这样不可的特殊情况。例如，代码 15-5 可以写为

```
template <>class ArrayT<double,10>{…};
```

4. 部分具体化

代码 15-5 中的类模板定义有两种说法：一种认为其就是一个部分具体化的例子；另一种认为它是包含了类型参数(即 typename T)和非类型参数(即 int size)的类模板，因为这里的非类型参数没有别的选择。严格地说，部分具体化是通过声明来限制已经定义了的类模板的通用性。其具体用法参考前面介绍的函数模板的部分具体化。

5. 默认具体化

默认具体化是在模板定义时，给出一个默认类型参数。例如，代码 15-5 中的类模板定义可以写成

```
template <typename T=double,int size>        //给出默认类型参数
class ArrayT {
    ⋮
};
```

这样，当类模板被应用时，如果没有显式说明，则默认类型参数为 double。

15.2.3 类模板的使用

由类模板 ArrayT 可以生成针对不同类型的向量。

【代码 15-8】 代码 15-7 定义的类模板的应用主函数。

```
#include <iostream>
#include <string>
#include "ex1507.h"                          //包含定义类模板的头文件

int main (void) {
    using std::cout;
    using std::endl;
    ArrayT<int,10>iObj (0);                  //定义类属类 ArrayT 对象
    try {
        for (int i=0;i<10;i ++)
            iObj[i]=i * 3;
        for (int j=0;j<10;j ++)
            cout<<"iObj["<<j <<"]="<<iObj[j]<<";\t";
        cout<<endl;
    }catch (const std::out_of_range& excp) {
        cout<<excp.what ()<<endl;
        return -1;
    }
    return 0;
}
```

执行结果:

```
iObj[0] = 0;    iObj[1] = 3;    iObj[2] = 6;    iObj[3] = 9;    iObj[4] = 12;
iObj[5] = 15;   iObj[6] = 18;   iObj[7] = 21;   iObj[8] = 24;   iObj[9] = 27;
```

说明:

(1) 声明语句

```
ArrayT<int,10>iObj;
```

显得比较冗长,特别是当程序中具有这样的多个声明时。一个变通的办法是使用关键字 typedef 为这个类型(类)另外起一个名字,例如,本例可以改写为

```
typedef ArrayT<int,10>IntArray;
IntArray iObj;
```

(2) 语句

```
iObj[i]=i * 3;
```

只单纯地调用[]的操作符重载函数

```
T& oprator[] (const int index);
```

并未调用操作符=的重载函数,因此被解释为

```
(iObj[] (i))=i * 3;
```

由于操作符[]的重载函数位于赋值号的左方，所返回的值必须是一个左值。所以它的返回值被定义为引用类型。

15.2.4 类模板实例化时的异常处理

异常处理用以处理不能按例行规则进行一般处理的情况。与函数模板一样，类模板被实例化时也会出现某部分的成员函数无法适应某个数据类型的异常情况。在这种情况下可以用下面的一种方法解决。

1. 特别成员函数

为需要异常处理的数据类型重设一个新的特别成员函数。如对 ArrayT 类中的 char * 类型的异常处理成员函数可以重设为

```
void ArrayT <char * >:: operator= (char* temp)
{…}
```

这一点与为一般函数模板重设异常处理函数基本相同。

2. 特别处理类

为类模板重设一个特别的类。

【代码 15-9】 重设一个专门处理 char * 类型数据的 ArrayT 类。

```
class ArrayT <char * >{
    friend ostream& operator<< (ostream &os,Array<char * >&array);
private:
    char * element;
    int size;
public:
    ArrayT (const int size);
    ~ArrayT (void);
    char& operator[] (const int index);
    void operator= (char* temp);
};
```

为类模板重设异常处理类要注意以下几点。

(1) template 关键字与类型参数序列不必再使用，但类名后必须加上已定义的数据类型，以表明此类是专门处理某型态的特殊类。

(2) 特别类的定义不必与原来 template 类中的定义完全相同。一旦定义了处理某类型特殊类，则所有属于该类的对象的数据成员与成员函数定义和使用便都将由该特殊类负责，不可以再引用任何原来 template 类中定义的数据成员与成员函数。

【代码 15-10】 特殊类的定义与应用。

```
template<class T>
class Temp {
private:
```

```
    T val;
public:
    Temp (T v);
    friend ostream& operator<< (ostream& os,Temp<T>&temp);
};

class Temp<char>{                        //Temp类的特殊类,用以处理类型 char
private:
    char val;
public:
    Temp (char v);
    void operator= (char v);
};
```

测试程序如下。

```
int main (void) {
    Temp<int>T1 (30);
    Temp<char>T2 ('C');
    std::cout<<T1;                       //正确
    std::cout<<T2;                       //错误!
    return 0;
}
```

注意:上述最后一条输出语句是错误的,因为 T2 是由特殊类 Temp <char>所定义的,所以该类中并未提供插入操作符<<的重载函数。

15.3 标准模板库

标准模板库(standard template library,STL)是建立在模板的基础上,向用户提供程序组件模板库。用户使用这些组件模板可以生成类,并为任意类型定义容器、算法和函数,从而极大地提高了程序设计的效率和可靠性。标准模板库的 5 个重要组成部分是:容器(container)、算法(algorithm)、函数对象(functor)、适配器(adapter)、迭代器(iterators)。

15.3.1 容器

容器是存储其他对象集合的对象。STL 提供了一组具有不同特性的容器。

1. 顺序容器和关联容器

按照元素之间的关系,容器分为顺序容器(sequence container)和关联容器(associative container)两类。

顺序容器是未排序的、线性对象的集合,即它是一种有头有尾的容器,容器的中间元素前后各有一个元素。标准的顺序容器有向量、列表和双端队列。

关联容器是已排序对象的集合,它不是顺序的,需要使用键(key,关键字)访问数据。典型的键是数字和字符串,被容器用来自动按照特定的顺序为存储的元素进行排序。标准的关联容器有:集合、多重集合、映射表和多重映射表。

表 15.1 列出了几种标准容器的特征。

表 15.1 标准基本容器

	容器名称	存储特征	操作特征
顺序容器	向量(vector)	元素连续,组织成线性	可数字索引随机访问,适合末端插入/删除
	列表(list)	双向链表	可以在任何位置插入/删除,适合两端访问
	双端队列(deque)	连续存储的指向不同元素的指针所组成的数组	可数字索引随机访问,适合两端插入/删除
关联容器	集合(set)	只存储键(key),键-值一一对应	在树结构上插入、删除、查找
	多重集合(multiset)	只存储键(key),一键对应多值	
	映射(map)	键-值一一对应,存储键-值对	在树结构上插入、删除、查找
	多重映射(multimap)	存储键-值组,一键对应多值	

2. 容器的实例化

容器的实例化非常简单,只需要注意两点。

(1) 包含合适的头文件。

(2) 将需要存储的对象类型作为模板格式的参数。

例如:

```
#include <vector>
vector<int>intVector;                    //创建 vector 对象 intVector
vector<double>doubVectro (8);            //创建 vector 对象 doubVector
```

注意:创建 STL 容器对象时,可以制定容器大小,也可以不指定。因为容器本身可以管理容器大小。

3. 容器的操作

为了便于应用,所有容器都提供了共有操作。主要的共有操作包括:

(1) 容器的构造和析构。

(2) 关系运算,如:==、!=、<、>、<=、>=。

(3) 大小和容量计算。

(4) 容器元素的访问。

(5) 元素的插入、删除。

表 15.2 列出了对于所有容器都适用的一些成员函数。当然,对于特定的容器,还会有自己特定的成员函数。

迭代器(iterator)是一种用于连接容器和算法的组件,其概念和用法稍后进一步介绍。

表 15.2 所有容器都适用的成员函数

成员函数名	用　途	成员函数名	用　途
size ()	返回容器大小——元素数目	end ()	返回正向遍历结束的迭代器
empty ()	返回容器是否空(空,则返回 true)	rbegin ()	返回容器末尾反向遍历开始的迭代器
max_size ()	返回容器可能的最大尺寸	rend ()	返回容器末尾反向遍历结束的迭代器
begin ()	返回正向遍历开始的迭代器	push_back ()	在顺序容器底部(末端)压入一个值

【代码 15-11】 迭代器的应用实例。

```
#include <iostream>
#include <vector>

int main (void) {
    std::vector<int>intVector;        //创建 vector 对象 intVector

    intVector.push_back (1);          //在容器底部压入值
    intVector.push_back (3);
    intVector.push_back (5);
    intVector.push_back (7);
    intVector.push_back (9);

    std::cout<<"intVector:";
    for (int i=0;i<5;i++)
        std::cout<<'\t'<<intVector[i];
    std::cout<<std::endl;

    return 0;
}
```

程序执行结果:

```
intVector:    1    3    5    7    9
```

4. 容器适配器

容器适配器(container adapter)主要用于修饰容器接口,以便可以从基本容器中建立具有特殊用途的容器,例如基于 vector、list 或 deque 建立堆栈(stack),基于 list 或 deque 建立队列(queue),基于 vector 或 deque 建立优先队列(priority queue)。例如:

```
stack<deque<int> >intStack;          //通过模板套用模板实例化 deque 类为 stack 类
```

注意:必须在两个相邻的尖括号“>”之间插入一个空格,以免编译器理解为“>>”操作符。

15.3.2 算法与函数对象

1. 算法及其分类

STL 算法在数据集上进行操作。这些算法最初是针对容器的,但是由于它们是采用函数模板的方式实现的,所以能够通用于各种类型的数据。

STL 提供了大约 100 个实现算法的函数模板。按照功能和目的以及是否会改变数据元素的内容,可以将它们分为如下 4 类。

(1) 不可修改类序列算法(nonmodifying algorithm)。执行这类算法,并不改变区间内数据元素的值和次序,如计数(count)、查找(find/search)、比较(equal)、求最大元素(max_element)等。

(2) 可修改类序列算法(modifying algorithm)。执行这类算法,可以修改容器的内容,包括数值、个数等。这些修改可能发生在原来的区间,也可以发生在由于复制旧区间而得到的新区间,如复制(copy)、转换(transform)、替换(replace)、替换-复制(replace_copy)、填充(fill)、去除(remove)、取出-复制(remove_copy)等。

(3) 排序及相关类算法(sorting algorithm)。执行这类算法,对区间内元素进行排序,或对已经排序区间进行操作,如排序 (sort)、稳固排序 (stable_sort)、偏排序 (partial_sort)、堆排序 (heap_sort)、折半查找 (binary_search)、区间合并(interval_combining)、逆序(sequence_inverting)、旋转(rotate)、分隔(partition)等。

(4) 数值类算法(numeric algorithm)。执行这类算法,将对区间内的元素进行数值运算,例如累加(accumulate)、两个容器内部乘积(internal product)、小计(subtotal)、相邻对象差(adjacent objects difference)、转换绝对值(absolute value)和相对值(relative value)等。

注意:使用算法必须包含头文件<algorithm>。

2. 算法参数

STL 算法参数有 3 种意义。

(1) 操作对象在一个区间时,决定算法作用区间的起点和终点。

【代码 15-12】 操作对象在一个区间的算法应用。

```
#include <iostream>
#include <algorithm>                    //算法定义头文件

int main (void) {
    int a[]={2,9,3,6,8,5,1,7,4};
    size_t n=sizeof (a) / sizeof (*a);

    std::cout<<"排序前的序列: ";
    for (int i=0;i<n;i ++)
        std::cout<<a[i]<<",";
    std::cout<<"\n";

    std::sort (a,a +n);                 //区间为[a,a +n]
    std::cout<<"排序后的序列: ";
    for (int j=0;j<n;j ++)
        std::cout<<a[j]<<",";
    std::cout<<"\n";

    return 0;
}
```

程序执行结果：

```
排序前的序列：2,9,3,6,8,5,1,7,4,
排序后的序列：1,2,3,4,5,6,7,8,9,
```

(2) 操作对象在多个区间时，指定算法作用区间，如源区间的起点、终点、目的区间的起点等。

【代码 15-13】 search()算法的应用。

search()算法可以在一个容器中查找另一个容器指定序列的顺序值。

```
#include <iostream>
#include <algorithm>

int main (void) {
    int a[]={2,9,3,6,8,5,1,7,4};
    int b[]={8,5,1};

    size_t na=sizeof (a) / sizeof (*a);
    size_t nb=sizeof (b) / sizeof (*b);

    int* ptr;
    ptr=std::search (a,a +na,b,b +nb);                //在 a 中找 b 序列出现的顺序值

    if (ptr==a +na)                                   //找到 a 的末尾
        std::cout<<"找不到!\n";
    else
        std::cout<<"出现位置为: "<<(ptr -a)<<std::endl;
    return 0;
}
```

程序执行结果：

```
出现位置为：4
```

(3) 可以以不同的策略执行操作时，决定操作的方式，例如排序是升序还是降序等。

【代码 15-14】 两种排序策略。

```
#include <iostream>
#include <algorithm>
#include <functional>

int main (void) {
    int a[]={2,9,3,6,8,5,1,7,4};
    size_t n=sizeof (a) / sizeof (*a);

    std::sort (a,a +n,std::less<int> ());          //指定升序策略
    std::cout<<"升序排序后的序列: ";
    for (int i=0;i<n;i ++)
        std::cout<<a[i]<<",";
    std::cout<<"\n";
```

```
    std::sort (a,a +n,std::greater<int> ());            //指定降序策略
    std::cout<<"降序排序后的序列：";
    for (int j=0;j<n;j ++)
        std::cout<<a[j]<<",";
    std::cout<<"\n";

    return 0;
}
```

程序执行结果：

```
升序排序后的序列：1,2,3,4,5,6,7,8,9,
降序排序后的序列：9,8,7,6,5,4,3,2,1,
```

说明：less<>()和 greater<>()称为函数对象，用它们表示策略。使用系统定义的函数对象，需要包含头文件<functional>。

3. 函数对象

函数对象又称仿函数(Function Object 或者 functor)，顾名思义就是能够以函数调用形式出现的任何对象，一个普通的函数以及函数指针都是函数对象。在 STL 中，主要指类中重载了函数调用符 operator()的类对象。这种对象能以函数形式被调用，并可以作为参数传递给合适的 STL 算法，从而使算法的功能得以扩展，并将其作为函数使用。

函数对象是比函数更加通用的概念。程序员使用函数对象可以完成普通函数完成不了的工作。传统的函数只能使用不同的名字来提供对不同类型参数的处理，而函数对象可以用相同的名字来提供对不同类型对象的处理。这也是泛型编程的特点。例如，要为不同类型的容器提供排序算法，编写一个支持不同类型容器的函数对象就可以了。函数对象可以有自己的成员函数和成员变量，利用这一点可以让同一个函数对象在不同的时候有不同的行为，也可以在使用它之前对它进行初始化。因此说函数对象是一种“聪明的函数”(smart functions)。此外，函数对象被编译器更好地优化了，使用它还会带来效率的提升。

由于这些原因，很多 STL 算法需要一个函数对象类型的参数来传递额外信息，如执行操作的方式和策略。为此，STL 内定义了各种函数对象，对于所有内置的算术、关系和逻辑操作符 STL 都提供了等价的函数对象，如表 15.3 所示。预定义的函数对象都是自适应的。

表 15.3　内置操作符与等价的 STL 函数对象

操作符	等价的函数对象	操作符	等价的函数对象	操作符	等价的函数对象
+	plus	−	negate	>=	greater_equal
−	minus	==	equal_to	<=	less_equal
*	multiplies	!=	not_equal_to	&&	logical_and
/	divides	>	greater	||	logical_or
%	modules	<	less	!	logical_not

在更多情况下，用户可以自定义符合要求的函数对象类型，并常用谓词(predicate)——返回逻辑值的函数表示特征。

【代码 15-15】 一个自定义的函数对象。

```
#include <iostream>
#include <functional>

//定义函数对象
template<class T>struct AbsoluteLess : public std::binary_function<T,T,bool>{
    bool operator (void) (T x ,T y) const
    {return abs (x)>abs (y);}
};

//定义气泡排序函数模板
template<class T,class CompareType>
void Bubble_Sort (T * p,int size,const CompareType& Compare) {
    for (int i=0;i<size;++i) {
        for (int j=i +1;j<size;++j){
            if (Compare (p[i],p[j])) {
                const T temp=p[i];
                p[i]=p[j];
                p[j]=temp;
            }
        }
    }
}

//定义显示函数模板
template<class T>void Display (T * p1,T * p2) {
    for (T * p=p1;p<p2;++p)
        std::cout<< * p<<",";
    std::cout<<std::endl;
}

//测试函数
int main (void) {
    double a[7]={-7.77,-8.88,55.5,33.3,77.7,-11.1,22.2};
    int size=sizeof (a)/sizeof (double);
    Bubble_Sort (a,size,std::greater<double> ());            //使用预定义函数对象
    std::cout<<"按照自然值排序：";
    Display (a,a +size);

    Bubble_Sort (a,size,AbsoluteLess<double> ());            //使用自定义函数对象
    std::cout<<"按照绝对值排序：";
    Display (a,a +size);
    return 0;
}
```

测试结果：

```
按照自然值排序：-11.1,-8.88,-7.77,22.2,33.3,55.5,77.7,
按照绝对值排序：-7.77,-8.88,-11.1,22.2,33.3,55.5,77.7,
```

4. 函数对象配接器

函数对象配接器用来特殊化或者扩展一元和二元函数对象，例如能够把一个函数对象与另一个函数对象(或值、或普通函数)组合成一个新的函数对象。

函数对象配接器是一种特殊的类，它们定义于C++标准头文件<functional>中，并可以被分成表15.4所示的3类。

表15.4　STL常用函数配接器

函数配接器及其形式		说　明
绑定器	bind1st (op,val)	把函数对象op的第一个参数绑定为val，即等价于op (val,param)；
	bind2nd (op,val)	把函数对象op的第二个参数绑定为val，即等价于op (param, val)；
否定器	not1 (op)	对一元函数对象op的调用表达式求反，即等价于！(op (param))；
	not2 (op)	对二元函数对象op的调用表达式求反，即等价于！(op (param1,param2))；
适配器	ptr_fum (op)	把普通函数op转换成函数对象op (param)或op (param1,param2)，以便与其他函数对象再次配接
	mem_fun_ref (op)	对区间中的对象元素调用const成员函数op
	mem_fun (op)	对区间中的对象指针元素调用const成员函数op

绑定器(binder)用于绑定一个函数参数。C++标准库提供了两种预定义的binder配接器：bind1st和bind2nd。它们的区别在于把值绑定到二元函数对象的不同参数上。例如，为了计数容器中所有小于或等于10的元素个数，可以这样向count_if ()传递：

```
count_if (vec.begin (),vec.end (),bind2nd (less_equal<int>(),10));
```

否定器 (negator)用于否定谓词对象。STL标准库提供了两个预定义的negator配接器not1和not2。它们的区别是，所反转的函数对象的参数个数分别是一元和二元。例如，在计数容器中遇到所有不小于等于10的元素个数时，可以取反less_equal函数对象：

```
count_if (vec.begin (),vec.end (),not1 (bind2nd (less_equal<int>(),10)));
```

15.3.3　迭代器

1. 迭代器及其类型

由前面的学习已经知道，可以使用指针代替索引(下标)进行数组元素的访问。这时，从一个数组元素a[i]移向下一个元素只要执行i++，即可对数组元素进行访问。然而在其他数据结构(如链表)中，从一个元素移向下一个元素，需要用几行代码进行描述。如果采用一种智能指针，则可以在容器中从一个对象移到另一个对象，分别对它们施以算法。迭代器(iterator)也称遍历器，就是一种智能指针，用它可以从容器中提取对象让算法进行操作。例如在链表中从一个节点移到下一个节点，只需要使用步进操作符(++)即可，而不需要使用包含指针的复杂语句。

迭代器充当了算法与容器之间的接口，正因为有了迭代器才使算法独立于使用的容器类型。从理论上说，每个算法都应当可以应用于所有容器。但实际上，有些算法对于某些容器更适合。为此，迭代器也就在算法与容器的匹配上提供了一个很好的解决方案，基于这一点，迭代器被分为如下5类。表15.5表明这5类迭代器的能力不同。

表15.5　5类迭代器的能力比较

迭代器类型	步进(++)	读(value= * i)	写(* i=value)	步退(--)	随机访问[n]
输入迭代器	√	√			
输出迭代器	√		√		
正向迭代器	√	√	√		
双向迭代器	√	√	√	√	
随机访问迭代器	√	√	√	√	√

(1) 输入迭代器(input iterator)用于程序从容器中读取数据。为了能向前逐个地“输送”数据，它要支持步进操作(++)。典型例子就是从标准输入流中提取数据的迭代器。

(2) 输出迭代器(output iterator)用于程序将数据送进(写入)容器。为了能向前逐个地“输出”数据，它要支持步进操作(++)。典型例子就是向标准输出流中写入数据的迭代器。

(3) 正向迭代器(forward iterator)用于向前遍历容器元素。在遍历过程中，可以读取、修改数据。

(4) 双向迭代器(bidirectional iterator)用于向前、向后遍历容器元素。

(5) 随机访问迭代器(random access iterator)除了具有双向迭代器能力外，还能够随机地跳到容器的任何一个元素处访问。

【代码15-16】　一个输出迭代器示例。

```
#include <iostream>
#include <algorithm>
#include <list>

int main (void) {
    char a[]="abcdefghijk";
    std::list<char>aList;

    for (int i=0;i<9;++i)
        aList.push_back (a[i]);

    std::list<char>::iterator iter;                    //声明一个输出迭代器

    for (iter=aList.begin ();iter !=aList.end ();++iter)
        std::cout<< *iter<<",";
    std::cout<<"\n";

    return 0;
}
```

程序执行结果：

```
a,b,c,d,e,f,g,h,i,j,k,
```

说明：使用一个迭代器，不需要包含特别的头文件，但先要用操作的容器类型和关键字 iterator 进行声明，格式为

```
容器名<容器类型>::iterator 迭代器名
```

2. 迭代器匹配算法与容器

将迭代器比作“线缆”，是因为它们连接了算法和容器。于是就有一个哪些迭代器适合于哪些容器和算法的问题。表 15.6 表明了这种关系。表的上半部分表明不同的容器可以接受的迭代器的类型，下半部分表明典型算法需要的迭代器的类型。

表 15.6 迭代器对容器和算法的匹配

容器/算法		输入迭代器	输出迭代器	正向迭代器	双向迭代器	随机访问迭代器
容器接受的迭代器	vector	√	√	√	√	√
	list		√	√	√	√
	deque	√	√	√	√	√
	set		√	√	√	√
	multiset		√	√	√	√
	map		√	√	√	√
	multimap		√	√	√	√
	for_each	√				
	find	√				
	count	√				
典型算法需要的迭代器	copy	√				
	replace		√	√		
	unique			√		
	reverse				√	
	sort					√
	nth_element					√
	merge	√	√			
	accumulate	√				

3. const_iterator

每种容器类型定义了一种名为 const_iterator 的类型，该类型只能用于读取容器内的元素，但不能改变其值。即使用 const_iterator 类型时，将得到一个迭代器，这个迭代器自身的值可以改变（进行自增以及使用解引用操作符来读取值），但不能用来改变其所指向的元素的值。例如，若 text 是 vector<string>类型，程序员想要遍历它，输出每个元素，可以这样编

写程序：

```
for (vector<string>::const_iterator iter=text.begin ();
iter !=text.end ();++iter)
cout<< * iter<<endl;                    //输出文本中每个元素
```

这个循环与普通循环相似。由于这里只需要借助迭代器进行读，不需要写，所以把 iter 定义为 const_iterator 类型。当对 const_iterator 类型解引用时，返回的是一个 const 值。不允许用 const_iterator 进行赋值。

```
for (vector<string>::const_iterator iter=text.begin ();
iter !=text.end ();++iter)
 * iter=" ";                            //错误: * iter is const
```

注意：不要把 const_iterator 对象与 const 的 iterator 对象混淆起来。声明一个 const 迭代器时，必须初始化迭代器。一旦被初始化后，就不能改变它的值：

```
vector<int>nums (10);                   //nums 是非常量
const vector<int>::iterator cit=nums.begin ();
 * cit=1;                               //ok: cit can change its underlying element
++cit;                                  //错误: 不可改变 cit 的值
```

15.3.4 STL 标准头文件

STL 是一个容器类模板、迭代器模板、函数对象模板和算法函数模板的集合。它们都是基于通用编程技术原则的。为了很好地使用它们，除了要深刻地理解它们的有关属性外，还需要注意两点。

(1) 它们所有的标识符都声明于标准命名空间 std 中。

(2) 它们的每一个定义都存在于相应的头文件中，并分布于表 15.7 中介绍的 14 个 STL 标准头文件中。了解这些头文件对于正确地使用 STL 也非常重要。

表 15.7 STL 标准头文件

头文件类型	头文件名称	内容说明
函数对象	functional	算术运算、关系运算和逻辑运算类函数对象和函数配接器
算法	algorithm	常用算法函数模板
	vector	vector 容器及其常用操作
	list	list 容器及其常用操作
	deque	deque 容器及其常用操作
容器	set	set/multiset 容器及其常用操作
	map	map/multimap 容器及其常用操作
	stack	stack 容器配接器及其常用操作
	queue	queue 容器配接器及其常用操作
	string	C++ 字符串类及其常用操作

续表

头文件类型	头文件名称	内容说明
迭代器	iterator	各种类型迭代器及其常用操作
	numeric	常用数字算法
其他	memory	内存分配与管理的全局函数、auto_ptr 类及其常用操作
	utility	pair 类型及其常用操作，其他工具函数

习　题　15

概念辨析

1. 选择。

(1) 模板可以用来自动创建________。

A. 对象　　B. 类　　C. 函数　　D. 程序

(2) 模板函数的代码形成于________。

A. 程序运行中执行到调用语句时　　B. 函数模板定义时

C. 函数模板声明时　　D. 调用语句被编译时

(3) 模板函数的代码形成于________。

A. 程序运行中执行到调用语句时　　B. 函数模板定义时

C. 函数模板声明时　　D. 调用语句被编译时

(4) 函数模板________。

A. 是一种函数　　B. 是一种模板

C. 可以重载　　D. 是用关键字 template 定义的函数

(5) 函数模板的参数________。

A. 有类型参数，也有普通参数　　B. 只能有类型参数，不能有普通参数

C. 不能有类型参数，只能有普通参数　　D. 只能在类型参数和普通参数中选一种

(6) 函数模板可以重载，条件是两个同名函数模板必须有________。

A. 不同的参数表　　B. 相同的参数表

C. 不同的返回类型　　D. 相同的返回类型

(7) 模板类可以用来创建________。

A. 数据成员类型不同的对象　　B. 数据成员类型不同的类声明

C. 成员函数参数类型不同的类声明　　D. 成员函数数目不同的类声明

(8) 类模板________。

A. 是一种类　　B. 是一种模板

C. 能处理容器类型类　　D. 是用关键字 template 定义的类

(9) 类模板的模板参数________。

A. 只可以作为数据成员的类型　　B. 只可以作为成员函数的返回类型

C. 只能有类型参数，不能有普通参数　　D. 只可以作为成员函数的参数类型

(10) 下列模板的声明中，正确的是：________。

A. template <class T1,T2>　　B. template <T1,T2>

C. template <class T1,class T2>　　D. template <T>

(11) 下列有关模板的描述中,错误的是:________。

A. 模板参数除模板类型参数外,还有非类型参数

B. 类模板与模板类是同一概念

C. 模板参数与函数参数相同,调用时按位置而不是按名称对应

(12) 对于

```
template <class T,int size=8>
class apple (…);
```

定义类模板 apple 的成员函数的正确格式是________。

A. T apple <T,size>::Push (T object)

B. T apple::Push (T object)

C. template <class T; int size=8>T apple <T,size>::Push (T object)

D. template <class T; int size=8>T apple::Push (T object)

(13) STL 用于________。

A. 编译 C++ 程序　　B. 在内存中组织对象

C. 以合适方法存储元素,以便快速访问　　D. 保存基类对象

(14) STL 算法________。

A. 是对容器进行操作的独立函数　　B. 实现成员函数与容器的连接

C. 是适合容器类的友元函数　　D. 是适合容器类的成员函数

(15) 代表迭代器的操作符是________。

A. &　　B. <　　C. *　　D. +

(16) 函数对象________。

A. 是行为类似函数的对象,必须带有若干参数　　B. 不能改变操作的状态

C. 不能由普通函数定义　　D. 可以不需要参数,也可以带有若干参数

(17) 向量容器________。

A. 大小不固定,是动态结构的　　B. 可以用来实现队列、栈、列表等数据结构

C. 不具有自动存储功能　　D. 有一个成员函数 reserve()

(18) STL 算法的参数表示________。

A. 操作对象在一个区间　　B. 以不同的策略执行操作

C. 被操作的对象类型　　D. 操作对象在多个区间

2. 判断。

(1) 函数模板可以根据运行时的数据类型,自动创建不同的模板函数。　(　　)

(2) 一个函数模板可以有多个模板参数。　(　　)

(3) 类模板的成员函数是模板函数。　(　　)

(4) 类模板描述的是一组类。　(　　)

(5) 类模板的模板参数是参数化的类型。　(　　)

(6) 类模板只允许一个模板参数。　(　　)

(7) pop_back ()可以用于 vector。　(　　)

(8) pop_front ()可以用于 vector 和 deque。　(　　)

(9) 可以将数组算法用于 vector 和 deque。　(　　)

(10) deque 和 list 允许随机访问。　(　　)

(11) 算法是成员函数。 ( )

(12) 迭代器一般都传给算法。 ( )

(13) STL 包括 6 大组件：算法、容器、迭代器、函数对象、配接器和配置器。 ( )

(14) STL 迭代器分为 5 种类型：输入迭代器、输出迭代器、前向迭代器、双向迭代器、随机访问迭代器。 ( )

代码分析

1. 指出下面各程序的运行结果。

(1)

```
#include <iostream>
Template <class T>
T max (T x,T y) {
    return (x>y?x:y);
}
void main (void) {
    std::cout<<max (2,5)<<","<<max (3.5,2.8)<<std::endl;
}
```

(2)

```
#include<iostream.h>
template <class T>T abs (T x) {
    return (x>0?x:-x);
}
void main (void) {
    std::cout<<abs (-3)<<","<<abs (-2.6)<<std::endl;
}
```

2. 填空。

C++ 语言本身不提供对数组下标越界的判断，为了解决这一问题，在下面的程序中定义了相应的类模板，使得对于任意类型的二维数组，可以在访问数组元素的同时，对行下标和列下标进行越界判断，并给出相应的提示信息。

请在程序的空白处填入适当的内容。

```
#include <iostream>
template <class T>class Array;
template <Class T>class ArrayBody {
    friend __(1)__;
    T* tpBody;
    int iRows,iColumns,iCurrentRow;
    ArrayBody (int iRsz,int iCsz) {
        tpBody=__(2)__;
        iRows=iRsz;iColumns=iCsz;iCurrentRow=-1;
    }
```

```
Public;
    T& operator[] (int j) {
        bool row_error,column_error;
        row_error=column_error=false;
        try {
            if(iCurrentRow<0||iCurrentRow>=iRows)
                row_error=true;
            if(j<0||j>=iColumns)
                column_error=true;
            if(row_error==true||column_error==true)
                __(3)__;
        }
        catch (char) {
            if(row_error==true)
                cerr<<"行下标越界["<<iCurrentRow<<"]";
            If(column_error=true)
                cerr<<"列下标越界["<<j<<"]";
            cout<<"\n";
        }
        return tpBody[iCurrentRow * iColumns +j];
    }
    ~ArrayBody (void) {delete[]tpBody;}
};

template <class T>class Array {
    ArrayBody<T>tBody;
Public:
    ArrayBody<T>& operator[] (int i) {
        __(4)__;
        return tBody;
    }
    Array (int iRsz,int iCsz): __(5)__ { }
};

void main (void) {
    Array<int>a1 (10,20);
    Array<double>a2 (3,5);
    int b1;
    double b2;
    b1=a1[-5][10];          //有越界提示;行下标越界[-5]
    b1=a1[10][15];          //有越界提示;行下标越界[10]
    b1=a1[1][4];            //没有越界提示
    b2=a2[2][6];            //有越界提示;列下标越界[6]
    b2=a2[10][20];          //有越界提示;行下标越界[10]列下标越界[20]
    b2=a2[1][4];            //没有越界提示
}
```

3. 指出下面各程序的运行结果。

(1)

```
#include<iostream.h>
template <class T>class Sample {
    T n;
public:
    Sample (T i) { n=i;}
    void operator++ (void);
    void disp (void) {std::cout<<"n="<<n<<endl;}
};

    template <class T>void Sample<T>::operator++ (void) {
        n +=1;                  //不能用 n++
    }

    void main (void) {
        Sample<char>s ('a');
        s ++;
        s.disp (void);
    }
```

(2)

```
#include<iostream.h>template<class T>class Sample {
    T n;
public:
    Sample (void) {}
    Sample (T i) {n=i;}
    Sample<T>&operator+ (const Sample<T>&);
    void disp (void) {std::cout<<"n="<<n<<std::endl;}
};

template<class T>Sample<T>&Sample<T>::operator+ (const Sample<T>&s) {
    static Sample<T>temp;
    temp.n=n +s.n;
    return temp;
}

void main (void) {
    Sample<int>s1 (10),s2 (20),s3;
    s3=s1 +s2;
    s3.disp ();
}
```

开发实践

1. 编写一个对一个有 n 个元素的数组 x[]求最大值的程序,要求将求最大值的函数设计成函数模板。
2. 编写一个函数模板,它返回两个值中的较小者。

3. 编写一个使用类模板对数组进行排序、查找和求元素和的程序。

4. 设计一个数组类模板 Array<T>,其中包含重载下标操作符函数,并由此产生模板类 Array<int>和Array<char>,最后使用一些测试数据对其进行测试。

5. 利用 STL 提供的容器和算法,在一组单词中求以字母 Z 开始的单词个数。

6. 利用 STL 提供的容器和算法,对一组学生的成绩进行处理,找出最高分和最低分。

7. 利用 STL 提供的容器和算法,进行艺术类表演评奖计分。计分的规则是:在 N 位评委中去掉一个最高分,去掉一个最低分,然后进行平均。

附录A　C++保留字

在C++编程时，有一些单词是不能被程序员用来作为标识符的，这些单词称为C++保留字。C++保留字分为3类：关键字、替代标记(alternative token)和C++库保留名称。此外，还有一些有特殊含义的标识符也建议程序员不要使用。

A.1　C++关键字

关键字表现程序设计语言功能的一些单词，它们作为程序设计语言词汇表的单词不能由程序员作为其他用途，如变量名等。表A.1列出了C++的关键字。其中粗体的也是ANSI C99规定的关键字。

表A.1　C++关键字

alignas	alignof	asm	**auto**	bool
break	**case**	catch	**char**	char16_t
char32_t	class	**const**	const_cast	constexpt
continue	decitype	**default**	delete	**do**
double	dynamic_cast	**else**	**enum**	explicit
export	**extern**	false	**float**	**for**
friend	**goto**	**if**	**inline**	**int**
long	mutable	namespace	new	noexcept
short	signed	sizeof	static	struct
nullptr	operator	private	protected	public
register	reinterpret_cast	**return**	**short**	**signed**
sizeof	**static**	static_assert	static_cast	**struct**
switch	template	this	Thread_local	throw
true	try	**typedef**	typeid	typename
union	**unsigned**	using	virtual	void
volatile	wchar_t	**while**		

A.2　替代标记

替代标记是操作符的代替表示。表A.2列出了替代标记及其对应的操作符。

表 A.2 替代标记及其对应的操作符

标记	and	and_eq	bitand	bitor	compl	not	not_eq	or	or_eq	xor	xor_eq
操作符	&&	&=	&	|	~	!	!=	||	|=	^	^=

A.3 C++ 库保留名称

C++ 库保留名称有 3 种情况：

(1) 库头文件中使用的宏名。如果程序包含了一个头文件，则不能使用该头文件中定义的宏名。例如程序包含了头文件<climits>，则不能使用该头文件中定义的 CHAR_BIT 作为标识符。

(2) C++ 语言保留了如下两种格式的名称。

- 双下划线打头的名称。
- 下划线和大写字母打头的名称。

所以程序员不要使用这两种格式的标识符。

(3) C++ 语言保留了在库头文件中被声明为外部链接性的名称。这些名称也不可由程序员再定义。对于函数来说，这种保留包括了函数特征标（也称函数签名，包括函数名和参数列表）。例如，对于

```
#include <cmath>
```

则函数特征标 tan(double)就被保留了。因此程序员不可再声明如下函数

```
int tan(double);          //不可
```

但可以声明如下函数

```
char* tan(char*);         //可以
```

因为函数特征标不同了。

A.4 特 定 字

特定字是一些没有被 C++ 保留，但是又很容易造成误解或混淆的单词。主要包含如下几类：

(1) C++ 预处理命令：define、include、under、ifdef、ifndef、endif、line、progma、error。

(2) 人们已经习以为常地给予了固定解释的单词，如 main 等。

(3) 已经成为语言功能的一些单词，如 final 等。

虽然在不引起冲突的情况下，用它们作为标识符，系统不会给出错误信息，但这样做起码让别人感到训练还不到家。

附录 B　C++ 运算符的优先级别和结合方向

C++ 运算符的优先级别和结合方向，如表 B. 1 所示。

表 B. 1　C++ 运算符的优先级别和结合方向

<table>
<tr><th>优先级别</th><th>符　　号</th><th>名　　称</th><th>结合方向</th><th>示　　例</th></tr>
<tr><td>1</td><td>::
( )</td><td>作用域限定
组合</td><td></td><td>A::func();
(a+b)/5</td></tr>
<tr><td>2</td><td>()
[]
->
.
const_cast
dynamic_cast
reinterpret_cast
static_cast
typeid
++　--</td><td>函数调用
数组下标
用指针指向分量
分量运算符
常类型强制类型转换
执行时强制类型转换
非标准强制类型转换
编译时强制类型转换
对象信息获取
后增量、后减量</td><td>从左向右</td><td>func()
a[8]=0
ptr->x=5
obj.x=5
const_cast<int>x
dynamic_cast<T>(ptr)
reinterpret_cast<int * >(a)
static_cast<T1>(t2)
typeid(pb)
for(i=1;i<10;i++)</td></tr>
<tr><td>3</td><td>++　--
!
~
+　-
&
*
(类型名)
sizeof
new
delete</td><td>前增量、前减量
逻辑非
按位求补
正、负
求地址，引用
指针，间接访问
强制类型转换
求存储字节大小
申请动态空间
撤销动态空间</td><td>从右向左</td><td>for(i=1;i<10;++i)
if(!done)
flags=~flags
double d=-3.14159
address=&obj
date= * ptr
int i=(int)floatNum
int sie=sizeof(double)
ptr=new double(10)
delete ptr</td></tr>
<tr><td>4</td><td>. *
-> *</td><td>成员非引用
间接成员非引用</td><td rowspan="11">从左向右</td><td>obj. * var=35
ptr-> * var=35</td></tr>
<tr><td>5</td><td>* / %</td><td>乘、除、模</td><td>double f=10/3</td></tr>
<tr><td>6</td><td>+　-</td><td>加、减</td><td>int i=2+3-1</td></tr>
<tr><td>7</td><td><<　>></td><td>左移、右移</td><td>int flags=33<<1;int flags=33>>1</td></tr>
<tr><td>8</td><td><　<=
>　>=</td><td>小于、小于等于
大于、大于等于</td><td>if((a<=b)
if((a>=b)</td></tr>
<tr><td>9</td><td>==　!=</td><td>相等、不等</td><td>if((a!=b)</td></tr>
<tr><td>10</td><td>&</td><td>按位与</td><td>flags=flags & 35</td></tr>
<tr><td>11</td><td>^</td><td>按位异或</td><td>flags=flags^35</td></tr>
<tr><td>12</td><td>|</td><td>按位或</td><td>lags=flags|35</td></tr>
<tr><td>13</td><td>&&</td><td>逻辑与</td><td>if((a!=b && c!=d)</td></tr>
<tr><td>14</td><td>||</td><td>逻辑或</td><td>if((a!=b||c!=d)</td></tr>
</table>

续表

优先级别	符　　号	名　　称	结合方向	示　　例
15	?:	则,否则		int i=(a>b)? a:b
16	= *=　/=　+=　-= &=　^=　|= <<=　>>=	简单赋值 赋值算术 赋值逻辑 赋值移位	从右向左	a=5 a*=5 flags &=newFlags flags<<=2
17	throw	抛出异常		
18	,	顺序求值	从左向右	a=5,b=3;

说明：同一等级框内的运算符具有同样的优先等级。

参考文献

[1] 张基温. 新概念C++教程[M]. 北京：中国电力出版社,2010.

[2] 张基温. C++程序设计基础[M]. 北京：高等教育出版社,1996.

[3] 张基温. C++程序设计基础例题与习题[M]. 北京：高等教育出版社,1997.

[4] 张基温,贾中宁,李伟. Visual C++程序开发基础[M]. 北京：高等教育出版社,2001.

[5] 张基温. C++程序开发教程[M]. 北京：清华大学出版社,2002.

[6] 张基温. C++程序设计基础[M]. 2版. 北京：高等教育出版社,2003.

[7] 张基温,张伟. C++程序开发例题与习题[M]. 北京：清华大学出版社,2003.

[8] Stephen Prata. C++ Primer Plus[M]. 张海龙,袁国忠 译. 6版. 北京：人民邮电出版社,2012.

[9] Alan Shalloway, James R. Trott. 设计模式解析[M]. 徐言声 译. 2版. 北京：人民邮电出版社,2006.

[10] 刘伟. 设计模式[M]. 北京：清华大学出版社,2011.

[11] 甘玲,石岩,李盘林. 解析C++面向对象程序设计[M]. 北京：清华大学出版社,2008.

[12] Scott Meyers. More Effective C++[M]. 侯捷 译. 北京：中国电力出版社,2006.

参考文献

[1] [illegible]
[2] [illegible]
[3] [illegible]
[4] [illegible]
[5] [illegible]
[6] [illegible]
[7] [illegible]
[8] [illegible]
[9] [illegible]
[10] [illegible]
[11] [illegible]
[12] [illegible]